W0259270

Paul Abrams Roger Feneley
Michael Torrens

Urodynamik

für Klinik und Praxis

Übersetzt und bearbeitet von
Udo Jonas Bernd Schönberger
Joachim Thüroff

Mit einem Ergänzungskapitel über
die neuen Entwicklungen von
H. J. Rollema A. E. J. L. Kramer U. Jonas

Springer-Verlag
Berlin Heidelberg New York
London Paris Tokyo

Mit 98 Abbildungen

Englische Ausgabe "Urodynamics" (Clinical Practice in Urology)
© Springer-Verlag Berlin Heidelberg New York 1983

ISBN-13: 978-3-642-71580-8 e-ISBN-13: 978-3-642-71579-2
DOI: 10.1007/978-3-642-71579-2

CIP-Kurztitelaufnahme der Deutschen Bibliothek:
Abrams, Paul:
Urodynamik für Klinik und Praxis / Paul Abrams ; Roger Feneley ; Michael Torrens. Übers. u. bearb. von Udo Jonas ... – Berlin ; Heidelberg ; New York ; London ; Paris ; Tokyo : Springer, 1987.
Engl. Ausg. u.d.T.: Abrams, Paul: Urodynamics

NE: Feneley, Roger:; Torrens, Michael:; Jonas, Udo [Bearb.]

Softcover reprint of the hardcover 1st edition 1987

Satz: Fotosatz & Design, D-8240 Berchtesgaden

Mitarbeiterverzeichnis

P. Abrams, MD, FRCS
Consultant Urologist, Southmead Hospital, Westbury on Trym, Bristol, England.

R.C.L. Feneley, M. Chir., F.R.C.S.
Consultant Urologist, Southmead and Ham Green Hospitals. Consultant-in-charge, The Clinical Investigation Unit, Ham Green Hospital, Pill, Bristol, England.

U. Jonas, Professor Dr.
Direktor der Urologischen Universitätsklinik, Academisch Ziekenhuis Leiden, Afdeling Urologie, Rijnsburgerweg 10, NL 2333 AA Leiden.

A. E. J. L. Kramer, Dr.
Urologische Universitätsklinik, Academisch Ziekenhuis Leiden, Afdeling Urologie, Rijnsburgerweg 10, NL 2333 AA Leiden.

H.J. Rollema, Dr.
Urologische Universitätsklinik, Academisch Ziekenhuis Leiden, Afdeling Urologie, Rijnsburgerweg 10, NL 2333 AA Leiden.

B. Schönberger, Dr. sc. med.
OA der Urologischen Klinik des Bereiches Medizin (Charité) der Humboldt Universität zu Berlin, Schumannstrasse 20/21, DDR-1040 Berlin.

J. Thüroff, Professor Dr.
University of California, School of Medicine, Dept. of Urology, U-518, San Francisco, California 94143, USA.

M. Torrens, M. Phil., M. Chir., F.R.C.S.
Consultant Neurological Surgeon, Department of Neurosurgery, Frenchay Hospital, Bristol, England.

Vorwort der Übersetzer

Die vorliegende „Urodynamik" ist eine deutsche Bearbeitung des Buches „Urodynamics" von Paul Abrams, Roger Feneley und Michael Torrens, das 1983 im Springer Verlag erschienen ist. Die englische Monographie ist ein Teil der Serie „Clinical Practice in Urology", herausgegeben von Geoffrey D. Chisholm. In seinem Vorwort charakterisiert Chisholm dieses Buch als eine kompakte Beschreibung der urodynamischen Untersuchungsmethoden, wie sie in einem spezifischen urodynamischen Zentrum entwickelt wurden. Es spiegelt daher die Erfahrung und die Lehrmeinung der drei Autoren wider und beschreibt die von ihnen durchgeführte Technik urodynamischer Untersuchungen.

Unsere Aufgabe war neben der reinen Übersetzung die Anpassung an die in Deutschland entwickelten und standardisierten Untersuchungstechniken, ohne jedoch die Aussage der drei Autoren zu verändern. Dieses Buch soll als Fortsetzung der im deutschen Schrifttum bereits erschienenen Bücher von Palmtag (1979), Jonas et al. (1981) und Melchior (1982) gesehen werden. Es soll den Urologen, Gynäkologen, Pädiater und Neurologen ansprechen und ist als Basis und Nachschlagewerk für den urodynamisch interessierten Mediziner gedacht. Im Anhang 1 wird eine Zusammenfassung der Standardisierung der Terminologie, wie sie von der International Continence Society (ICS) vorgeschlagen wird, beschrieben. Der Anhang 2 „Planung neuer urodynamischer Meßplätze" mit einer Liste der Hersteller solcher Apparate wurde so stark modifiziert, daß auf die Wiedergabe des Kapitels 6 der Originalausgabe verzichtet werden konnte. Das Kapitel 6 der deutschen Ausgabe wurde von H. J. Rollema, A. E. J. L. Kramer und U. Jonas völlig neu geschrieben und schließt die Lücke zwischen dem Erscheinungsjahr des Originals und dem der vorliegenden Bearbeitung. Den Abschluß bildet eine Übersicht der aktuellen urodynamischen Literatur.

Der Wert dieses Buches liegt darin, daß Urologen und Neurochirurgen, die in der „Urodynamic Unit" von Bristol seit vielen Jahren zusammenarbeiten, ein praktisches Handbuch der Urodynamik geschrieben haben, das Grundlagen und klinische Anwendung beschreibt und daher für den klinisch praktizierenden Urodynamiker als Standardwerk zu verstehen ist. Auf Grund langjähriger Freundschaft mit den Autoren und sorgfältigen Studiums des von uns übersetzten und bearbeiteten Textes sind wir überzeugt, daß die nun vorliegende deutsche Ausgabe diesen Zweck erfüllt.

UDO JONAS, BERND SCHÖNBERGER, JOACHIM THÜROFF

Vorwort zur englischen Ausgabe

Am 26. Oktober 1964 wurde an der Königlichen Gesellschaft für Medizin in London die Inauguralsitzung abgehalten, in der die Sektion „Measurement in Medicine" gegründet wurde. Die Notwendigkeit dazu war durch die Technologie der vorangegangenen Jahre, die sich in zunehmender Geschwindigkeit entwickelt hatte, und letztlich durch bereits erreichten Wissenstand in der Medizin gegeben. Die bereits lange Zeit ausschließlich im Forschungslabor bekannten physiologischen Messungen waren aus dem experimentellen Stadium herausgetreten und zu einer klinischen und praktisch orientierten Wissenschaft geworden. Plötzlich war eine große Vielzahl von Daten für den Kliniker erhältlich, mit denen er konfrontiert wurde.

Diese neue Beziehung zu schon lange bekannten Untersuchungsverfahren stimulierte wachsendes Interesse und lebendige Diskussionen. So wurden die urodynamischen Untersuchungen des unteren Harntraktes Thema kontroverser Ansichten zwischen Urologen und Gynäkologen, die vom Enthusiasmus bis zur Skepsis reichten. Zeit und Erfahrungen haben extreme Ansichten abgeschwächt. Der Stellenwert und die Grenzen sind heute deutlicher zu erkennen. Die Untersuchungen brachten detaillierte Informationen über Blasen- und Sphinkterfunktion und haben dazu beigetragen, die Ätiologie besser zu erkennen und klinische Behandlung von Störungen des unteren Harntraktes fundamentell zu verändern. Trotzdem lassen sich reproduzierbare und brauchbare Untersuchungsergebnisse nicht allein mit teuren urodynamischen Einrichtungen und schon gar nicht mit einem Kliniker, der nicht ausreichend Zeit zur Untersuchung mitbringt, bewerkstelligen. Eine genaue Diagnose kann nur durch eine sorgfältige Korrelation der klinischen Untersuchungsergebnisse des Patienten und seiner kritisch überprüften urodynamischen Resultate gestellt werden.

Für den Kliniker bietet die Urodynamik oft ein verwirrendes Bild, und er begegnet ihr gelegentlich mit einem Gefühl der Antipathie. Die Apparaturen erscheinen beängstigend unübersichtlich, die Techniken invasiv und für den Patienten belastend. Die Ergebnisse werden in einer neuen und nicht allgemein verständlichen Terminologie verfaßt, die ein spezielles Fachwissen für die klinische Interpretation und Anwendung verlangt. Dieses Buch soll die Verwirrung über urodynamische Untersuchungsmethoden ausräumen und ihren Stellenwert erläutern. Es soll ein praktisches Handbuch der urodynamischen Basisuntersuchungen darstellen, in dem die Anwendungsbereiche der klinischen Praxis zusammengefaßt sind. Nicht jeder Patient mit Miktionsproblemen hat eine urodynamische Untersuchung nötig. Der moderne Kliniker sollte jedoch ausreichend informiert und befähigt sein, die Patienten, für die eine solche Untersuchung erforderlich ist, herauszuselektionieren und festzulegen, welche Teiluntersuchungen durchzuführen sind, und wie letztlich die Ergebnisse im Hinblick auf die klinische Behandlung interpretiert werden müssen. Die drei Autoren sind eng mit der Entwicklung der „Urodynamic Unit" in Bristol verbunden, die sich in den letzten 15 Jahren zu einer stark frequentierten Einrichtung entwickelt hat. Sie haben ihre Erfahrungen in teils persönlicher, teils bewußt didaktischer Art, aber stets in der Hoffnung dargelegt, eine vernünftige Balance bei den kontroversen Themen erreicht zu haben.

PAUL ABRAMS, ROGER FENELEY, MICHAEL TORRENS

Inhaltsverzeichnis

Kapitel 1

Einleitung

Hintergrundinformationen

Die traditionellen Möglichkeiten, Störungen des unteren Harntraktes aufzudecken, bestanden in der genauen Lokalisation anatomischer Abweichungen, die zu bestimmten Symptomen geführt hatten. So wurde auf klinische Abweichungen, wie die Größe der Prostata, das Ausmaß eines vaginalen Prolapses, auf den röntgenologischen Nachweis einer Trabekelblase, einer Restharnerhöhung oder die Darstellung des urethrovesikalen Winkels und schließlich auf das endoskopische Bild von Blasenhals und Prostata besonders Wert gelegt. Diese Untersuchungsergebnisse sind heute in ihrer diagnostischen Bedeutung umstritten. Insbesondere wurde zu Beginn der 60er Jahre der Wert der anatomischen Befunde angezweifelt. Noch 1963 beschrieben Keitzer und Benavent die Panendoskopie als wichtigstes Diagnostikum bei der Blasenhalsobstruktion, eine Meinung, die schon 1965 durch Zatz angezweifelt wurde. Die traditionelle Lehrmeinung über die Blasenentleerungsstörung beim Mann und die Inkontinenz bei der Frau schien damals dazuzuführen, daß dem Urologen immer mehr Prostatektomien und dem Gynäkologen immer mehr vaginale bzw. suprapubische Plastiken indiziert erschienen. Die Einführung der Urodynamik verursachte daher nicht nur Veränderungen in dieser traditionellen Denkweise, sondern erbrachte auch neue Kriterien bei der Patientenauswahl für eine operative Behandlung.

Entwicklung urodynamischer Abteilungen

Seit dem frühen 19. Jahrhundert bestand ein Interesse an der Hydrodynamik der Miktion. Es dauerte jedoch bis zum Zeitalter der Elektronik, bevor letztlich moderne urodynamische Untersuchungen möglich waren. 1956 beschrieb von Garrelts einen einfachen, praktischen Apparat, mit dem über ein Druckelement das Miktionsvolumen als

Funktion der Zeit gemessen wurde, was die Berechnung der Harnflußrate ermöglichte. Seine Arbeit stimulierte ein reges Interesse an der Zystometrie, da es nun möglich war, Blasendruck und Harnfluß während der Entleerung simultan zu messen. Dadurch war die Definition der normalen und der behinderten Miktion möglich (Claridge 1966), und eine Formel zur Charakterisierung des Urethrawiderstandes konnte eingeführt werden (Smith 1968). Enhorning registrierte 1961 mit einem speziell gefertigten Katheter simultan den Blasen- und Urethradruck und beschrieb die Druckdifferenz dieser beiden Werte als Urethraverschlußdruck. Er bewies bereits damals, daß bei Miktionsbeginn einige Sekunden vor der Detrusorkontraktion eine intraurethrale Widerstandsverminderung auftritt. Dies schien mit der Relaxation des Beckenbodens zusammenzuhängen, was auch durch die elektromyographischen Arbeiten von Franksson und Petersen 1955 bestätigt wurde.

Diese Originalarbeiten waren letztlich dafür verantwortlich, daß urodynamische Untersuchungen mehr und mehr klinische Anerkennung fanden. Simultane Röntgenuntersuchungen des Harntraktes mit Hilfe von Bildverstärkern und kinemato- bzw. videographischen Aufzeichnungen waren bereits anerkannt und ihr Wert bei der Beurteilung von Miktionsstörungen beschrieben (Turner-Warwick und Whiteside 1970). So war es ein relativ kleiner Schritt, letztlich die Miktionszystourethrographie mit Druck-Fluß-Messungen zu kombinieren (Bates et al. 1970). Später wurden diese Möglichkeiten durch EMG-Registrierungen am Beckenboden erweitert. Das spielt eine besondere Rolle bei der Diagnostik neuropathischer Blasen (Thomas et al. 1975; Jonas et al. 1979). Diese klinischen Untersuchungen der 70er Jahre betonten die Notwendigkeit, bei der Diagnostik von Miktionsstörungen neben den anatomischen Strukturen, die Funktion zu messen. Urodynamische Meßmethoden wurden mehr und mehr als klinische Notwendigkeit und nicht nur ausschließlich als Gegenstand der Forschung anerkannt.

Zur gleichen Zeit, in der diese technischen Entwicklungen stattfanden, wurde ein zunehmendes Interesse an den klinischen Problemen der Harninkontinenz deutlich. Caldwell beschrieb 1967 die Möglichkeit, Inkontinenz mit implantierten Elektrostimulatoren zu behandeln. Er entwickelte kleine, subkutan implantierbare Empfänger, über die externe Funkimpulse an Platinum-Iridium Elektroden zur Stimulation des Beckenbodens gebracht wurden. Durch eine Stimulation der quergestreiften Muskulatur sollte der urethrale Widerstand erhöht werden.

Moore und Schofield empfahlen (1967), den Beckenboden in Allgemeinanästhesie faradisch zu stimulieren. Daneben wurde eine Reihe externer Stimulatoren zur analen bzw. vaginalen Stimulation des Beckenbodens entwickelt (Hopkinson und Lightwood 1967; Alexander und Rowan 1968).

Forschungskonzept

Die Hoffnung, mit Hilfe urodynamischer Untersuchungstechniken objektive und reproduzierbare Untersuchungsergebnisse zu erhalten, führte dazu, daß zu Beginn der 70er Jahre an verschiedenen Zentren eine Untersuchungseinrichtung aufgebaut wurde. Der weitere Wert dieser Einrichtung war, daß der Assistent während seiner Ausbildung routinemäßig mit den Problemen der Urodynamik konfrontiert wurde. Der angehende Urologe sollte in einer anerkannten Forschungsdisziplin wissenschaftliche Grundlagenarbeit verrichten. Zuletzt bestand die dringende Notwendigkeit, die noch nicht erkannten Ursachen von Störungen des unteren Harntraktes wie z.B. der Harninkontinenz aufzudecken und dadurch eine kausale Therapie zu ermöglichen. Die urodynamischen Untersuchungen führten zu objektiven Messungen und erlaubten dadurch eine exakte Diagnose und Verlaufskontrolle.

Urodynamische Untersuchungseinheiten

Die Notwendigkeit urodynamischer Untersuchungen ist nicht nur bei Patienten mit Harninkontinenz sondern allgemein bei Patienten mit Miktionsproblemen gegeben. Viele Patienten mit Harntraktsymptomen haben keine durch konventionelle Untersuchungen demonstrierbaren pathologisch-anatomischen Abweichungen. Die Diagnosen (z.B. eine Blasenhalsobstruktion) basierten mehr auf Spekulationen als auf objektiven Messungen. Seit Einführung der Urodynamik wurden in den verschiedenen urodynamischen Untersuchungszentren Tausende von Patienten untersucht, Zahlen, die weit über den anfangs angenommenen Erwartungen lagen. Inzwischen sind die Untersuchungsgänge standardisiert und die Daten dokumentiert. Auf weitere Probleme wie Anschaffung und Einrichtung, sowie Datenspeicherung wird im Anhang 2 hingewiesen. Der hier empfohlene Untersuchungsgang besteht aus einfachen Untersuchungen von Blasen- und Sphinkterfunktion. Die Tests basieren auf den Harnflußmessungen, der Zystometrie und Miktiometrie sowie dem urethralen Druckprofil. Die urodynamischen Untersuchungen selbst und ihre Interpretation werden in Kap. 3 beschrieben. Ausgefallene Untersuchungstechniken wie z.B. die EMG-Ableitungen der Beckenbodenmuskulatur sowie synchrone Videozystourethrographien sind sicher bei ausgewählten Patienten angezeigt. Die Einrichtung ist jedoch teuer. Der Urodynamiker sollte sich daher über das Ausmaß der technischen Voraussetzungen und der damit verbundenen Organisation bewußt sein, bevor er eine solche Anlage anschafft. Es besteht das Risiko, wie Hinman 1979 bereits betonte, daß durch Urologen und Gynäkologen zu viele und zu teure Instrumente gekauft werden. Kollegen, die weder Zeit haben, urodynamische Basisuntersuchungen zu erlernen, noch diese in reproduzierbarer Form durchzuführen, sind dazuzurechnen. Die Größe der urodynamischen Einheit sollte darüberhinaus der klinischen Fragestellung angepaßt werden. Ein unterschiedliches diagnostisches Niveau ist möglich, doch scheinen bei Organisation und Durchführung der urodynamischen Untersuchungen die wichtigsten Faktoren die Kompetenz und der Enthusiasmus des Untersuchers zu sein.

Patienteninterview

Eine Untersuchung wird erst dann aussagefähig, wenn die Ergebnisse den spezifischen Problemen des Patienten zugeordnet werden. In diesem Zusammenhang ist bereits die *Zeit*, die der Untersucher mit dem Patienten verbringt, um seine Probleme zu erläutern und zu diskutieren, äußerst wichtig. Die Symptome können variieren. Der Patient hat oft Schwierigkeiten, insbesondere in einer großen und sehr beschäftigten Klinik, sich zu äußern. Man muß sich daher bewußt sein, daß der Patient mit Miktionsstörungen viel Zeit erfordert. Eine urodynamische Untersuchung sollte nie in Eile oder unter Zeitdruck erfolgen. Die Beschäftigung des Untersuchers mit den Problemen des Patienten hilft bereits einem Teil von ihnen, die geklagten Störungen zu beseitigen. Die Analyse der Symptome wird in Kap. 2 diskutiert. Die Beziehungen von Symptom und urodynamischem Ergebnis sowie die Bedeutung der gewonnenen Resultate bei der Therapie werden in den verschiedenen klinischen Abschnitten behandelt (Kap. 5).

Wissenschaftliche Kommunikation

Das Sprechen einer „gemeinsamen Sprache" ist von entscheidender Bedeutung. Eine kompetente Kommunikation auf internationalem Niveau erfordert anerkannte Definitionen. Um dies zu erleichtern hat die International Continence Society (ICS) 1973 ein Standardisierungskomitee ins Leben gerufen. Dieses Komitee hat 6 Berichte zu folgenden Themen von Terminologie der Funktion des unteren Harntraktes zusammengestellt:

- Harninkontinenz
- Untersuchungen zum Verständnis der Harnspeicherung: Zystometrie, urethrales Druckprofil
- Maßeinheiten und Symbole
- Untersuchungsmethoden zur Diagnostik von Miktionsstörungen
- Harnfluß, Druck-Fluß-Beziehungen, Restharn
- Neuromuskuläre Dysfunktionen
- Neurophysiologische Untersuchungen: Elektromyographie, Nervenleitungsstudien, Reflex-Latenzen, evozierte Potentiale und Sensibilitätstests.

Diese Bestandsaufnahmen hatten zum Ziel, den Vergleich von Ergebnissen verschiedener Untersucher mit unterschiedlichen urodynamischen Methoden zu ermöglichen. So wurde u.a. empfohlen, daß in allen Publikationen folgendes notiert werden sollte: „Methoden, Definitionen und Einheiten entsprechen den Empfehlungen der International Continence Society mit Ausnahme der besonders aufgeführten". Diese Standardisierungen sollten akzeptiert werden. Sie sind auch im vorliegenden Buch verarbeitet. Sie werden in den entsprechenden Kapiteln wiederholt beschrieben und erklärt. Die Protokolle sind im gesamten Wortlaut im Anhang wiedergegeben. Die Art, mit der die urodynamischen Untersuchungsergebnisse an Kollegen, die persönlich nicht mit urodynamischen Untersuchungen befaßt sind, weitergegeben werden sollen, ist von besonderer Bedeutung.

Das alleinige Übersenden von Druckkurven oder einer Reihe von Abbildungen ist wenig hilfreich. Wir glauben, daß ein kommentiertes Untersuchungsergebnis ein wichtiger Teil des Berichtes ist. Der Wert eines solchen Berichtes hängt ohnehin von der Kompetenz des Untersuchers ab. Die synchrone Auswertung urodynamischer Parameter mit der Miktionszystourethrographie erlaubt dem Kliniker, die „funktionellen" Untersuchungswerte mit den traditionellen und bekannten Röntgenergebnissen in Verbindung zu bringen und hilft, die Brücke zur Urodynamik zu schlagen.

Zieldefinition

Die Urodynamik kann kompliziert sein und hat daher – im Gegensatz z.B. zur Herzkatheterisierung – bis jetzt noch nicht die allgemeine Anerkennung bei Urologen, Gynäkologen und den angrenzenden Disziplinen gefunden. Eines der Ziele dieses Buches ist, das Problem der Urodynamik verständlich und in ausreichender Genauigkeit zu erläutern, um dazu beizutragen, daß die urodynamischen Untersuchungen akzeptiert werden, sowohl zum eigenen Nutzen als auch zur fundamentellen Verbesserung bei der Diagnostik vieler Patienten. Dazu gehört, daß die Tests nicht nur beschrieben werden, sondern daß darüberhinaus deutlich wird, wann und wo sie die Diagnostik verbessern und wann sie wertlos sind. Das führt dazu, daß wir uns auf die Hauptprobleme und die präsentierten Symptomkomplexe beschränken und nicht einfach auf eine Diagnose. Daneben sollen unzureichende und fehlerhafte Untersuchungen sowie Artefakte aufgezeigt werden. Wir hoffen, daß der noch urodynamisch unerfahrene Leser Wert und Grenzen dieser Untersuchungsmethoden erkennt und genügend praktische Hinweise auf geeignete Einrichtungen und korrekte Untersuchungsbedingungen findet. Dieses Buch basiert auf persönlichen Erfahrungen. Um dem Leser doch noch ausreichend Fachliteratur anzubieten, ist eine ausgiebige Literaturzusammenstellung am Schluß des Bandes (S. 243) zu finden.

Literatur

Alexander S. Rowan D (1968) An electric pessary for stress incontinence. Lancet i:728

Bates CP, Whiteside CG, Turner-Warwick R (1970) Synchronous cine/pressure/flow cysto-urethrography with special reference to stress and urge incontinence. Br J Urol 42:714–723

Caldwell KPS (1967) The treatment of incontinence by electronic implants. Ann R Coll Surg 41:447–459

Claridge M (1966) Analyses of obstructed micturition. Ann R Coll Surg 39:30–53

Enhorning G (1961) Simultaneous recording of intravesical and intra-urethral pressure. Acta Chir Scand [Suppl] 276:1–68

Franksson C, Petersen I (1955) Electromyographic investigation of disturbances in the striated muscle of the urethral sphincter. Br J Urol 27:154–161

Garrelts B von (1956) Analysis of micturition – A new method of recording the voiding of the bladder. Acta Chir Scand 112:326–340

Hinman F Jr (1979) The high cost of testing. (Editorial) Urology 14:425

Hopkinson BR, Lightwood R (1967) Electrical treatment of incontinence. Br J Surg 54:802–805

Keitzer WA, Benavent C (1963) Bladder neck obstruction in children. J Urol 89:384–388

Moore T, Schofield PF (1967) Treatment of stress incontinence by maximum perineal electrical stimulation. Br Med J iii:150–151

Smith JC (1968) Urethral resistance to micturition. Br J Urol 40:125–156

Thomas DG, Smallwood R, Graham D (1975) Urodynamic observations following spinal trauma. Br J Urol 47:161–175

Turner Warwick R, Whiteside CG (1970) Investigation and management of bladder neck dysfunction. In: Riches, Sir Eric (ed) Modern trends in urology. 3. Butterworths, London p 295–311

Zatz LM (1965) Combined physiologic and radiologic studies of bladder function in female children with recurrent urinary tract infections. Invest Urol 3:278–308

Kapitel 2

Voruntersuchung des Patienten

Einleitung

Der Gegenstand des vorliegenden Buches ist der untere Harntrakt bzw. die Einschätzung von Patienten, die über Beschwerden am unteren Harntrakt klagen. Daneben sollen auch klinisch „stumme" Erscheinungen wie z.B. eine Urämie nicht ausgelassen werden. Durch die Möglichkeit, diese Patientengruppe objektiv zu beurteilen, wurde deutlich, wie unzuverlässig selbst eine sorgfältig erhobene Anamnese ist. Dies ist ein Grund für die Anwendung urodynamischer Tests, jedoch ist letztlich jeder Versuch zu empfehlen, der zur Objektivierung der Diagnose führt, so insbesondere die Verwendung des Miktionsprotokolls (s. „Miktionsprotokoll", Seite 18).

Bei der Auswertung der geklagten Beschwerden sollte der Kliniker Informationen sowohl aus der Füllungs- als auch der Entleerungsphase des Miktionszyklusses gewinnen. Werden die Symptome bei einer normalen Funktion des unteren Harntrakts beobachtet, dann läßt sich eventuell bereits eine provisorische, symptomatische Diagnose stellen. Dann dienen die urodynamischen und weiterführenden Untersuchungen der Überprüfung der klinischen Hypothese. Werden diese Schritte sorgfältig vollzogen, so wird wiederum die funktionelle urodynamische Information rückwirkend die symptomatische Diagnose verbessern.

Obwohl wir die Symptome in diesem Kapitel einzeln abhandeln, können sie doch zu Symptomkomplexen zusammengefaßt werden. Diese haben eine deutlich größere diagnostische Signifikanz (Whiteside 1979) und werden daher in Kap. 5 diskutiert.

Analyse der Symptome

In diesem Abschnitt werden die einzelnen Symptome definiert und ihre funktionelle Aussage erläutert. Ziel ist, ein patho-physiologisches Verständnis für die geklagten Symptome zu finden. Dieses Herangehen erfordert eine konzeptbezogene Denkweise und die hier beschriebenen Schlußfolgerungen müssen, wenn sich neue Fakten ergeben, verändert werden.

Die Interpretation der Symptome kann durch viele Faktoren beeinflußt werden. Nicht zuletzt spielt dabei die Zeit, die man mit dem Patienten verbringt, eine große Rolle.

Die Grenzwerte des „Normalen" sind noch nicht ausreichend definiert und oft beurteilt der Patient eher als der behandelnde Arzt eine bestimmte Situation als durchaus normal. Eine adäquate Kommunikation zwischen beiden Seiten ist ebenso entscheidend für eine gute Urteilsbildung, wie die Berücksichtigung objektiver Kritik durch die Mitarbeiter.

Miktionsfrequenz

Störungen der Miktionsfrequenz sind Symptome, die jeder Patient kennt. Die Abb. 2.1 zeigt die prozentuale Verteilung der Miktionsfrequenzen (Entleerungen pro Tag) der

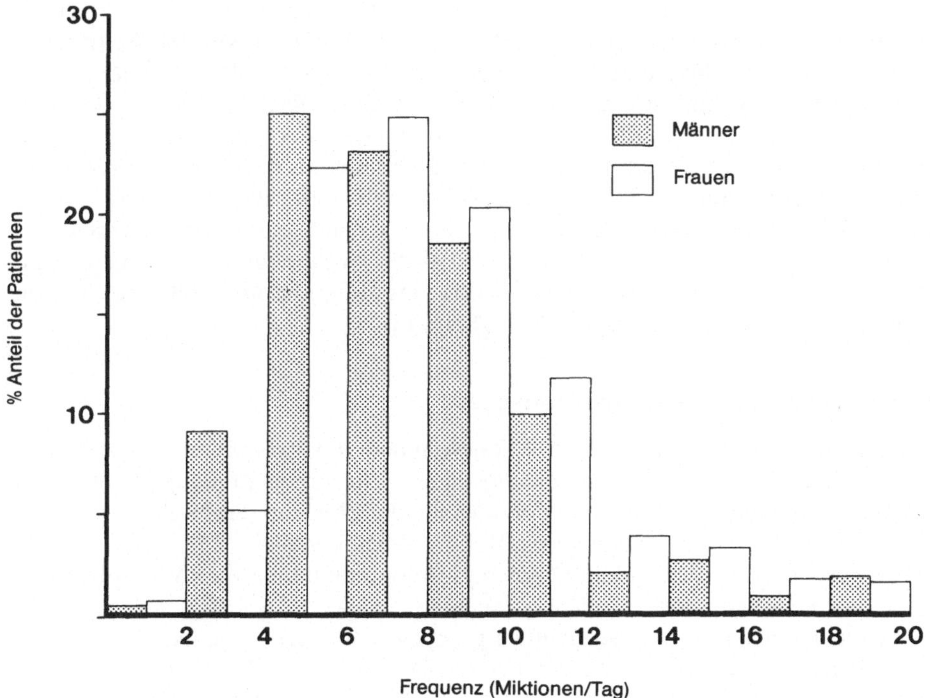

Abb. 2.1. Prozentuale Verteilung der Miktionsfrequenz (Miktionen/Tag) – Bristol

Tabelle 2.1. Miktionsfrequenz (am Tage) bei Patienten unterschiedlichen Alters

Alter	Männer		Frauen	
	Mittlere Frequenz	Modale Frequenz[a]	Mittlere Frequenz	Modale Frequenz[a]
5-14	7.76	5	8.00	5
15-24	6.22	5	7.95	5
25-34	7.78	6	8.99	7
35-44	7.84	7	8.91	7
45-54	8.28	6	8.82	8
55-64	8.67	8	8.92	8
65-74	7.78	7	8.32	7
75-84	7.71	7	7.98	6
		$n = 1152$		$n = 2124$

[a] Die Verteilung der Miktionsfrequenz ist asymmetrisch und hat eine Neigung zu einer höheren Frequenz (Abb. 2.1). Der mittlere Wert ist deshalb höher als der Gipfel der graphischen Verteilung es erwarten ließe (modaler Wert). Der modale Wert kann bei normalen Patienten näher am Mittelwert liegen. Die o. g. Zahlen sind Näherungswerte.

eigenen Patientenpopulation. Es läßt sich eine geringe Frequenzerhöhung mit zunehmendem Alter und ein nicht-signifikanter Unterschied zwischen den Geschlechtern (Tabelle 2.1) konstatieren. Die durchschnittliche Miktionsfrequenz lag bei 8 mal pro Tag, beim Mann etwas geringer als bei der Frau. Eine normale Miktionsfrequenz am Tage vom Aufstehen bis zum Schlafengehen liegt etwa zwischen 4- und 8mal.

Eine erhöhte Miktionsfrequenz ist selten ein primäres Symptom, meistens folgt es einem anderen Symptom z.B. einer Urge. Eine Frequenz von 10–12 mal/Tag wird im allgemeinen toleriert. Oberhalb dieses Wertes wird dies als deutlich störend empfunden. Die Registrierung der Miktionsfrequenz dient hauptsächlich dazu, den Schweregrad vorkommender Symptome zu objektivieren. Es muß jedoch darauf hingewiesen werden, daß die Patienten im allgemeinen bei der Angabe ihrer Frequenz ungenau sind. Daher ist eine Objektivierung mit Hilfe eines Miktionsprotokolls oder -tagebuches erforderlich (s. „Miktionsprotokoll", Seite 18).

Mechanismus der erhöhten Miktionsfrequenz

1. Normale Blasenkapazität. Ein Miktionsvolumen von 300–600 ml stellt für einen Erwachsenen die normale Blasenkapazität dar. Eine erhöhte Frequenz kann durch eine erhöhte Flüssigkeitszufuhr oder -ausscheidung bedingt sein. Sie ist Folge
   a) einer osmotischen Diurese wie z.B. bei Diabetes mellitus;
   b) einer Störung der antidiuretischen Hormonproduktion wie z.B. bei Diabetes insipidus oder
   c) einer Polydipsie, die gelegentlich psychogen bedingt ist, jedoch häufiger bei Patienten auftritt, die eine Vorliebe für Tee, Wasser oder Bier haben.
2. Reduzierte funktionelle Blasenkapazität. Diese Formulierung beschreibt eine Blase, die unter allgemeiner oder regionaler Anästhesie eine normale Kapazität

besitzt, jedoch durchweg kleine Entleerungsvolumina von weniger als 300 ml aufweist. Eine kleine funktionelle Blasenkapazität kann sekundär bestehen bei

a) einer Entzündung oder erhöhter Blasensensibilität wie z.B. bei der akuten Zystitis;
b) einer nicht infektiösen Ursache einer erhöhten Blasensensibilität wie z.B. Angst oder der idiopathischen hypersensiblen Blase (s. „Hypersensibles Zystometrogramm“, Seite 73 und “Hypersensibilität“, Seite 123);
c) einer motorischen Hyperaktivität wie z.B. bei der instabilen Harnblase (siehe „Hyperaktive Blase“, Seite 74 und „Detrusorhyperaktivität“, Seite 118);
d) signifikanten Restharnmengen auf Grund einer Detrusorhypoaktivität oder einer infravesikalen Obstruktion bzw. einer Kombination beider Erscheinungen;
e) Furcht vor Harnretention hauptsächlich bei älteren Männern, die das Symptom des erschwerten Miktionsbeginns bei voller Blase kennen und daher häufig versuchen, dies mit erhöhter Miktionsfrequenz zu kompensieren;
f) Angst vor Inkontinenz oder infolge einer schlechten Angewohnheit.

3. Reduzierte strukturelle Blasenkapazität. Bei diesem Symptom verbleibt die Blase auch bei allgemeiner oder regionaler Anästhesie kleiner als normal. Die reduzierte Blasenkapazität kann verursacht werden durch
   a) Muskelhypertrophie wie z.B. nach langdauernder motorischer Hyperaktivität;
   b) eine postinfektiöse Fibrose wie z.B. nach Tuberkulose;
   c) eine nicht-infektiöse Zystitis wie z.B. der interstitiellen Zystitis, des Hunnerschen Ulkus oder beim Blasenkarzinom;
   d) Bestrahlung und Ausbildung einer radiogenen Fibrose z.B. bei Blasen- oder Zervixkarzinom, und
   e) chirurgische Eingriffe, z.B. Blasenteilresektion.

Mechanismus der verminderten Miktionsfrequenz

Seltene Entleerungen großer Volumina werden zunächst mehr bewundert als daß sie als ein pathologisches Symptom erkannt und vorgetragen werden. Im Endstadium können die folgenden Formen der Blasenhypoaktivität aber auch eine erhöhte Frequenz oder eine Retention mit Überlaufinkontinenz hervorrufen:

a) Hypokontraktilität bei fehlender Obstruktion und
b) die gestörte Blasensensibilität.

Nykturie

Dieses Symptom hängt stark von Alter und Geschlecht ab (Tabelle 2.2.). Das Erwachen auf Grund eines Harndranges mit der Notwendigkeit einer Miktion in jeder Nacht wird als Nykturie definiert. Bei Männern über 65 Jahre und Frauen über 75 ist es nichts ungewöhnliches, wenn sie einmal pro Nacht die Blase entleeren. Daher müssen bei der Bewertung der Nykturie Alter und Geschlecht mitbetrachtet werden, wenn es als signifikantes Symptom angesehen werden soll. Die obengenannte Definition muß dem Patienten deutlich gemacht werden, da er sonst die Miktion vor und nach der Nachtruhe mitzählt. Andere Patienten bezeichnen alle Harnblasenentleerungen nach Dun-

Tabelle 2.2. Nykturie bei Patienten unterschiedlichen Alters

Alter	Männer		Frauen	
	% Nykturie	Miktionen pro Nacht (Mittelwert)	% Nykturie	Miktionen pro Nacht (Mittelwert)
5-14	16	1.20	38	1.57
15-24	26	1.47	45	1.53
25-34	52	1.69	56	1.72
35-44	48	1.55	59	1.68
45-54	66	2.10	67	1.84
55-64	84	2.20	78	2.05
65-74	88	2.82	78	2.34
75-84	92	2.95	81	2.79
		$n = 1152$		$n = 2124$

kelwerden als Nykturie. Darüberhinaus muß man feststellen, ob der Patient einen gestörten Schlaf hat oder während der Nacht Flüssigkeit zu sich nimmt. Verschiedene Patienten schlafen schlecht, manche auf Grund chronischer Schmerzen wie z.B. einer Arthritis. Diese Patienten haben oft Schwierigkeiten einzuschlafen, bevor die Blase komplett entleert ist. Deshalb tritt bei ihnen eine Nykturie häufiger auf. Jedoch haben diese Personen meistens keine erhöhte Miktionsfrequenz während des Tages. So müssen auch diese Miktionen ausgeklammert bleiben, die der Patient vornimmt, wenn er auf Grund anderer Erscheinungen, wie eben des Schmerzes erwacht und dann gewissermassen prophylaktisch ohne echten Harndrang die Blase entleert.

Mechanismus der Nykturie

Die Mehrzahl der Ursachen für eine Pollakisurie ziehen auch eine Nykturie nach sich. Zusätzlich kann eine erhöhte nächtliche Diurese eine der Ursachen sein. Oft geschieht dies durch Ausschwemmen von Ödemen in der Nacht infolge von Herzinsuffizienz. Daher sollte man auch bei allen älteren Patienten insbesondere die Extremitäten auf Ödeme untersuchen. Es kann jedoch auch eine erhöhte nächtliche Urinproduktion bei einem Fehlen der Ödeme auftreten. So sind die subklinischen Ödeme oft schwierig zu entdecken, es sei denn, daß mindestens 1 Liter Flüssigkeit im Interstitium eingelagert ist. Eine Nykturie kann auch durch einen Verlust der nächtlichen antidiuretischen Hormonproduktion hervorgerufen werden bzw. durch eine Umkehr des hypophysären Tag-Nacht-Rhythmus. Die Nykturie ist auch Folge einer motorischen Hyperaktivität der Blase (Instabilität), wenn gleichzeitig tagsüber eine Pollakisurie und eine Drangsymptomatik bestehen.

Prämiktionssymptome

Normale Prämiktionssymptome sind schwierig zu beschreiben, da sie von Patient zu Patient sehr unterschiedlich sind. Im allgemeinen sind sie bestens durch Befragen des

Patienten während der Zystometrie festzustellen, da die Erinnerung des Patienten oft vage und ungenau ist. Der erste Harndrang wird i. allg. in der perinealen oder retropubischen Region nach Erreichen von etwa 50% der funktionellen Blasenkapazität empfunden. Im Alltag werden die ersten Erscheinungen i. allg. ignoriert. Man fühlt praktisch den Harndrang erst, wenn die Blasenkapazität erreicht wird. Dann steigt das Bedürfnis zur Entleerung langsam an. Obwohl die Entleerung noch hinausgezögert werden kann, wird das Unbehagen schließlich immer stärker. Manche Patienten beschreiben das konstante oder wechselhafte „Organgefühl" ihrer Blase, das jedoch nicht auf einen Drang hinausläuft und daher davon unterschieden werden muß. Die Einschätzung der Signifikanz der Symptome ist schwierig.

Urge (Harndrangsymptomatik)

Die Bezeichnung „Urge" soll dann angewandt werden, wenn ein starker Harndrang und das Gefühl einer unmittelbar bevorstehenden Miktion festgestellt werden. Die Sensationen werden i. allg. im Perineum oder im Penisgebiet gefühlt und provozieren oft eine Kontraktion des Beckenbodens, um eine drohende Miktion zu verhindern. Wird dieses Symptom mehr als gelegentlich, etwa einmal pro Woche festgestellt, dann sollte es als nicht normal klassifiziert werden.

Mechanismus der Harndrangsymptomatik

Der imperative Harndrang ist mehr eine propriozeptive Sensation und erfordert eine zystometrische Untersuchung, um ihre Ursache aufzuspüren. Sie kann verursacht werden durch

a) verstärkte Blasensensationen z.B. bei akuter Zystitis, oder idiopathischer hypersensibler Blase oder durch
b) eine erhöhte motorische Blasenaktivität wie z.B. bei der Blaseninstabilität.

Die letztere Situation führt eher zur Urgeinkontinenz.

Blasenschmerz

Obwohl dieses Symptom oft ähnliche Ursachen wie die Drangsymptomatik besitzt, wird es doch anders empfunden. Der Blasenschmerz wird suprapubisch gefühlt und steigt parallel mit der Blasenfüllung langsam und zunehmend an. Dieser Schmerz führt nicht aus Furcht vor Inkontinenz zur Pollakisurie, sondern zur Angst vor zunehmenden Schmerzen und Unbehagen. Der Blasenschmerz kann auch nach der Miktion persistieren, wenngleich er häufig während der Miktion abnimmt.

Mechanismus des Blasenschmerzes

Der Blasenschmerz kann verursacht werden durch

a) Entzündungserscheinungen der Blase wie z.B. der akuten Zystitis, der interstitiellen Zystitis oder
b) durch verschiedene Formen der erhöhten Blasensensibilität ohne Entzündung wie z.B. bei der idiopathischen hypersensiblen Blase.

Miktionsstartverzögerung

Dieses Symptom wird als eine Verzögerung des Miktionsbeginns definiert, das dann auftritt, wenn der Patient die Blase entleeren möchte und einen Miktionsversuch gestartet hat. Dieses Symptom sollte am Entleerungsvolumen gemessen werden. Eine Miktionsstartverzögerung kann durchaus normal sein, wenn ein Patient weniger als 100 ml Urin in der Blase hat. Auf der anderen Seite gibt es Patienten, die dieses Symptom nur dann empfinden, wenn die Blase sehr voll ist. Es ist dies dann oft ein Zeichen einer drohenden Retention. Andererseits kann auch eine Normalperson Schwierigkeiten beim Miktionsstart haben, wenn ihre Blase außergewöhnlich stark gefüllt ist.

Mechanismus der Miktionsstartverzögerung

Die Startverzögerung kann auftreten bei

a) Überdehnung oder mangelnder Füllung der Blase;
b) psychologischer Hemmung der Blasenkontraktion z.B. bei Personen, die nur urinieren können, wenn sie alleine sind;
c) Verlust der willkürlichen Einleitung der Detrusorkontraktion oder der Detrusor-Sphinkter-Dyssynergie bei neurologischen Erkrankungen, z.B. der multiplen Sklerose oder bei
d) einer schlechten bzw. zögernd einsetzenden Detrusorkontraktion.

Harninkontinenz

Die Inkontinenz ist ein objektivierbarer unwillkürlicher Harnverlust, der zu sozialen und hygienischen Problemen führt. Harnverlust auf anderem Wege als durch die Urethra, nennt man extraurethrale Inkontinenz. Schon bei der Anamneseerhebung muß alles unternommen werden, um möglichst den Typ der Inkontinenz aufzuspüren.

Streßinkontinenz

Der Begriff der Streßinkontinenz wird gleichzeitig für ein Symptom, ein klinisches Zeichen oder eine Kondition benutzt. Das Symptom Streßinkontinenz ist die Mitteilung des Patienten von unwillkürlichem Harnverlust während der verschiedensten körperlichen Anstrengungen, die zur Erhöhung des intraabdominalen Druckes führen. Das klinische Zeichen Streßinkontinenz haben wir vor uns, wenn unwillkürlicher Urinverlust aus der Urethra synchron mit körperlichen Anstrengungen wie z.B. Husten beobachtet wird. Die Konditionen der „genuinen Streßinkontinenz“ (so beschrieben von der International Continence Society) sind erfüllt, wenn der unwillkürliche Urinabgang als Folge eines intravesikalen Druckanstiegs über den maximalen Urethraverschlußdruck bei fehlender Detrusoraktivität auftritt. Das bedeutet, daß der intraabdominale Druck gemessen werden muß, um eine Detrusorkontraktion sicher ausschließen zu können.

Mechanismus der Streßinkontinenz

Die obere Kontinenzebene ist der normale Verschluß des Blasenhalses. Die untere Kontinenzebene ist der distale urethrale Sphinktermechanismus. Das bedeutet, daß bei der Streßinkontinenz in gewissem Grade eine Inkompetenz beider Mechanismen vorliegt. Die Physiologie der urethralen Kompetenz wird in Kap. 4 diskutiert. Klinische Situationen, in denen Inkompetenz von Blasenhals und Urethra auftreten, werden verursacht durch

a) einen schlaffen Beckenboden speziell bei Fettleibigkeit und nach mehreren Geburten;
b) einen gelähmten Beckenboden infolge Läsion des unteren motorischen Neurons.
c) einen abnorm hohen Druck in einer überdehnten Blase, wo vermutlich die Überdehnung eine Blasenhalsöffnung verursacht;
d) operative Verletzungen der hinteren Harnröhre z.B. bei ausgedehnter Prostatektomie und durch
e) eine kongenital zu kurze Urethra.

Urgeinkontinenz (Dranginkontinenz)

Dieses Symptom ist als unwillkürlicher Urinverlust bei starkem Miktionsdrang definiert.

Mechanismus der Urgeinkontinenz

(s. auch „Ursachen der Inkontinenz“, Seite 152). Die Urgeinkontinenz kann wie auch das Symptom Urge kombiniert sein mit

a) einer erhöhten motorischen Aktivität des Detrusors wie z.B. bei instabiler Harnblase (motorische Urgeinkontinenz) oder
b) einer erhöhten Blasensensibilität (sensorische Urgeinkontinenz).

Es erscheint schwierig zu verstehen, warum eine Hypersensibilität einen Harnverlust produzieren kann. Tritt eine Inkontinenz auf, dann müssen zusätzlich Blasenhals und Urethra inkompetent sein. Dieser Mechanismus erfordert weitere Untersuchungen. So kann z.B. ein insuffizienter Blasenhals oder eine urethrale Relaxation (instabile Urethra) für eine Urgeinkontinenz verantwortlich sein.

„Giggle"-Inkontinenz (Lachinkontinenz)

Die isolierte Lachinkontinenz (auch Enuresis risoria) kommt häufig bei jungen Frauen vor und ist nicht mit anderen urologischen Störungen verbunden. Herzhaftes Lachen führt zu einer willkürlich nicht steuerbaren, trotz heftiger Bemühungen nicht unterdrückbaren, vollständigen Entleerung der Blase. Nach Ansicht von Pauer und Madersbacher (1981) könnte eine fehlerhafte Steuerung der zentral induzierten Hemmung des Detrusors vorliegen, die bei rascher rhythmischer Kompression der Blase von außen getriggert und damit wirksam wird.

Postmiktionsträufeln

Es ist wichtig zwischen dem terminalen Träufeln und dem Postmiktionsträufeln zu unterscheiden. Das terminale Träufeln beginnt im Anschluß an den Urinstrahl, das Postmiktionsträufeln jedoch erst nachdem die Entleerung beendet ist. Es tritt im allgemeinen erst auf, wenn sich der Patient bereits angekleidet hat. Es ist selten mit einer nachweisbaren Störung verbunden. Dieser Typ des Harnverlustes kommt häufiger beim Mann vor.

Mechanismus des Postmiktionsträufelns

Dieses Symptom kann verursacht sein durch

a) eine mangelhafte Funktion des M. bulbocavernosus bei der Entleerung der Urethra nach Miktionsende oder
b) ein Versagen des normalen Zurückmelkeffektes, bei dem Urin zwischen distalem Sphinkter und Blasenhals am Miktionsende eingeschlossen und dann in die Blase zurückgepreßt wird. Das Postmiktionsträufeln tritt auf, wenn der distale Sphinkter erschlafft und Urin in die vordere Urethra eintritt.

Enuresis

Genau genommen kann man von Enuresis bei jeder Form der Inkontinenz während des Tages oder der Nacht sprechen. Meistens jedoch wird diese Definition zur Beschreibung einer normalen Miktion während des Nachtschlafes benutzt – der Enuresis nocturna. Man spricht von der primären Enuresis, wenn der Patient noch nie nachts trokken war, von der sekundären Enuresis, wenn das Einnässen nach einer Periode von nächtlicher Trockenheit wieder auftritt. Die Frage nach nächtlichem Einnässen ist oft bei der Anamneseerhebung jüngerer Erwachsener mit Nykturie nicht unwichtig. Es sollte auch die Familienanamnese betrachtet werden. Anwesenheit oder Fehlen von gleichzeitigen Symptomen während des Tages ist zu notieren.

Mechanismus der Enuresis

Die Enuresis, deren Pathophysiologie später diskutiert wird (siehe „Hyposensibilität", Seite 124 und „Enuresis", Seite 130), ist prinzipiell eine zentrale Störung, bei der aus dem einen oder anderen Grund die Blasendehnung eine normale kortikale Weckreaktion nicht bewirken kann. Verschiedene andere Faktoren können diese Situation verschlechtern, wie z.B.

a) eine erhöhte nächtliche Urinproduktion;
b) eine gestörte Blasen- oder Urethrasensibilität;
c) eine erhöhte Blasenaktivität und
d) eine unzureichende zerebrale Dämpfung.

Reflexinkontinenz

Unter Reflexinkontinenz versteht man einen unwillkürlichen Harnverlust verursacht durch eine Detrusorhyperreflexie oder eine unwillkürliche urethrale Relaxation. Bei derartig anomalen spinalen Reflexen fehlt das Harndranggefühl. Diese Form der Inkontinenz tritt nur bei neurogener Blasendysfunktion auf.

Unwillkürliche Inkontinenz

Selten klagen die Patienten über eine Inkontinenz, die ohne Harndrang oder andere Erscheinungen , ohne intraabdominale Druckerhöhung oder erhöhten Detrusordruck auftritt, bei der offensichtlich neurologische Störungen fehlen. In diesen Fällen müssen Fisteln bzw. ektop mündende Ureteren ausgeschlossen werden. Bei den Patienten, die letztlich keine deutliche pathophysiologische Erklärung bieten, sind urodynamische Untersuchungen zur weiteren Diagnosesicherung erforderlich.

Harnstrahl

Die folgenden Fakten über den Harnstrahl müssen festgelegt werden: Ist der Harnstrahl kontinuierlich oder unterbrochen, relaxiert der Patient während der Miktion oder entleert er mit Bauchpresse, variiert die Harnstrahlqualität während des Tages oder insbesondere ist die erste Miktion morgens kräftig? Da die Harnflußrate vom Entleerungsvolumen abhängt, muß der Patient über diese Entleerungsvolumina befragt werden. Eine Liste z.B. ein Miktionsprotokoll gibt eine genaue Information darüber. Wichtig ist auch die Qualität des Harnstrahles: Ist der Harnstrahl einfach, gedoppelt oder dreifach? Ist der Harnstrahl schlaff, dünn oder kräftig? Diese letztgenannten Typen weisen auf eine mehr oder weniger ausgeprägte Meatusstenose bzw. eine distale Striktur hin.

Mechanismus des abgeschwächten Harnstrahles

Ein verringerter Harnfluß kann bedingt sein durch

a) Umstände, die das Entleerungsvolumen reduzieren oder die Miktionsfrequenz erhöhen;
b) eine infravesikale Obstruktion irgendwo zwischen Blasenhals und Meatus externus oder
c) eine abgeschwächte Blasenkontraktion.

Letztere kann wiederum die Folge neuropathischer (Läsion des unteren motorischen Neurons) oder myopathischer Störungen sein. Myopathische Blasenläsionen können z.B. infolge primärer Störungen der Blasenmuskulatur, toxischer Einflüsse auf den Blasenmuskel oder sekundär durch Überdehnung entstehen.

Postmiktionssymptome

Beim gesunden Menschen geht nach der Miktion das Bewußtsein für die Blase gänzlich vorüber. Bei Bestehenbleiben von Symptomen werden diese i. allg. als inkomplette Blasenentleerung oder oft als wiederholter Wunsch zur Entleerung empfunden. Diese Symptome werden dann oft falsch gedeutet, wenn der Patient nachweisen kann, daß er die Blase komplett entleert hat.

Mechanismus der Postmiktionssymptome

Wie bei den Prämiktionssymptomen sind auch die Ursachen der Postmiktionssymptome noch nicht ganz verständlich. Die Ursachen für diese Symptomatik sind

a) verstärkte Sensationen z.B. bei Zystitis oder idiopathischer hypersensibler Blase, bei Urethritis oder Prostatitis;
b) eine persistierende Blasenkontraktion. Dabei wurde beobachtet, daß die Blase sich nach der Entleerung noch kontrahiert und dadurch einen hohen Postmiktionsdruck aufbaut (Nachkontraktion). Dieses Phänomen muß von der Blaseninstabilität unterschieden werden. Es wird oft nicht wahrgenommen und ist nicht immer pathologisch. Trotzdem kann es gelegentlich die Ursache für die Postmiktionssymptome sein.
c) Restharn. Während sich viele Patienten nicht bewußt sind, daß sie die Blase unzureichend entleert haben, geben andere das Gefühl der inkompletten Blasenentleerung ausdrücklich an.

Andere Symptome

Hämaturie

Fast immer ist dieses Symptom eine Indikation für weitere urologische Untersuchungen. Es sollte nie ignoriert werden. Die Abklärung der Hämaturie hat im allgemeinen Vorrang vor weitergehenden Untersuchungen der Dysfunktion des unteren Harntraktes.

Flankenschmerz

Für den Urologen bedeutet der Flankenschmerz dasselbe, wie für den Orthopäden der Rückenschmerz. Flankenschmerzen sind im allgemeinen nicht Folge von Störungen des unteren Harntraktes. Sie können jedoch sekundär durch einen vesiko-ureteralen Reflux oder eine Infektion (Pyelonephritis) verursacht sein. Dieses Symptom kann auch sekundär bei einer infravesikalen Obstruktion auftreten. Ähnlich kann sich auch eine Okklusion des prävesikalen Harnleiters als Kombination von Störungen des oberen und des unteren Harntraktes präsentieren.

Dysurie

Der Begriff der Dysurie wird in verschiedener Weise verwendet. Einige Kliniken beschreiben damit eine erschwerte Miktion, während wir diese Bezeichnung jedoch für einen urethralen Schmerz gebrauchen, wie er in typischer Weise bei der akuten Urethritis auftritt. Eine Dysurie kann infolge einer Infektion in jedem Abschnitt des Harntraktes auftreten. Sie ist jedoch oft das Leitsymptom einer Urethritis, Prostatitis oder Zystitis. Ebenso klagen einige Patienten mit verstärkten Blasensensationen ohne Infekt z.B. Fälle mit Hypersensibilität, und Patienten mit dem sog. Urethralsyndrom über Dysurie.

Es muß an dieser Stelle betont werden, daß bei der Harnwegsinfektion eine exakte Diagnostik indiziert ist. Die Diagnose wird oft auf Grund der Symptome und eines inkorrekten Mittelstrahlharns gestellt. Die Gewinung des Mittelstrahlharnes sollte jedoch genau überwacht und eine Harnkultur gewonnen werden. In Zweifelsfällen kann eine suprapubische Harnaspiration mit einer sterilen Spritze indiziert sein. Als Alternative dazu sollte bei jeder urodynamischen Untersuchung eine Entnahme von Katheterharn erfolgen.

Sexualanamnese

Finden sich in der Anamnese keine chirurgischen Eingriffe, z.B. Operationen am Rektum, so sind vaskuläre und psychogene Faktoren die häufigsten Ursachen für eine Impotenz. Diese kann beim männlichen Patienten aber auch Folge von neurologischen Erkrankungen und Rückenmarkverletzungen sein. Die multiple Sklerose oder die periphere Neuropathie bei Diabetes mellitus sowie der Alkoholismus können neben dem Erstsymptom Impotenz auch zu Dysfunktionen am unteren Harntrakt führen.

Zunächst sollte festgestellt werden, ob eine Erektion vorhanden ist oder aber eine Reflexerektion bzw. eine psychogene Störung besteht. Ist die Ejakulation nicht beeinträchtigt, dann wird gefragt: Ist sie stark, klonisch oder weich (Emission)? Weiter: Besteht eine retrograde Ejakulation? Wie ist der Charakter von Libido und Orgasmus oder ist eins von beiden aufgehoben? Die Reflexerektion wird über die Sakralwurzeln und Nervi pelvici fortgeleitet, während eine psychogene Erektion über die cholinergen sympathischen Fasern der Nervi hypogastrici verlaufen kann. Die Ejakulation hängt von koordinierten Aktionen der somatischen Muskulatur des Beckenbodens und daher vom Nervus pudendus ab. Die Sensationen beim Orgasmus sind eine Kombination eines „afferenten Bombardements“ über die hypogastrischen (sympathischen) und die pudendalen Nerven.

Es muß auch betont werden, daß die Inkontinenz einen massiven Einfluß auf die Sexualaktivitäten des Patienten hat und oft eine Ehestörung verursacht. Wegen der tiefgreifenden psychologischen Rückwirkungen, die dadurch entstehen, muß dieser Aspekt der Vorgeschichte sorgfältig beachtet werden, um einen praktischen Rat geben zu können.

Die Inkontinenz sollte speziell mit dem Sexualleben in Verbindung gebracht werden. Das häufigste Problem ist der Harnverlust der Frau während des Geschlechtsverkehrs. Die Emission kann unwillkürliche Blasenkontraktionen provozieren. Bei diesen Patienten sieht man oft ein instabiles Zystometrogramm. Gelegentlich tritt eine Urinejakulation auf. Gerade die Beziehung zwischen Sexualaktivität und Störungen des unteren Harntraktes beim Mann ist ein Gebiet, welches noch viele Untersuchungen erfordert. Die Blasenhalsobstruktion und das Postmiktionsträufeln sind zwei Konditionen, die damit zusammenhängen.

Miktionsprotokoll

Der Kliniker muß mit einer großen Zahl von Harnwegssymptomen rechnen, von denen viele in ihrem Erscheinungsbild variabel sind. Bei manchen Patienten kann es sinnlos sein, eine urodynamische Untersuchung durchzuführen, da die zugrundliegende Störung nicht einer Detrusor- oder Sphinkterdysfunktion zugeordnet werden kann. Die Ursache muß dann in einer Störung der renalen Ausscheidung, des Tagesrhythmus oder letztlich der psychogenen Kontrolle der Miktion gesucht werden. Zusätzlich dazu können geringe Abweichungen der Blasenfunktion durch Veränderungen der Nierenfunktion verstärkt werden. Es ist wichtig, solche Veränderungen aufzuspüren, bevor größere operative Maßnahmen erfolgen. In einem Zeitraum von sechs Jahren haben wir große Erfahrungen im Gebrauch der Miktionsprotokolle, die der Patient selbst anlegt (Abb. 2.2), gesammelt. Wir konnten feststellen, daß sie eine nützliche zusätzliche Methode bei der Untersuchung der Funktion des unteren Harntraktes von Mann und Frau sind.

Vor einem poliklinischen Termin muß der Patient über eine Periode von 7 Tagen so genau wie möglich die Zeit und das Volumen seiner Entleerungen notieren. Zusätzlich muß jede Episode von Harninkontinenz im Protokoll vermerkt werden. Der Patient wird nicht aufgefordert, die Blase bis zur Kapazitätsgrenze auffüllen zu lassen, wie das andere (Turner-Warwick und Milroy 1979) empfohlen haben. Es wird ihm vielmehr geraten, möglichst normal zu entleeren. Die tägliche Flüssigkeitszufuhr wird nicht genau registriert, da dies zu kompliziert ist. Der Patient wird dazu angehalten, die Trinkmenge in etwa zu schätzen. Diese Protokolle werden sogar von älteren Patienten akzeptiert und mit Enthusiasmus ausgefüllt. Das Miktionsprotokoll erleichtert die Anamneseerhebung und vermeidet Übertreibungen der Beschwerden durch den Patienten. Bei der Auswertung eines solchen Protokolls kann der Kliniker eine genaue Information über das Ausmaß von Frequenz und Nykturie sowie über das Durchschnittsvolumen jeder einzelnen Miktion bekommen. Allein diese Methode ist geeignet, den Wert der durchschnittlichen funktionellen Blasenkapazität feststellen zu können. Dies ist insbesondere in Hinblick auf die späteren feineren urodynamischen Untersuchungen von Wichtigkeit.

Auf Grund dieses Tagesmiktionsprofils können Unregelmäßigkeiten der Entleerung und des Entleerungsrhythmus aufgedeckt und z.B. psychogen bedingte Entleerungsstörungen identifiziert werden. Zusätzlich können die Entleerungsgewohnheiten verschiedenen Typen von Blasen- und Harnröhrenstörungen zugeordnet werden und somit ist es möglich, diese in einem frühen Stadium der Untersuchung bereits zu entdecken.

Klinik: Telefon:

Miktionsprotokoll

Bitte füllen Sie das umseitig gedruckte Formblatt so sorgfältig wie möglich aus und bringen Sie es uns bei Ihrem nächsten Besuch mit.

Bitte notieren Sie die Zeit, wann Sie Wasser gelassen haben und wie groß die Harnmenge war.

Sie können dafür jedes Meßgefäß benutzen. Natürlich ist es beispielsweise während der Arbeit schwierig, die Harnmenge zu messen. In einem solchen Fall notieren Sie nur die Zeit. Jedoch sollten Sie versuchen, wenn irgendmöglich beides zu messen.

Falls Sie naß werden, schreiben Sie die Zeit auf, wann das passiert und versehen Sie die Eintragung mit dem Buchstaben „n". Die Eintragungen „während des Tages" beziehen sich auf die Zeit vor/nach der Bettruhe, die Eintragungen „während der Nacht" beziehen sich auf die Zeit, die Sie im Bett verbringen.

Beispiel

Tag	Uhrzeit/Urinmenge (ml) Entleerungen während des Tages				Entleerungen während der Nacht	
1	7.00/200	13.00/–	18.00/400	23.00/300	3.00/200	6.00/n
2						
3						

Arbeit, kein Volumen gemessen

naß um 6.00

Abb. 2.2. Miktionsprotokoll. Diese Seite des Formblattes zeigt die einfachen Instruktionen und ein Beispiel für den Patienten. Es gibt dem Leser die Möglichkeit, für den eigenen Bedarf ein derartiges Blatt zu entwerfen

Veränderungen der Flüssigkeitsexkretion

Die normale tägliche Flüssigkeitsproduktion der Nieren variiert zwischen 1 und 3 Litern pro 24 Stunden. Ungefähr 80% dieses Volumens wird am Tag ausgeschieden. Deshalb ist normalerweise eine Entleerung während der Nacht nicht erforderlich. Auffälligkeiten der renalen Exkretion können durch einen plötzlichen Anstieg der Flüssigkeitsaufnahme oder durch eine Veränderung im normalen Tagesrhythmus induziert werden.

Änderungen der Flüssigkeitsaufnahme können bei Streß oder bei Veränderungen des sozialen Milieus z.B. nach Entlassung oder bei Pensionierung auftreten. Ein Beispiel zeigt Abb. 2.3, wo ein plötzlicher Wechsel der Lebensgewohnheit zu einer dramatischen Zunahme der Flüssigkeitsmengen führte, die zu Pollakisurie und Nykturie mit großen Volumina jeder einzelnen Miktion Anlaß gaben. (Diese Person war Teejunge im Gefängnis geworden.) Veränderungen im normalen Tagesrhythmus können primär durch eine Erkrankung (Herz- und Nierenversagen) oder sekundär, z.B. nach medikamentöser Behandlung solcher Erscheinungsbilder mit Diuretika induziert werden. Es ist wichtig Änderungen der renalen Ausscheidung in einem frühen Stadium zu erkennen, da sie mäßige Störungen der Blasenfunktion verstärken können. Zuletzt können die Tagesrhythmusänderungen durch einen primären Defekt der Hypophysenfunktion auftreten. Obwohl solche Störungen leicht durch die Auswertung der Miktionsprotokolle feststellbar sind, können sie therapieresistent sein. Antidiuretische Hormone (DDAVP) können diesen Zustand verbessern.

Name ____________________ Datum ____________

Tag	Zeit/Volumen (ml) Entleerungen während des Tages								während der Nacht		
1	10·30 500	11·09 400	2·17 375	4·37 400	8·15 450	9·43 300			12·40 400	5·00 450.	
2	6·00 200	9·17 350	11·05 450	1·57 350	4·24 350	6·31 400	8·14 200	9·41 350	12·00 300	5·11 450	
3	9·00 250	11·34 325	2·26 400	4·02 300	6·08 350	7·59 450	9·36 300	11·00 500	4·50 200	6·15 150	
4	9·34 325	11·00 400	2·15 300	4·00 350	6·51 4·00	9·23 400	10·11 300		1·00 400	4·23 200	5·45 1·50
5	10·45 300	12·25 250	1·40 250	2·21 350	4·34 400	16·40 350	9·25 300.		1·15 200	4·05 300	5·45 250
6	10·30 350	11·26 375	12·33 300	1·22 400	3·13 700	4·56 350	9·04 400		1·12 300	4·00 200	
7	6·00 200	10·37 400	12·27 350	4·22 400	6·09 350	8·23 350	9·32 350	10·30 250	3·04 400	5·25 300	

Durchschnittliche Trinkmenge (in Tassen) 12

Abb. 2.3. Beispiel eines Miktionsprotokolls mit hoher Miktionsfrequenz infolge exzessiver Flüssigkeitszufuhr

Name ____________________ Datum 4.6.80

Tag	Zeit/Volumen (ml) Entleerungen während des Tages	während der Nacht	
1	7.30/200 9.45/110 10.45/110 12.30/150 2.30/110 5.15/100 7.0/80 10.00/100	2.0/150	Mon
2	6.30/180 9.15/110 2.0/100 5.0/100 7.45/100 10.0/100	12.30/100 3.0/150	Tues
3	6.30/200 9.30/100 11.0/110 2.0/110 3.15/– 5.30/100 7.45/100 10.0/150	1.0/180 3.15/150	Wed
4	6.0/180 9.0/110 10.30/– 12.30/100 3.15/100 6.30/100 10.0/110	3.30/190 5.15/150	Thurs
5	7.45/150 9.15/100 10.45/180 12.15/100 1.30/100 3.30/100 6.45/150 9.30/150 11.30/100	2.30/200 5.0/150	Fri
6	8.0/100 11.0/125 3.30/110 6.45/100 10.30/100		Sat
7	8.45/200 10.15/100 2.15/150 5.0/130 10.30/100	1.30/150	Sun

Durchschnittliche Trinkmenge (in Tassen) 6

Abb. 2.4. Beispiel eines Miktionsprotokolls mit hoher Miktionsfrequenz während der Arbeitszeit

Psychogen beeinflußte Miktionsgewohnheiten

Die Blase wurde oft als geistiger Spiegel betrachtet und ist in der Tat das Zielorgan psychologischer Probleme, die sich somit anfänglich als urologische Symptome manifestieren. Ein psychogen gestörtes Entleerungsmuster kann erst nach Ausschluß urologischer Abweichungen diagnostiziert werden. Diese Veränderungen der Miktionsgewohnheiten sind z.B. Pollakisurie und Nykturie bedingt durch sozialen oder geistigen Streß. Abb 2.4. zeigt, daß gehäufter Harndrang während der Arbeitszeit auftreten, aber am Wochenende wieder verschwinden kann. Wir fanden, daß die Patienten allein auf Grund der Anfertigung eines Miktionsprotokolls im allgemeinen in der Lage sind, diese Ergebnisse selbst zu interpretieren sowie ihre eigene Situation zu verbessern.

Intravesikale Pathologie

Obwohl schwere Blasenveränderungen (z.B. infiltrierendes Karzinom oder Carcinoma in situ) oft mit anderen urologischen Symptomen verbunden sind, wie der Hämaturie, können sich diese Patienten auch nur mit den Symptomen der Pollakisurie und Nykturie beim Urologen vorstellen. Solche Krankheitsbilder sind meistens durch die Zystoskopie am Ende einer urologischen Untersuchung zu entdecken. Diese Patienten haben oft eine fixierte Blasenkapazität mit unerträglich hoher Miktionsfrequenz bei Tage und während der Nacht. Abbildung 2.5 zeigt einen solchen Fall mit einem charakterischen Miktionsprotokoll bei einer schweren Blasen- bzw. Prostatapathologie. Bei diesen Patienten ist die sofortige Zystoskopie indiziert, um die Diagnose in einem frühen Stadium des Untersuchungsganges stellen zu können.

Name ______________ Datum 20·8·80

Tag	Zeit/Volumen (ml) Entleerungen während des Tages	während der Nacht
1	11·30 AM/100 12·00/100 12·30/100 12·55/100 1·20/100 2·00/100 2·55/100 3·50/50 4·45/50	
	6·45/50 7·45/75 8·45/25 9·45/25 10·15/25	12·30/50 2·55/25 2·10/25 2·40/25 3·45/25 4·40/25
2	6·30/50 7·20/50 8·00/25 8·50/100 9·25/50 10·10/50 11·10/50 11·45/50 12·30/50	
	3·15/50 4·20/25 6·00/25 6·50/25 7·30/25 8·30/50 9·10/25	9·50/25 12·20/25 1·00/25 3·50/25 4·10/25 5·40/25
3	5·50/25 6·30/25 7·50/25	

Durchschnittliche Trinkmenge (in Tassen) 4

Abb. 2.5. Beispiel eines Miktionsprotokolls mit hoher Miktionsfrequenz durch ein fixiertes funktionelles Blasenvolumen beim Blasenkarzinom

Pollakisurie- und Drangsymptomatik

Nach Ausschluß der obengenanten Erkrankungen verbleibt eine Gruppe von Patienten, bei denen die zugrundeliegende Pathologie unklar ist. Für den Kliniker ist es wichtig zu wissen, ob die Symptome mit einer infravesikalen Obstruktion oder einer primären Störung der Detrusorfunktion in Zusammenhang stehen. Diese Patienten zeigen oft ein gleichbleibendes Miktionsverhalten mit geringen täglichen Miktionsvolumina und größeren nächtlichen Entleerungsmengen insbesondere bei der ersten morgendlichen Miktion. Es ist auf Grund der Miktionsprotokolle allein unmöglich, eine obstruktive von einer nicht-obstruktiven Störung zu unterscheiden. Mit Hilfe des Uroflowmeters ist jedoch in den meisten Fällen eine Differenzierung möglich.

Anamnese

Geburtshilfliche Vorgeschichte

Es ist bekannt, daß ein schlaffer Beckenboden mit Streßinkontinenz verbunden ist. Es ist weiter augenscheinlich, daß die Häufigkeit der Stressinkontinenz mit der Anzahl von Graviditäten und geburtshilflicher Komplikationen ansteigt. Spezifische Faktoren, die die Qualität des Beckenbodens beeinflussen, sind die Anzahl der Schwangerschaften, die Dauer der Entbindung, die Größe des Babys, eventuelle Episiotomien oder Dammrisse sowie die Verwendung von Zangen während der Entbindung. Postpartale Beckenbodenübungen dienen dazu, den Tonus des Beckenbodens zu erhöhen und somit einer Streßinkontinenz vorzubeugen.

Gynäkologische Vorgeschichte

Die Beziehungen zwischen Harntrakt und Hormonstatus der Patientin sind bewiesen. Es ist wichtig, sich über den Menstruationszyklus der Patientin und ihren Menopausestatus zu informieren. Operation am Uterus können zu Schädigungen der Blaseninnervation und somit zur Zerstörung des unteren Harntraktes führen. Eine Denervation, besser gesagt, eine Dezentralisation kommt häufig nach radikaler Hysterektomie beim Neoplasma vor und kann sowohl Blase als auch Urethra betreffen. Jede vaginale oder suprapubische Operation zur Behandlung von Prolaps oder Inkontinenz ist von Wichtigkeit, da sie Harnröhren- oder Blasenhalsstörungen bzw. -einengungen bewirken können.

Urologische Vorgeschichte

Die wichtigsten urologischen Symptome sind bereits diskutiert worden. Nach vorangegangenen urologischen Operationen muß gefragt werden. Alle Operationen am unteren Harntrakt haben ihre Komplikationen, meistens sind dies Obstruktionen oder Sphinkterläsionen.

Chirurgische Vorgeschichte

Operationen, die am stärksten die Funktion des unteren Harntraktes beeinträchtigen können, sind Eingriffe am Enddarm. Die Präparation an der Beckenwand kann zu Nervenstörungen führen, was insbesondere während einer abdomino–sakralen Rektumamputation beobachtet wird.

Traumatologische Vorgeschichte

Traumata der Urethra führen zu Obstruktionen, Verletzungen des Rückenmarks zu oberen und unteren motorischen Läsionen. Unfälle sind für Schädigungen des unteren Harntrakts besonders bedeutsam. Miktionsstörungen können sowohl bei schweren und augenfälligen Harnröhrentraumen (z. B. bei Beckenfrakturen mit Dislokation der Symphyse) als auch etwas später nach scheinbar leichten perinealen Verletzungen, von der sich der Patient in Minuten oder Stunden zu erholen glaubt, auftreten.

Andere bedeutsame Konditionen

Systemerkrankungen, die bekanntermaßen den unteren Harntrakt beeinflussen, bewirken dies über eine Störung der Innervation. Diabetes mellitus und multiple Sklerose sind zwei häufig vorkommende Ursachen. Auch an Infektionen, wie Tuberkulose oder Schistosomiasis muß gedacht werden. Degenerative Erkrankungen der zervikalen oder lumbalen Wirbelsäule, Spinaltumoren oder viele zerebrale Veränderungen können sich mit dem Symptom der Inkontinenz manifestieren. Die Bestrahlung des Beckens kann eine radiogene Zystitis mit Verringerung der Blasenkapazität, Pollakisurie und gelegentlich Schmerz hervorrufen. Muköse Teleangiektasien nach Radiotherapie sind für eine Hämaturie verantwortlich. Dies findet man auch bei der interstitiellen Zystitis.

Medikamentöse Therapie

Bei der Anamneseerhebung ist es wichtig zu erfragen, welche Medikamente der Patient nimmt oder genommen hat, und ob diese die Blasenfunktion beeinträchtigen oder andere Nebeneffekte verursachen. Medikamente können bewußt genommen werden, um die Harntraktfunktion zu verändern oder die Harnwegssymptome sind ein Nebeneffekt eines Medikaments, das aus einer anderen Indikation genommen wurde. Alle Pharmaka mit stimulierendem oder blockierendem Effekt auf die cholinergen, alpha-adrenergen oder beta-adrenergen Rezeptoren haben einen potentiellen Einfluß auf die Funktion des unteren Harntraktes. Einige dieser Medikamente sind in den Tabellen 2.3. und 2.4. zusammengefaßt.

Tabelle 2.3. Medikamente zur Verbesserung der Entleerungsfunktion der Blase[a]

Erhöhung der Detrusorkontraktilität	Erniedrigung des Auslaßwiderstandes
Cholinergika	*Alpha-Blocker*
Carbachol	Phenoxybenzamin
Bethanechol	Phentolamin
Cholinesterasehemmer	*Muskelrelaxantien*
Distigmin	Baclofen
	Dantrolen
	Lisidonal
	Diazepam
Prostaglandine	
E 2	
F_{2a}	
Beta-Blocker	
Propranalol	

[a] N. B. Die therapeutische Wirksamkeit ist nicht bei allen Substanzen bewiesen.

Tabelle 2.4. Medikamente zur Verbesserung der Reservoirfunktion der Blase[a]

Detrusordämpfung	*Erhöhung des Auslaßwiderstandes*
Anticholinergika	*Alpha-Sympathikomimetika*
Propanthelin	Ephedrin
Oxybutinin	Phenylpropanolamin
Dicyclomin	Phenylephrin
Emepromiumbromid	Imipramin
Imipramin	
Beta-Sympathikomimetika	*Verstärkung des Alpha-Rezeptoren-effekts*
Isoprenalin	Östrogene
Orciprenalin	
Salbutamol	
Prostaglandinsynthetasehemmer	
Indomethacin	
Muskelrelaxantien (glatte Muskulatur)	
Flavoxat	
Oxybutinin	
Dicyclomin	
Dopaminrezeptorstimulatoren	
Bromocryptin	

[a] N. B. Die therapeutische Wirksamkeit ist nicht bei allen Substanzen bewiesen.

Medikamente zur Stimulation der Blasenentleerung

Die Blasenentleerung kann verbessert werden, wenn man entweder Medikamente gibt, um die Blasenkontraktilität zu erhöhen oder um den Ausflußwiderstand zu vermindern. Cholinerge Medikamente erhöhen die Blasenkontraktilität und produzieren eine Pollakisurie, während die alpha-Rezeptorenblocker den Ausflußwiderstand vermindern, eine Streßinkontinenz fördern oder verstärken.

Medikamente zur Verbesserung der Reservoirfunktion der Blase

Medikamente, die bei einer Blasenhyperaktivität die Kontinenz verbessern und die Blasenkapazität vergrößern, können eine Harnretention beim gesunden oder marginal obstruierten Patienten hervorrufen. Anticholinerge Substanzen relaxieren die Blase, während die alpha-adrenergen Stimulantien den Blasenausflußwiderstand erhöhen.

Eine ausführliche Diskussion über die Wirkungsweise der Medikamente ist nicht Anliegen dieses Buches. Weitere Informationen werden in dem Abschnitt über Neurotransmitter und Rezeptoren gegeben (s. „Rezeptoren und Neurotransmitter", Seite 108). Wenn ein Patient eine Medikation zur funktionellen Beeinflussung des unteren Harntrakts erhält, oder ein Medikament mit Nebeneffekt auf den Harntrakt einnimmt, muß der Untersucher die urodynamischen Ergebnisse aus dem Blickwinkel der bekannten medikamentösen Effekte interpretieren. Deshalb ist es vorzuziehen, eine Wirksubstanz mindestens eine Woche vor der urodynamischen Untersuchung oder vor Anlegen des Miktionsprotokolls abzusetzen.

Allgemeine Einschätzung des Patienten

Während der Untersucher die vorgetragenen Beschwerden mit dem Patienten diskutiert, wird er eine subjektive Auswahl treffen müssen. Es ist deutlich, daß eine signifikante Interaktion zwischen der Persönlichkeit des Patienten, seiner Stimmungslage und den Harnwegssymptomen besteht. Es ist eine allgemeine Erfahrung, daß Angst zur Pollakisurie und sogar zur Urge führen kann. So müssen Faktoren wie das Alter des Patienten, Ausmaß seiner Indolenz, Möglichkeit einer neurotischen Fehlentwicklung oder einer augenblicklichen Verstimmung beachtet werden. Manche Patienten sind den Symptomen gegenüber extrem tolerant, die andere Patienten nicht zu akzeptieren bereit wären. Die Nykturie ist ein gutes Beispiel.

Während die oben genannten Faktoren nicht einfach quantifizierbar sind, bleiben sie doch von Wichtigkeit, wenn der Kliniker die Symptome und urodynamischen Ergebnisse insbesondere im Hinblick auf einen Therapievorschlag interpretieren muß. Es kann gelegentlich angezeigt sein, die Meinung des Psychiaters einzuholen, wenn sich der Untersucher über den geistigen Status seines Patienten nicht klar ist, und er die Abweichung sowie ihre Relation zu den Harntraktsymptomen nicht definieren kann.

Neben dem geistigen Status haben Mobilität und Gewandtheit des Patienten einen tiefgreifenden Einfluß auf die Behandlung. Fragen wie die folgenden sind von Bedeutung: Ist er motiviert? Kann der Patient ein Hilfsmittel akzeptieren? Wäre der Patient eher kontinent, wenn er mobiler wäre und die Toilette erreichen könnte? Wird er kooperieren und eventuell Medikamente einnehmen? Die Tatsache, daß oft derartige Aspekte übersehen werden, behindert die urodynamische Diagnosefindung und die weiteren Anstrengungen, die ein optimales Resultat zum Ziel haben.

Klinische Untersuchung

Es wird davon ausgegangen, daß die allgemeine Untersuchung des Patienten bereits geschehen ist. Daher wird in diesem Abschnitt ausschließlich über die Untersuchungsaspekte gesprochen, die von spezieller Relevanz für die Funktion des unteren Harntraktes sind.

Untersuchung des Abdomens

Es ist wichtig, daß das untere Abdomen palpiert und perkutiert wird, um den Blasenfüllungsstand zu ermitteln. Große, schlaffe Blasen sind schwierig zu palpieren, obwohl sie mit der Perkussion leicht abzugrenzen sind. Es sollte auf die suprapubische Region gedrückt und gefragt werden, ob der Patient einen Drang fühle. Das ist im positiven Fall ein guter Indikator für eine große oder vergrößerte Blase. Die Untersuchung läßt weiterhin den Grad der Blasensensibilität erkennen, insbesondere in den Fällen, in denen Blasenschmerz das Hauptsymptom ist. Das Ausmaß einer Adipositas sollte notiert werden.

Untersuchung des äußeren Genitales

Bei der Frau werden gelegentlich Abweichungen z.B. Meatusstenose oder Verklebung der Labien gefunden. Beim männlichen Patienten sollte die Phimose ausgeschlossen, der externe Meatus sorgfältig auf Stenosen untersucht und die Urethra auf fibröse Verdickungen, die eine Striktur anzeigen könnten, abgetastet werden.

Vaginale Untersuchung

Zunächst wird der Introitus inspiziiert. Dabei liegt die Patientin auf dem Rücken mit flektierten und abduzierten Beinen. Die Position und Erscheinung des Meatus externus sollte vermerkt werden. Anschließend wird die Patientin aufgefordert zu husten, um eine eventuelle Zystozele, Rektozele, einen zervikalen Deszensus bzw. eine Harninkontinenz feststellen zu können. Die weitere Untersuchung auf einen Deszensus uteri müßte mit vaginaler digitaler Kontrolle erfolgen. Der Effekt einer manuellen Elevation der vaginalen Fornices auf die Kontinenz ist leicht feststellbar (Bonney Test). Die Patientin sollte anschließend aufgefordert werden, den Beckenboden zu kontrahieren. Der untersuchende Finger kann somit die Kompetenz der willkürlichen perivaginalen Muskulatur prüfen. Es ist der richtige Moment, um der Patientin zu erklären, was man später bei der urodynamischen Untersuchung unter den Kommandos „drükken" und „Urin zurückhalten" versteht (urethrales Druckprofil). Die Aktivität des Beckenbodens kann mit Hilfe des Perineometers (s. „Gebrauch des Perineometers", Seite 159) genauer erfaßt werden.

Rektale Untersuchung

Sowohl der Ruhetonus als auch der Sphinktertonus bei willkürlicher analer Kontraktion sollten geprüft werden. Wie bei der vaginalen Untersuchung ist auch hier eine morphologische Abweichung z.B. ein Neoplasma auszuschließen. Beim Mann wird die Prostata auf Größe, Form, Konsistenz und auffällige Empfindlichkeit geprüft.

Neurologische Untersuchung

Alle Patienten müssen einer einfachen neurologischen Untersuchung unterzogen werden, die eine grobe Information über Sensibilität, Reflexstatus und Muskelfunktion der Beine einschließt. Spezielle Aufmerksamkeit sollte insbesondere auf die sakralen

Dermatome gelegt werden, deren motorische Teile die Blase versorgen. Bei den Patienten, bei denen neurologische Störungen bekannt sind, muß eine ausgiebige neurologische Untersuchung erfolgen. Im Falle einer Rückenmarkläsion ist die Höhe der Läsion oder die Frage nach kompletter oder inkompletter Zerstörung zu dokumentieren.

Verschiedene Reflexprüfungen sind für die Untersuchung der Sakralfunktion bekannt und notwendig. Der Analreflex wird durch Stimulation der perianalen Haut ausgelöst, eine reflektorisch anale Sphinkterkontraktion ist mit dem Auge feststellbar. Dies kann einfach bei der rektalen Untersuchung durchgeführt werden. Der zweite Reflex ist der Bulbokavernosusreflex. Er wird durch Kneifen der Glans oder der Klitoris ausgelöst. Die Kontraktion des Analsphinkters oder des Bulbokavernosus ist anschließend sichtbar. Diese Untersuchung ist für den Patienten teilweise unangenehm und verleitet ihn weniger kooperativ zu sein. Dieser Reflex ist jedoch nur in 70% der neurologisch gesunden Patienten auslösbar. Erscheint diese Reflexuntersuchung für den individuellen Patienten wichtig, ist es empfehlenswert eine elektrophysiologische Untersuchung anzuschließen (s. „Sakral evozierte Potentiale (SEP)“ Seite 98).

Weiterführende Untersuchungen

Urinanalyse

Bei jeder urodynamischen Untersuchung soll die Chance genutzt werden, Katheterurin zu gewinnen. Die urodynamische Untersuchung sollte nicht bei Patienten durchgeführt werden, bei denen eine floride Harnwegsinfektion nachgewiesen wurde, um das Risiko einer Bakteriämie oder Septikämie zu vermeiden. Bei Patienten mit einer Infektion in der Anamnese oder mit Restharn, der zu einer Infektion prädisponiert, sollte vor jeder urodynamischen Untersuchung eine Harnkultur angelegt werden. Im Falle einer nachweisbaren Infektion ist auf die Untersuchung zu verzichten. Ist die Diagnostik bei einem Patienten mit therapieresistenter Infektion nicht aufzuschieben, dann könnte die Untersuchung unter medikamentöser Prophylaxe mit einem entsprechenden Antibiotikum durchgeführt werden. Dabei ist zu beachten, daß ein adäquater Blutspiegel während der Untersuchung vorhanden ist.

Zytologie

Zytologische Untersuchungen von Urin, Vagina oder Zervix können in bestimmten Fällen indiziert sein. Patienten mit einem ausgedehnten und prognostisch ungünstigen Carcinoma in situ der Harnblase können Symptome der Blasenhypersensibilität oder der Zystitis aufweisen. Bei diesen Patienten zeigen sich im Harnsediment gewöhnlich Leukozyten und bei der zytologischen Untersuchung maligne Zellen im Morgenharn. Bei Frauen mit Harntraktsymptomen sollte ein Hormonstatus mit Hilfe eines Zellausstrichs von der lateralen Vaginalwand erstellt werden. Es hat sich gezeigt, daß bei Patientinnen, deren Vaginalzellen ein Östrogendefizit aufweisen, mit einer Östrogentherapie oft eine Verbesserung zu erzielen ist.

Radiologie

Übersichtsaufnahme

Eine Übersichtsaufnahme von Abdomen und Becken ist stets indiziert, um Steine und Fremdkörper ausschließen zu können. Darüberhinaus muß das Skelett auf Anomalien und Knochenprozesse untersucht werden (Spina bifida, Spondylose, Metastasen).

Ausscheidungsurographie

Viele Patienten werden bereits ein intravenöses Ausscheidungsurogramm (AUG) bei der Uberweisung haben. Dieses ist sicher aus anderer Indikation wichtig, gibt jedoch keine Informationen für die Funktionsanalyse des unteren Harntraktes, die nicht auf andere Weise besser zu erhalten wären. Ist ein AUG vorhanden, sollte die Blase auf Form, Größe und Wanddicke sowie Trabekulationen, Aussackungen, Divertikel und Postmiktionsrestharn betrachtet werden. Statische Filmaufnahmen geben wenig Aufschluß über die Funktion. Die Blasenform kann sich während der Kontraktion verändern und Divertikel sichtbar werden lassen. Die Registrierung des Restharns ist i. allg. unsicher. Wird Restharn angetroffen, muß dieser weiter analysiert werden, da nicht automatisch eine Obstruktion angenommen werden kann. Der Patient war vielleicht einfach während dieser Testbedingungen nicht in der Lage, die Blase zu entleeren. Gleichfalls schließt das Fehlen von Restharn oder das eines Füllungsdefektes in Höhe der Prostata eine ernstzunehmende Obstruktion nicht aus. Es muß daher jeder Patient persönlich befragt werden, ob er seine Entleerung als normal beurteilen würde, und ob der Miktionsbeginn einfach war. Das Entleerungsvolumen sollte innerhalb der normalen individuellen Grenzen liegen. Die Postmiktionsaufnahme muß unmittelbar nach der Entleerung, bevor sich die Blase wieder füllt, angefertigt werden.

Miktionszystourethrographie

Die konventionelle Miktionszystourethrographie (MZU) unter den Bedingungen der intermittierenden Bildverstärkerfotographie besteht i. allg. darin, eine schnelle Blasenfüllung und -entleerung mit einer Reihe von Einzelbildern aufzuzeichnen. Dies kann eine äußerst wertvolle Untersuchung der unteren Harnwege sein, da die verschiedenen Veränderungen der Strukturen während der Miktion erfaßt werden. Es ist wichtig, die Untersuchung möglichst komplett durchzuführen, um ein Maximum an gewonnenen Informationen dem zuweisenden Kliniker anbieten zu können. Daher sollten die Untersuchungen auf Videoband aufgezeichnet werden. Die Anwendung der synchronen Video-Druck-Fluß-Studien wird später im Detail diskutiert (s. „Synchrone Video-Urodynamik", Seite 89). Die Indikationen für die Miktionszystourethrographie sind:

1. Rezidivierende Infektionen des oberen Harntraktes, zum Ausschluß eines vesikoureteralen Refluxes;
2. Miktionsstörungen bei der Frau oder beim jüngeren Mann;
3. Komplizierte Streßinkontinenz;
4. Neurogene Blasendysfunktion und
5. Lokalisation der urodynamisch nachgewiesenen Obstruktion.

Informationen, die beim MZU von Wert sind, sind Strukturveränderungen in Beziehung zur Zeit und zum Miktionsereignis. Funktionelle Interpretationen sollten jedoch mit großer Vorsicht vorgenommen werden. Folgende Parameter sind von Wichtigkeit:

Volle Blase in Ruhe	Kapazität, Form, Kontur, Niederdruckreflux
Stress, Husten, Pressen	Ausmaß der Blasenabsenkung, Blasenhalskompetenz
Entleerung	Reflux und Divertikel Reaktionsgeschwindigkeit und Ausdehnung der Öffnung des Blasenhalses Kaliber und Form der Urethra Lokalisation der urethralen Verengung
Entleerungsstopp (Stopptest)	Reaktionsgeschwindigkeit und Kompetenz des willkürlichen urethralen Verschlußmechanismus, Rückmelkeffekt aus der hinteren Harnröhre, eingeschlossene Urinreste in der prostatischen Harnröhre,
Leere Blase	Restharn.

Endoskopie

Die Besichtigung von Blase und Urethra ist ein wichtiger Teil der Untersuchung bei Hämaturie, chronischer Infektion, Steinverdacht oder radiographischem Füllungsdefekt. Alle diese Dinge können mit den Symptomen der Dysfunktion des unteren Harntraktes einhergehen. Der Wert der Endoskopie darf deshalb nicht unterschätzt werden. Urodynamische Untersuchungen können diese Veränderungen nicht erkennen.

Die Endoskopie sollte immer eine Urethro-Zystoskopie sein. Es ist von besonderer Bedeutung darauf hinzuweisen, daß die urethrale Inspektion nicht vergessen wird, da sie Entzündungen oder anatomische Ursachen der Obstruktion (Striktur, Neoplasma, Prostatahyperplasie) aufdecken kann. Ist die Obstruktion eher funktionell als anatomisch z.B. eine Detrusor-Blasenhals-Dyssynergie oder eine Detrusor-Sphinkter-Dyssynergie, dann wird sich diese Obstruktion nicht bei der Endoskopie darstellen. Die Blasenhalshypertrophie weist ebensowenig auf eine Obstruktion hin, wie die Blasentrabekulation. Ist die Urethroskopie unauffällig und zeigt die urodynamische Untersuchung eine Obstruktion, dann muß als Untersuchung der Wahl die Miktionszystourethrographie folgen. Die Korrelation zwischen Endoskopie und urodynamischen Meßergebnissen wird später in Kap. 5 „Klinischer Wert urodynamischer Untersuchungen" und speziell im Abschnitt „Urodynamik bei Männern" weiter diskutiert.

Literatur

Torrens MJ (1974) The control of the hyperactive bladder by selective sacral denervation., ChM Thesis, Bristol University

Turner Warwick R, Milroy E (1979) A reappraisal of the value of routine urological procedures in the assessment of urodynamic function. Urol Clin North Am 6:63–70

Whiteside CG (1979) Symptoms of micturition disorders in relation to dynamic function. Urol Clin North Am 6:55–62

Kapitel 3

Urodynamische Untersuchungen

Prinzipien der urodynamischen Untersuchung

Indikation zur Untersuchung

Die urodynamische Untersuchung ist immer dann indiziert, wenn das Untersuchungsergebnis die Behandlung des Patienten verbessern kann. In Kapitel 2 wurde gezeigt, daß identische Symptome des unteren Harntraktes durch eine Vielzahl pathophysiologischer Prozesse verursacht werden können. Das zeigt, wie hoch die Irrtumsrate ist, wenn man sich nur auf die Symptome alleine verläßt. Ähnlich verhält es sich auch mit der Endoskopie und der Ausscheidungsurographie im Rahmen der Diagnostik von Blasenentleerungsstörungen, wie bereits diskutiert wurde.

Zur Stellung einer genauen Diagnose sind daher objektive Beobachtungen erforderlich. Da die Miktion ein dynamischer Vorgang ist, müssen die Untersuchungen auch dynamisch sein und nicht statisch wie z.B. die Röntgenbilder eines Ausscheidungsurogramms. Es sind objektive Untersuchungsergebnisse von Patienten vor einem operativen Eingriff, der die Funktion des unteren Harntraktes verändert, zu fordern. Die einzige Ausnahme dieses dogmatischen Statements sind Frauen mit dem Symptom einer reinen Streßinkontinenz, bei denen der unmittelbare Urinverlust beim Husten deutlich sichtbar ist. Urodynamische Untersuchungen sind ebenfalls unnötig und selbstverständlich meistens unmöglich im Fall einer akuten Harnretention.

Obwohl viele der großen urologischen und gynäkologischen Abteilungen aktive urodynamische Zentren haben, ist nicht allen Klinikern eine komplette urodynamische Abklärung möglich. Glücklicherweise ist oft speziell beim Mann mit Hilfe der Uroflowmetrie eine vertrauenswürdige urodynamische Diagnose zu erhalten. Trotzdem kann man nicht fordern, daß eine Operation der Prostata nur den Urologen erlaubt ist, die auch ein Uroflowmeter benutzen. Offensichtlich ist es nicht allen Urologen und Gynäkologen möglich, Druck-Fluß-Untersuchungen vorzunehmen. Besteht ein diagnostischer Zweifel, dann sollte der Patient einem Zentrum überwiesen werden, wo diese Untersuchungen möglich sind. Die Patientengruppen, die am ehesten in diese Kategorie fallen, sind Männer mit Symptomen der infravesikalen Obstruktion und marginalen Harnflußraten, Frauen mit Inkontinenz, die nicht typisch streßinkontinent sind und Patienten mit Entleerungsstörungen bei Verdacht auf neurologische Grunderkrankung. Weiterhin sind urodynamische Untersuchungen sinvoll für die quantitative Beurteilung einer Medikamentenwirkung, einer operativen Behandlung oder von persistierenden Symptomen nach einem Eingriff am unteren Harntrakt. Die Indikationen in spezifischen klinischen Situationen werden im folgenden Abschnitt behandelt, speziell jedoch in Kap. 5.

Ausmaß der Untersuchung

Zunächst sollte eine urodynamische Routineuntersuchung durchgeführt werden. Dies macht es dem behandelnden Arzt einfacher, effektiv zu arbeiten. Er sollte jedoch keine starre Einstellung gegenüber der notwendigen Untersuchung entwickeln. Im Untersuchungsraum muß eine Liege zur Untersuchung, Katheterisierung und Testung vorhan-

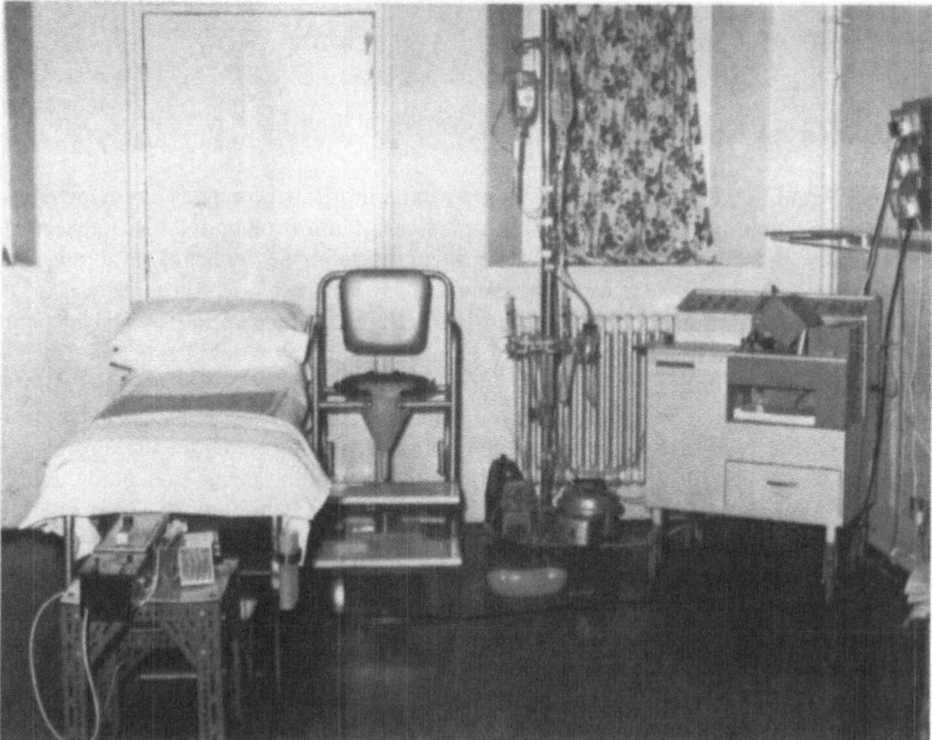

Abb. 3.1. Arbeitsplatz für urodynamische Routineuntersuchungen: v.l.n.r. Katheterrückzugsapparat, Perfusor, Untersuchungsliege, Miktionsstuhl und Uroflowmeter, Druckwandlerstativ (mit Kalibrierungsanordnung, Blaseninfusionsflüssigkeit, peristaltischer Pumpe und Wärmesystem) und Mehrkanalschreiber

den sein (s. Abb. 3.1), neben der ein Miktionssitz über einem Uroflowmeter aufgestellt ist. Das Stativ für die Druckelemente ist nahe dem Miktionssitz angeordnet und die verschiedenen Transducer sind mit der Meßapparatur verbunden, die im Untersuchungsraum steht. Zusätzlich sind Abstell- und Spülmöglichkeiten sowie ein Katheterwagen erforderlich.

Die Untersuchung beginnt mit der Aufklärung des Patienten über seine Umgebung, die Meßeinrichtung und eventuelle Geräusche während der Messung. Als erster Test wird eine Harnflußmessung in einem möglichst isolierten Raum durchgeführt. Anschließend erfolgt mit der Katheterisierung eine Restharnmessung. Dann wird das urethrale Druckprofil bei leerer Blase gemessen und evtl. später bei voller Blase sowie dasselbe in verschiedenen Positionen des Patienten (liegend, stehend) wiederholt. Nach dem Urethradruckprofil wird der Patient der Auffüllzystometrie unterzogen. Anschließend setzt er sich auf den Miktionsstuhl (siehe „Patientenposition während der Zystometrie", Seite 71). Die Blase wird mit körperwarmer Kochsalzlösung mit einer Rate von 50 ml pro Minute gefüllt. Ist die Blasenkapazität erreicht, dann wird der Patient aufgefordert, wieder zu entleeren. Wurde ein getrennter Füllkatheter verwendet, muß dieser vorher entfernt werden. Nach der Entleerung erfolgt erneut die Restharnmessung.

Diese urodynamische Routineuntersuchung ist nicht bei jedem Patienten indiziert. Der Untersucher muß entscheiden, welchen Umfang der Untersuchung er als erforderlich erachtet, nachdem er die Symptome des Patienten gehört und seine klinische Untersuchung beendet hat. Auch die Harnflußuntersuchung hilft ihm, festzulegen, welche weiteren Untersuchungen noch notwendig sind. Manchmal müssen zusätzliche Tests eingebaut werden. Es ist daher wünschenswert, ein flexibles Untersuchungssystem und ausreichend Zeit für die Messungen zur Verfügung zu haben. Die Indikationen für die spezifischen Tests werden in diesem Kapitel und in Kap. 5 detailliert besprochen.

Untersuchungsablauf

Die Untersuchung muß in einer reproduzierbaren und wissenschaftlich begründeten Form erfolgen. Jeder Untersucher muß seine eigenen Techniken entwickeln, die den spezifischen, lokalen, diagnostischen Erfordernissen angepaßt sind. Die besten Ergebnisse sind dann zu erwarten, wenn der behandelnde Arzt auch derjenige ist, der die urodynamische Untersuchung durchführt. Darüberhinaus sind ausreichende Erfahrung und gutes Verständnis erforderlich, damit der Untersucher möglichst viele Informationen durch die Tests erhält. Er oder sie muß mit den klinischen Problemen vertraut sein. Darüberhinaus können niemals zufriedenstellende Ergebnisse erhalten werden, wenn die Arbeit auf einen unerfahrenen oder uninteressierten Mitarbeiter delegiert wird.

Terminologie

Es ist wichtig, jede Veränderung genau mit den entsprechenden Termini technici zu beschreiben. Die Grenzen urodynamischer Untersuchungen sollten bekannt sein. Es sind gesonderte Funktionsuntersuchungen und ihre Ergebnisse dürfen nicht als klinische Diagnose mißverstanden werden. So weist ein hoher Blasendruck bei einer geringen Harnflußrate während der Miktion auf die Möglichkeit einer infravesikalen Obstruktion hin. Wodurch sie jedoch verursacht und wo die Obstruktion gelegen ist, läßt sich nicht beantworten. Daraus ergibt sich, daß die urodynamische Diagnose mit einer Terminologie beschrieben werden sollte, die weder eine klinische Störung noch die Pathophysiologie miteinbezieht. Die gebrauchten Begriffe müssen objektiv und gut definiert sein und sollten im Idealfall die gesamte Palette pathologischer Auffälligkeiten erfassen. Sie sollten darüberhinaus allgemein akzeptiert sein. Es ist daher empfehlenswert, die Termini Normalität, Überaktivität oder Unteraktivität einer bestimmten untersuchten Funktion zu verwenden, als vielmehr den Versuch zu unternehmen, spezifische neue Worte für die erkannten Störungen zu finden. Auf den Wert der Standardisierung der Terminologie, wie sie von der International Continence Society erarbeitet wurde, ist bereits hingewiesen worden.

Uroflowmetrie

Einleitung

Die Uroflowmetrie ist die einfachste urodynamische Untersuchungstechnik, die außerdem nicht invasiv ist. Die erforderliche Meßeinrichtung ist darüberhinaus einfach und relativ preiswert. Bevor verläßliche Untersuchungsgeräte erhältlich waren, beobachtete man i. allg. den Patienten bei der Blasenentleerung. Eine solche nur begrenzt objektive Untersuchung ist trotzdem von Wert. Wie auch immer sollte zur Uroflowmetrie die Blase möglichst gefüllt sein, was leider in einer Poliklinik oft auf Schwierigkeiten stößt. Darüberhinaus kann es der Patient als störend empfinden, wenn seine Miktion beobachtet wird. Bei der Frau versagt diese Technik des öfteren. Der Vorteil der modernen Uroflowmetrie liegt darin, daß eine kontinuierliche Aufzeichnung der Miktion möglich ist. Harnflußraten werden seit etwa 40 Jahren gemessen, jedoch erst im Jahre 1956 entwickelte B. von Garrelts sein Uroflowmeter, das für den klinischen Gebrauch eine ausreichende Genauigkeit besitzt. Hat der Untersucher trotz des breiten kommerziellen Angebots von Flowmetern kein solches Gerät zur Verfügung, dann ist es besser, den Patienten aufzufordern, seine eigene Miktion mit der Stoppuhr zu messen, das Entleerungsvolumen zu registrieren und daraus den Flow zu errechnen. Die Faustregel besagt, daß der normale Durchschnittsflow etwa die Hälfte des Maximalflows beträgt, wenngleich Patienten mit Obstruktionen Durchschnittsflowraten haben können, die praktisch dem maximalen Harnfluß entsprechen.

Definition

Die Flowrate ist definiert als das Volumen (ml) des Urins, das aus der Blase pro Sekunde (s) entleert wird. Wird die Harnflußrate ermittelt, müssen folgende Dinge vermerkt werden: Erfolgte die Untersuchung des Patienten in stehender, sitzender oder liegender Position, war diese Flowstudie eine einzelne Untersuchung oder Teil einer Kombinationsuntersuchung z.B. einer Druck-Fluß-Studie oder eines Zystogramms und wie groß war das Entleerungsvolumen? Die Art der Blasenfüllung kann die nachfolgende Flowmessung beeinflussen. Am besten ist es, wenn die Blasenfüllung auf natürliche Weise erfolgt, als mit Hilfe einer forcierten Diurese oder einer Blasenfüllung mit dem Katheter z.B. vor einem Zystometrogramm. Diese Faktoren müssen einkalkuliert und berücksichtigt werden.

Kontinuierlicher Fluß (Abb. 3.2).

Die Flußzeit ist die Zeit, während der ein meßbarer Harnfluß erfolgt. Die Flußanstiegszeit ist die Zeit vom Beginn des Harnflusses bis zum Erreichen des Maximalflows. Der maximale Harnfluß ist der maximale Meßwert während der Flowmessung. Das Entleerungsvolumen ist das totale Urinvolumen, das durch die Urethra ausgeschieden wird. Der mittlere Harnfluß ist der Quotient von entleertem Volumen und der benötigten Flußzeit.

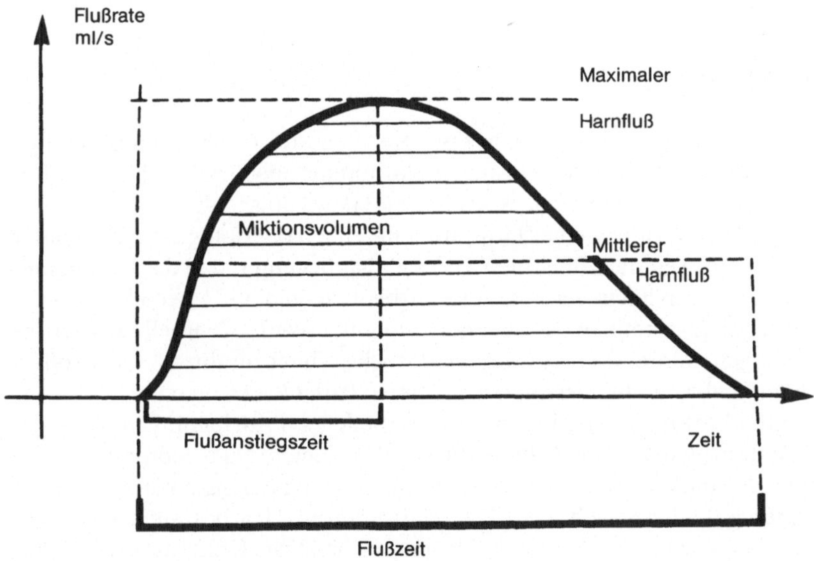

Abb. 3.2. Terminologie zur Beschreibung einer Uroflowkurve (International Continence Society, 2. Bericht über die Standardisierung der Terminologie der Funktion des unteren Harntraktes, s. Anhang 1)

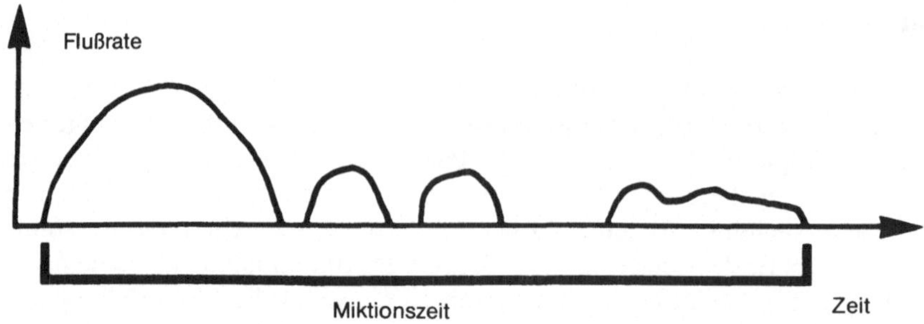

Abb. 3.3. Terminologie zur Beschreibung einer intermittierenden Flußkurve (s. Anhang 1)

Intermittierender Fluß oder kontinuierlicher Fluß mit starkem terminalen Träufeln (Abb. 3.3).

Hierbei sind die gleichen Parameter wie beim kontinuierlichen Flow anwendbar, solange die Flußzeit so gemessen wird, wie es oben beschrieben wurde. Dabei werden die Intervalle zwischen den Flowepisoden ebenso wie ein sehr langer terminaler Harnfluß nicht mitgerechnet. Die Miktionszeit ist die totale Dauer der Entleerung einschließlich der Unterbrechungen. Bei einem kontinuierlichen Harnfluß sind Miktionszeit und Flußzeit identisch. Die Fläche unterhalb der Kurve oder Kurven repräsentiert das Entleerungsvolumen.

Technik und Ausrüstung

Harnfluß-Studien sollten am besten in einer privaten ungestörten Umgebung durchgeführt werden, wenn der Patient den normalen Harndrang verspürt. Werden Fluß-Studien in der Poliklinik vorgenommen, ist es besonders wichtig, daß die Blase ausreichend gefüllt ist. Die Gewinung einer Urinprobe für eine bakteriologische Harnuntersuchung erfordert eine separate Blasenentleerung. Das bedeutet, daß der Patient mindestens zwei bis drei Stunden in der Poliklinik verbleiben muß, um zwei oder mehrere Miktionen vornehmen zu können. Es ist daher empfehlenswert, eventuelle zusätzliche Urinuntersuchungen während eines zweiten Besuches durchzuführen. Auch sollten nach Möglichkeit mehrere Flußmessungen bei einem Patienten erfolgen.

Die bekannten Flowmeter arbeiten nach verschiedenen Prinzipien. Eine Möglichkeit ist das rotationsdynamische Arbeitsprinzip. Mit einem Servomotor wird eine Scheibe in eine gleichmäßige Rotation versetzt und diese unabhängig von der auftreffenden Harnmenge konstant gehalten. Das Auftreffen des Harnes auf die Scheibe bewirkt eine Verlangsamung der Rotation. Die unterschiedliche Kraft, die erforderlich ist, um diese Rotation konstant zu halten, ist proportional der Harnflußrate. Das Flowsignal wird elektronisch integriert und somit das Entleerungsvolumen gemessen. Eine andere Möglichkeit ist die „Tauchstock"-Methode (Kapazitätsmessung). Das Flowmeter besitzt einen Metallstreifen als Kapazitätsmesser, der mit einem Plastikstab verbunden ist und im Urinauffangbecken hängt. Dieser Tauchstock steht senkrecht in diesem Behälter. Der Harn, der sich im Auffangbecken sammelt, leitet die Elektrizität über den Widerstandsmesser. Mit steigendem Urinspiegel wird die Fläche des Widerstandsmessers verringert und dadurch der Widerstand gesenkt. Die Kapazitätsänderung entspricht dem Entleerungsvolumen. Das Signal wird elektronisch differenziert und die Rate der Volumenänderung ergibt den Harnfluß.

Die dritte Hauptgruppe von Flowmetern enthält Gewichtsmeßfühler, die die Masse und somit das Volumen des entleerten Harns messen. Auch sie ermitteln durch Differenzierung die Harnflußrate im Verhältnis zur Zeit. Bei diesem Typ des Flußmessers kann ein nicht signifikanter Fehler durch die Fallverzögerung des Harns bis zum Auffanggefäß entstehen. Es ist auch möglich, den Harn zu „wiegen", indem der hydrostatische Druck, der im Meßbehälter befindlichen Urinsäule, mit Hilfe eines einfachen Druckelementes gemessen wird. Das ist jedoch nicht billiger und etwas schwieriger in der Ausführung.

Die meisten kommerziell erhältlichen Flowmeter haben eine akzeptable Genauigkeit. Trotzdem sollte sich der Käufer aus unabhängigen Quellen immer über das Gerät informieren, insbesondere über die Genauigkeit. Die Fehlerquelle sollte weniger als 10% betragen. Der Apparat muß zuverlässig, an andere Teile der Einrichtung adaptierbar sein und die Ergebnisse sollten im Bereich von 0–50 ml/s linear erscheinen. Darüberhinaus sind die Sicherheit des Flowmeters, seine einfache Bedienung und unkomplizierte Reinigung von Wichtigkeit.

Viele Hersteller produzieren auch einen Papierschreiber und verkaufen diesen zusammen mit dem Flowmeter. Da die Veränderungen während der Flowmessung relativ langsam sind, ist nach elektronischem Standard ein einfacher Papierschreiber für ein Flowmeter völlig ausreichend.

Es ist zu erwarten, daß in der Zukunft mehr Informationen von der nicht-invasiven Harnflußmessung zu erhalten sind. Laufende wissenschaftliche Projekte schließen die Tropfenspektrometrie des Harnstroms (Ritter et al. 1977) und die Messung der Austrittsschnelligkeit des Harnstrahls (Meyhoff et al. 1977) ein. Trotzdem erscheinen diese Techniken zu kompliziert, um allgemein angewendet zu werden (s. „Neue Entwicklung in der Meßtechnik", Seite 187).

Normalwerte

Betrachten wir die Normwerte des Harnflusses, dann sind das Alter des Patienten, sein Geschlecht und das Entleerungsvolumen in Rechnung zu stellen. Nicht nur die numerischen Daten einer Flußkurve, sondern auch die Form der Kurve sind von Wichtigkeit. Die normale Harnflußkurve ist fast symmetrisch, wenn die maximale Harnflußrate nach 3–5 s erreicht wird. Das Kurvenbild hängt von der Papiervorschubgeschwindigkeit des Schreibers ab. Ist diese sehr langsam, dann erscheint der Flow als vertikale Linie, ist sie schneller, dann wird die Flußkurve elongiert. Eine Papiervorschubgeschwindigkeit von 0,25 cm/s ist praktisch empfehlenswert und erlaubt die Interpretation der Kurvenform am besten.

Die Harnflußrate hängt in hohem Maße vom Entleerungsvolumen ab. Wird der Blasenmuskel gedehnt, dann erreicht er seine optimale Leistung, wird er jedoch überdehnt, dann wird er insuffizient (Abb. 3.4). Die Flußwerte sind am höchsten und am genausten vorhersehbar, wenn das Volumen 200–400 ml beträgt. In diesem Bereich

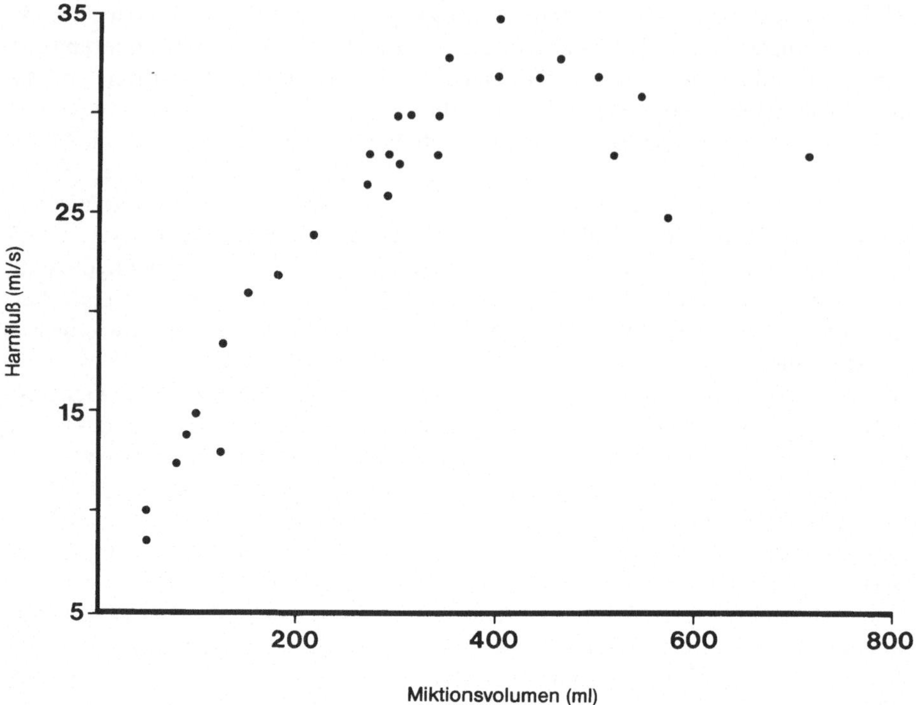

Abb. 3.4. Maximaler Harnfluß aufgetragen gegen das Entleerungsvolumen für eine große Anzahl von Entleerungen bei einer Normalperson

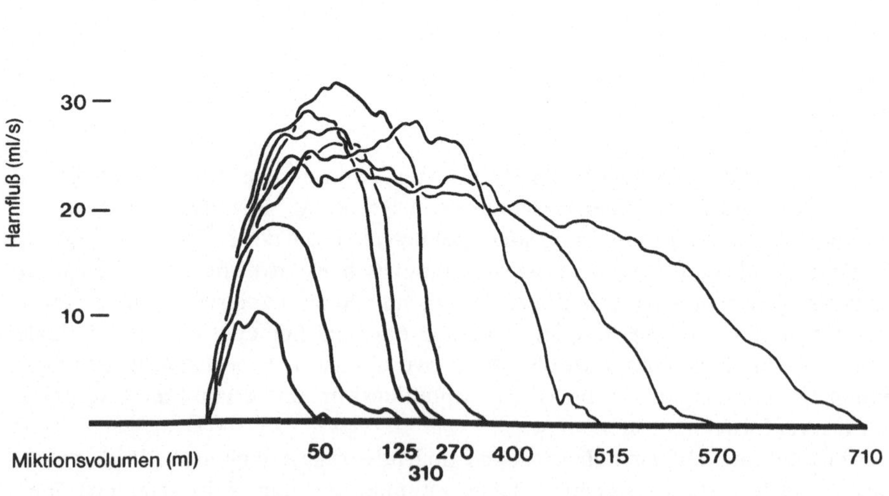

Abb. 3.5. Übereinandergezeichnete Flußkurven der für Abb. 3.4 ausgewählten Normalperson. Dies ist eine geeignete Technik, um viele Flußkurven gleichzeitig darzustellen

Tabelle 3.1. Grenzwerte akzeptabler maximaler Harnflußraten[a]

Alter	Minimales Volumen (ml)	Männer (ml/s)	Frauen (ml/s)
4 - 7	100	10	10
8 - 13	100	12	15
14 - 45	200	21	18
46 - 65	200	12	15
66 - 80	200	9	10

[a] N. B. Die angeführten Werte entstammen eigenen Erfahrungen und der einschlägigen Literatur. Im allgemeinen sind die Werte eine Standardabweichung unter dem Mittelwert für den Maximalfluß. Niedrigere Werte müssen nicht pathologisch sein, aber erfordern weitere Untersuchungen.

scheint der Harnfluß weitgehend konstant zu sein. Oberhalb 400 ml beginnt die Effizienz der Blasenmuskulatur zu sinken. Dies zeigt sich in Abb. 3.5.

In der Praxis läßt sich die Normalität der Harnflußkurve auf zwei Wegen definieren. Der einfachste Weg ist, eine minimal akzeptierte Harnflußkurve für jedes Geschlecht und Alter erstellen. Da jedoch das Ergebnis vom Harnvolumen abhängt, ist diese Methode weitgehend ungenau, kann jedoch bei Entleerungsvolumina zwischen 200–

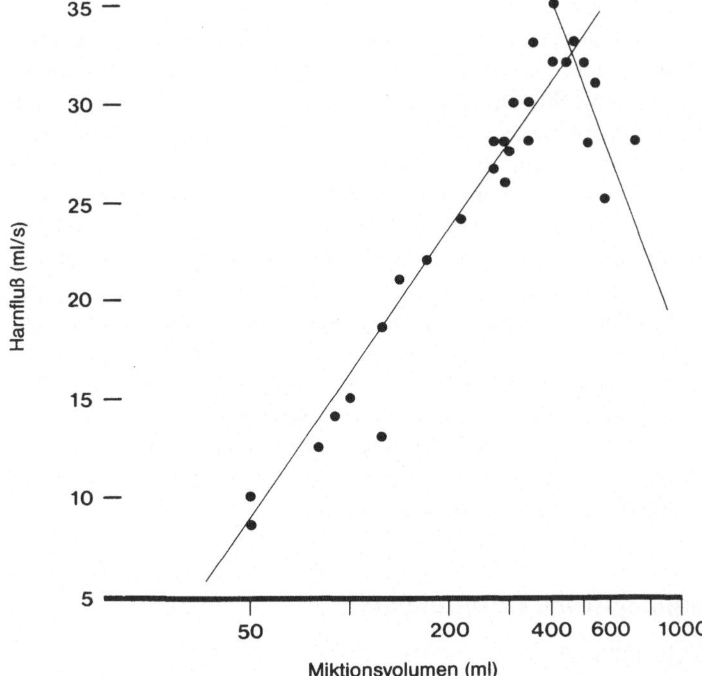

Abb. 3.6. Maximaler Harnfluß gegen den Logarithmus des Miktionsvolumen aufgetragen. Es scheint eine lineare Beziehung zwischen den Werten zu bestehen, sowohl im „normalen Teil" der Kurve (50–400 ml) als auch in der dekompensierten Phase, in der der Blasenmuskel leicht überdehnt ist

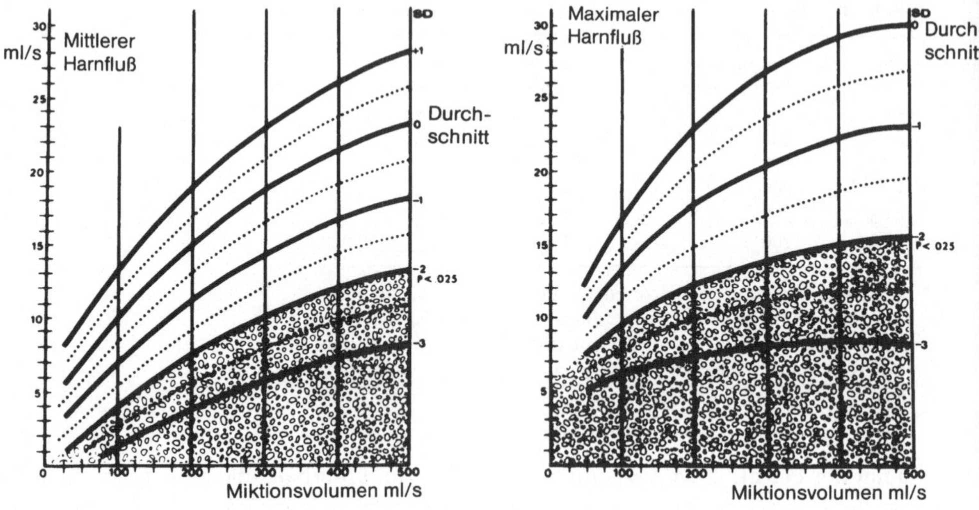

Abb. 3.7. Nomogramm der Harnflußrate bei Männern, das die Wahrscheinlichkeit der Normalität bestimmen läßt. Drei Standardabweichungen unter dem Mittelwert sind aufgezeichnet. Die punktierte Zone zeigt Flußraten an, die bei weniger als 2,5 % der gesunden Männer vorkommen (Siroky et al. 1979)

500 ml akzeptiert werden. Solche Werte zeigt Tabelle 3.1. Um die Ergebnisse genauer zu gestalten, kann ein Nomogramm des Maximalflows in Beziehung zum Entleerungsvolumen benutzt werden. Geschlechts- und Altersunterschiede sind einberechnet. Solche Nomogramme sind von verschiedenen Urodynamikern publiziert worden (von Garrelts 1958, Backmann 1965, Gierup 1970, Siroky et al. 1979). Zeichnet man die Werte des Maximalflows aus Abb. 3.4 auf ein semilogarithmisches Papier, dann erscheinen die Werte zwischen 50 und 500 ml in etwa linear (Abb. 3.6). Das scheint die Konstruktion von Nomogrammen zu erleichtern. Von Garrelts (1958) fand, daß sich die Quadratwurzel des Volumens besser zur Bildung von linearen Nomogrammen eignet.

Bei Kindern und älteren Patienten mit einer Obstruktion beträgt das Entleerungsvolumen infolge einer Blasenhyperaktivität oft weniger als 200 ml. Gerade in diesen Fällen erscheint die Uroflowmetrie von besonderer Wichtigkeit. Wir empfehlen, daß bei allen gleich gelagerten Fällen die Daten mit einem etablierten Nomogramm verglichen werden sollten (Abb. 3.7). Ist die Harnflußrate auffällig niedrig, muß zunächst die Untersuchung wiederholt werden, um das Ergebnis zu überprüfen. Wenn notwendig, muß eine Druck-Fluß-Studie angeschlossen werden.

Klassifikation der pathologischen Harnflußkurve

Hyperaktiver Detrusor (Instabile Blase, s. „Detrusorhyperaktivität", Seite 118).

Ein normaler oder supranormaler maximaler Harnfluß ist praktisch sofort erreicht (Abb. 3.8). Dies erklärt sich dadurch, daß die Detrusorkontraktion bereits erfolgt ist, wenn sich der Blasenhals öffnet. Die Kontinenz wird durch den willkürlichen distalen

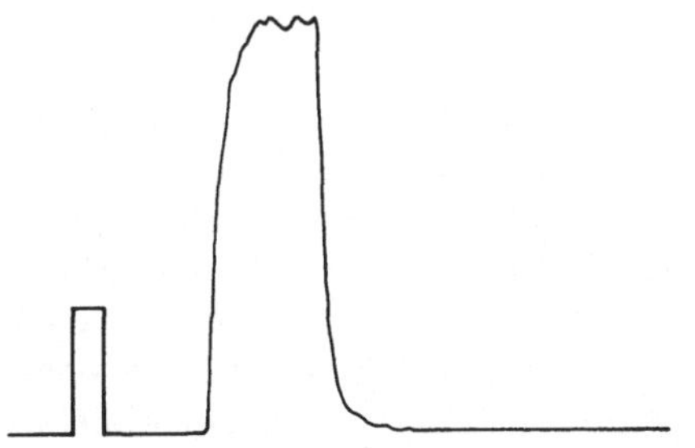

Abb. 3.8. Harnflußkurve bei einer Detrusorhyperaktivität. In dieser Darstellung und in den folgenden Abbildungen zeigt die Höhe der Eichzacke eine Harnflußrate von 10 ml/s, die Breite beträgt 2 s. In diesem Fall wird der supranormale Harnfluß sehr schnell erreicht. Da sich der Blasenhals plötzlich verschließt, stoppt der Harnfluß ebenfalls abrupt

urethralen Sphinktermechanismus gesichert. Wenn dieser relaxiert, dann ist der maximale Harnfluß sofort erreicht.

Infravesikale Obstruktion

Die Flowkurve beim obstruierten Patienten ist durch einen verminderten maximalen und mittleren Harnfluß gekennzeichnet, obwohl der mittlere Harnfluß mehr als die Hälfte des Maximalflusses beträgt. Der maximale Harnfluß wird i. allg. schnell erreicht (3–8 Sekunden), aber die Flußrate senkt sich dann jedoch langsam ab (Abb. 3.9).

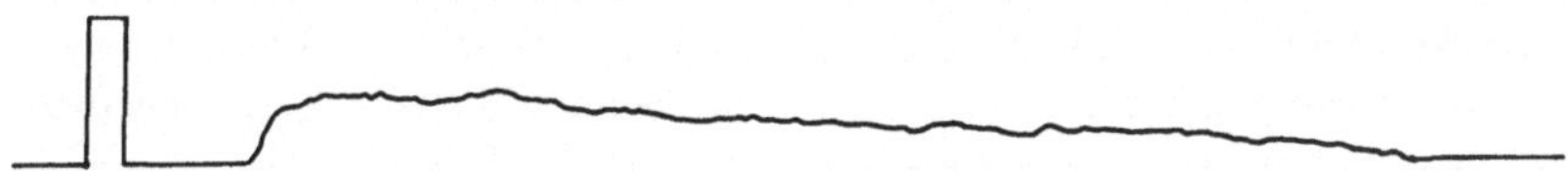

Abb. 3.9. Harnflußkurve bei infravesikaler Obstruktion. Der maximale Harnfluß wird bald nach Miktionsbeginn erreicht

Hypoaktiver Detrusor

Diese Diagnose wird später diskutiert (s. „Detrusorhypoaktivität“, Seite 120). Ein hypoaktiver Detrusor kann angenommen werden, wenn eine symmetrische Kurve mit geringer Maximalflußrate sichtbar wird (Abb. 3.10). Trotzdem gibt es eine deutliche Überlappung zwischen den Flowkurven der Gruppe mit Obstruktion und der mit hypoaktivem Detrusor und daher sollte die Diagnose nicht ohne eine Druck-Fluß-Untersuchung gestellt werden.

Abb. 3.10. Harnflußkurve bei Detrusorhypoaktivität. Der maximale Harnfluß wird erst gegen Ende der ersten Hälfte der Miktionszeit erreicht

Irreguläre Kurve bei Bauchpresse

Einige Patienten brauchen die Hilfe von Diaphragma und Abdominalmuskulatur, um entleeren zu können. Andere Patienten sind in der Lage, alleine mit dieser Detrusorunterstützung den Flow zu verbessern. Die Bauchpresse gestaltet die Flußkurve irregulär (Abb. 3.11). Die Flowänderungen bei Bauchpresse sind relativ langsam und der Harnstrahl ist gewöhnlich am Beginn kontinuierlich. Die durch Bauchpresse erzeugten Flußkurven sind in ihrem Erscheinbungsbild sehr variabel und können mit oder ohne Obstruktion sowie mit oder ohne Detrusorkontraktion vorkommen. Die Situation fordert oft eine weitere Diagnostik mit Hilfe der Druck-Fluß-Messung, mit der eine subtrahierte Detrusorkurve zu erhalten ist (s. „Entleerung mit Bauchpresse", Seite 85).

Abb. 3.11. Irreguläre Harnflußkurve bei Entleerung mit Bauchpresse

Irreguläre Kurve bei Detrusor-Sphinkter-Dyssynergie

Bei neurologisch auffälligen Patienten wird die unwillkürliche Kontraktion des distalen Sphinktermechanismus als Dyssynergie bezeichnet. Eine solche willkürliche Kontraktion des Beckenbodens einschließlich des distalen urethralen Sphinktermechanismus wird auch bei normalen Individuen gesehen, die bei der Untersuchung ängstlich sind. Wie bei der Bauchpresse ist auch dieses Erscheinungsbild variabel. Im allgemeinen sind die Flowkurvenveränderungen schneller als die bei Anwendung der Bauchpresse (Abb. 3.12).

Abb. 3.12. Irreguläre Harnflußkurve bei Detrusor-Sphinkter-Dyssynergie. Die Veränderungen der Flußrate vollziehen sich relativ schnell

Irreguläre Kurve bei fluktuierender Detrusorkontraktion

Diese Abweichung wird i. allg. bei Patienten gesehen, die ein neurologisches Problem, z.B. eine multiple Sklerose haben. Die Kurve wird auch dann erhalten, wenn die Blasenmuskulatur versagt. Die Detrusorkontraktion kann, statt einen in etwa konstanten Druck während der Entleerung aufrecht zu erhalten, fluktuieren. Das ergibt entweder einen kontinuierlichen, jedoch variierenden Flow oder, wie es häufiger geschieht, einen unterbrochenen Harnfluß (Abb. 3.13).

Abb. 3.13 Intermittierende Harnflußkurve bei fluktuierender Detrusorkontraktion. Die Veränderungen der Flußrate vollziehen sich relativ langsam

Irreguläre Kurve bei Flußmeßartefakten

Die bekannteste Ursache eines Artefakts bei der Flowmetrie wird dann gesehen, wenn sich der Harn irregulär im Auffangtrichter herumbewegt. Wenn ein Patient seinen Harnstrahl von einer Seite zur anderen durch den Trichter leitet, dann ist die Kurve ähnlich wie in Abb. 3.14 beschrieben. Es sind nun einige spezielle Auffangtrichter bekannt, die ein eingearbeitetes System besitzen, um diesen Effekt zu minimieren.

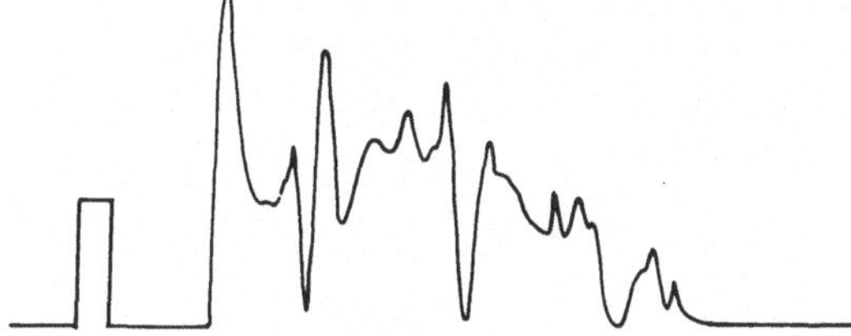

Abb. 3.14. Irreguläre Harnflußkurve als Artefakt. Die Veränderungen der Harnflußrate sind schnell und biphasisch

Bestimmung der Harnfluß-Volumen-Relation

Wertvoller als die Analyse der einzelnen Flowraten ist die Untersuchung der Beziehung zwischen entleerten Harnvolumina und Flußwerten eines Individuums. Die Patienten, gewöhnlich die Männer, werden am Wochenende einbestellt, wenn Ruhe und Zeit für die Analyse gewährleistet sind. Freitags wird die Anamnese erhoben und der Patient instruiert, wie er das Uroflowmeter zu bedienen hat. Samstags kommen die Patienten und entleeren die Blase entsprechend ihrer normalen Frequenz. Am Sonntag werden sie wiederum einbestellt, um dann den Harn so lange wie möglich zurückzuhalten. Diese Untersuchung kann manchmal eine Harnretention heraufbeschwören.

Wie in den Abbildungen 3.4 und 3.5 zu sehen ist, wird in einer Grafik der Flow zum Volumen korreliert. Diese Untersuchung ergibt zusammen mit der klinischen Beobachtung des Patienten eine wertvolle zusätzliche Information über den Schweregrad der Erkrankung, die Wahrscheinlichkeit einer Retention und das Stadium der Kompensation bzw. Dekompensation des Detrusors.

Indikationen zur Harnflußmessung

1. Miktionsstörungen unterschiedlicher Art
2. Verdacht auf eine subvesikale Obstruktion
3. Vor und nach jedem Eingriff, der die Funktion des unteren Harntrakts verändert.

Druckmessung und -aufzeichnung

Einleitung

Die elektronische Apparatur, die zu einer urodynamischen Basisuntersuchung erforderlich ist, besteht aus drei Teilen: Wandler, Verstärker und Schreiber. Der Wandler kann entweder ein Druckaufnehmer oder ein Flowmeter sein, also ein Apparat, der ein elektrisches Signal produziert, das dann verstärkt, angepaßt und anschließend auf dem Papier registriert wird. Dieser Abschnitt behandelt die verschiedenen Druckelemente und Papierschreiber, die erhältlich sind. Die Terminologie und die Techniken der Druckmessung werden beschrieben. Darüberhinaus werden die Vor- und Nachteile der Untersuchungsmedien, Gas und Flüssigkeit, diskutiert.

Definitionen

Die Nullreferenzlinie ist für alle Druckmessungen das Niveau der Symphysenoberkante. Alle Drücke werden in Zentimeter Wasser (cmH_2O) angegeben. Die Beschreibung der Ergebnisse muß immer die Technik und die Patientenposition bei der Druckmessung berücksichtigen. Typ und Größe der Meßkatheter müssen spezifiziert und die

Tabelle 3.2. Gebräuchliche urodynamische Abkürzungen

Parameter[a]	Symbol	Einheit	Abkürzung
Druck	P	Zentimeter Wassersäule	cmH_2O
Volumen	V	Milliliter	ml
Zeit	t	Sekunden	s
Flußrate	Q	Milliliter/Sekunde	ml/s
Temperatur	T	Grad Celsius	°C
Länge	l	Zentimeter, Millimeter	cm, mm
Bezeichnung Zielorgan[b]		*Werte*	
Intravesikal, Blase	ves	Maximalwert	max
Urethral	ura	Minimalwert	min
Ureteral	ure	Mittelwert	ave
Detrusor	det	(average)	
Abdominal	abd		

[a] Zu weiteren Parameter: s. ICS-Bericht zur Standardisierung der Terminologie (Anhang 1)

[b] Beispiele: Maximale Harnflußrate, Qmax; maximaler intravesikaler Druck, P_{ves} max.

Details der Meßeinrichtung vermerkt werden. Angaben über die verschiedenen gemessenen Drücke (intravesikal, abdominal, urethral) und den berechneten Detrusordruck sowie den urethralen Verschlußdruck und den Zeitpunkt der Erfassung während des Miktionszyklusses sind von Wichtigkeit.

Weitere Details über die Nomenklatur sind in der Rubrik „Definitionen" auf den Seiten 35, 52, 66, angegeben. In Tabelle 3.2 sind die akzeptierten Abkürzungen aufgelistet, wie sie bei der normalen urodynamischen Untersuchung für Druck und andere Meßgrößen Verwendung finden.

Druckelemente

Bei urodynamischen Untersuchungen werden i. allg. drei verschiedene Typen von Druckelementen angewandt: Die externen Einheiten, die an einem Stativ neben dem Untersuchungsstuhl befestigt werden, externe Einheiten, die am Patienten zu fixieren sind und die internen Druckelemente, auch Tip-Katheter genannt.

Externe Druckelemente, neben dem Patienten montiert

Dies sind i. allg. Typen nach dem Dehnungsmeßstreifen-Prinzip (strain gauge) gewöhnlich zylindrisch geformt, mit einem durchsichtigen Dom an einem Ende und für die meisten urodynamischen Untersuchungen geeignet. Die Vorteile dieser Einheiten sind der relativ geringe Preis, die einfache Handhabung und ihre robuste Konstruktion. Die Nachteile sind eine langstreckige wassergefüllte Verbindung zum Patienten, die wenn sie bewegt wird, programmierte Artefakte produziert und die mögliche „0"-Punkt-Abweichung bei Heben und Senken des Patienten in Relation zur Transducerhöhe. Daher sind bei diesen Anordnungen wiederholte Kalibrierungen der „0"-Linie mit der Referenz zur Symphysenoberkante erforderlich.

Externe Druckelemente am Patienten fixiert

Diese Druckeinheiten sind flache Elemente, die über einen Luer-Look-Anschluß konnektiert und einfach mit einem Band oder Gurt am Körper fixiert werden können. Diese Druckwandler sind besonders für Untersuchungen beim sich bewegenden Patienten geeignet. Die Vorteile sind kürzere Verbindungswege vom Element zum Patienten. Dies führt zur Verminderung der Artefakte. Manche Artefakte werden durch die Verwendung von Luft statt Flüssigkeit für die Transmission weiter reduziert. Da der Transducer am Patienten fixiert ist, treten weniger „0"-Verschiebungen auf. Der Hauptnachteil ist jedoch, daß diese Druckelemente schwierig am Patienten zu fixieren sind. Darüberhinaus sind diese kleineren Einheiten teurer und weniger robust. Sie sind deshalb i. allg. nicht für urodynamischen Untersuchungen geeignet.

Tip Transducer-Katheter

Diese Druckelemente, die auch auf dem Dehnmeßstreifen-Prinzip basieren, sind am Meßpunkt selbst lokalisiert und können individuell für jede Fragestellung angefertigt werden. Der Katheterdurchmesser hängt von der Anzahl der erforderlichen Druckelemente ab und davon, ob evtl. ein zusätzlicher Kanal für die Blasenfüllung notwendig ist. Ein Katheter mit einem Infusionskanal und zwei Druckelementen kann mit einem Durchmesser von 8–10 Charrière angefertigt werden. Das Druckelement sollte in der Ebene der Katheteroberfläche liegen. Es wird mit seiner Verstärkereinheit über ein isoliertes Kabel verbunden. Die Vorteile des Tip Transducer-Katheters sind die Eliminierung des „0"-Irrtums und der Probleme der wassergefüllten Verbindungsschläuche. Die Nachteile sind die hohen Kosten, die relative Empfindlichkeit und die erhöhte schwierige Handhabung sowie das Kalibrieren. Besonders geeignet sind diese Katheter bei Messungen mit schnellen Druckänderungen, wie sie z.B. bei der Messung des urethralen Druckprofils auftreten können (s. „Urethrastreßprofil", Seite 58).

Design und Spezifikation

Verschiedene Faktoren des Designs und der Spezifikation von Druckelementen müssen vor ihrem Gebrauch berücksichtigt werden:

- Ist ein Halter für das Druckelement vorhanden?
- Sind die Leitungen lang genug?
- Können neue Druckdome einfach montiert werden? (Sterile Einwegdome eignen sich gewöhnlich nicht.)
- Ist der Transducer robust?
- Entspricht das Druckelement den erforderlichen Sicherheitsbestimmungen?
- Ist das Druckelement genügend stabil?
- Ist der Druckbereich entsprechend groß (0–300 cmH_2O)?
- Ist die mechanische Konstruktion, besonders die Fixation des Diaphragmas genügend robust?
- Erfordert das Druckelement eine spezielle Sorgfalt und Aufmerksamkeit, wenn es gereinigt wird?
- Kann es autoklaviert werden und sind die Dome wieder verwendbar?
- Wenn einmal kalibriert, wie lange bleibt das Druckelement stabil und genau?
- Kann das Druckelement elektronisch kalibriert werden?

Kalibrieren

Es gibt drei Hauptfehlerursachen bei Verwendung der Druckelemente. Sowohl der Nullpunkt sowie der Verstärkungsfaktor als auch die angenommene Referenzlinie d.h. der obere Rand der Symphyse des Patienten können sich ändern. Die Transducer-Nullpunktabweichung kann durch Öffnen des Dreiwegehahns geprüft werden, indem so die Druckmembran dem atmosphärischen Druck ausgesetzt wird. Die Verstärkung kann eingangs durch Belastung mit einer Wassersäule bekannter Höhe, z.B. mit 20 cmH_2O, geeicht werden. Einige Druckelemente haben eine interne elektronische Rekalibrierungsmöglichkeit, die die Aufrechterhaltung korrekter Druckdaten vereinfacht. Das Kalibrieren ist jeden Tag erneut erforderlich, evtl. sogar häufiger, wenn die Erfahrung dies lehrt. Es ist wichtig, daß das System luftfrei gehalten wird.

Tip Transducer-Katheter sind automatisch auf den atmosphärischen Druck kalibriert, wenn sie an der Luft liegen. Das weitere Kalibrieren des Katheters erfolgt in der Weise, daß der Dehnmeßstreifen in ein Wasserbad mit bekannter Tiefe getaucht wird.

Dabei sollte ein Wasserbad von 37°C verwendet werden, um die Körpertemperatur zu imitieren. Die Kontrolle des Nullpunktes ist beim Tip-Katheter schwierig, wenn er erst einmal in den Körper eingebracht ist. Das spielt jedoch nur bei mehrstündigen Messungen eine Rolle. Die Stabilität sollte mindestens für eine Stunde garantiert sein, ansonsten muß das Druckelement ausgetauscht werden.

Sterilität von Druckelementen und Verbindungsschläuchen

Es ist nicht erforderlich, das komplette Schlauchsystem und die externen Druckelemente für jeden Test erneut zu sterilisieren. Die erste Sterilisation kann man mit Hilfe von Cidex, einem Glutaraldehyd, das auch zur Sterilisation endoskopischer Instrumente verwendet wird, durchführen. Zu beachten sind die entsprechenden Sterilisationsvorschriften. Die Kabelverbindungen müssen wasserdicht geschlossen sein. Werden die Druckelemente und Schlauchsysteme mit einer antiseptischen Flüssigkeit gefüllt, kann man problemlos mehrere Wochen damit arbeiten. Es empfiehlt sich jedoch, einmal pro Woche wiederum mit Cidex zu sterilisieren. Abb. 3.15 zeigt die Anordnung zum Entlüften und Kalibrieren des Druckelementes. Für die Rektaldruckmessungen ist die Sterilisation nicht erforderlich, es sei denn, beide Elemente werden mit dem gleichen Kalibrierungssystem verbunden. Das Schlauchsystem, das die Blase mit dem Druckelement verbindet, muß nach jedem Test ausgewechselt werden.

Die Tip Transducer-Katheter kann man in einem Cidexcontainer steril halten. Es muß jedoch darauf geachtet werden, daß die Flüssigkeit nicht in den Stecker hineinläuft.

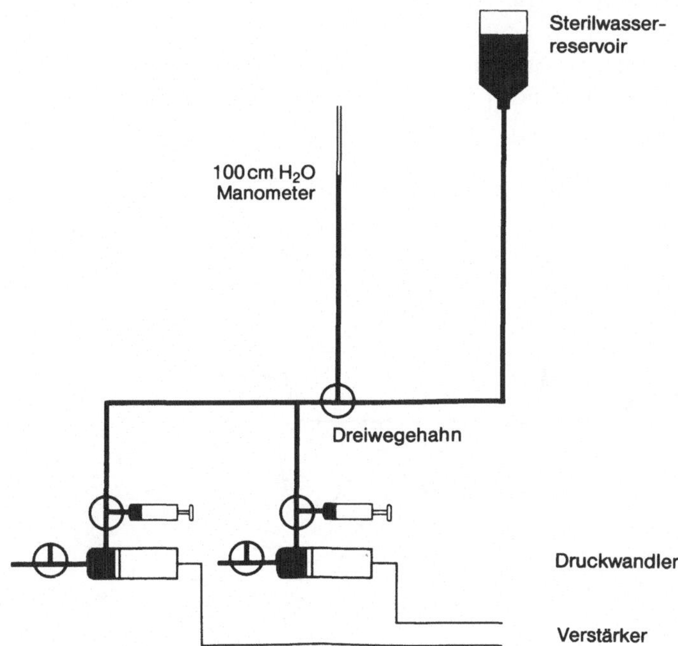

Abb. 3.15. Geeignetes System zur Nullpunktbestimmung und zum Kalibrieren der Druckwandler

Abdominaldruckmessungen

Die Kombination von Blasen- bzw. Urethradruckmessung mit der Messung des Abdominaldruckes ist in der Vereinfachung der Interpretation der beobachteten Druckänderungen begründet. So kann ein Blasendruckanstieg sowohl durch die aktive Kontraktion der Blasenmuskulatur selbst oder aber durch die Bauchpresse passiv geschehen. Im Normalfall wird der Abdominaldruck auf die gesamte Blase und die proximal des Beckenbodens gelegene Urethra fortgeleitet. Es ist ein urodynamischer Standard, den Rektaldruck als repräsentativ für den intraabdominalen Druck anzusehen. Der abdominale Druck kann jedoch auch aus dem Magen oder aus dem retroperitonealen Raum nach suprapubischer Applikation einer Drucksonde gewonnen werden. Die Abb. 3.16 demonstriert die Bedeutung der intraabdominalen Druckmessung. Dieses Vorgehen erleichtert das Verständnis für die Kurven. Die Identifizierung von Artefakten, die durch extravesikale Druckerhöhungen hervorgerufen werden und die Erkennung von spontanen Detrusorkontraktionen (ungehemmte Wellen, s. „Hyperaktive Blase", Seite 74) sowie die Abschätzung des Anteils der Bauchpresse beim Miktionsvorgang ist nur so möglich. Darüberhinaus ist es wichtig, sich zu versichern, daß der Patient während der Messung des urethralen Druckprofils nicht die Bauchpresse einsetzt und somit einen abnorm hohen urethralen Druck erzeugt. Es ist allgemein anerkannt, daß diese Kombinationsmessungen unabdingbar sind, um eine optimale Interpretation der einzelnen Kurven zu ermöglichen.

Verschiedene Artefakte können als direktes Ergebnis der rektalen Druckmessung entstehen und müssen ausgeschlossen werden. Der rektale Druck kann höher als der intravesikale Druck sein und es können Druckschwankungen auftreten. Auch beim Auftreten dieser Artefakte ist die rektale Druckmessung hilfreich für die Interpretation der Ergebnisse.

Der zur Rektaldruckmessung verwendete Katheter kann ein beliebiger, nicht elastischer Druckschlauch sein. Er sollte jedoch mit demselben Medium, das auch zur intra-

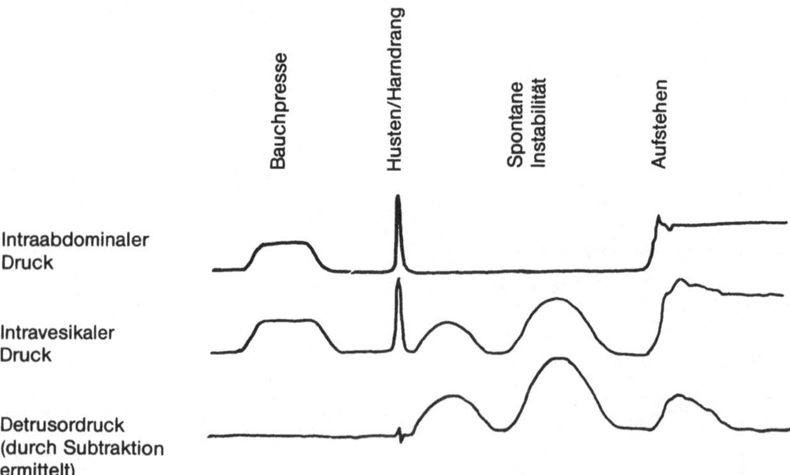

Abb. 3.16. Bedeutung der Messung des intraabdominalen Druckes zur Errechnung des Detrusoreigendruckes

vesikalen Druckmessung verwendet wird, gefüllt werden. Um eine Blockade des Druckkanals durch Faeces oder Entweichen der Flüssigkeit aus dem Rektum zu vermeiden, empfiehlt es sich, das Ende des Druckkatheters mit einem Ballon zu verschließen. Dieser Ballon kann leicht selbst hergestellt werden, indem man von einem Operationshandschuh einen Finger abschneidet, um ihn am Ende des Schlauches zu fixieren. Dieser „Ballon“ sollte luftleer sein und nicht überdehnt werden.

Elektronische Subtraktion

Zusätzlich zur Registrierung des Abdominaldruckes (Pabd) und des intravesikalen Druckes (Pves) ist es nützlich, auf einem zusätzlichen Kanal den Detrusordruck (Pves – Pabd = Pdet) als Ergebnis der Subtraktion beider Drücke zu registrieren. Verschiedene Firmen bieten Meßplätze mit diesem Subtraktionskanal an. Sie können jedoch sehr einfach in jedem medizinisch-physikalischen Labor hergestellt werden. Darüberhinaus sind Differential- oder Subtraktionsdruckelemente erhältlich. Diese sollten jedoch niemals verwendet werden. Ihre Funktion besteht darin, daß auf jeder Seite des Diaphragmas ein Druck angeboten wird, aus dem dann der Subtraktionsdruck resultiert. Dieser Druck ist dann der Detrusordruck. Es fehlt jedoch die wichtige Information der beiden Primärdrücke und ohne diese läßt sich der Detrusordruck nicht interpretieren. Um biphasische Subtraktionsartefakte zu vermeiden, ist es erforderlich, die Blasen- und Urethradruckmessung mit Kathetern identischen Typs, Kalibers und identischer Länge durchzuführen.

Verstärker

Die Konditionierungseinheiten oder Vorverstärker bringen das oft niedrige Signalniveau, das von den Transducern produziert wird, auf einen höheren Level. Die vorverstärkten Signale werden dann dem Verstärker des Schreibers angeboten. Der Vorverstärker kann isoliert sein oder Teil eines mehrkanaligen Anzeigesystems. Verschiedene Hersteller produzieren nun kombinierte Verstärker-Schreiber-Systeme. Jedenfalls sollten auch hier, wie bei den Druckelementen einige Punkte beachtet werden, bevor man sich für ein System entscheidet.

Vergewissern Sie sich, daß Druckelement und Verstärker aufeinander abgestimmt sind. Sorgen Sie dafür, daß alle Kabel, die die einzelnen Teile des Meßapparates verbinden, mit korrekten Steckern und Adaptern versehen sind. Prüfen Sie die technische Spezifikation der Vorverstärker insbesondere betreffend der Nullpunktabweichung, der Linearität und der Schnelligkeit der Druckregistrierung. Vergewissern Sie sich, daß die Verstärkerkontrollfunktionen leicht zu bedienen und gut verständlich sind. Beachten Sie, daß der Verstärker eine Ausgangskapazität hat, um den Schreiber zu speisen. Haben Sie Zweifel am System, bitten Sie Ihren Lieferanten, Ihnen das Instrumentarium für einige Tage zur Verfügung zu stellen und testen Sie es. Konsultieren Sie Ihren Medizintechniker in dieser Angelegenheit.

Schreibsysteme

Papierschreiber gibt es in einer großen Auswahl von spezifischen Einzelleistungen, die es oft schwer machen, die richtige Entscheidung für ein optimales System für die eigenen urodynamischen Fragestellungen zu finden. Die wichtigsten Aspekte sind dabei der Schreibmechanismus, das erforderliche Papier und die Anzahl der einzelnen erforderlichen Kanäle. Darüberhinaus ist es wichtig zu berücksichtigen, ob letztere sich überlappen und ob jeder Kanal eine spezielle Identifikation erforderlich macht. Überlappen sich die Kanäle, dann müssen übereinandergehende mechanische Schreiber versetzt sein. Dies kann zu ungenauen Interpretationen führen. Weiterhin ist es notwendig, daß die Frequenz und die Papiergeschwindigkeit des Schreibers den entsprechenden Untersuchungsbedingungen angepaßt sind. Aus elektronischer Sicht hat die Empfindlichkeit des Apparates der Größe der angebotenen Signale zu entsprechen. Es ist sinnlos, ein Meßgerät zu kaufen, das komplizierter und teurer ist, als man es eigentlich benötigt. Die Vorzüge der hauptsächlich angebotenen kommerziellen Schreiber werden später diskutiert.

Vier Kanäle sind das erforderliche Minimum für die meisten urodynamischen Untersuchungen: Abdominaler Druck, intravesikaler Druck, Detrusordruck und Uroflow. Zusätzliche Kanäle können erforderlich werden, um Blasenvolumen, EMG, Urethradruck und urethralen Verschlußdruck zu messen. Werden alle diese Parameter simultan gefordert, insbesondere in der Forschung, dann ist ein Acht-Kanalschreiber notwendig. Für die Praxis sind 6 Kanäle absolut ausreichend, wenn eine Selektoreinheit eingebaut ist, die in verschiedenen Untersuchungsprogrammen von 8 verschiedenen Parametern 6 auswählt. Diese Einheiten sind kommerziell erhältlich.

Hitzeschreiber

Bei diesem System wird ein Metallstift erhitzt, der dann auf hitzeempfindlichem Papier schreibt. Das System ist robust und im allgemeinen störungsfrei. Das Papier ist jedoch relativ teuer. Die Frequenz des Schreibersystems geht bis etwa 50 Hz und kann dadurch für alle urodynamischen Untersuchungen außer einem qualitativ hochwertigen EMG verwendet werden. Im allgemeinen laufen die Kanäle parallell und überlappen nicht. Das Papier läßt sich gut archivieren, jedoch treten schnell Artefakte durch Kratzer oder in den Umschlagfalzen auf. Es zeigt einen guten Kontrast. Somit ist dieses System für eine Reproduktion gut geeignet.

Tintenschreiber

Tintenschreiber mit einem Tintenreservoir oder Filzschreiber finden Verwendung. Das System hat in etwa die Charakteristika des Hitzeschreibers. Der Vorteil jedes Tintenschreibsystems ist in der kostengünstigen Papierbeschaffung zu sehen. Der Nachteil ist jedoch, daß die Verbindung zum Tintenreservoir oft verstopft, besonders wenn der Schreiber nicht regelmäßig benutzt wird. Bei Benutzung von Filzschreibern können die einzelnen Kurven mit verschiedenen Farben dargestellt werden. Es gibt Systeme, bei denen jeder Kanal die gesamte Papierbreite ausnutzt. Das macht jedoch die bereits beschriebenen Startpunktverschiebungen nötig, die zu Irrtümern führen können, wenn man die einzelnen Kanäle miteinander vergleicht. Nur in einem Fall ist diese Verschiebung von Vorteil: Es kann angebracht sein, die Registrierung des Harnflusses um etwa eine Sekunde zu verschieben und damit den Zeitverlust auszugleichen, der vom Verlassen des Harns aus dem Meatus externus bis zum Auftreffen auf das Registrierungsgerät entsteht. Wird ein Tintenschreibsystem verwendet, muß auch festgestellt werden, ob das System in einer gebogenen oder geraden Linie schreibt. Das gebogene System kann billiger und akurater sein, es führt jedoch oft zu Schwierigkeiten bei der Interpretation.

Tintenstrahlschreiber

Bei diesem System wird durch eine Düse Tinte in einem feinen Strahl unter hohem Druck direkt von dem sich bewegenden Galvanometerblock auf das Papier gespritzt. Der Tintenstrahl ist so dünn, daß er mit bloßem Auge nicht zu sehen ist. Kommt er auf das Papier, wird die Tinte mit einer Löschrolle abgetrocknet. Dieses System ist teuer, aber funktioniert gut und scheint nicht zu blockieren. Es hat den Vorteil, daß billiges Papier benutzt und eine Hochfrequenzregistrierung bis 700 Hz ermöglicht werden kann. Darüberhinaus sind überkreuzende Registrierungen mit einer minimalen Startpunktverschiebung von 1–2 mm möglich. Die Nachteile sind die hohen Kosten und die Tatsache, daß bei langsamem Papiervorschub auf der geschriebenen Kurve Tintenklekse entstehen. Wie bei allen Tintensystemen ist auch diese Aufzeichnung sehr gut haltbar und läßt sich leicht photographisch reproduzieren.

UV-Licht-Schreiber

Dieses System erlaubt die höchste Ausschlagfrequenz, nämlich bis zu 5000 Hz. Der Galvanometerblock reflektiert einen UV-Lichtstrahl mit Hilfe eines kleinen Spiegels auf lichtsensibles Papier. Nach einigen Sekunden, wenn das UV-Papier ans Tageslicht kommt, erscheinen die Kurven. Außer der Hochfrequenzregistrierung sind weitere Vorteile die relativ geringen Anschaffungskosten und die Möglichkeit der Aufzeichnung einer großen Anzahl von Kanälen auf relativ schmalem Papier. Die Kurven können ohne jegliche Startpunktverschiebung dargestellt werden, was aber zu Schwierigkeiten bei der Identifikation der einzelnen Kurven führen kann. Die meisten Schreiber haben eine Vorrichtung eingebaut, die jede Kurve in einem regelmäßigen Abstand unterbricht und mit einer speziellen Marke identifiziert. Die Nachteile liegen im hohen Preis des recht empfindlichen Papiers, in der oft schlechten Qualität der Kurven und in der Tatsache, daß im Laufe der Zeit die Kurven verblassen, insbesondere wenn sie dem Licht ausgesetzt werden. Die UV-Lichtquelle ist teuer und muß häufig ersetzt werden. Wenn man einen solchen Schreiber kauft, dann sollte man vorher prüfen, ob die Galvanometer eine spezielle Konditionierungseinheit erfordern, da sie bekanntermaßen driften. UV-Schreiber sind daher nicht für die routinemäßige urodynamische Untersuchung geeignet. Sie sind jedoch für bestimmte Forschungsprojekte sehr gut brauchbar, wenn eine Hochfrequenzmessung z.B. bei der elektromyographischen Ableitung erforderlich ist.

X-Y-Schreiber

Diese Form der Registrierung kann auf einfachem Papier konventioneller Größe (z.B. zum Einheften in die Krankengeschichte bzw. zur Fotokopie) verwendet werden. X-Y-Schreiber sind empfehlenswert, wenn Parameter gegeneinander graphisch dargestellt werden sollen, z.B. Druck gegen Urethralänge für das urethrale Druckprofil oder Druck gegen Volumen während einer Zystometrie.

Abrams et al. (1977) haben beschrieben, wie die Blasenfunktion in einer Druck-Volumen-„Schlinge", die die Füllungs- und Entleerungsphase beinhaltet, dargestellt werden kann. Dieses System wurde weiter modifiziert, so daß die freie Flußrate, das urethrale Druckprofil, das Auffüllzystometrogramm und Druck-Fluß-Studien darstellbar sind (Abrams et al. 1981). Ein besonderer Vorteil liegt darin, daß verschiedene Untersuchungsergebnisse übereinandergelegt werden können und dadurch direkt vergleichbar sind.

Urethradruckprofil

Einleitung

Die Analyse der urethralen Druckänderungen hat in verschiedener Hinsicht die EMG-Registrierung für die Analyse der urethralen Sphinkterfunktion ersetzt. Der Vorteil ist, daß direkte quantitative Messungen möglich sind, die die meisten Elemente, die an der Bildung des urethralen Druckes mitwirken, miteinschließen. Es gibt zwei verschiedene Typen von urethralen Druckmessungen. „Statische Druckmessungen" bedeuten Messungen des Druckes an bestimmten Punkten der Urethra während einer beliebigen Periode und ihre Reproduktion in Form eines funktionellen Profils. „Dynamische Druckmessungen" bedeuten, daß Drücke von einem Teil der Urethra während einer bestimmten Zeitperiode erfaßt werden, während der die funktionellen Ereignisse der Miktion ablaufen.

Definition

Das urethrale Druckprofil (UDP) beschreibt den intraluminalen Druck innerhalb der gesamten Urethra während sich die Blase „in Ruhe" befindet. Abb. 3.17 zeigt die ICS-Terminologie der urethralen Druckmessung. Die Nullpunkt-Referenz ist wiederum die obere Kante der Symphyse. Wird die Methode beschrieben, dann ist es erforderlich, den Kathetertyp und Katheterdurchmesser, die Meßtechnik, die Infusionsrate (falls die "Brown-Wickham-Technik" verwendet wird), die Geschwindigkeit des Katheterrückzuges, das Blasenvolumen und die Position des Patienten zu registrieren. Der maximale urethrale Druck ist der maximale Druck des gemessenen Profils. Der maximale Urethraverschlußdruck ist der Differenzdruck zwischen dem maximalen urethralen Druck und dem gleichzeitig registrierten intravesikalen Druck. Die funktionelle Urethralänge beschreibt die Länge der Strecke, auf der der urethrale Druck den intravesikalen Druck übersteigt.

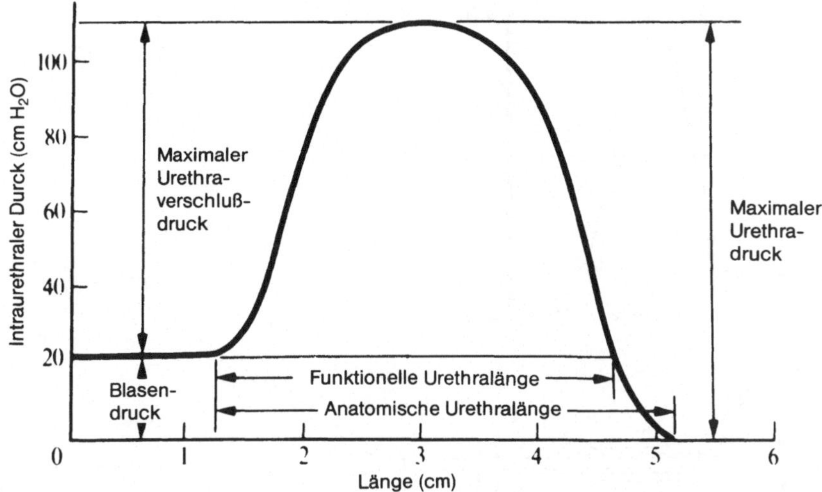

Abb. 3.17. Schematische Darstellung des Urethradruckprofils mit der von der International Continence Society in ihrem 1. Bericht empfohlenen Terminologie (s. Anhang 1)

Technik und Ausrüstung

Zur Zeit werden drei Methoden zur Erfassung des urethralen Druckes angewendet, die Widerstandsmessung gegenüber Flüssigkeits- oder Gasperfusion (Brown und Wickham 1969), die Messung mit kleinlumigen Ballonkathetern (Enhörning 1961) und die mit Tip Transducer-Kathetern (Asmussen und Ulmsten 1975).

Flüssigkeitsperfusionsprofilometrie

Dies ist wahrscheinlich die bekannteste Methode. Das Prinzip dieser Technik ist die Messung des Druckes, der erforderlich ist, um einen Katheter mit einer konstanten Perfusionsrate zu durchströmen. Der Katheter wird in die Blase eingeführt und langsam durch die Harnröhre herausgezogen. Der Katheter hat Seitenlöcher 5 cm von seiner Spitze entfernt, durch die die Perfusionsflüssigkeit in die Blase oder die Harnröhre einströmt. Die konstante Infusion wird über eine Spritzenpumpe aufrechterhalten. Experimentell wurde festgestellt, daß mit dieser Technik der Okklusionsdruck der Harnröhrenwand gemessen wird. Abb. 3.18 zeigt das erforderliche Gerät, um mit dieser Technik den Urethraverschlußdruck messen zu können.

Kathetergröße

Bei Katheterstärken zwischen 4 und 10 Charrière sind keine signifikanten Unterschiede bei der Druckmessung zu erwarten. Es scheint so, als ob Größen über 10 Charrière sowohl die urethrale Elastizität als auch den urethralen Verschlußdruck messen und daher zu hohe Drücke registriert werden. Der Vergleich der Drücke, die mit dün-

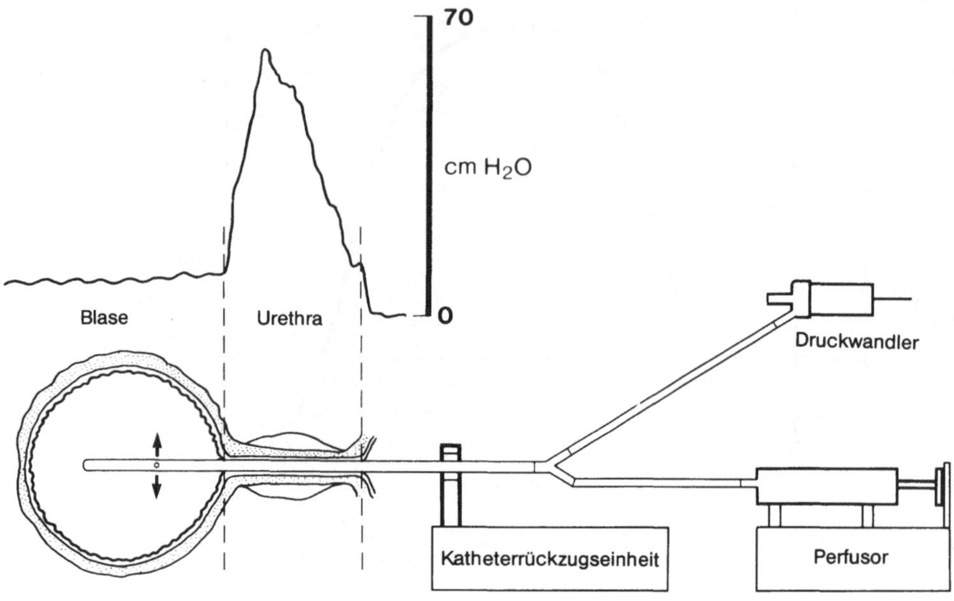

Abb. 3.18. Meßanordnung zur urethralen Perfusionsdruckmessung. Zur Messung des Urethraverschlußdrucks ist ein Doppellumenkatheter und ein zusätzlicher Druckwandler erforderlich, um gleichzeitig den intravesikalen Druck zu registrieren

neren und dickeren Kathetern gemessen wurden, könnte jedoch eine Möglichkeit sein, die urethrale Elastizität zu erfassen.

Katheteröffnungen

Eine endständige Öffnung oder eine Seitenöffnung ergeben inkorrekte Resultate, erstens auf Grund eines fehlenden adäquaten Kontaktes mit der Schleimhaut und zweitens infolge einer spezifischen Orientierung des Seitenloches. Ein Katheter mit zwei gegenüberliegenden Seitenlöchern, die vom Katheterende entfernt liegen, gibt bekanntlich die größte Genauigkeit. Die Anwesenheit von mehr als zwei Seitenlöchern erhöht nicht die Genauigkeit. Sind die Löcher 5 cm von der Katheterspitze entfernt, dann erleichtert dies die Untersuchung.

Perfusionsrate

Es ist wünschenswert, daß der Katheter mit einer konstanten Rate perfundiert wird. Dies erfordert die Verwendung einer Motorpumpe und verbietet eine peristaltische Pumpe. Eine Perfusionsrate zwischen 2 und 10 ml pro Minute ermöglicht eine genaue Messung des Verschlußdrucks. Perfusionsraten von weniger als 2 ml pro Minute sind allgemein nicht in der Lage, den wahren urethralen Druck zu messen, es sei denn, es wird ein extrem langsamer Rückzug angewendet. Die Gründe dafür werden weiter unten beschrieben. Perfusionsraten über 10 ml pro Minute können leicht zu falsch hohen Ergebnissen führen, da die Flüssigkeit nicht schnell genug aus den seitlichen Katheteröffnungen entlang der Urethra abströmen kann.

Geschwindigkeit des Katheterrückzugs

Der mechanische Katheterrückzug muß mit konstanter Geschwindigkeit erfolgen, wozu am besten ein motorisiertes Rückzugssystem Verwendung finden sollte. Zuggeschwindigkeiten von weniger als 0.7 cm/s sind anzuraten, wenn Perfusionsraten zwischen 2 und 10 ml pro Minute verwendet werden. Die Katheterrückzugseinheit kann mit einem Potentiometer kombiniert werden, um damit die Katheterposition zu messen. Falls erforderlich, kann diese Einrichtung mit einer Achse eines X-Y-Schreibers oder mit einem Kanal eines Papierschreibers verbunden werden.

Reaktionszeit des Systems

Die Aufmerksamkeit, die der Technik gilt, kann gar nicht groß genug sein. Sie hilft, eine genaue Profilmessung durchzuführen. Trotzdem ist es wichtig, jedes individuelle Meßsystem auf seine Meßgenauigkeit zu prüfen. Die Antwortzeit des Systems sollte berechnet werden. Bei der Anordnung von Brown und Wickham ist dies sehr einfach möglich, indem die Seitenlöcher während der Registrierung verschlossen werden. Eine Graphik des Druckes, geschrieben als Funktion der Zeit, kann so erhalten werden (Abb. 3.19). Die aufsteigende Linie gibt die maximale Druckantwort bei einer spezifischen Perfusionsrate in cmH_2O pro Sekunde an. Hat z.B. das System bei einer gegebenen Perfusionsrate eine maximale Antwort von 50 cmH_2O pro Sekunde und steigt der urethrale Druck in den proximalen 2 cm der Urethra auf 100 cmH_2O an, dann kann daraus gefolgert werden, daß der Katheter nicht schneller als 1 cm/s bei der Testinfu-

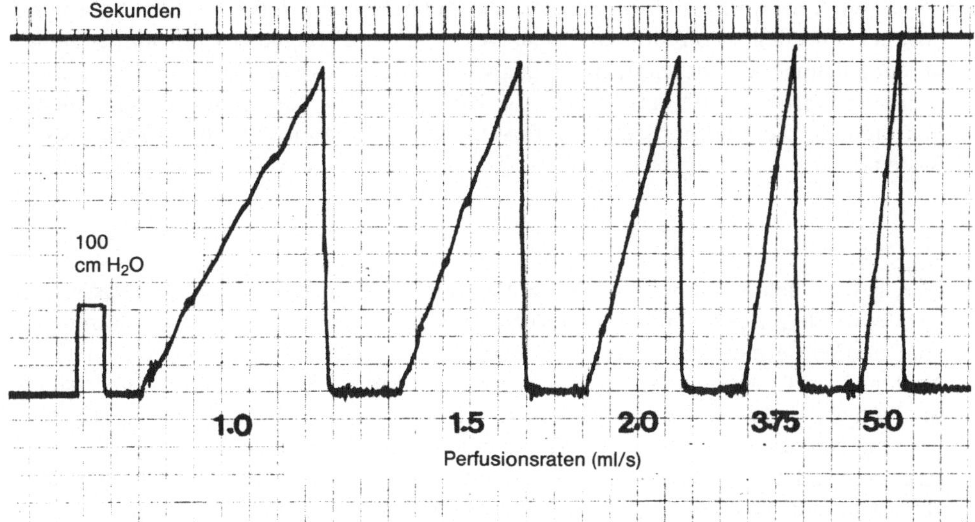

Abb. 3.19. Die unterschiedlichen Reaktionszeiten für ein Urethradruckprofil-Katheter-System demonstrieren die Druckantwort auf die Katheterokklusion bei unterschiedlichen Perfusionsraten

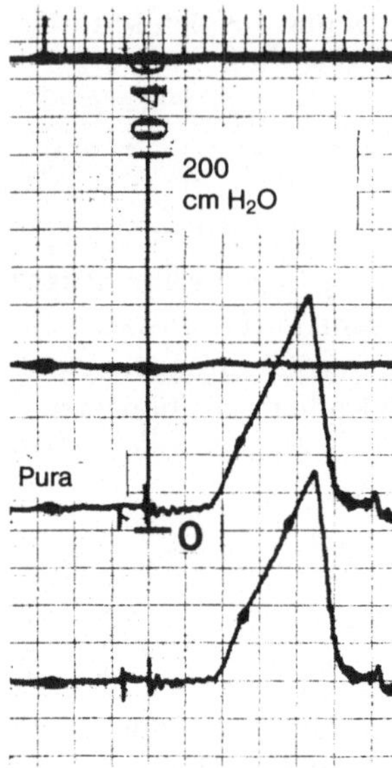

Abb. 3.20. Das artifizielle „Sägezahn"-Urethradruckprofil mit einem geraden, aufsteigenden Schenkel, der den tatsächlichen urethralen Druck unterbewertet. Die Abkürzungen in der Abb. entsprechen den ICS-Normen (s. Anhang 1)

sionsrate zurückgezogen werden darf. Ansonsten wird der gemessene Druck zu gering. Die Reaktionszeit des Systems kann durch drei Faktoren beschrieben werden, durch die Länge und den Durchmesser des Schlauchsystems vom Patienten zum extern gelegenen Druckelement sowie durch die Rate der Katheterperfusion und die Geschwindigkeit des Katheterrückzugs. In der Routine sind Druckschläuche bis zu 100 cm Länge zwischen Profilkatheter und Druckelement bzw. Druckpumpe akzeptabel. Betrachtet man die Form des urethralen Druckprofils, dann kann man relativ leicht entscheiden, ob die Reaktionszeit adäquat ist, um ein genaues Profil zu schreiben. Die Kurve, die wir als „Sägezahn"-Profil (Abb. 3.20) beschreiben, kennzeichnet einen ungenau gemessenen maximalen Urethradruck. Der aufsteigende Teil des Profils ist glatt und gestreckt und sieht unphysiologisch aus. Der abfallende Schenkel ist gewöhnlich steiler als der aufsteigende und unregelmäßiger. Wenn ein solches Profil gemessen wird, dann sollte die Perfusionsrate erhöht, bzw. die Rückzugsrate verlangsamt werden. Andere Faktoren, die die Reaktionszeit beeinflussen, sind Luftblasen oder Flüssigkeitslecks im System.

Gasperfusionsprofilometrie

Gas, gewöhnlich Kohlendioxyd, kann ebenfalls als Perfusat anstelle von Wasser verwendet werden. Die Technik ist im Prinzip ähnlich, und korrekt angewandt, lassen sich Gas- und Wassermessungen vergleichen (Abb. 3.21). Diese Technik hat jedoch einige Nachteile und sollte vorher genau analysiert werden. Da Gas ein kompressibles Medium ist, sind hohe Perfusionsraten erforderlich, um die gleichen Druckantworten wie beim Wasser zu erhalten. Betrachtet man die Reaktionszeit dieser Technik, dann zeigt sich, daß die Perfusionsrate von 2 ml/min Wasser in etwa gleichzusetzen ist mit der von 150 ml/min Gas. Darüberhinaus ließ sich feststellen, daß die Infusionsrate von Gas inkonstant ist und dann abfällt, wenn der intraluminäre Druck ansteigt. Gasdruckprofile sind nicht empfehlenswert, es sei denn, der Untersucher ist sich genau darüber im Klaren, was er vorhat.

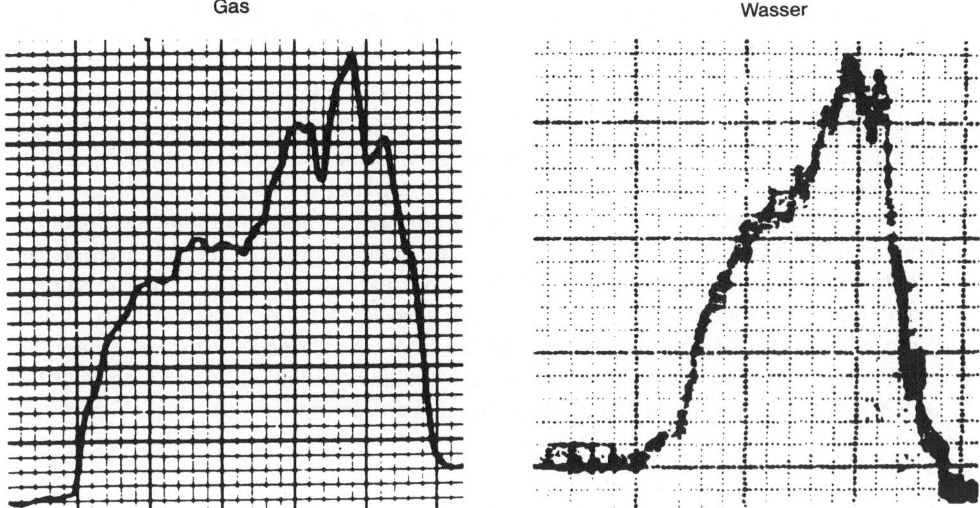

Abb. 3.21. Vergleich von Gas- und Wasser-Perfusionsdruckprofil beim gleichen Patienten

Ballonkatheterprofilometrie

Enhörning beschrieb 1961 die Messung des urethralen Druckes mit Hilfe eines weichen kleinen Ballons, der an einem Katheter fixiert war. Der Druck wird über eine Wassersäule zum externen Druckelement weitergeleitet. Mehrere Ballons bzw. Membranen können an einem Katheter fixiert sein. Dieses System ist zweifellos gut und mißt den urethralen Druck sehr exakt. Die Reaktionszeit ist kürzer als bei der Perfusionsmethode. Trotzdem ist dieses System schwieriger zu handhaben. Die Ballonmembranen können zu Ungenauigkeiten auf Grund ihrer physikalischen Charakteristika führen. Diese Faktoren müssen mit häufigem und sorgfältigem Kalibrieren ausgeglichen werden. Insbesondere ist sehr wichtig, alle Luftblasen aus dem System zu entfernen, da sie die Drucktransmission dämpfen.

Tip Transducer-Katheter

Bei dieser Methode ist das Druckelement am Ort des Meßpunktes lokalisiert. Es erfaßt den Druck direkt und nicht mit Hilfe eines Transmissionssystem zu einem externen Druckelement. Dadurch sind z.B. Artefakte der Reaktionszeit, die durch Leckbildungen oder Luftblasen verursacht werden können, nicht vorhanden. Das Fehlen jeglichen Nullpunkt-Irrtums führt zu korrekten Druckmessungen, auch wenn der Patient seine Position ändert. Dies erleichtert die Messung des urethralen Druckes in sitzender oder stehender Position, was sicher physiologischer ist. Diese Vorteile, kombiniert mit der schnellen Reaktionszeit solcher Druckelemente, machen die dynamischen Druckregistrierungen wie das Streßprofil, das später beschrieben wird, leichter.

Simultane Registrierung des Blasendrucks während der Messung des Urethradruckprofils

Der Blasendruck sollte immer simultan zum Urethradruckprofil gemessen werden, wie bereits betont wurde (Erster Bericht der ICS 1975). Das ist damit zu begründen, daß eine Detrusorkontraktion, die möglicherweise mit einer reziproken urethralen Inhibition einhergeht, unentdeckt bleiben kann, während der Tip-Katheter durch die Harnröhre gezogen wird. Unabhängig davon muß aus praktischen Gründen eine Profilmessung mehrfach wiederholt werden, bis ein konstantes reproduzierbares Ergebnis feststellbar ist. Dies ist die beste Möglichkeit, Artefakte zu vermeiden. Darüberhinaus scheint es aber noch wichtiger, den rektalen Druck simultan zu registrieren, um die Transmission des Abdominaldruckes auf die Urethra messen zu können. Stehen nur zwei Druckelemente zur Verfügung, dann empfiehlt sich, den „sterilen“ Kanal des Blasendrucks für die urethrale Druckprofilmessung zu verwenden.

Urethrastreßprofil

Das Konzept des Streßprofils wurde durch Asmussen und Ulmsten 1976 eingeführt. Simultane Blasendruckmessungen können bei Verwendung entsprechenden Kathetermaterials mitgemacht werden. Für genaue Messungen wird ein Tip-Katheter empfohlen. Der Profilmeßkatheter wird langsam, mit einer Geschwindigkeit von 1–2 mm/s, wie oben beschrieben, durch die Harnröhre gezogen und der Patient aufgefordert, in regelmäßigen Abständen zu husten. Die Alternative dazu ist, den Meßkatheter in 0,5 cm Abständen anzuhalten und den Patienten zu bitten, bis zu einem vorprogrammierten Drucklevel die Bauchpresse zu betätigen. Diese Methode mißt die Effizienz der Drucktransmission auf die proximale Urethra vom Abdominalraum aus. Es ist bekannt, daß eine herabgesetzte Druckfortleitung eines erhöhten intraabdominalen Druckes mit der genuinen Streßinkontinenz im Zusammenhang stehen kann. Die Transmission kann als der Verschlußdruck ausgedrückt werden: Er entspricht dem Urethradruck minus dem intravesikalen Druck. Ist der Verschlußdruck während der Hustenstöße negativ, kommt es i. allg. zum Harnverlust. Der Harnröhrenverschlußdruck kann elektronisch durch eine Subtraktion des intravesikalen Druckes vom intraurethralen Druck errechnet und dann auf dem Schreiber registriert werden (Abb. 3.22).

Reproduzierbarkeit des Urethradruckprofils

Vorausgesetzt, daß der Untersuchungstechnik genügend Aufmerksamkeit geschenkt wird, sind die Resultate äußerst gut reproduzierbar. Einige „normale“ Variationen im urethralen Druckprofil sind beschrieben worden. Die hauptsächlichen Ursachen dieser Druckfluktuationen liegen in den willkürlichen Kontraktionen der Urethra oder der periurethralen Muskulatur. Wie Gosling 1979 berichtete, ist es wahrscheinlich, daß der Großteil des maximalen urethralen Druckes des Ruheprofils durch die intramurale quergestreifte Harnröhrenmuskulatur aufgebracht wird. Ist der Patient während der Durchführung des urethralen Druckprofils nicht entspannt, dann verursacht die Beckenbodenmuskulatur, die in enger Nachbarschaft zur Urethra liegt, durch Kontraktion eine Druckerhöhung entlang der Urethra. Diese Druckerhöhungen können durch Auf-

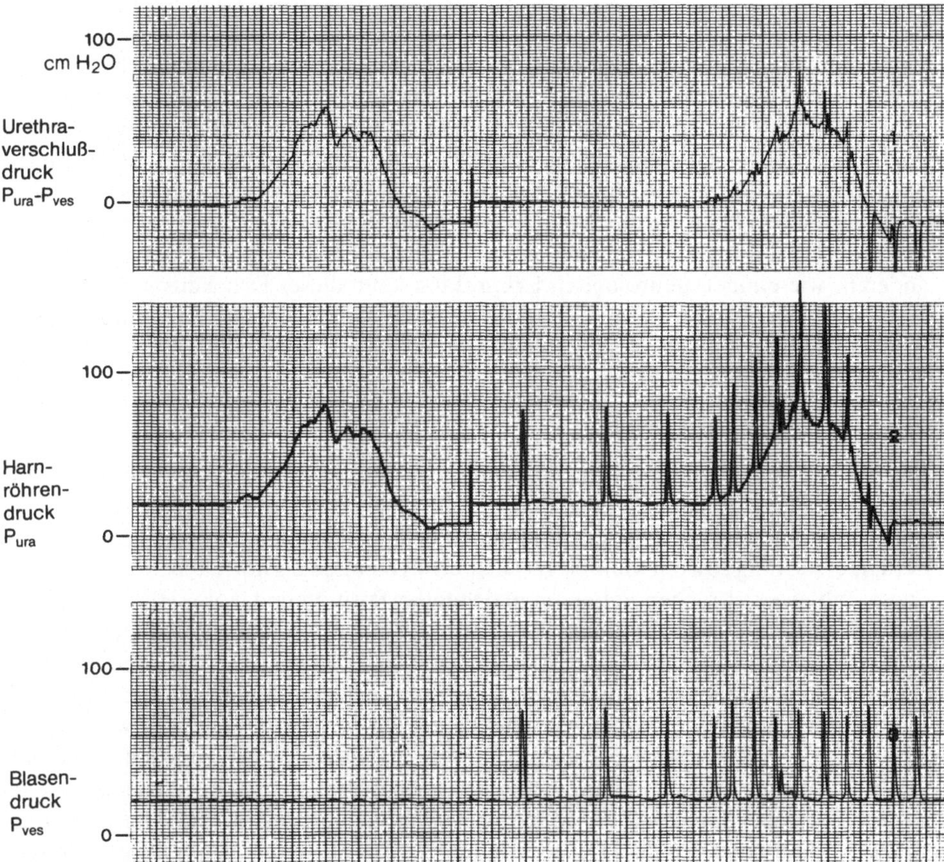

Abb. 3.22. Urethrastreßprofil. Links ist ein konventionelles Urethradruckprofil (Ruheprofil) und rechts das gleiche Profil dargestellt, bei dem jedoch der Patient regelmäßig hustet. Wenn der urethrale Verschlußdruck *(obere Kurve)* im Anfangsteil des Profils negativ wird, dann liegt mit großer Wahrscheinlichkeit eine Streßinkontinenz vor. Bei diesem Beispiel ist die Situation unklar. Der Harnröhrenverschlußdruck in Ruhe beträgt 60 cmH_2O. Die funktionelle Harnröhrenlänge ist 2,7 cm, aber die Amplitude des Profils senkt sich beim Husten ab und der Urethraverschlußdruck wird grenzwertig negativ. Der Patient hat eine Streßinkontinenz

forderung des Patienten, willkürlich den Beckenboden zu kontrahieren (Kommando: Urin zurückhalten oder Harnstrahl unterbrechen!), provoziert werden. Bei einer sensiblen Harnröhre ist es nicht ungewöhnlich, daß während des ersten urethralen Druckprofils die Drücke auf Grund des Unvermögens des Patienten zu relaxieren, höher sind. Wie Plevnik und Janez (1978) betonten, zeigen verschiedene Patienten größere Variabilitäten des Urethradruckes als andere. Können reproduzierbare Profile in einem speziellen Fall nicht erhalten werden, dann ist dies eine Indikation zur Durchführung eines dynamischen Profils, d.h. Messung des maximalen urethralen Druckes mit Hilfe eines stationären Katheters über eine längere Zeit. Oft zeigen sich vaskuläre Pulsationen bei diesen Messungen, die nicht als unnormal angesehen werden können.

Effekt der Position des Patienten auf das Urethradruckprofil

Aus technischen Überlegungen ist es einfacher, ein urethrales Druckprofil beim liegenden Patienten durchzuführen. Die meisten Tests werden in dieser Position vorgenommen. Die Position des Patienten hat jedoch einen deutlichen Einfluß auf den urethralen Muskeltonus. George und Feneley (1978) haben die Art der Druckschwankungen, die auftreten können, beschrieben. Die normale Reaktion bei Druckmessung in einer mehr aufrechten Haltung ist der Anstieg des maximalen urethralen Verschlußdruckes von ungefähr 23%. Bei manchen Patienten muß dieser Anstieg nicht auftreten und bei anderen, wie einigen neurologisch Erkrankten kann dieser Druckanstieg sogar über 100% betragen. Das Fehlen eines Druckanstiegs in stehender Haltung kann als diagnostischer Test für die genuine Streßinkontinenz gewertet werden (Tanagho 1979).

Normales Urethradruckprofil

Die Abbildungen des normalen urethralen Druckprofils, wie sie in der Literatur zu finden sind, entstanden auf der Basis sehr kleiner Untersuchungsserien. Die Zahlen in Tabelle 3.3 sind jedoch einer großen Anzahl unserer Patienten entnommen, die nach der Untersuchung sowohl klinisch als auch urodynamisch als normal beurteilt wurden. Diese Zahlen entsprechen Patienten in liegender Position und leerer Blase. Eine adäquate Information über normale Druckmessungen in anderen Positionen und für andere Blasenvolumina sind nicht beschrieben worden. Dies schränkt sicher den Wert des urethralen Druckprofils ein, denn es bezeichnet die urethrale Antwort auf Blasenfüllung und Positionswechsel, zwei Aspekte, die für die Diagnose äußerst wichtig sind. Es gibt einige spezifische Geschlechtsunterschiede. Beim Mann sinkt der maximale urethrale Verschlußdruck nicht mit zunehmendem Alter ab, während dies jedoch bei der Frau insbesondere nach der Menopause deutlich feststellbar ist. Ähnlich verhält sich auch die Länge der funktionellen Urethra, die sich beim Mann als prostatische Urethra mit dem Alter verlängert, während sie sich bei der Frau zunehmend verkürzt (s. Abb. 5.11, 5.12). Es existiert eine deutliche Überlappung der Parameter bei normalen und pathologischen Situationen, wie es z.B. bei der Streßinkontinenz zu beobachten ist. Eine bessere Korrelation zwischen normal und pathologisch ist dann festzustellen, wenn ein Index verwendet wird. Benutzt wird die Bestimmung der totalen urethra-

Tabelle 3.3. Werte für das urethrale Druckprofil bei Patienten, bei denen kein pathologischer Befund feststellbar war[a]

	Maximaler Urethradruck (cm H_2O) Männer		Frauen	
Alter	Mittelwert	Bereich	Mittelwert	Bereich
< 25	75	37–126	90	55–103
25–44	79	35–113	82	31–115
45–64	75	40–123	74[a]	40–100
> 64	71	35–105	65[a]	35– 75

[a] Edwards (1973) gab für den normalen Urethradruck in der Gruppe über 45 Jahre Werte in einem Bereich von 20–50 cm H_2O an, die somit viel niedriger liegen, als diese

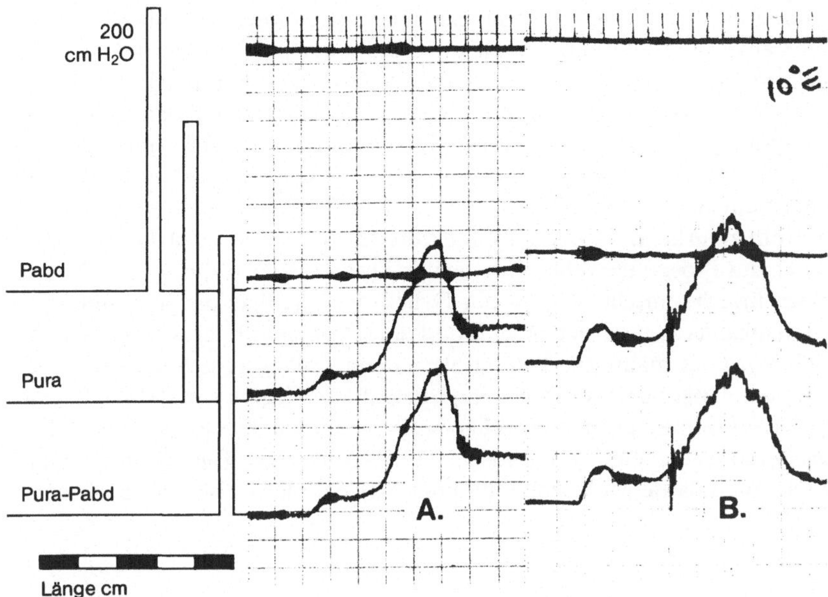

Abb. 3.23. Urethradruckprofile von zwei normalen männlichen Probanden von 14 Jahren *(A)* bzw. 50 Jahren *(B)*

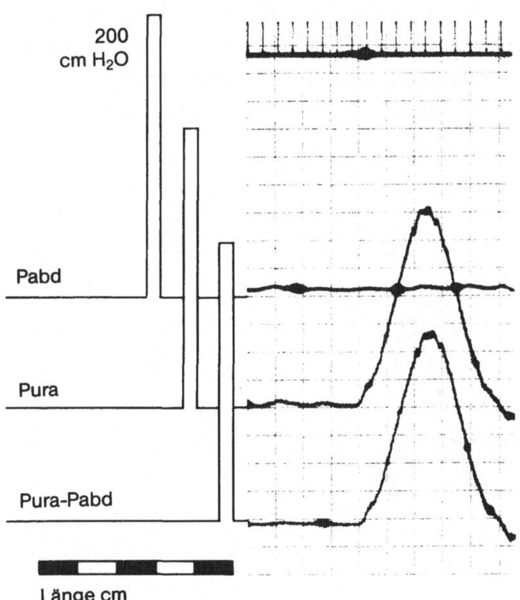

Abb. 3.24. Urethradruckprofil einer normalen weiblichen Probandin

len Muskelfunktion, die beispielsweise als maximaler urethraler Verschlußdruck mal funktioneller Länge oder alternativ durch Integration der Fläche unterhalb der urethralen Druckprofilkurve berechenbar ist. Auch die Form des urethralen Profils ist von diagnostischem Wert. Beim normalen Mann ist die Strecke zwischen dem Blasenhals und der membranösen Urethra der wichtigste Teil des funktionell wirksamen Urethradruckprofils. Die distale bulbäre und penile Urethra ist sehr variabel in ihrer Länge und wird allgemein nicht beschrieben. Gewisse konstante Charakteristika sind im männlichen Profil zu erkennen. Der präsphinktere Teil der Kurve zeigt sogar bei Jungen einen durch das Prostatagewebe verursachten Druckanstieg (Abb. 3.23). Die präsphinktere Druckfläche mischt sich mit der Druckzone, die dem distalen urethralen Sphinktermechanismus zugeschrieben wird und die selbst mehr oder weniger symmetrisch verläuft. Wird der männliche Patient älter, dann verlängert sich das präsphinktere Profil (Prostatalänge) und der Druck innerhalb dieser Region wird höher. Dies ist innerhalb gewisser Grenzen nicht notwendigerweise unnormal. Das normale weibliche urethrale Druckprofil zeigt eine symmetrische Form (Abb. 3.24). Eine Asymmetrie ist meistens durch eine falsche Meßtechnik bedingt, wie beispielsweise das „Sägezahn"-Profil.

Klassifikation des pathologischen Urethradruckprofils

Abweichungen im Druckprofil kann man nach dem Teil der Urethra, der befallen ist, und nach dem Geschlecht des Patienten klassifizieren. Präsphinktere Abweichungen werden gewöhnlich bei Männern mit Störungen am Blasenhals bzw. an der Prostata gesehen. Im allgemeinen ist dann das prostatische Plateau erhöht bzw. verlängert. Dieses Plateau kann flach sein (Abb. 3.25) oder eine prostatische Spitze aufweisen (Abb.

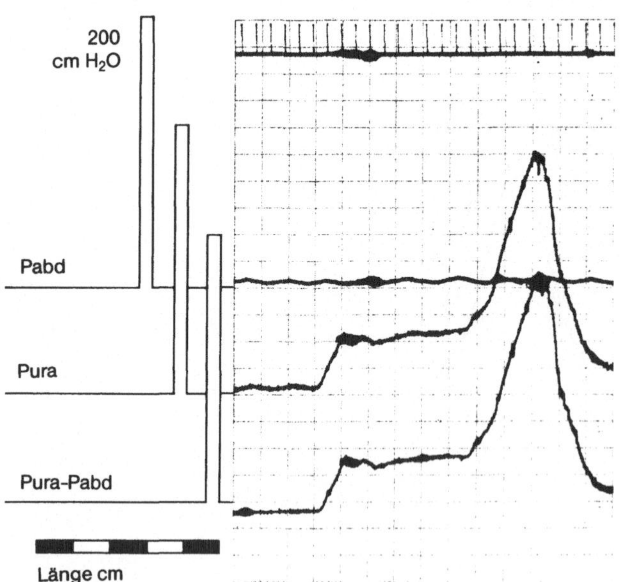

Abb. 3.25. Das Urethradruckprofil zeigt ein prostatisches Plateau und eine gewisse Elongation der prostatischen Harnröhre bei einem 38jährigen Mann

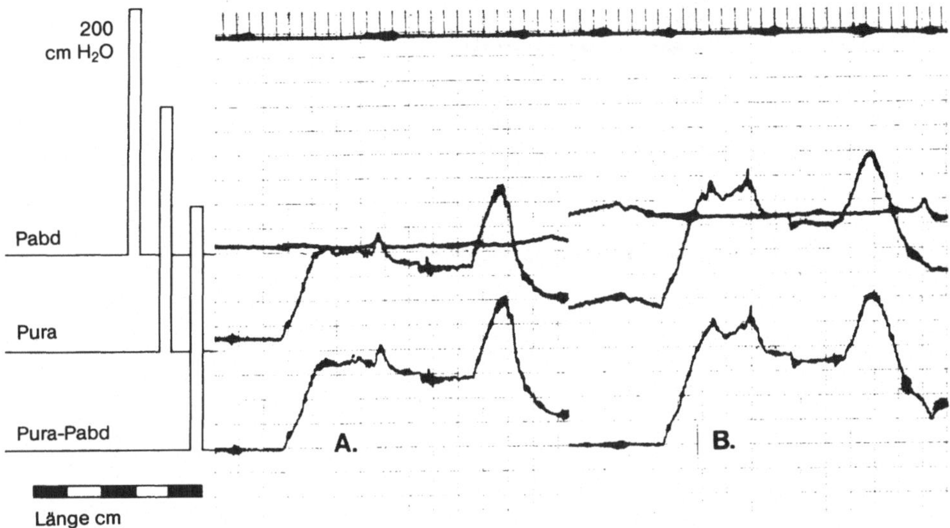

Abb. 3.26. Das Urethradruckprofil zeigt einen Blasenhals- und Prostatadruckgipfel bei einem 60jährigen Mann. Diese Druckgipfel sind im Liegen nicht so auffällig *(A)* wie im Stehen *(B)*

3.26). Die Position der prostatischen Druckspitze ist variabel und kann irgendwo zwischen dem Blasenhals und dem distalen urethralen Sphinktermechanismus liegen. Die Signifikanz dieses Peaks ist unsicher. Findet man den Druckgipfel in der Höhe des Blasenhalses, dann ist dies oft in einer Blasenhalshypertrophie begründet. Diese Blasendruckspitze kann auch bei Erektion auftreten. Ein Druckgipfel in der Region der mittleren Prostata ist ursächlich mit der Einengung durch die Seitenlappen einer Prostatahyperplasie in Zusammenhang zu bringen. Präsphinktere Abnormitäten bei der Frau werden oft operativ verursacht. Eine Verlängerung des Profils ist nach Operationen, die eine Blasenhalssuspension bewirken, zu beobachten.

Sphinktere Abweichungen sind oft auf die Stelle der Urethra mit dem höchsten urethralen Druckgipfel beschränkt, d.h. bei der Frau in der Mitte der Urethra und beim Mann nahe dem Apex prostatae. Der Druck ist hier entweder zu gering oder zu hoch. Das kann sowohl in Ruhe oder bei willkürlichen Kontraktionen als auch in Zusammenhang mit Entleerung oder Blasenvolumenänderungen beobachtet werden. Niedrige Drücke werden durch Sphinkterzerstörung, Atrophie oder Denervierung verursacht (Abb. 3.27). Ein unnormal hoher Druck ist im allgemeinen durch unwillkürliche Sphinkterspastizität oder Sphinkterhypertrophie verursacht. Im letzteren Fall wird dieser hohe Druck nur bei willkürlichen Kontraktionen gesehen; der Druck kann dabei auf über 300 cmH_2O ansteigen. Diese Erscheinung wird fast regelmäßig bei der Untersuchung von erwachsenen Enuretikern beider Geschlechter mit instabilen Harnblasen angetroffen.

Postsphinktere Abweichungen sind weniger häufig. Mit der urethralen Druckprofiltechnik sind rigide Urethrastrikturen schlecht nachweisbar. Eine adäquate Darstellung einer Striktur hängt vom Meßkatheter ab. Er soll exakt dieselben Maße wie die Striktur haben oder nur gering dicker sein. Ein geringer Druckgipfel wird nicht selten bei Frauen auf Grund einer Meatusstenose beobachtet. Gelegentlich ist der Urethradruck

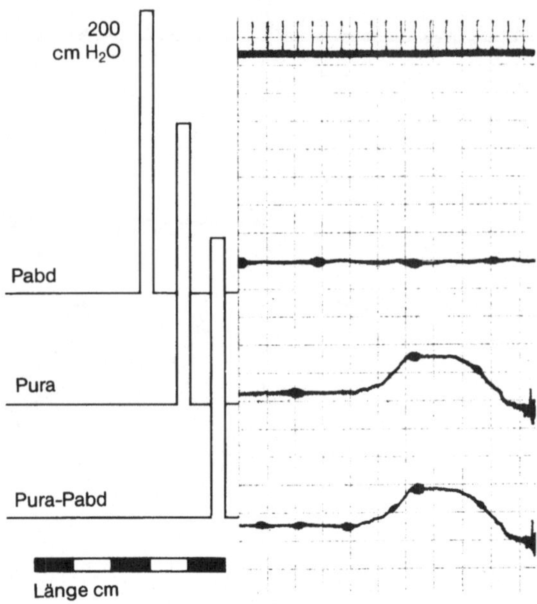

Abb. 3.27. Abnorm niedriges Urethradruckprofil bei einer 84jährigen Frau

der bulbären Harnröhre auf Grund des M. bulbocavernosus beim Mann größer als in der Region des distalen Sphinktermechanismus. Die Signifikanz dieser Erscheinung und die Änderungen im Zusammenhang mit der sexuellen Aktivität sind bis jetzt noch nicht untersucht.

Urethrozystometrie

Synchrone Messungen des intravesikalen Drucks und des Urethradrucks an einem Ort oder an mehreren Punkten während der Füllung und des Entleerungsbeginns wird als Urethrozystometrie bezeichnet (Enhörning 1961; Asmussen und Ulmsten 1975). Die Technik ist ähnlich der Messung des urethralen Druckprofils mit einem Ballon, mit perfundierten Kathetern oder mit Tip Transducer-Kathetern. Der Meßpunkt ist entweder in einer vorbestimmten Entfernung vom Blasenhals oder im Niveau des maximalen urethralen Verschlußdruckes lokalisiert.

Die Urethrozystometrie wird von vielen Untersuchern als die ideale Technik angesehen, um die Funktion des unteren Harntraktes zu bestimmen. Insbesondere bei neurogenen Blasenstörungen und den mehr komplexen weiblichen Inkontinenzformen ist sie von Wichtigkeit. Der Hauptnachteil jedoch ist, daß durch die erforderliche Katheterdicke Obstruktionen während der Entleerung auftreten können. Jedem, der eine neue urodynamische Untersuchungsmöglichkeit schafft, sollte man raten, sich für die synchronen Blasen- und Urethradruckmessungen auszurüsten. Die normale urethrale Druckantwort auf eine Blasenfüllung ist ein Anstieg des maximalen urethralen Drukkes. Die Höhe dieses Druckes wird nicht immer so ausgeprägt sein, wie man das auf Grund der erhöhten elektromyographischen Aktivität erwarten würde. In der Tat haben verschiedene Untersucher festgestellt, daß es zu einem Absinken des Druckes beim „normalen Patienten" kommt (Awad et al. 1978). Am Beginn der Miktion können verschiedene Änderungen auftreten. Der urethrale Druck kann vorher oder gleichzeitig mit dem intravesikalen Druckanstieg abfallen. Darüberhinaus kann ein Abfallen des urethralen Druckes auftreten, auch wenn es nicht zum Anstieg des intravesikalen Druckes kommt.

Unpassende Reaktionen der Urethramuskulatur schließen unwillkürliche Relaxationen ein (instabile Harnröhre: s. „Urethrale Inkompetenz", Seite 112). Manchmal treten diese Reaktionen zusammen mit unwillkürlichen Blasenkontraktionen und auch mit dem Ausbleiben einer entsprechend guten Urethrarelaxation auf. Weitere Forschungen sind erforderlich, um den Anteil der glatten und quergestreiften Muskelelemente an diesen dynamischen urethralen Druckveränderungen zu definieren.

Indikationen zur Messung des urethralen Druckes

1. Erkennung von Obstruktionen im Bereich der Prostata, besonders in Fällen, in denen das Entleerungsvolumen gering ist, und daher die Flowraten schwer zu interpretieren sind.
2. Beurteilung von Problemen nach Prostatektomie.
3. Einschätzung der genuinen Streßinkontinenz bei der Frau, speziell in Hinblick auf den Transmissionsdruck der proximalen Urethra und die Fähigkeit der Harnröhre, auf Veränderungen der Körperhaltung zu reagieren.
4. Beurteilung des Therapieerfolges nach Sphinkterotomie des äußeren Schließmuskels in Fällen von Detrusor-Sphinkter-Dyssynergie.
5. Analyse von Medikamentenwirkungen auf die Harnröhre.
6. Analyse der Stimulationseffekte auf die urethrale Funktion.
7. Beurteilung der Funktion von künstlichen urethralen Sphinkteren und der von ihnen hervorgerufenen Drücke.

Zystometrie (Auffüllzystometrie)

Einleitung

Das Studium dieses Abschnitts sollte die Diskussion über die „Detrusorfunktion", Seite 115, gleich miteinbeziehen. Zystometrien werden seit vielen Jahren durchgeführt. Bei zunehmender Blasenfüllung erfolgten früher intermittierende Druckmessungen mit Hilfe eines Wassermanometers. Seit jedoch zuverlässige Druckelemente eingeführt, die kontinuierliche Füllung und die simultane Druckmessung vereinfacht wurden, sind neue zystometrische Bilder evident.

Obwohl die Zystometrie eine einfache und leicht erlernbare Technik zu sein scheint, gibt es doch eine Reihe von kontroversen Anschauungen. Es soll im folgenden gezeigt werden, daß das Verständnis der Physiologie der Blasenfüllung noch unzureichend ist. Praktisch gesehen bleiben noch Probleme der Terminologie, der Definition eines normalen Zystogramms sowie seiner Genauigkeit und seiner Reproduzierbarkeit offen. Die klinische Relevanz dieser Füllungsstudien wurde wiederholt angezweifelt.

Die Anstrengungen sind nicht mehr auf die Bestimmung der Blasensensibilität und der Blasenkapazität gerichtet, sondern gelten jetzt mehr der Einschätzung der Blasenkontraktilität.

Definitionen

Die Zystometrie ist eine Methode, bei der die Druck-Volumen-Beziehung der Blase gemessen wird. Die Null-Referenzlinie für alle Drücke ist das Niveau der oberen Kante der Symphyse. Der intravesikale Druck (Pves) ist der Druck, der innerhalb der Blase gemessen wird, der abdominale Druck (Pabd) ist der Druck außerhalb der Blase. Letzterer wird i. allg. mit Hilfe einer rektalen Druckableitung gemessen. Der Detrusordruck (Pdet) ist der Druck, der durch intravesikalen Druckanstieg auf Grund von passiven und aktiven Blasenwandeigenschaften erzeugt wird. Der Detrusordruck kann elektronisch durch Subtraktion des Abdominaldruckes vom intravesikalen Druck errechnet werden. Der Ruhedruck bei leerer Blase ist der Druck (intravesikaler Druck und Detrusordruck), der herrscht, wenn das Blasenvolumen gleich null ist. Der Ruhedruck bei gefüllter Blase ist der Druck, der intravesikal bei Erreichen der maximalen zystometrischen Kapazität und bei Abwesenheit einer Blasenkontraktion gemessen wird.

Neben der Messung des Druckes sind verschiedene definierte Volumina während der Zystometrie interessant. Das Volumen zum Zeitpunkt des Harndrangs (first desire to void = FDV) ist eine eher variable Größe, da sie nicht immer genau durch den Patienten angegeben wird. Die maximale Kapazität ist das Volumen, bei dem der Patient ein normales starkes Harndranggefühl verspürt. Hervorgehoben werden muß, daß die maximale zystometrische Kapazität wenig mit der funktionellen Kapazität zu tun hat. Die durchschnittliche funktionelle Kapazität wurde schon vorher (s. „Miktionsprotokoll“, Seite 18) als das Durchschnittsblasenvolumen, das in die Frequenz-Volumen-Tabelle eingetragen wird, definiert. Untersuchungen haben gezeigt, daß die maximale zystometrische Kapazität nur etwa 60% der durchschnittlichen funktionellen Kapazität beträgt (N. George und P.A. Lewis, persönliche Mitteilung). Die maximale funktionelle Kapazität ist das größte entleerte Volumen, das in dem Miktionsprotokoll des Patienten erscheint. Es ist deutlich größer als die maximale zystometrische Kapazität. Die maximale strukturelle Blasenkapazität kann nur dann gemessen werden, wenn die Kontraktilität der Blase durch eine tiefe Allgemeinnarkose oder regionale Leitungsanästhesie aufgehoben ist. Die effektive zystometrische Kapazität ist die maximale zystometrische Kapazität minus dem Restharn.

Die Compliance, auch Detrusorkoeffizient genannt, bezeichnet die Volumenänderung als Funktion der Druckänderung. Sie ist definiert als $C = \Delta V/\Delta p$, wobei ΔV der Volumenanstieg und Δp die Druckdifferenz in Relation zum Volumenanstieg ist. Sie kann für jede Volumenzunahme errechnet werden. Bei Erreichen der maximalen zystometrischen Kapazität ergibt sich die Compliance jedoch aus dieser Kapazität dividiert durch Ruhedruck bei voller Blase minus Ruhedruck bei leerer Blase. Das Konzept der Compliance wird in Abb. 3.28 erläutert.

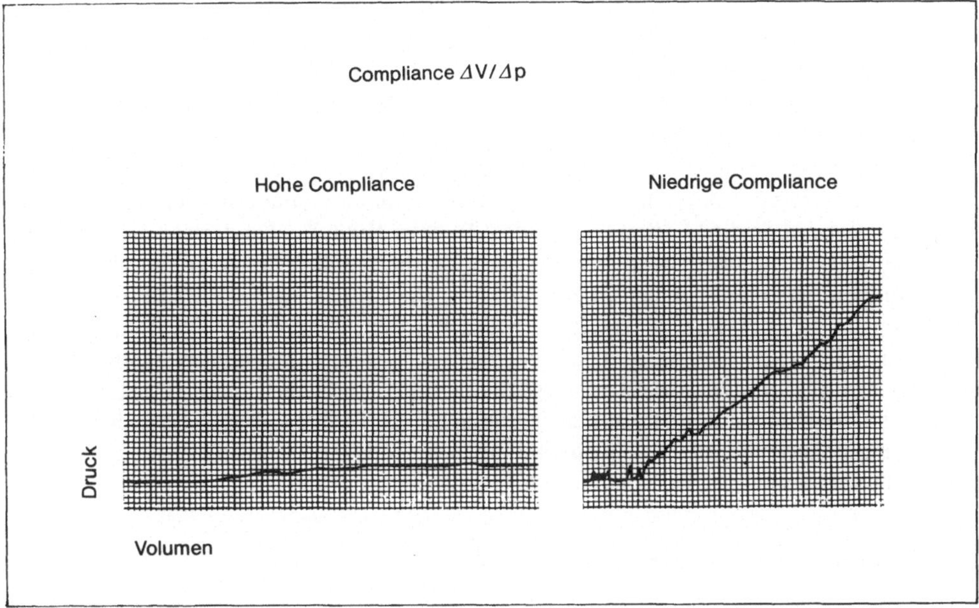

Abb. 3.28. Konzept der Compliance

Technik und apparative Ausrüstung

Die folgenden Punkte sind wichtig bei der Beschreibung der zystometrischen Technik und sollten in jedem Bericht vermerkt sein:

- Technik der Blasenfüllung und der Messung von Blasendruck und Abdominaldruck;
- Anästhesieform, die für die Katheterisierung verwendet wurde;
- Kathetertypen, die zur Druckmessung und Blasenfüllung eingelegt wurden;
- Medium, das zur Blasenfüllung benutzt wurde;
- Geschwindigkeit der Blasenfüllung;
- Temperatur des Füllungsmediums;
- Position des Patienten während Füllung und Entleerung;
- Meßtechniken z.B. Typ des Druckkatheters und des Aufzeichnungsapparates;
- Bewußtseinslage und medikamentöse Behandlung des untersuchten Patienten.

Technik der intravesikalen Druckmessung

Die Katheter können suprapubisch (transkutan) bzw. transurethral eingeführt werden. Beim erwachsenen Patienten übersteigt die Blase den Oberrand des Os pubis bei Blasenfüllung von ungefähr 300 ml und wird beim schlanken Patienten einfach palpabel, wenn das Blasenvolumen etwa 500 ml beträgt. Der suprapubische Zugangsweg kann deshalb praktische Probleme bereiten und ist nur dann gangbar, wenn die Blase voll ist. Der suprapubische Zugang ist bei vorhandenen Unterbauchnarben kontraindiziert, da intraperitoneale Organe an der blasennahen Abdominalwand fixiert sein können. Darüberhinaus ist diese Technik bei dicken Patienten schwierig. Trotzdem ist der suprapubische Zugang für die Messung des intravesikalen Drucks der ideale Weg, da er die unphysiologischen Effekte bedingt durch den Katheter in der Urethra bzw. durch die Harnröhrenanästhesie vermeidet.

Die Anwesenheit eines intraurethralen Katheters während der Entleerung kann nicht nur die neurologische Blasenkontrolle verändern, sondern auch den Harnfluß behindern, wenn die Urethra eng ist wie z.B. beim Kind. Bei Kindern ist die suprapubische Katheterisierung technisch einfacher, da die kindliche Blase höher steht. Trotzdem kann es unmöglich sein, beim Kind für die suprapubische Katheterisierung die adäquate Kooperation zu erhalten. Sollte bei dem Kind eine Allgemeinanästhesie erforderlich sein, kann zur gleichen Zeit noch ein Katheter suprapubisch eingelegt werden, und die urodynamische Untersuchung ein bis zwei Tage später stattfinden. Wie bereits erwähnt, ist es i. allg. einfacher, im urodynamischen Labor mit den dort zur Verfügung stehenden Hilfsmitteln einen dünnen transurethralen Katheter zur intravesikalen Druckmessung zu verwenden.

Anästhesie für die urethrale Katheterisation

Bei Frauen, die eine kurze, gerade Urethra haben, ist eine lokale Anästhesie entbehrlich. Man sollte jedoch ein adäquates Gleitmittel benutzen. Gelegentlich kann die Urethra extrem sensibel sein, dann ist es vorzuziehen, doch ein lokales Anästhetikum zu verwenden, um den Patienten kooperativ zu erhalten und das Risiko einer unnötigen Stimulation der Blase zu vermeiden. Einige Untersucher werden sicher zustimmen, daß beim männlichen Patienten auch nur eine adäquate Schmierung mit einem Gleitmittel ausreicht. Andererseits ist es eine allgemein übliche Praxis, ein Lokalanästhetikum mit einem antiseptischen Zusatz zu benutzen. Es hat sich gezeigt, daß die Anwendung eines anästhetischen Gleitmittels die urethrale Druckprofilmessung nicht verändert (Edwards et al. 1972). Auch die eigenen Erfahrungen der Autoren haben bestätigt, daß eine urethrale Anästhesie zu keinem Effekt auf die gewonnenen Ergebnisse des Zystometrogramms und der Druck-Fluß-Messung geführt haben, vorausgesetzt, daß der Patient kein Abflußhindernis hat. Beim Vorliegen einer subvesikalen Obstruktion können die Blasenkapazität und das Restharnvolumen erhöht werden. Die Miktionseinleitung kann gelegentlich schwierig sein. Ist jedoch die Entleerung einmal in Gang gekommen, dann sind die Werte für Druck und Fluß durch die urethrale Anästhesie nicht verändert (P.H. Powell, persönliche Mitteilung).

Kathetertypen

Es ist wünschenswert, daß die Katheter, die zur Druckmessung verwendet werden, den kleinstmöglichen Durchmesser haben, wenn sie während des Entleerungsvorgangs intraurethral verbleiben sollen. Dickere Katheter können die Miktion behindern. Von Garrelts (1958) zeigte, daß Katheter mit einem Durchmesser zwischen 1,09 mm und 4,9 mm keinen Einfluß auf den intravesikalen Druck haben, während größere Katheter doch deutliche Störungen der Harnflußrate verursachen. Trotzdem wiesen Bryndorf und Sandøe (1960) nach, daß der intravesikale Druck nach suprapubischer Katheterisierung geringer ist, als wenn ein transurethraler Katheter Verwendung findet. Katheter von 5 Charr. haben solange keinen Effekt auf den Flow, wie Gleason et al. (1967) zeigen konnten, solange dieser den Wert von 16 ml/s nicht übersteigt. Bei diesem Flowniveau ist jedoch eine Obstruktion unwahrscheinlich. Backman et al. (1966) betonten, daß ein Katheter mit einem externen Durchmesser von 1.55 mm bei der Frau keinen Effekt auf Druck oder Flow hat. Die Katheter sollten ausreichend flexibel sein, um eine einfache Passage in die Blase zu erlauben. Eine Sonde, die zu weich ist, kann sich insbesondere beim Mann in der Urethra aufrollen. Zu harte Katheter führen zu urethralen Traumen. Zur Blasendruckmessung empfiehlt sich ein Einweg-Epiduralkatheter (Portex) mit einem Außendurchmesser von 1,1 mm. Dieser Katheter ist sehr flexibel. Er kann jedoch in die Blase eingeführt werden, indem man ihn in das Seitenloch eines 10 Charr. Katheters schiebt und dann diese beiden Katheter gemeinsam einführt. Liegt der Katheter einmal in der Blase, hält man den Füllkatheter fest und zieht den Epiduralkatheter solange zurück, bis man fühlt, daß er aus dem Seitenloch herausrutscht. Er kann dann wieder ohne Schwierigkeiten in die Blase vorgeschoben werden. Seitenmarkierungen zeigen deutlich die Position des Katheters an. Der urethrale Druckprofilkatheter kann ohne Schwierigkeiten zur Blasenfüllung verwendet werden. Darüberhinaus stört die Anwesenheit eines epiduralen Druckkatheters in der Urethra eine Urethradruckprofilmessung nicht. Eine Anzahl von Sonden wurde insbesondere zur Durchführung urodynamischer Studien entwickelt. Der Buzelin-10 Charr.-Doppellumenkatheter (Porges) kann zur simultanen Blasenfüllung und -druckmessung Anwendung finden. Das Kaliber führt wahrscheinlich zu einer Obstruktion der Urethra während der Miktion. Der 10 Charr. starke Rossier-Katheter (Portex) hat ein dreifaches Lumen zur Blasenfüllung, Blasendruckmessung und Urethradruckmessung mit Hilfe der Perfusionstechnik. In der Praxis sind diese größeren Katheter nur dann zu empfehlen, wenn keine Druck-Fluß-Messungen erforderlich sind. Sie sind aber dann indiziert, wenn wiederholte Untersuchungen gewünscht werden, wie z.B. bei neurogenen Störungen.

Untersuchungsmedium zur Blasenfüllung

Wasser und physiologische Kochsalzlösung sind die meist verwendeten Füllungsmedien. Seit Merrill (1971) das Konzept der Gaszystometrie mit Hilfe des Mediums CO_2 eingeführt hat, hat dieses an Popularität gewonnen. Wasser oder Kochsalz haben jedoch den Vorteil, daß die physiologischen Bedingungen besser simuliert werden. Dies läßt sich für CO_2 nicht behaupten. Die Gaszystometrie wurde auf ihre Meßgenauigkeit hin untersucht (Torrens 1977; Wein et al. 1978). Die CO_2-Zystometrie unterschätzt die maximale zystometrische Kapazität verglichen mit einer Kochsalzfüllung um etwa 20%. Die Variabilität der maximalen zystometrischen Kapazität bei Verwendung von Gas als Füllmedium liegt bei etwa 30%. Auch die Druckmessungen zu verschiedenen Gelegenheiten schwanken um etwa den gleichen Betrag. Die Blasenhyperaktivität (Instabilität) ist bei der CO_2 Infusion gut zu sehen. Hohe CO_2 Infusionsraten scheinen jedoch die Instabilität eher zu inhibieren, statt sie zu provozieren. In hypersensiblen Blasen verursacht Kohlendioxyd Schmerzen. Da CO_2 komprimierbar ist, hängt die Geschwindigkeit und Amplitude der Druckregistrierung vom Volumen des Kohlendioxyds im Meßsystem ab. Um dieses Phänomen auf ein Minimum zu reduzieren, sind enge Schläuche erforderlich. Ein 100 cm langer Einweg-Manometerschlauch ist dafür besonders geeignet. Es empfiehlt sich auch, einen Dreiweghahn in das System einzuschalten, der nur zur Untersuchung geöffnet wird, um einen Reflux von Urin in das Verbindungsschlauchsystem zu verhindern. Das CO_2-Zystometer sollte sich oberhalb des Patienten befinden, um das Risiko einer Zerstörung der Druckelemente durch Urin zu verringern. Da das CO_2 kein Gewicht hat, müssen die Druckelemente nicht auf dem gleichen Niveau wie der Patient stehen. Es gibt eine Reihe von guten Gründen, warum ein Gaszystometer nicht verwendet werden sollte:

- Gas ist ein unphysiologisches Medium.
- Die Messung der Kapazität ist ungenau, da das Gas komprimierbar ist und sich im Urin auflöst.
- Gelöstes CO_2 (Kohlensäure) ist ein Reizmittel und kann Irritationen der Schleimhaut hervorrufen, die während einer nachfolgenden Zystoskopie gesehen werden.

Anschließend an die Gaszystometrie kann keine Druck-Fluß-Analyse der Miktion vorgenommen werden. Obwohl das Gas ein negatives Kontrastmedium darstellt, ist es nicht möglich, adäquate synchrone Miktionszystourethrographien durchzuführen.

Füllt man die Blase mit Gas, dann ist während der Dehnung kein Anstieg der Blasenmasse zu verzeichnen. Der Anstieg des Blasengewichtes während der Füllung kann jedoch von gewisser physiologischer Bedeutung sein. Auf der anderen Seite hat die Gaszystometrie verschiedene Vorteile, die sie als Screeningtest insbesondere in der Praxis empfehlenswert werden lassen, vorausgesetzt, daß man die Limitierung ihrer Aussage berücksichtigt:

- Sie ist einfach, schnell und ohne Aufwand durchführbar.
- Eine Sterilisation ist nicht erforderlich; der Füllkatheter und der Verbindungsschlauch können aus Einwegmaterial bestehen.
- Es ist nur ein Katheter erforderlich.

Wird der Patient bei voller Blase katheterisiert, dann läßt sich zu Beginn der Untersuchung eine ungefähre Druck-Fluß-Messung unter Verwendung des bereits vorhandenen Urins durchführen. Ein dünnkalibriger Katheter ist erforderlich, um eine Obstruktion zu vermeiden.

Die Bewegungsartefakte durch das Schlauchsystem sind minimal.

Blasenfüllungsrate

Die International Continence Society hat drei Kategorien der Füllung definiert:

Die langsame Füllrate bis zu 10 ml/min,
die mittlere Füllrate zwischen 10 und 100 ml/min und
die schnelle Füllrate mit einer Infusionsmenge von mehr als 100 ml/min.

Die Geschwindigkeit der Blasenfüllung hat einen signifikanten Einfluß auf die gewonnenen Messungen. Je schneller die Blase gefüllt wird, desto kleiner ist die Compliance der Blase, wie bereits oben definiert wurde. Werden mehrere Zystometrogramme hintereinander mit einer mittleren oder schnellen Infusionsrate erstellt, dann wird sich eine langsame Steigerung der Blasenkapazität zeigen, ein Phänomen der Hysterese. Es ist offensichtlich, daß dies bei einer physiologischen Füllrate nicht eintritt (Klevmark 1974). Die Füllrate wird vom Untersucher entsprechend der Fragestellung gewählt: Soll eine eher physiologische Füllung simuliert werden oder versucht man, die Blase falls möglich zu ungewollten Kontraktionen zu provozieren. Oft ist die Füllrate ein Kompromiß zwischen beiden Extremen. Eine angemessene und häufig verwendete Füllungsgeschwindigkeit, die die Untersuchung nicht zu sehr verlängert, liegt zwischen 50 und 60 ml/min. Bei Patienten mit neurogenen Störungen und besonders bei Patienten mit Reflexblasen als Folge von Rückenmarkverletzungen sollte die Blasenfüllung sehr langsam (i. allg. mit weniger als 10 ml/min) erfolgen, da schnellere Infusionsraten artifizielle Blasenhyperaktivitäten produzieren können (Thomas 1979). Dies wird später in dem Kap. „Spezielle urodynamische Techniken“, Seite 177, beschrieben.

Temperatur der Füllungsflüssigkeit

In der Blase sind Temperaturempfindungen vorhanden. Will der Untersucher die physiologische Situation möglichst genau simulieren, dann sollte die Blasenfüllung mit körperwarmer Flüssigkeit erfolgen. Bei einer Provokationszystometrie ist das jedoch ohne Bedeutung. Die Flüssigkeit kann Raumtemperatur aufweisen. Gelegentlich wird zur Testung der Reflexkontraktilität eiskaltes Kochsalz injiziert. Außer bei Patienten mit Rückenmarkverletzungen wird dieser Test in der Praxis selten angewendet.

Patientenposition

Die Katheterisierung ist bei Patienten in Rückenlage am einfachsten möglich. Diese Position gibt jedoch nicht die täglichen Streßsituationen wieder, denen die Blase ausgesetzt ist. So geben viele Patienten an, daß ihre Blasensymptome erst dann auftreten, wenn sie körperlich aktiv sind. Mit gewissen Einschränkungen ist die schnelle Füllung mit einem Perfusat von Zimmertemperatur als eine akzeptabele Technik anerkannt. Diese ist selbstverständlich geeignet, den Patienten in normaler und veränderter Körperhaltung zu untersuchen. Untersucher, die simultane urodynamische Messungen und Video-Druck-Fluß-Studien durchführen, füllen meistens die Blase in liegender Position, richten anschließend den Röntgentisch auf, so daß der Patient im Stehen urinieren kann. Wird die Zystometrie ohne synchrone Videoskopie durchgeführt, ist es einfach, die Blase in sitzender Position zu füllen. Beim Sitzen kommt es zu demselben Anstieg des intravesikalen Druckes wie im Stehen. Sitzen ist die natürliche Miktionshaltung für Frauen. Männliche Patienten haben im allgemeinen auch keine Probleme, in dieser Position die Blase zu entleeren. Patienten, die wegen neurologischer Erkrankungen stark behindert sind, müssen in liegender Position in einem Bett oder auf dem Röntgentisch untersucht werden. Welche Position auch immer gewählt wird, es ist zu empfehlen, den Patienten über dem Flowmeter zu positionieren. Das erlaubt die Beobachtung eines Harnverlustes und dessen Quantifizierung während der Blasenfüllung und unter Streßbedingungen. Dies ist wiederum einfacher in sitzender Position zu arrangieren.

Ausrüstung

Die Apparatur, die zur Druckmessung und zur Aufzeichnung urodynamischer Untersuchungen erforderlich ist, wurde bereits beschrieben (siehe „Druckmessung und -aufzeichnung“, Seite 44). Es ist empfehlenswert, zusätzlich das Perfusionsvolumen zu messen. Das kann mit Hilfe eines Dehnungsmeßgerätes erfolgen, das das Gewicht des Perfusates ermittelt. Als Alternative kann eine Perfusionspumpe verwendet werden, die eine konstante und bekannte Flüssigkeitsmenge einströmen läßt. Das Volumen läßt sich dann aus der Perfusionszeit errechnen. Das hat den Vorteil, daß die Perfusion konstant bleibt und nicht entsprechend dem steigenden Blaseninnendruck abfällt. Wenn der Patient inkontinent ist, ist es zuweilen schwierig, das genaue Blasenvolumen zu bestimmen. Empfehlenswert ist eine Technik, bei der das Entleerungsvolumen automatisch vom Perfusionsvolumen subtrahiert wird, so daß das Blasenvolumen direkt errechenbar wird (Abrams et al. 1977).

Normales Zystometrogramm

Es ist ratsam, für die Beobachtung der Zystometrogramme die Termini Kapazität, Compliance, Kontraktilität und Sensibilität zu verwenden. Die zitierten Werte der maximalen zystometrischen Kapazität variieren ziemlich stark. Der Normbereich beim Mann liegt zwischen 350 und 750 ml und für die Frau etwas geringer zwischen 250 und 550 ml. Da die Zystometrie eine ungeeignete Technik für die Ermittlung der Blasenkapazität darstellt, sollte man diesem Wert nicht zu großes Vertrauen schenken, außer wenn man zeigen kann, daß die Kapazität in einen normalen Bereich fällt. Die Angabe der Blasenkapazität hängt davon ab, wann der Untersucher die Perfusion stoppt. Sollte eine Druck-Fluß-Studie angeschlossen werden, ist es besser, die Blase nicht zu überdehnen. George und Lewis (1978, persönliche Mitteilung) kamen zu dem Schluß, daß die ideale Blasenfüllungsmenge einer Druck-Fluß-Messung zwischen 50 und 90% der durchschnittlichen funktionellen Kapazität liegt. Bei den eigenen Untersuchungen wird die Perfusion dann gestoppt, wenn der Patient angibt, daß er nun normalerweise

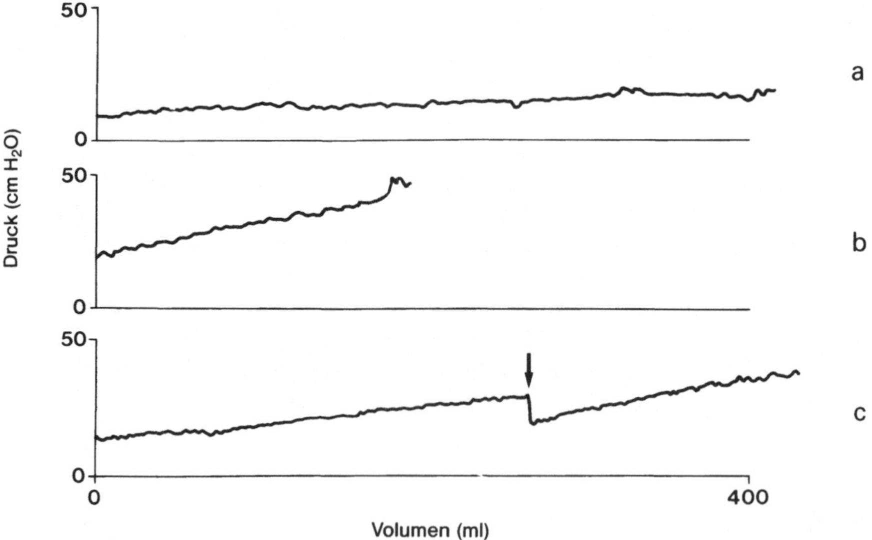

Abb. 3.29 a–c. Verschiedene Blasenreaktionen auf die Füllung. **a** Normales Zystometrogramm. **b** Gleichbleibend reduzierte Compliance. **c** Reduzierte Compliance bei schneller Füllung. Wenn die Infusion gestoppt wird *(Pfeil)*, fällt der Druck sofort, um bei erneuter Füllung wieder anzusteigen

die Blase entleeren würde. Die Beobachtung der Druckänderung bei der Blasenfüllung (Compliance) ist wichtiger als die der Kapazität. Der intravesikale Druck der leeren Blase variiert entsprechend der Position und der Körpermasse des Patienten. Er ist aber i. allg. geringer als 40 cmH_2O. Der Detrusordruck ist unabhängig von der Körperhaltung und sollte geringer als 10 cmH_2O beim Blasenvolumen „0“ sein. Die meisten Blasen zeigen eine gute Compliance sogar bei der Schnellfüllungszystometrie, d.h. sie akkomodieren sehr gut. Die Druckanstiege sind gering, i. allg. weniger als 10 cmH_2O bei 300 ml und weniger als 15 cmH_2O bei erreichter Blasenkapazität (Abb. 3.29a). Trotzdem zeigen manche Blasen eine geringe Compliance (Abb. 3.29b), besonders dann, wenn sie schnell gefüllt werden. Man darf nicht vergessen, daß die geringe Compliance artifiziell bedingt sein kann (Klevmark 1974). Wird eine geringe Compliance während der Untersuchung gefunden, dann sollte das Zystometrogramm mit einer langsamen Füllrate wiederholt oder alternativ der Inflow gestoppt und der Detrusordruck beobachtet werden. Fällt der Detrusordruck (Abb. 3.29c), dann ist die erniedrigte Compliance ein Phänomen der schnellen Füllung. Bis jetzt ist noch wenig über die Einschätzung der Compliance bei den verschiedenen Infusionsraten während der Blasenfüllung bekannt. Es ist möglich, daß die Compliance in der Zukunft zusätzliche Informationen für die Beurteilung der Blasenwandfunktion liefern wird. Die normale Blase zeigt während der Füllphase keine Kontraktionen, kann sich aber selbstverständlich willkürlich kontrahieren. Daraus ergibt sich, daß man den Detrusor erst dann als normal beschreiben kann, wenn man ihn während der Füllungs- und der Entleerungsphase beobachtet hat.

Die Sensibilität ist ein subjektiver Parameter und schwer zu beurteilen. Eine normale Blase produziert ein geringes aber deutliches Gefühl bei Dehnung bis 150 ml und akzeptiert 300 ml oder mehr ohne merkbares Unbehagen oder starken Harndrang. Ist das Gefühl normal, dann tritt Unbehagen erst auf, wenn etwa 600 ml Kapazität erreicht sind.

Klassifikation eines pathologischen Zystometrogramms

Beschreibt man das Ergebnis der urodynamischen Untersuchung, sollten die Auffälligkeiten, die während des Tests selbst beobachtet werden, Erwähnung finden. Es ist daher besser von einem auffälligen Zystometrogramm als von einer gestörten Blase zu sprechen. In der Praxis hat sich gezeigt, daß die Unterscheidung bekanntermaßen schlecht möglich ist. Trotzdem ist es wichtig, dies bei der Beschreibung urodynamischer Befunde zu berücksichtigen.

Hypersensibles Zystometrogramm

Wie die Abb. 3.30a zeigt, ist das hypersensible Zystometrogramm normal, wenn man von der Reduktion der maximalen zystometrischen Kapazität absieht. Der Patient toleriert wegen starken Unbehagens kein größeres Füllungsvolumen. Das Schmerzgefühl kann ins Perineum oder in das Abdomen verlagert werden. Darüberhinaus betont der Patient gewöhnlich sehr nachdrücklich seine Ablehnung, den Test fortzuführen.

Low-Compliance-Zystometrogramm

Es gibt 2 Typen von erniedrigter (low) Compliance. Der Druckanstieg, wie in Abb. 3.30b gezeigt, kann kontinuierlich oder nach einer Periode von relativ normaler Akkomodation sehr stark sein. Daraus wird geschlossen, daß diese Formen der reduzierten Compliance eine fehlende Blasendehnbarkeit repräsentieren. Doch das Verständnis für die physikalischen Blasenwandeigenschaften, die zu diesem Bild beitragen, ist noch unzureichend. Die Low-Compliance-Blase kann eine geringe, normale und große Kapazität haben.

High-Compliance-Zystometrogramm

Dieser Terminus wird gebraucht, wenn eine Blasenfüllung in bezug auf den Druck normal verläuft, doch eine übergroße Blasenkapazität z.B. über 750 ml, beobachtet wird. Man sollte diese Blase nicht als akontraktile oder hypoaktive Blase bezeichnen, es sei denn, daß man während der Entleerungsphase festgestellt hat, daß Blasenkontraktionen unter keinen Umständen möglich sind.

Hyperaktive Blase

Der meist gebrauchte Begriff, um eine erhöhte Kontraktilität während der Blasenfüllung zu beschreiben, ist der der „Blaseninstabilität“. Die Definition dieser und der gegensätzlichen Erscheinung (stabile Blase) wird später im Abschnitt „Detrusorfunktion“ (Seite 115) beschrieben. Instabile Kontraktionen in der Zystometrie kann man bei normaler oder reduzierter Compliance sowie bei kleiner oder großer Blasenkapazität beobachten. Instabile Kontraktionen, die bei geringen Volumina auftreten und dann bei weiterer Blasenfüllung nicht mehr nachgewiesen werden, können eine artifizielle Instabilität auf Grund der Anwesenheit des Katheters repräsentieren, es sei denn, daß ein offensichtliches neurologisches Problem vorhanden ist. Bei den meisten Formen der Blaseninstabilität werden die Kontraktionen frequenter und stärker, wenn die zystometrische Kapazität erreicht wird (Abb. 3.30c). Instabile Kontraktionen können mit oder ohne Inkontinenz entsprechend der urethralen Reaktion auftreten. Der Urinverlust während dieser Instabilitäten sollte auf dem Zystometrogramm kenntlich gemacht werden. Sitzt der Patient während der Zystometrie über einem Flowmeter, dann wird das Auftreten der Inkontinenz aus der Flowkurve ersichtlich. In Fällen von lebenslanger Blaseninstabilität ist oft eine erniedrigte Compliance der Blasenwand bei voranschreitender Füllung zu beobachten, die letztlich einen hohen Blasenruhedruck hervorruft (Abb. 3.30d). Wir glauben, daß das mit der Blasenwandhypertrophie in Zusammenhang steht und daß die ungenügende Dehnbarkeit durch den hohen Kontraktionsdruck und die Detrusorhyperaktivität zustande kommt. Oft ist dabei auch eine Sphinkterhypertrophie feststellbar. Bei neurologischen Patienten sieht man sehr selten eine lange Periode erhöhter Blasencompliance und ein daraus resultierendes großes Volumen. Am Ende der Füllung können einige instabile Kontraktionen auftreten (Abb. 3.30e). Um das Vorhandensein von Instabilitäten auszuschließen, müssen in der Füllphase Provokationstests erfolgen. Diese sollten die Belastungen imitieren, die im normalen Leben auf die Blase einwirken. Husten (Abb. 3.30f) oder Wechsel der Körperposition können instabile Kontraktionen zur Folge haben. Schnelle Füllung,

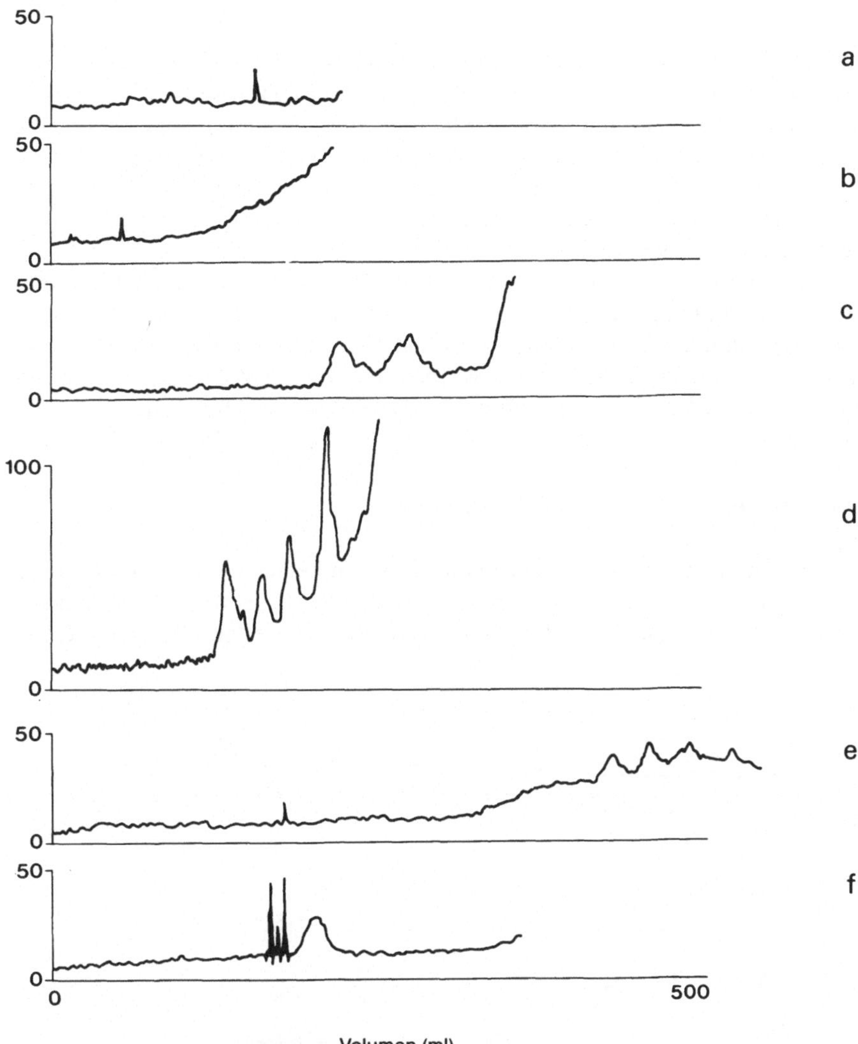

Abb. 3.30 a–f Verschiedene Typen eines Zystometrogramms: **a** Hypersensibles Zystometrogramm. **b** Zystometrogramm mit erniedrigter Compliance in der Terminalphase, von manchen Autoren als „instabil", von anderen als „hypersensibel" beschrieben. **c** Häufigste Form des instabilen Zystometrogramms mit Hyperaktivität, wenn die Blasenkapazität erreicht wird. **d** Instabiles Zystometrogramm mit erniedrigter Compliance in der hyperaktiven Phase gewöhnlich bedingt durch Muskelhypertrophie. **e** Zystometrogramm mit abnorm großer Kapazität und mit instabiler Aktivität nur in der Terminalphase, oft mit einem neurologischen Ausfall assoziiert. **f** Instabile Kontraktion nach Provokation durch Streß (hier: Hustenstöße)

geringe Flüssigkeitstemperatur, Stehen und Springen können außerdem angewendet werden. Der Gebrauch der Subtraktionkurve (Pdet) ist für diese Untersuchung essentiell. Wir haben die Kontraktionen, die unter diesen Umständen auftraten, als provozierte Instabilität bezeichnet, um sie von der spontanen Instabilität zu unterscheiden.

Beispiele

Einige der häufig vorkommenden Zystometrogrammtypen sind oben beschrieben worden. Es ist wichtig zu erkennen, daß die urodynamischen Ergebnisse nicht bestimmten Kategorien zuzuordnen sind und daß verschiedene dieser Typen nebeneinander vorkommen können. Daher ist zu empfehlen, die bei der Zystometrie gemachten Beobachtungen zu beschreiben, um zu vermeiden, daß die Patienten durch Ausdrücke kategorisiert werden, die Mißverständnisse oder funktionelle Korrelationen auf Grund insuffizienter Befunde hervorrufen.

Es muß nochmals hervorgehoben werden, daß jedes Zystometrogramm mit Termini wie Kapazität, Compliance, Kontraktilität und Sensibilität beschrieben werden soll. Alle diese Erscheinungen können erhöht, normal oder vermindert sein. Für die komplette Auswertung müssen diese mit den Aktivitäten in der Entleerungsphase korreliert werden. Verschiedene Beispiele gemischter Typen zeigt die Abb. 3.31.

Medikamentengabe während der Zystometrie

Die Unterscheidung zwischen Hypoaktivität auf Grund eines myogenen oder eines neurogenen Detrusorschadens ist von diagnostischem Wert. Dafür bedient man sich des Hypersensibilitätstests. Dieser Test wurde durch Lapides et al. (1962) und Glahn

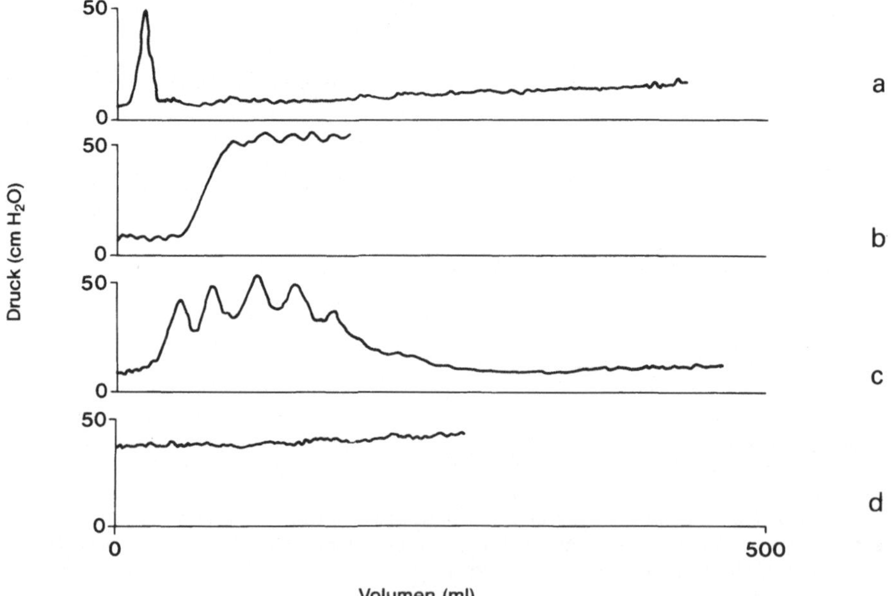

Abb. 3.31 a–d Schwierig zu klassifizierende Zystometrogramme. **a** Instabile Kontraktion kurz nach Füllungsbeginn. Dies wird gewöhnlich als Artefakt auf die unnatürlichen Untersuchungsbedingungen angesehen. **b** Persistierend hoher Druck in Folge einer frühen Blasenkontraktion ohne Inkontinenz. Dies ist ein Beispiel der Detrusorhyperaktivität und steht manchmal mit einer Obstruktion in Zusammenhang. **c** Zystometrogramm wie es oft bei neurologischen Störungen gefunden wird: Hyperaktive Initialphase und hypoaktive Terminalphase. **d** Zystometrogramm bei persistierend hohem Blasendruck oft mit Fettleibigkeit und Streßinkontinenz assoziert

(1970) beschrieben. Es sind jedoch gewisse Erfahrungen und eine bestimmte Standardisierung für diesen Test notwendig, um eine sichere Interpretation vornehmen zu können. Es empfiehlt sich, die Blase entweder mit einem konstanten Volumen oder mit einem Volumen knapp unter der Kapazitätsgrenze zu füllen. Anschließend werden 0,25 mg Carbachol subkutan injiziert und der Blasendruck über eine Zeit von 30 Minuten beobachtet. Ein Anstieg des Blasendrucks von mehr als 20 cmH_2O zeigt, daß eine Denervation wahrscheinlich ist. Um die Reaktion zu beschleunigen, kann das Carbachol intramuskulär gegeben werden. Es führt jedoch oft zu krampfartigen Schmerzen im Abdomen. Beim asthmatischen Patienten oder bei einem Patienten mit Hypertonus ist Carbachol kontraindiziert. Einige Autoren haben anticholinerge Medikamente zum Test der Blasenhyperaktivität angegeben. Ein Reaktionsunterschied zwischen einer neuropathischen und einer nicht-neuropathischen Blase dieser Kategorie ist nicht bewiesen. Deshalb hat dieser Test keinen speziellen diagnostischen Wert, außer um festzustellen, ob die Blase auf ein bestimmtes Medikament reagiert oder nicht.

Isotone Volumenregistrierung

Diese Form des Zystometrogrammes wurde durch Sundin et al. (1977) angewandt. Blasendruckmessungen zeigen nicht immer an, wann eine Blase relaxiert. Eine genauere Methode, die Blasenkontraktion und die -relaxation zu messen, ist die Bestimmung des Blasenvolumens unter isotonen Bedingungen. Die Blasenvolumenänderungen werden als Gewichtsdifferenzen eines flüssigkeitsgefüllten Gefäßes mit einem großen Querschnitt, das auf einer elektronischen Waage in der Höhe der Blase des Patienten liegt, erfaßt. Dieses Gefäß ist über einen großkalibrigen Katheter mit der Blase verbunden. Kontrahiert oder entspannt sich die Blase, dann kommt es zu einem Volumenaustausch zwischen dem Gefäß und der Blase. Der Gewichtsanstieg auf der Waage zeigt eine Blasenkontraktion und der Gewichtverlust die Blasenrelaxation an.

Es hat sich gezeigt, daß dies ein sehr empfindlicher Test ist, um spontane instabile Blasenkontraktionen zu messen. Die einfache technische Durchführung dieses Tests besteht darin, daß ein teilweise gefüllter 1-Liter-Infusionsplastiksack auf die flache Platte einer Miktionswaage gelagert und mit dem Urethralkatheter verbunden wird. Der Plastiksack sollte dabei nicht voll werden, da das sonst die Ergebnisse verfälscht.

Indikationen zur Auffüllzystometrie

1. Untersuchung der Ursachen für Pollakisurie und Drangsymptomatik, besonders vor einer operativen Behandlung der unteren Harnwege.
2. Teil der Untersuchung von
- Inkontinenz,
- persistierendem Restharn,
- vesiko-ureteralem Reflux,
- neurologischen Erkrankungen,
- sensorischen Störungen und
- Medikamentenwirkungen auf die Blasenfunktion.

Druck-Fluß-Studien (Miktiometrie)

Einleitung

Die verbesserte elektronische Ausrüstung hat zu einer wohlwollenden Aufnahme und Nutzung der Zystometrie geführt. Sie war auch die Voraussetzung für die Entwicklung der Meßtechnik zur exakten Erfassung des intravesikalen Drucks und Uroflows während der Entleerungsphase. Diese Studien repräsentieren einen natürlichen Fortschritt gegenüber der Uroflowmetrie. Wie in Kap. 5 diskutiert wird, bieten die Harnfluß-Studien nur eine limitierte Information. Die Flußrate hängt vom Auslaßwiderstand und den kontraktilen Eigenschaften des Detrusors ab. Eine geringe Harnflußrate kann mit hohen Entleerungsdrücken oder mit zu niedrigen Drücken in Zusammenhang stehen. Genauso kann ein normaler Harnfluß mit einem hohen oder einem normalen Entleerungsdruck verbunden sein. Bei der Frau kann eine normale Uroflowkurve auch ohne Anstieg des intravesikalen Druckes zustande kommen. Die Druck-Fluß-Studien sind für eine komplette funktionelle Klassifikation des unteren Harntraktes essentiell. Mit dem Anwachsen der persönlichen Erfahrungen mit diesen Studien ist eine zunehmend bessere Interpretation von isolierten Uroflowkurven möglich.

Definitionen

Während einer Druck-Fluß-Studie der Entleerung werden der intravesikale Druck und die Harnflußrate kontinuierlich gemessen. Die verschiedenen Termini sind in Abb. 3.32 wiedergegeben. Die Öffnungszeit ist die Zeit, die vom initialen Detrusordruckanstieg bis zum Beginn des Flows verstreicht. Dies ist die initiale isovolumetrische Kontraktionsperiode der Miktion. Der Prämiktionsdruck ist der Druck, der unmittelbar

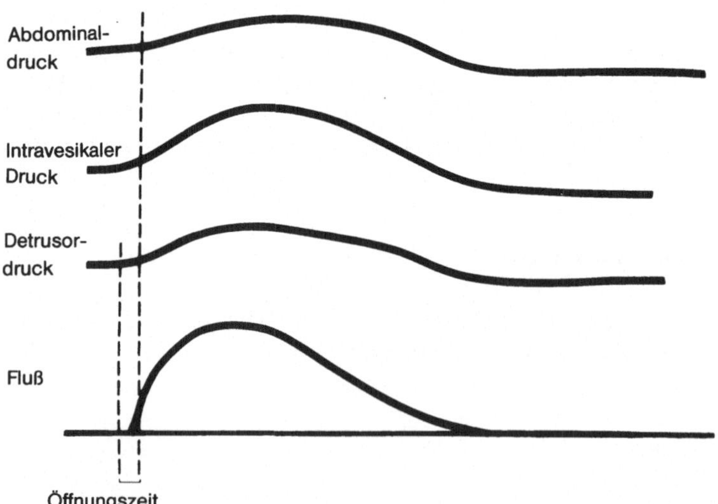

Abb. 3.32 Schema der korrespondierenden Druck- und Flußkurven während der Miktionsphase. Die Kurvenanordnung entspricht den Empfehlungen der International Continence Society (s. Anhang 1)

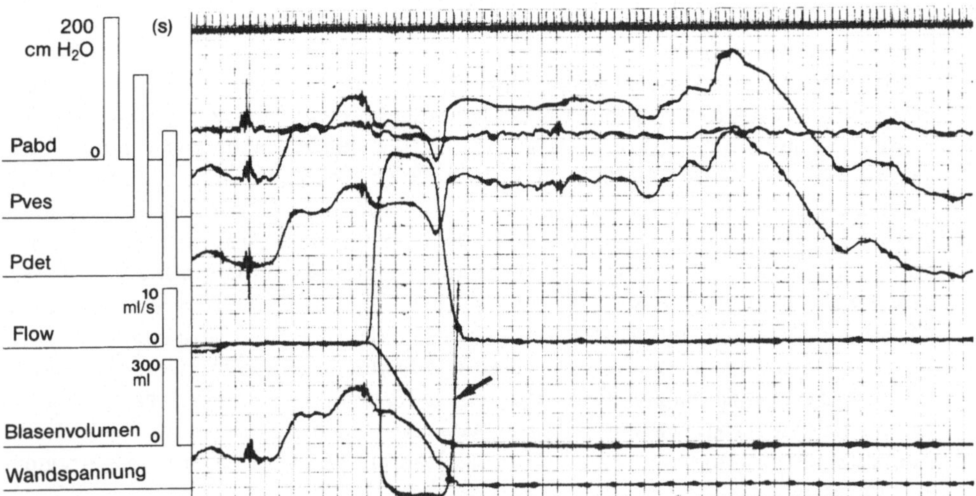

Abb. 3.33 Druck-Fluß-Studie der Miktion mit zusätzlicher Aufzeichnung der Widerstandskurve *(Pfeil)*. Der Patient weist eine Detrusorhyperaktivität, eine supranormale Flußrate und einen sehr geringen Widerstandskoeffizienten auf

vor der initialen isovolumetrischen Kontraktion gemessen wird. Dieser Druck ist identisch mit dem Ruhedruck der vollen Blase, wenn sich der Patient nach der Auffüllzystometrie nicht bewegt hat. Der Öffnungsdruck ist der Druck, der beim Beginn des meßbaren Flusses festgestellt wird. Eine gewisse Verzögerung der Flowregistrierung, bedingt durch die Zeit, die der Harn vom Meatus externus bis zum Flowmeter benötigt, muß bei der Interpretation berücksichtigt werden. Der maximale Miktionsdruck ist der Maximalwert des gemessenen Druckes. Der Druck bei maximalem Harnfluß ist der Druck, der zur Zeit der maximalen Flowrate gemessen wird. Auch hier ist wieder die Verzögerung der Flowaufzeichnung zu berücksichtigen. Der Kontraktionsdruck bei

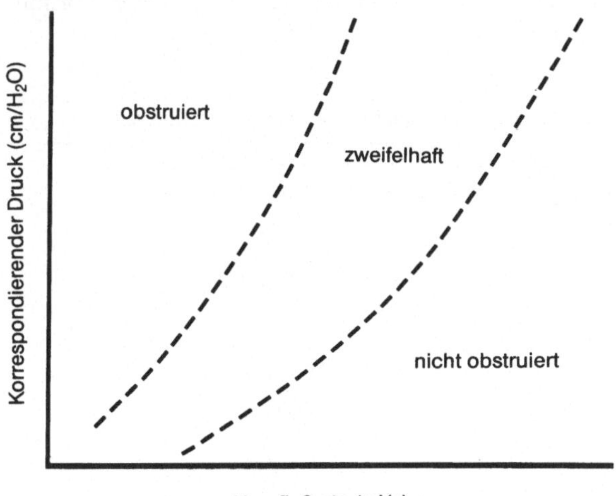

Abb. 3.34 Druck-Fluß-Relation. Die exakte Festlegung des Bereiches der zweifelhaften Befunde hängt von verschiedenen Faktoren, wie Alter, Geschlecht und entleertes Harnvolumen ab

maximalem Uroflow ist der Unterschied zwischen dem Druck bei maximalem Flow und dem Prämiktionsdruck.

Eine Nachkontraktion ist durch einen Druckanstieg charakterisiert, der am Ende der Miktion auftritt, nachdem der Harnfluß aufgehört hat. Die Bedeutung dieses Phänomens ist noch nicht geklärt. Blase und Urethra haben unabhängige funktionelle Eigenschaften. Die Kombination dieser Charakteristika determiniert die Druck-Fluß-Beziehung der Miktion. Bei Kenntnis beider Faktoren und bei Herstellung des Bezuges zu den Normalwerten beider Anteile, ist es möglich festzustellen, ob die Entleerungsfunktion an sich normal ist. Dies kann mit der Kombinationsmessung besser geschehen, als durch die Messung beider Einzelfunktionen. Um die Beziehung von Druck und Flow zu formalisieren, wurden verschiedene urethrale Widerstandsfaktoren ausgearbeitet. Der am häufigsten gebrauchte Faktor setzt den intravesikalen Druck mit dem Quadrat des maximalen Harnflusses in Beziehung. Dieser Wert beschreibt den minimalen Widerstand ($Rmin = P_{ves}/Qmax^2$). Die Ableitung beruht auf den hydrodynamischen Strömungsgesetzen durch starre Röhren. Die Urethra ist jedoch irregulär und dehnbar.

Darüberhinaus hängt auch der minimale Widerstand wie der Uroflow vom Entleerungsvolumen ab. Für eine gewisse Zeit haben wir den Widerstandsfaktor direkt mit Hilfe einer Analogrechnereinheit ermittelt und den Widerstand graphisch als Kurve aufgezeichnet. Die Form der Widerstandskurve ist sehr charakteristisch (Abb. 3.33). Trotzdem ist es schwer, ein Nomogramm für normale und pathologische Widerstandsfaktoren herzustellen. Die praktischen Erwägungen wurden durch Gierup (1970) diskutiert. Die International Continence Society empfahl, Druck-Fluß-Kurven graphisch so darzustellen, daß sie gegeneinander aufgezeichnet erscheinen (Abb. 3.34). Man kann dieser Ansicht nur zustimmen und sollte viel mehr die Charakteristika von Druck- und Flowkurven studieren, als die Information auf einen einzelnen Index zu reduzieren. Nichtdestoweniger ist der urethrale Widerstand ein wichtiger Parameter. Für Entleerungsvolumen zwischen 200 und 400 ml unter Berücksichtigung des intravesikalen Druckes ist der höchste akzeptable Wert des urethralen Widerstandes beim Mann 0,6 und bei der Frau 0,2 ($Rmin = P_{ves}/Qmax.^2$). Die Werte für Druck und Fluß bei Normalpersonen sind in der Tabelle 3.4 zusammengefaßt.

Tabelle 3.4. Druck und Fluß während der Miktion bei Normalpersonen unter 45 Jahren

	Mittlerer intravesikaler Druck bei maximalem Fluß (cmH_2O)		Mittlere maximale Harnflußrate (ml/s)	
	Männer	Frauen	Männer	Frauen
von Garrelts (1958)	78	57	23	28
Arbuckle and Paquin (1963)	—	55	—	21
Smith (1968)	76	64	19	24
Frimodt-Møller and Hald (1972)	71	55	20	25

Technik und Einrichtung

Die Technik und die Einrichtung, die für Druck-Fluß-Untersuchungen erforderlich sind, sind die gleichen, die für die Auffüllzystometrie und die Harnfluß-Studien benutzt werden. Verschiedene zusätzliche Punkte sind jedoch wichtig, um diesen Test akurat durchführen zu können. Die räumlichen Bedingungen sind für die Entleerung von besonderer Wichtigkeit. In Zentren, in denen urodynamische Untersuchungen simultan mit der Miktionszystourethrographie durchgeführt werden, war im Durchschnitt bei bis zu 30 % der weiblichen Patienten und in einem geringeren Prozentsatz der männlichen Patienten eine spontane Blasenentleerung auf Kommando unmöglich. Es sollte daher jede Anstrengung unternommen werden, um das Gefühl einer intimen Athmosphäre für den Patienten zu erhöhen. Viele Frauen empfinden die Entleerung in der stehenden Position als schwierig und nicht akzeptabel. Es ist aber möglich, einen Miktionsstuhl an den Röntgentisch zu adaptieren, um eine Entleerung im Sitzen zu gewährleisten.

Verwendet man ein dichtes Kontrastmedium für die Blasenfüllung, sind auch in der sitzenden Position laterale Röntgendarstellungen möglich. Dies ist nicht nur für den Patienten besser, sondern gibt außerdem mehr Informationen über die Blasenhalsanatomie als im anterior-posterioren oder schrägen Strahlengang. Es ist auch von Nutzen, den Effekt der Miktionsunterbrechung zu testen. Praktisch können alle Männer und Frauen den Harnstrahl plötzlich durch Aktivierung des urethralen Sphinktermechanismus unterbrechen. Einige Frauen können dies nur durch Inhibition des Detrusors. Das dauert aber einige Sekunden. Wenn der Patient die Harnröhre willkürlich verschließen kann, oder sie manuell okkludiert, dann wird die Detrusorkontraktion isovolumetrisch, vorausgesetzt, daß sie anhält (Abb. 3.35). Der Detrusordruck steigt bis zu einem Maximum (P_{det}iso) an. Dieser Anstieg repräsentiert die Kraft des Detrusormuskels. Er ist von wissenschaftlichem Interesse beispielsweise für die Beurteilung der

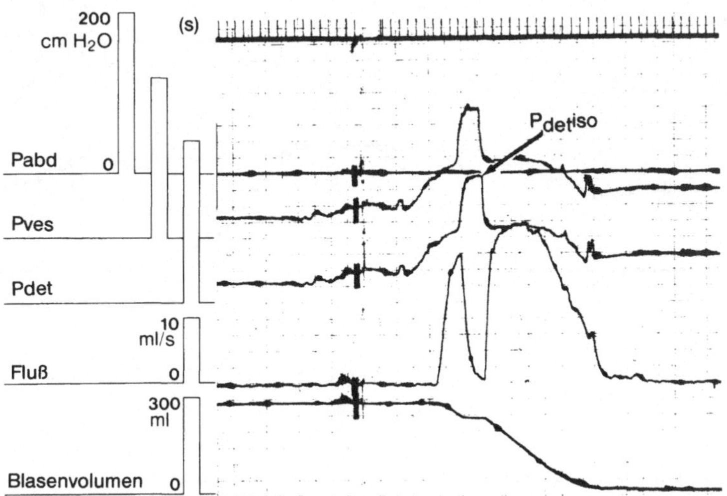

Abb. 3.35 Diese Druck-Fluß-Studie einer bewußt unterbrochenen Miktion zeigt den isovolumetrischen Druckanstieg, der durch einen normalen Detrusor als Folge des Miktionsstopps erzeugt wird

Detrusorantwort auf eine Obstruktion. Darüberhinaus gibt es bestimmte Umstände, bei denen das von praktischem Wert ist. Eine besonders wichtige Maßnahme ist die Bestimmung der Detrusorkraft vor einer Inkontinenzoperation. Operationen mit dem Ziel, den Blasenhals anzuheben und dadurch den Ausflußwiderstand zu erhöhen, können in einigen Fällen postoperativ zu Entleerungsproblemen führen. Es besteht heute Übereinstimmung darüber, daß die Patienten mit einer geringen isometrischen Druckerhöhung bei Miktionsunterbrechung postoperativ Entleerungsprobleme haben können. Die Patienten, bei denen dieser Test wichtig wäre, sind oft diejenigen, die nicht ihren eigenen Harnstrahl unterbrechen können. In diesen Fällen ist irgendeine mechanische Form der Harnstrahlunterbrechung indiziert.

Normalwerte

Relativ wenig Druck-Fluß-Studien wurden an Gesunden durchgeführt. Aber die Serien, die existieren, zeigen eine weitgehende Übereinstimmung. Die Normalwerte getrennt nach Geschlecht sind in Tabelle 3.4 dargestellt. Die Definition der Normalwerte für Mädchen und Frauen ist einfacher als für Männer. Das liegt darin begründet, daß eine geringere Alterabhängigkeit der urodynamischen Parameter existiert. Beim gesunden Mann wächst in seinem mittleren Lebensalter die Prostata langsam und entwickelt im höheren Alter eine Hyperplasie. Das Wachstum mit der nachfolgenden Erhöhung des urethralen Widerstandes führt zu einem zunehmend geringeren maxima-

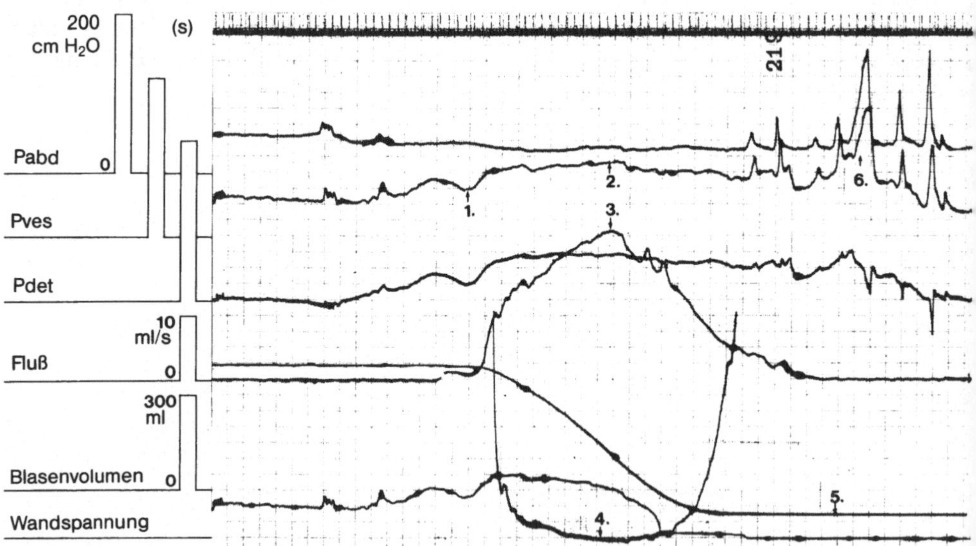

Abb. 3.36 Normale Druck-Fluß-Studie der Miktion. *1.* Intravesikaler Öffnungsdruck. *2.* Intravesikaler Druck bei maximalem Fluß in diesem Fall von gleicher Höhe wie der maximale Miktionsdruck (92 cmH_2O). *3.* Maximaler Harnfluß (23 ml/s). *4.* Harnröhrenwiderstand bei maximalem Harnfluß. *5.* Entleertes Harnvolumen (480 ml), das auf Grund der Diurese größer ist als das in die Blase infundierte Flüssigkeitsvolumen. *6.* Willkürlicher Einsatz der Bauchpresse am Ende der Miktion

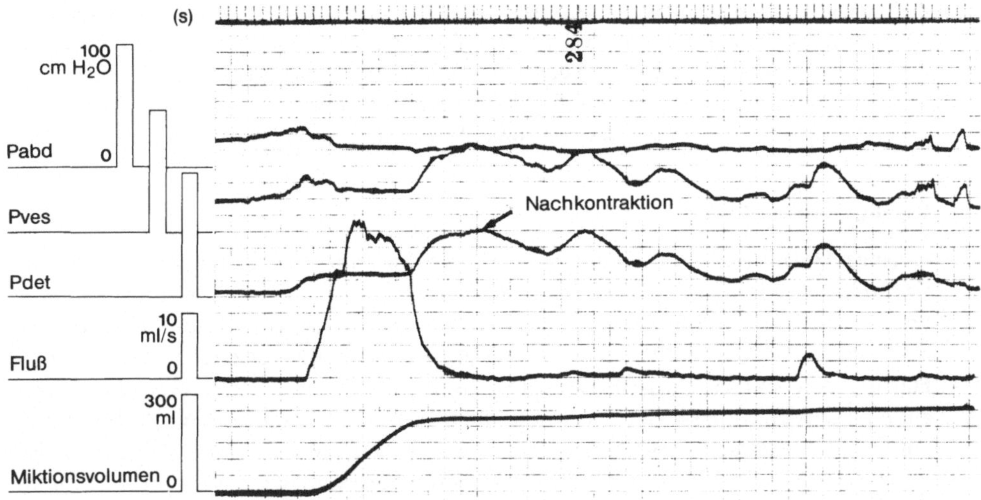

Abb. 3.37 Druck-Fluß-Studie der Miktion zeigt das bekannte Phänomen der Nachkontraktion. Es ist manchmal mit einer Detrusorhyperaktivität assoziert aber bislang nicht als pathologisches Phänomen beschrieben worden

len Harnfluß und zu höheren Entleerungsdrücken. Die Definition von Normalwerten wird dann ziemlich willkürlich. Eine normale Druck-Fluß-Kurve ist in Abb. 3.36 dargestellt. In der Legende zu dieser Abbildung sind die verschiedenen typischen Termini angegeben. Wir haben die Normalwerte für den Öffnungsdruck deshalb nicht diskutiert, weil seine klinische Signifikanz bis jetzt nicht sicher ist. Das Interesse richtet sich mehr auf die Bestimmung der Blasenkontraktilität durch Messung des isovolumetrischen Drucks, der bei Unterbrechung des Harnstrahles (P_{det}iso) entsteht, wie bereits besprochen wurde. Die ursächlichen Faktoren dieser Kontraktion wurden 1980 von Griffith diskutiert, der als Normalwertbereich für Erwachsene beider Geschlechter Drücke zwischen 50 und 100 cmH_2O festlegte. Nach der Miktion darf nur eine geringfügige Restharnmenge vorhanden sein. Die klinische Signifikanz einer Nachkontraktion (Abb. 3.37) ist nicht klar. Bis jetzt konnte nicht nachgewiesen werden, daß sie einen pathologischen Wert besitzt.

Pathologische Druck-Fluß-Muster

Pathologische Druck-Fluß-Studien können am einfachsten mit den Begriffen der gestörten Harnflußmuster beschrieben werden. Dieser Abschnitt muß im Zusammenhang mit den entsprechenden Ausführungen über die Flowrate (s. „Klassifikation der pathologischen Harnflußkurve“, Seite 40) betrachtet werden.

Normale Harnflußraten

Normale Harnflußraten werden i. allg. durch eine normale Detrusorkontraktion erreicht, während der sich die Blase durch eine normale Harnröhre entleert. Wenn eine kräftige Detrusorkontraktion eine obstruierte Harnröhre überwindet, kann ebenfalls eine normale Harnflußkurve festgestellt werden. Darüberhinaus kommen meistens bei Frauen normale Uroflowkurven ohne jegliche Detrusorkontraktion vor. Unter diesen letztgenannten Umständen läßt sich die Kontraktion durch Messung des isometrischen Drucks bei der Unterbrechung des Flows nachweisen (Abb. 3.35).

Geringe Harnflußrate

Geringe Harnflußraten deuten beim männlichen Patienten i. allg. auf infravesikale Obstruktionen hin (Abb. 3.38). Dies ist jedoch nicht unbedingt bei weiblichen Patienten der Fall. Der Nachweis eines hohen oder normalen Detrusordrucks mit einer niedrigen Harnflußrate müßte eine infravesikale Obstruktion anzeigen. Eine niedrige Harnflußrate mit einem geringeren Detrusorkontraktionsdruck deutet jedoch nicht auf eine Obstruktion sondern eher auf eine Störung der Detrusorkontraktilität hin. In Fällen infravesikaler Obstruktion müßte der Detrusordruck einen vorzeitigen Einbruch erleiden. Der Druck und folglich auch der Harnfluß fallen während der Miktion allmählich ab. Dies kann Ausdruck eines zunehmend versagenden Detrusors sein. Es hat sich gezeigt, daß der isometrische Druck, der aufgebaut wird (P_{det}iso), auch am Ende der Miktion abfallen kann. Das ist ein weiterer Nachweis für die Inkompetenz der Muskelkontraktion. Eine vorzeitig beendete Blasenkontraktion führt in den meisten Fällen zu Restharn.

Hohe Harnflußrate

Sowohl beim Mann als auch bei der Frau zeigen hohe Harnflußraten über 40 ml/s eine oft außergewöhnlich starke Detrusorkontraktion mit einem übernormalen Miktionsdruck an. Dies sieht man oft bei Patienten mit seit langer Zeit bestehender Blasenhyperaktivität und Detrusorhypertrophie ohne subvesikale Obstruktion.

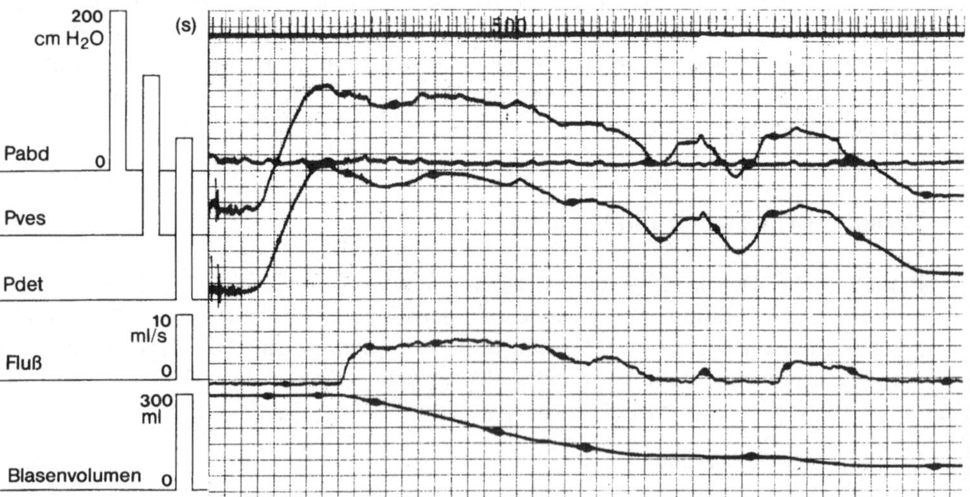

Abb. 3.38 Druck-Fluß-Studie eines 62jährigen Mannes mit subvesikaler Obstruktion

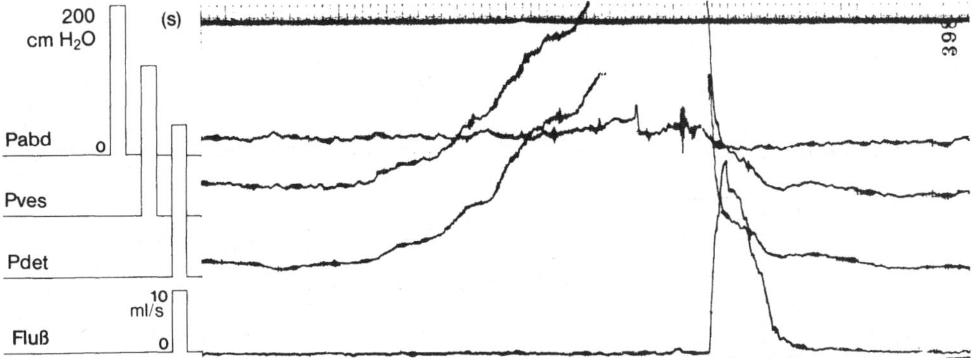

Abb. 3.39 Druck-Fluß-Studie bei einem 28jährigen Mann mit instabiler Blase. Ungehemmte Blasenkontraktion mit einem Druckgipfel von über 260 cmH_2O; plötzlicher Druckabfall bei Einsetzen des Harnflusses; das Miktionsvolumen beträgt etwa 150 ml; die Flußrate erreicht einen Maximalwert von 33 ml/s

Druck-Fluß-Muster bei Blaseninstabilität

Bei Patienten mit Blaseninstabilität zeigen sich oft bereits Detrusorkontraktionen, bevor der Patient miktionsbereit ist. Die Kontraktion ist isometrisch, aber gewöhnlich öffnet sich der Blasenhals, wobei die Kontinenz durch den distalen Sphinktermechanismus aufrecht erhalten wird. Gelingt es dem Patienten, kontinent zu bleiben, bis die Miktionsbedingungen erfüllt sind, dann wird der Flow unmittelbar dann einsetzen, wenn die Urethra sich willkürlich relaxiert. Der Detrusor kann bereits die maximale Kontraktionskraft entwickelt haben und praktisch unmittelbar danach wird die maximale Flowrate erreicht. Der Detrusordruck fällt i. allg., sowie der Harnfluß beginnt, ab (Abb. 3.39).

Irreguläre Miktion

Wie bereits diskutiert (s. „Klassifikation der pathologischen Harnflußkurve“, Seite 40) ist ein unterbrochener Harnstrahl gewöhnlich mit Bauchpresse, intermittierender Detrusorkontraktion oder Detrusor-Urethra-Dyssynergie verbunden.

Entleerung mit Bauchpresse

Ein Patient kann während der Miktion aus verschiedenen Gründen die Bauchpresse aktivieren und zwar auf Grund einer schwachen Detrusorkontraktion, infolge einer Angewohnheit und als Reaktion auf die ungewohnten Untersuchungsbedingungen. Die Patienten sollten während der Druck-Fluß-Untersuchung immer aufgefordert werden, normal zu entleeren und nicht die Miktion mit Bauchpresse zu unterstützen. Wie auch immer läßt sich der Einsatz der Bauchpresse während der Entleerung leicht mit Hilfe der abdominalen Druckkurve erkennen (Abb. 3.40). Bei der Frau kann eine normale oder supranormale Harnflußrate durch Bauchpresse erreicht werden, vorausgesetzt, daß die Harnröhre sich normal öffnet. In der Tat kann bei der Frau eine Harnfluß-

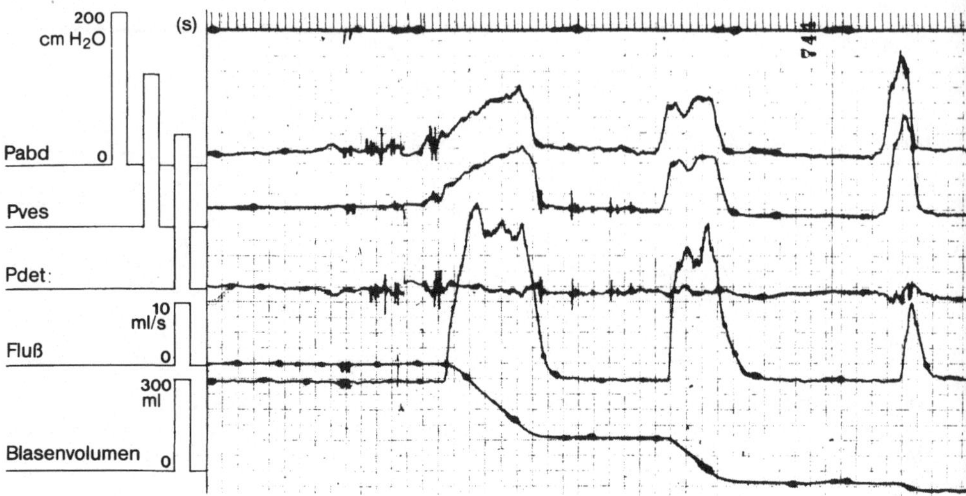

Abb. 3.40 Druck-Fluß-Studie bei einer weiblichen Patientin: Entleerung mit Bauchpresse. Es läßt sich keine Detrusorkontraktion nachweisen

kurve, die durch Einsatz der Bauchpresse erzielt wird, nicht als unnormal angesehen werden. Beim Mann ist diese Situation jedoch fast immer pathologisch und wird i. allg. zusammen mit einer niedrigen Harnflußrate gesehen.

Fluktuierende Detrusorkontraktion

Die Detrusorkontraktion kann fluktuieren, und das führt zu einer unterbrochenen oder irregulären Harnflußkurve (Abb. 3.41). Diese Situation findet man am häufigsten

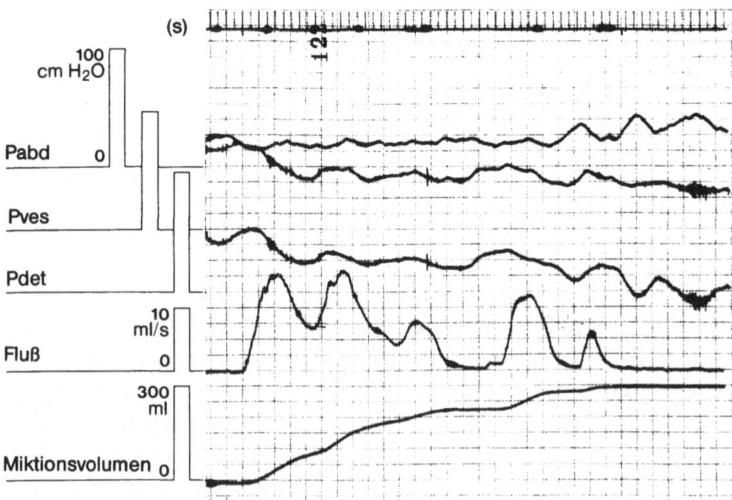

Abb. 3.41 Druck-Fluß-Studie bei fluktuierender Detrusorkontraktion und korrespondierender schwankender Harnflußrate. Der Detrusor erscheint hyperaktiv und der Prämiktionsdruck ist hoch; jedoch bleibt der Druck während der Miktion nicht so hoch wie es erforderlich wäre

bei neurologisch erkrankten Patienten, insbesondere bei Patienten mit multipler Sklerose. Sie kann jedoch auch bei nicht-neuropathischer subvesikaler Obstruktion festgestellt werden. Diese Änderungen der Harnflußrate sind weniger steil als in den Fällen, in denen sie das Ergebnis der Anwendung der Bauchpresse oder einer Detrusor-Urethra-Dyssynergie sind. Die abdominale Druckkurve sollte deshalb keine Druckschwankungen aufzeigen.

Detrusor-Urethra-Dyssynergie

Dieser Begriff wird in einer späteren Sektion diskutiert und definiert (s. „Urethrale Hyperaktivität und Obstruktion“, Seite 113). Die häufigste Variante der Dyssynergie findet sich zwischen dem Detrusor und der quergestreiften Muskulatur des externen urethralen Sphinkters. Sie wird Detrusor-Sphinkter-Dyssynergie genannt. Sie kommt meistens bei neurologisch auffälligen Patienten mit einer supranukleären Läsion vor. Jedoch auch bei Patienten ohne offensichtliche neurologische Erkrankung wird die Dyssynergie beobachtet. Statt sich zu relaxieren, verbleibt der urethrale Sphinktermechanismus geschlossen oder schließt sich irregulär während einer Detrusorkontraktion. Dies produziert eine Harnflußkurve, die schnelle Änderungen entsprechend der Öffnung und des Verschlusses des externen urethralen Sphinkters zeigt (Abb. 3.42a). Alternativ kann eine anhaltende Erhöhung des Blasendrucks auftreten, wobei jedoch der Harnfluß nur dann auftritt, wenn sich der Sphinkter öffnet (Abb. 3.42b). Manchmal kommt der Harnfluß trotz eines hohen Blasendrucks nicht zustande. Dies geschieht hauptsächlich bei hohen kompletten Rückenmarkläsionen (3.42c). Der Sphinkter kann über einen Zeitraum von mehreren Minuten kontrahiert bleiben.

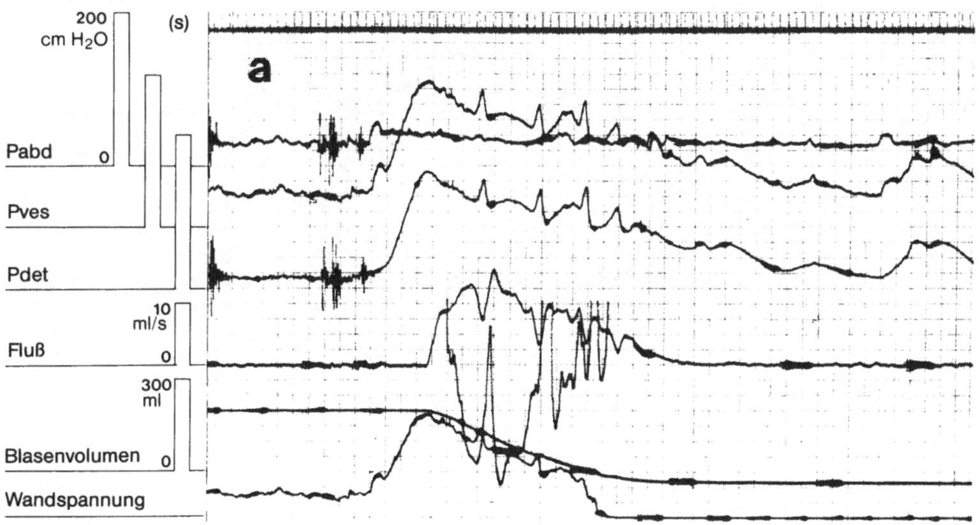

Abb. 3.42 a (Legende s. S. 88)

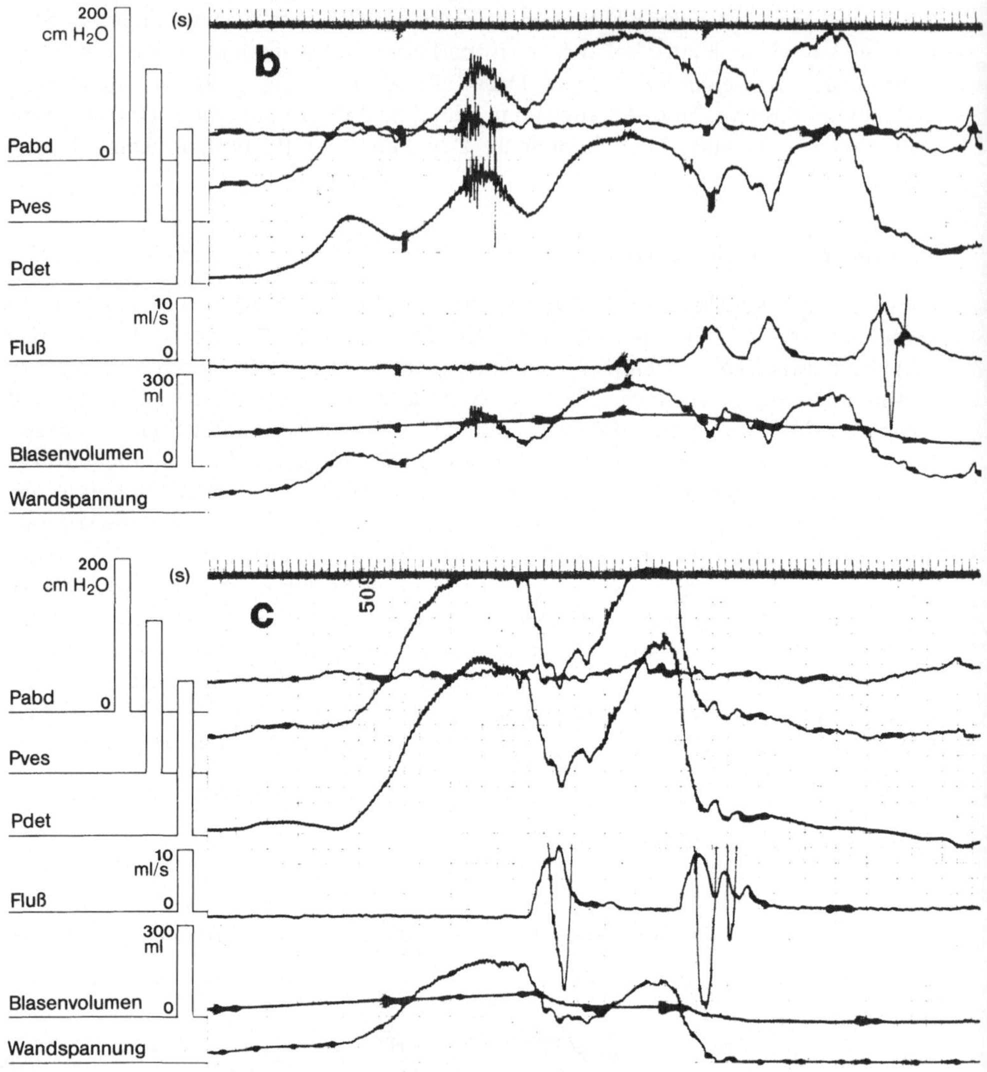

Abb. 3.42 a–c Verschiedene Beispiele der Detrusor-Sphinkter-Dyssynergie. **a** Eine leichte Form zeigt plötzliche „Einbrüche" der Flußkurve und Widerstandserhöhungen bei Sphinkterschluß. Jedes Absinken der Harnflußrate läuft mit einem Anstieg des isometrischen Detrusordruckes parallel. **b** Langandauernde Detrusordruckerhöhung; der Uroflow setzt nur dann ein, wenn der Sphinkter sich öffnet. **c** Ungeachtet des sehr hohen Detrusordruckes setzt der Harnfluß verspätet ein und läuft intermittierend ab

Indikation für Druck-Fluß-Studien

1. Zur Identifikation einer Obstruktion in Fällen, bei denen eine alleinige Flußkurve unzureichende Informationen gibt.
2. Zur Bestimmung der Detrusorkontraktilität: Ein Detrusor kann auf Grund des Auffüllzystometrogramms allein nicht als normal definiert werden. Andererseits ist die Unterscheidung zwischen infravesikaler Obstruktion und hypoaktivem Detrusor auf der Basis allein der Harnflußrate nicht möglich.

Synchrone Video-Urodynamik

Die Möglichkeit der Kinematographie der Blase zu Beginn der 50er Jahre war ein sehr großer Stimulus für die Entwicklung einer mehr funktionellen Betrachtungsweise der Störungen des unteren Harntraktes.

In den frühen 60er Jahren wurden Druck-Studien synchron mit Videozystogrammen registriert (Enhörning et al. 1964), was zu weitergehenden Informationen geführt hat. Diese Technik wurde in verschiedenen großen urodynamischen Zentren während der letzten Dekade weiterentwickelt. Verschiedene Untersucher halten diese synchronisierten Studien für die wichtigste Methode der Funktionsuntersuchung. Andere, wir selbst ganz besonders, glauben, daß praktisch alle Informationen von den urodynamischen Tests allein gewonnen werden können. Falls erforderlich, können sie mit einem nicht gleichzeitig durchgeführten Miktionszystourethrogramm kombiniert werden. In diesem Abschnitt wollen wir diese Behauptung in anschaulicher Weise begründen.

Ausrüstung

Die Technik der Miktionszystourethrographie (MZU) ist universell und die adäquaten urodynamischen Methoden wurden bereits beschrieben. Die Synchronisation von Druckkurve und Bild wird durch verschiedene Methoden,die im Prinzip ähnlich sind, erreicht. Urodynamische Kurven müssen in einer interpretierbaren Form auf dem Fernsehmonitor zusammen mit dem Blasenbild erscheinen. Es gibt drei grundsätzliche Möglichkeiten, wie das zu erreichen ist (Abb. 3.43). Die erste Methode benutzt eine Fernsehkette, um die Datenausgabe entweder auf einem Polygraph oder besser Memoryoszilloskop sichtbar zu machen. Das Memoryoszilloskop gibt einen besseren Kontrast der Kurven. Das Kamerabild wird mit dem des Bildverstärkers gemischt und auf einem einzelnen Monitor zusammen zur Darstellung gebracht (Abb. 3.44). Die beiden Kameras müssen kompatibel und synchronisiert sein. Der Vorteil dieses Systems ist der relativ geringe Preis, jedoch ist das Videobild nicht immer klar und deutlich.

Die zweite Alternative ist ein speziell angefertigter Analog-Video-Converter (AVC) (Abb. 3.45). Dieser Converter kann aus verschiedenen Komponenten zusammengesetzt bzw. kommerziell erworben werden. Die Digitalisierung ist ein Gewinn und erlaubt die Wiedergabe längerer Untersuchungsteile auf dem Monitor mittels einer Verminderung der Schreibgeschwindigkeit. Dieses spezielle System ist am einfachsten zu bedienen und gibt die besten Bilder. Es ist im Handel jedoch sehr teuer.

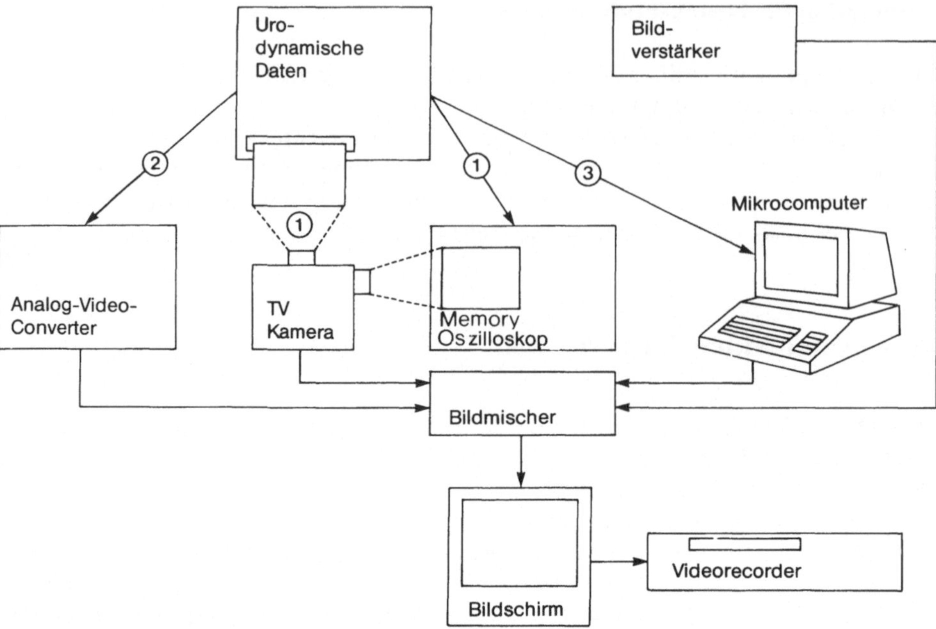

Abb. 3.43 Darstellung der 3 Möglichkeiten der Mischung von analoger und bildlicher Information. Erläuterungen im Text

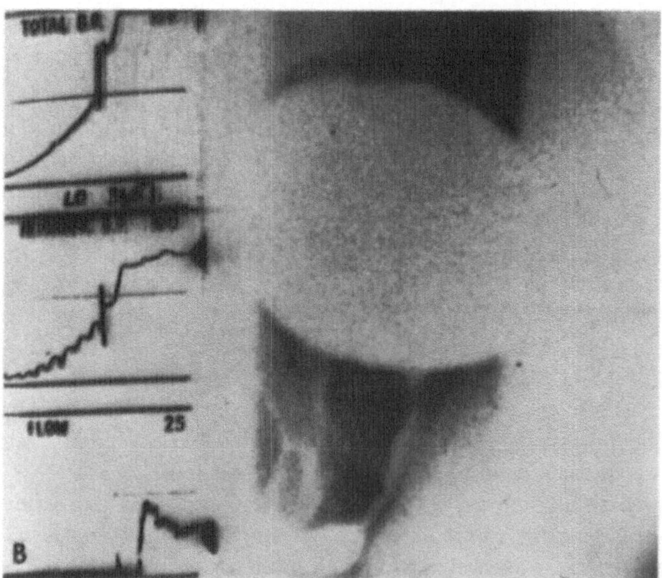

Abb. 3.44 Synchrone Video-Urodynamik unter Verwendung eines geteilten Bildschirms, der die analogen urodynamischen Informationen auf der einen und das radiologische Bild auf der anderen Seite darstellt. (Whiteside und Bates, 1979)

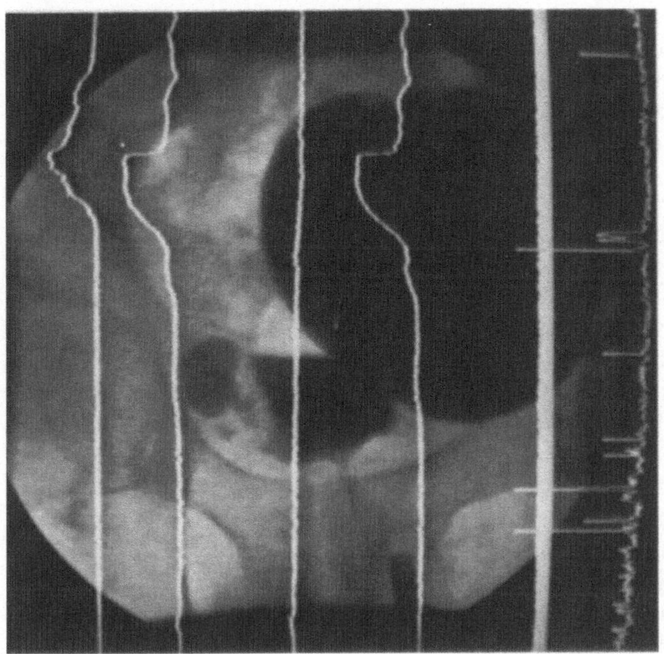

Abb. 3.45 Synchrone Video-Urodynamik unter Verwendung eines Analog-Video-Converters und eines Digitalwandlers. Das Röntgenbild zeigt eine Blase mit einem großen und einem kleinen Divertikel. Die Kurven stellen von links nach rechts den Harnfluß, den Blasendruck, den Abdominaldruck, den Detrusordruck, eine Linie ohne Informationen und ganz rechts das integrierte EMG dar. Beim Miktionsversuch kommt es zum leichten Anstieg des Detrusordruckes für die Zeit, während der sich das Divertikel auffüllt. Erst danach kann der Druck weiter ansteigen, der Blasenhals sich öffnen und der Flow einsetzen

Die dritte Möglichkeit ist die Verwendung eines Minicomputers, der heute zu einem günstigen Preis erhältlich ist. Das System muß einen Analog-Digital-Converter enthalten. Diese Methode schließt einerseits die Schaffung einer entsprechenden Software ein, erlaubt aber auf der anderen Seite die Computeranalyse der urodynamischen Ergebnisse. Dieses System ist komplizierter, jedoch auch vielseitiger. Der Preis wäre mit dem eines handelsüblichen AVC vergleichbar, jedoch ist zur Zeit sicher noch ein Biophysiker erforderlich, um das System zu bedienen.

Modifikationen der urodynamischen Methoden

Verschiedene Veränderungen in der urodynamischen Untersuchungstechnik sind erforderlich, um sie der radiologischen Ausrüstung anzupassen. Zunächst muß festgestellt werden, daß das Kontrastmittel, das zur Darstellung der Blase erforderlich ist, eine andere Dichte als der Harn hat, d.h., daß das Flowmeter angepaßt werden muß, da sonst artifiziell hohe Ergebnisse auf Grund des größeren Gewichts der entleerten Flüssigkeit registriert werden. Falls es erforderlich ist, bei der Frau die Miktion in stehender

Position zu registrieren, dann ist ein spezielles Trichtersystem für die Harnsammlung und -zuleitung zum Flowmeter zu verwenden. Dies kann zu weiterer Verzögerung der Flowkurve in Vergleich zum Druckanstieg auf dem Mehrkanalschreiber führen. Werden jedoch diese Probleme berücksichtigt, dann sind keine weiteren praktischen Schwierigkeiten mehr zu erwarten.

Modifikationen der Röntgentechnik

Soll der Patient die Blase in sitzender Position entleeren, dann sind weitere Modifikationen der Untersuchungstechnik erforderlich. Der einfachste Weg, um einen strahlendurchlässigen Miktionssitz zu erhalten, ist, diesen aus dickem Schaumstoff herzustellen. Die Form eines Toilettensitzes wird aus Schaumstoff ausgeschnitten und mit einem hygienischen Material eingehüllt. Verschiedene Röntgenhersteller haben strahlendurchlässige Stühle in ihrem Angebot. Es ist günstig, wenn man den Blasenhals in der exakt lateralen Position darstellen kann. Das bedeutet meistens, daß die Röntgenintensität erhöht werden muß. Das kann aber auch durch spezielle Kontrastmittel mit hoher Strahlenabsorption erzielt werden. Diese Kontrastmittel haben eine höhere Dichte und Viskosität, obgleich das weniger bedeutsam ist, wenn man sie vorher auf 38° C erwärmt. Der Effekt auf den Harnfluß ist nicht so groß, wie zu erwarten wäre, da der Flow dann weniger turbulent ist.

Normale Ergebnisse

Einige Bemerkungen in Zusammenhang mit dem MZU wurden bereits bemacht (s. „Miktionszystourethrographie“, Seite 29). Im folgenden sollen die Fakten diskutiert werden, die bei der synchronen Video-Urodynamik eine Rolle spielen und darüberhinaus, wie urodynamische Untersuchungen die Aussage der Röntgenuntersuchung erweitern. Die normale Abfolge der Ereignisse bei der Miktion kann so beschrieben werden:

1. Der Blasenboden senkt sich ab, der urethrale Druck wird erniedrigt, die Spinkter-EMG-Aktivität reduziert.
2. Der Blasenhals öffnet sich, der Detrusordruck steigt an und EMG-Ruhe tritt ein.
3. Der Harnfluß nimmt zu, der Detrusordruck erreicht seinen höchsten Wert, die EMG-Kurve ist ruhig.
4. Der Urethradruck steigt an, der Flow ist beendet, die Blase restharnfrei entleert. Der Detrusordruck sinkt i. allg., kann jedoch auch noch ansteigen (Nachkontraktion). Die EMG-Aktivität steigt vorübergehend.

Wird der Harnfluß willkürlich im „Mittelstrahl“ unterbrochen, beginnt die Unterbrechung in Höhe des distalen urethralen Sphinktermechanismus. Der proximale Anteil des Harnstrahls wird gewissermaßen in die Blase zurückgemolken und der Blasenboden angehoben. Sind Beckenboden und urethraler Sphinkter stark, was oft bei Blasenhyperaktivität gesehen wird, dann kann diese Blasenbodenelevation sehr kräftig erscheinen. Das ist als Rückschlag („kick“) beschrieben worden. Unter diesen Umständen erreicht der isometrische Detrusordruck im allgemeinen ein hohes Niveau, wie bereits erwähnt wurde.

Pathologische Ergebnisse

Es gibt keine zufriedenstellende Meßtechnik, um die Funktion des Blasenhalses während der Miktion zu messen. Abgesehen von der elektromyographischen Ableitung der quergestreiften periurethralen Muskulatur gelten dieselben Einschränkungen für die übrige Urethra. Zur Zeit sind die intraurethralen Druckmeßfühler noch so groß, daß sie eine gewisse Obstruktion verursachen. Daraus folgt, daß die Hauptindikationen für Video-Druck-Fluß-Studien in Fällen von Blasenhals- oder Urethradysfunktion gegeben sind. Der Blasenhals sollte so lange verschlossen bleiben, bis der Patient die Entleerung willkürlich einleitet. Stellt man jedoch fest, daß er sich entweder spontan, unter Streßbedingungen oder bei Positionswechsel öffnet, dann ist dies als pathologisch zu werten. Eine solche Öffnung kann durch eine intrinsische Inkompetenz des Blasenhalses oder durch eine aktive Öffnung des Blasenhalses zusammen mit einer Detrusorkontraktion hervorgerufen werden. Ohne die Messung des Detrusordruckes ist es unmöglich, diese Ursachen voneinander zu differenzieren. Gleichermaßen soll sich der Blasenhals während der Miktion adäquat öffnen. Bleibt er jedoch verschlossen, kann dies auf Grund eines nicht ausreichend stark kontrahierenden Detrusors (niedriger P_{det}) oder auf Grund eines nicht geöffneten Blasenhalses, der so eine Obstruktion erzeugt, geschehen (hoher P_{det}). Wiederum kann nur mit der Messung des Detrusordrucks eine ursächliche Unterscheidung erfolgen. Die letztere Situation ist als Blasenhalsobstruktion oder besser als Detrusor-Blasenhals-Dyssynergie bekannt. Der Hinweis auf ihre Existenz ist das Vorhandensein eines Kontrastmitteleinschlusses in der hinteren Urethra, proximal vom distalen urethralen Sphinktermechanismus, der das Zurückströmen der Kontrastmittels in die Blase verhindert.

Ein häufiges urethrales Problem tritt bei überaktiven Blasen beider Geschlechter auf. Es ist gekennzeichnet durch eine Verengung in Höhe des distalen Sphinktermechanismus. Proximal davon ist die hintere Harnröhre durch die Kraft des Destrusordrukkes aufgeweitet. Diese subvesikale Überdehnung stellt den Blasenhals dar, der als Barre oder Ring in der röntgenologischen oder endoskopischen Diagnostik erscheint. Diese Situation kann auf zweierlei Weise entstehen. Der hyperaktive hyperkontraktile Detrusor kann bei neuropathischen Blasen mit einem hyperaktiven distalen Sphinkter kombiniert sein, der dyssynergisch und obstruktiv wirkt (s. „Urethrale Hyperaktivität und Obstruktion", Seite 113). Alternativ dazu kann der hyperaktive und hyperkontraktile Detrusor mit einer willkürlichen Hypertrophie des distalen Sphinkters in Verbindung stehen. Dieser ist zwar nicht obstruktiv, aber erforderlich, um die Kontinenz zu erhalten, nachdem der Blasenhals durch die Detrusorkontraktion bereits geöffnet ist. Druck-Fluß-Messungen sind erforderlich, um festzustellen, ob eine Obstruktion überhaupt existiert.

Es wurde bereits betont, daß die Urodynamik die Aussage von bildgebenden Untersuchungen verbessern kann. Die umgekehrte Situation tritt dann ein, wenn die Urodynamik eine infravesikale Obstruktion zeigt und die Höhe der Störung nicht lokalisierbar ist. Die Röntgenuntersuchung während der Entleerung ist der einfachste Weg, um dies festzustellen. Sie ist in jedem Fall von urethraler Obstruktion einschließlich der Dyssynergien, der Prostatahyperplasie, der Strikturen und der Urethralklappen indiziert. Zeigt der Patient eine gleichbleibende und reproduzierbare Entleerungskurve, dann kann der größte Teil der erforderlichen Informationen auch aus nicht synchron durchgeführten Miktionsuntersuchungen gewonnen werden. Trotzdem sind einige Vorteile, wie sie unten beschrieben werden, noch anzuführen, die Kombinationsuntersuchungen vorteilhaft erscheinen lassen.

Die Wahl der Untersuchung

Die urodynamische Untersuchung und das Miktionszystourethrogramm sind sich ergänzende diagnostische Methoden. Die Vor- und Nachteile eines synchronen Untersuchungsganges sind nachfolgend aufgelistet:

Vorteile

1. Kombinationsuntersuchungen bieten das umfassendste Diagnostikverfahren. Die radiologische Untersuchung ist der beste Weg, um eine urethrale Obstruktion zu lokalisieren.
2. Videoaufzeichungen verbessern Falldiskussionen. Die Verwendung zu Fortbildungszwecken fördert ein intensiveres Interesse und das Verständnis für die Urodynamik bei einem weit größeren Kreis. Die Aufzeichnungen erlauben dem Kliniker, die Meßergebnisse mit den bekannteren morphologischen bzw. radiologischen Strukturen zu korrelieren.
3. Eine Tonspur bei der Videoaufnahme fügt eine weitere Dimension der Untersuchung dazu und erlaubt darüberhinaus eine unmittelbare Speicherung von zufälligen Beobachtungen.
4. Der Röntgenuntersuchungstisch bietet durch Kippen und Aufrichten des Patienten die Möglichkeit, die Effekte der Lageänderung auf Blasen- und Urethrafunktion zu beurteilen.

Nachteile

1. Nicht alle Patienten brauchen eine Röntgenuntersuchung und es könnten manche Patienten unnötigerweise Röntgenstrahlen erhalten. Nicht immer wird der Kliniker vorher die Patienten selektieren, die keine Röntgenuntersuchung nötig haben.
2. Eine teure urodynamische Einrichtung ist nicht optimal nutzbar, wenn der Röntgenraum durch andere Untersuchungen blockiert wird. Eine Lösung dieses Problems wäre ein mobiler urodynamischer Arbeitsplatz.
3. Die unnatürliche Umgebung kann die Miktion durch psychische Hemmungen bei manchen Patienten deutlich stören. Insbesondere Frauen fühlen sich beeinträchtigt, wenn sie in stehender Position die Blase entleeren sollen.
4. Die hektische Atmosphäre einer Röntgenabteilung kann dazu führen, daß sich der Kliniker zu wenig Zeit für den Patienten nimmt, um seine Anamnese zu erheben und seine Krankheit zu diskutieren. Es steht fest, daß der Enderfolg der urodynamischen Untersuchung in einem hohen Maße von der Zeit abhängt, die der Arzt verwendet, um die Probleme der Patienten zu verstehen und um sich mit diesen zwanglos auseinanderzusetzen.

Viele der Nachteile können durch eine gute Organisation ausgeglichen werden. Zum Schluß hängt der Wert der Untersuchung nicht so sehr von der Technik oder der Einrichtung ab, sondern von der Anwesenheit eines erfahrenen und motivierten Untersuchers. Dieser kann durch nichts ersetzt werden. Es ist wichtig, daß diese Person Verständnis für die klinischen und die persönlichen Probleme des Patienten hat, und daß sie während der Untersuchung anwesend ist. Eingedenk der Tatsache, daß es für den Urologen oft schwierig ist, bei der radiologischen Untersuchung zugegen zu sein, muß doch daraufhingewiesen werden, daß die Videoaufzeichnung einer synchronen Untersuchung für eine gemeinsame Auswertung zu einem späteren Zeitpunkt ein Maximum an Informationen liefert.

Indikationen für Video-Druck-Fluß-Studien

1. Atypische infravesikale Obstruktion:
   Neuropathische Blasen,
   Kinder (um wiederholte Untersuchungen zu vermeiden),
   Blasenhalsdysfunktion,
   distale urethrale Obstruktion.
2. Komplizierte weibliche Inkontinenz:
   Operationsversager,
   Entleerungsschwierigkeiten,
   symptomatische Streßinkontinenz, die klinisch nicht nachweisbar ist.
3. Neurologische Probleme (besser als Sphinkter-EMG).
4. Jede Erkrankung, die nicht ausreichend durch eine einfache urodynamische Untersuchung erklärbar ist.

Elektromyographie

Während der Kontraktion produzieren alle Muskeln elektrische Potentiale, aber nur die quergestreifte Muskelaktivität kann bei der Untersuchung des unteren Harntrakts leicht registriert werden.

Technik

Zwei Elektroden und eine unabhängige Erdungselektrode, welche i. allg. am Oberschenkel befestigt wird, sind erforderlich. Die Ableitung kann entweder von der Hautoberfläche oder durch Nadelelektroden von der Muskulatur selbst vorgenommen werden. Oberflächliche Elektroden sollten in der Nähe des zu untersuchenden Muskels lokalisiert sein. Hautelektroden am Perineum haben sich als nicht sehr effektiv erwiesen. Anale Sphinkter-Ableitungen können mit Elektroden vorgenommen werden, die an einem Analstöpsel fixiert sind. Urethrale Ableitungen erhält man mit Hilfe einer Katheterelektrode. Die aufgezeichneten Potentiale repräsentieren die lokalen Massenkontraktionen. Die Anwesenheit eines Analstöpsels kann zumindest theoretisch die Funktion des unteren Harntraktes stören. Darüberhinaus wurde eingewendet, daß der anale Sphinkter nicht immer synchron mit dem urethralen Sphinkter agiere (Vereecken und Verduyn 1970), obwohl dies i. allg. nur eine kleine Variation zum zeitlichen Ablauf darstellt, wenn man bestimmte neuropathische Situationen außer Acht läßt.

Wird die urethrale Sphinkteraktivität von zwei Ringelektroden, die an einem Harnröhrenkatheter fixiert sind, abgeleitet, kann derselbe Katheter auch dazu verwendet werden, den Urethradruck zu registrieren. Es muß jedoch auf die Vermeidung von Bewegungsartefakten geachtet werden, die durch Verschiebung des Katheters entstehen. Die Katheterbewegung kann nämlich eine Sphinkterkontraktion stimulieren.

Die Nadelelektroden sind für den Patienten nur wenig störend, führen jedoch zu einer zusätzlichen und unphysiologischen Belastung der Untersuchung. Im allgemeinen werden konzentrische bipolare Elektroden verwendet, die zwar blind, aber unter rektaler oder vaginaler digitaler Kontrolle eingeführt werden, bis der urethrale Sphinkter aufgespürt ist (s. unten). Die Position, die eine gute Ableitung erlaubt, kann durch akustische Kontrolle mit einem Lautsprecher gewährleistet werden. Während der Analsphinkter einfach und genau aufzufinden ist, ist ein Zugang zum urethralen Sphinkter schwieriger, da die Nadel oft in der periurethralen quergestreiften Muskulatur des Beckenbodens endet (siehe „Anatomie und Innervation", Seite 105). Die Potentiale, die mit den Nadelelektroden aufgezeichnet werden, sind nur die einiger weniger motorischer Endplatten, die sich um das Nadelende herum befinden. Gewöhnlich sind diese repräsentativ für den gesamten Muskel, außer bei einer Denervierung. Die Aktivität der motorischen Endplatte kann als diagnostisches Hilfsmittel bei neuropathischen und myopathischen Störungen genutzt werden. Artefakte sind geringer, wenn man Verstärker verwendet, die speziell für EMG-Ableitungen konstruiert wurden. Sie enthalten spezielle Filter, um störende Aktivitäten, die nicht registriert werden sollen, auszuschalten. Der Typ der Aufzeichnung hängt von der gewünschten Information ab. Wünscht man eine quantitative Ableitung von der „Quantität" der Massenkontraktion, dann ist dies am besten mit einer integrierten Kurve zu erreichen. Für diese Fragestellung sind Schreiber mit niedriger Frequenzantwort ausreichend. Die Auswertung der „Qualität" der motorischen Endplatten erfordert jedoch ein Oszilloskop und einen Hochfrequenzschreiber (UV-Schreiber). Die meisten Schreibeinheiten sind bis 75 Hz limitiert und dazu nicht geeignet.

Elektrodenplazierung

Bei der Frau wird die bipolare Elektrode ohne Lokalanästhesie lateral des Meatus urethrae externus eingestochen. Wenn erforderlich, kann die Position der Nadel durch intravaginale Palpation kontrolliert werden. Die Nadel wird etwa 1,5 cm tief eingestochen und bleibt an der Stelle, an der die Aktivität einzelner motorischer Endplatten ableitbar ist. Beim Mann wird die Elektrode in der Mittellinie des Peritoneums, knapp hinter dem Bulbus urethrae unter rektaler digitaler Kontrolle eingestochen und bis zum Apex prostatae vorgeführt. Für die Ableitung aus dem Musculus bulbocavernosus wird die Nadel lateral der bulbären Urethra eingestochen. Dazu eignen sich kürzere Nadeln. Trotz aller Sorgfalt kann keine Garantie für eine anatomisch exakte Position der Elektrode gegeben werden.

Normale EMG-Ableitungen

Beim normalen Individuum und auch bei dem Großteil der nicht-neuropathischen Patienten zeigt sich eine Zunahme der EMG-Signale während der Blasenfüllung, ein prompter Abfall beim willkürlichen Miktionsbeginn und eine „EMG-Ruhe" während der Miktion bis sich die Beckenbodenmuskulatur am Ende der Entleerung wieder kontrahiert. Die individuellen EMG-Aktivitäten einer motorischen Endplatte zeigen sich 4–10mal pro Sekunde während einer schwachen willkürlichen oder einer lagebedingten Kontraktion. Verstärkt sich die Aktivität, werden benachbarte Endplatten mitregistriert und die Anzahl der Potentiale erhöht sich, so daß letztlich die individuellen Potentiale nicht mehr identifizierbar sind. Dies ist das sog. Interferenzbild.

Pathologische EMG-Ableitungen

Erhöhte Aktivität

Bleiben die EMG-Aktivitäten während der Entleerung erhalten, dann liegt eine Detrusor-Sphinkter-Dyssynergie vor (s. „Urethrale Hyperaktivität und Obstruktion", Seite 113). Sie kann sich selbst als persistierende EMG-Entladung während einer anhaltenden Detrusorkontraktion darstellen, die zu sehr hohen Blasendrücken führt. Alternativ dazu kann die EMG-Aktivität noch intermittierend sein und dann zu einem unterbrochenen Harnstrahl Anlaß geben. Manchmal hat die Sphinkterkontraktion eine Detrusorinhibition und so eine relative Niederdruckretention zur Folge. Eine offensichtliche Dyssynergie bei nicht-neuropathischen Patienten ist wahrscheinlich auf psychogene Störungen zurückzuführen.

Verminderte Aktivität

Das Fehlen einer EMG-Antwort bei einer technisch zufriedenstellenden Elektrodenplazierung weist mit großer Wahrscheinlichkeit auf eine Denervierung oder eine andere Nervenläsion hin und muß mit verschiedenen Potentialen bestätigt werden (s. unten). Es sollte nicht vergessen werden, daß der normale Muskel in Ruhe ein Nullpotential aufweist. Eine unwillkürliche Hemmung der EMG-Aktivität kann sowohl bei nicht-neuropathischen Patienten als auch bei Erkrankungen wie z.B. der multiplen Sklerose auftreten. Solch eine Hemmung kann entweder vor oder während einer unwillkürlichen oder instabilen Detrusorkontraktion, trotz des Versuches des Patienten durch Sphinkterokklusion kontinent zu bleiben, in Erscheinung treten. Dies kann als instabile Urethra bezeichnet werden (s. „Urethrale Inkompetenz", Seite 112).

Veränderte Aktivitäten

Werden die Potentiale auf einem Oszilloskop oder einem schnellen UV-Schreiber betrachtet, können verschiedene qualitative Veränderungen festgestellt werden. Diese müssen durch einen Experten beurteilt werden. Die Analyse der EMG-Aktivität kann automatisch durch Mikroprozessoren erfolgen. Es ist möglich, Frequenz-Amplituden-Spektren herzustellen. Damit kann ein Profil der Muskelaktivitäten aufgezeichnet werden, was jedoch kein Ersatz für einen erfahrenen Untersucher, der mit unbearbeiteten

Daten arbeitet , darstellt. Neue Techniken, wie z.B. die EMG-Ableitung der Einzelfaser, geben neue Informationen über den Status der Denervation oder der Reinnervation des Muskels. Bei Patienten mit z.B. Streßinkontinenz wurden unerwartete neuropathische und/oder myopathische Störfaktoren gefunden (Anderson 1982).

Indikationen zur Elektromyographie

Die hauptsächliche klinische Indikation zur EMG-Untersuchung ist, sie als Zusatzuntersuchungsverfahren zur Video-Druck-Fluß-Studie für die Differenzierung zwischen quergestreift und glatt muskulär bedingter distaler urethraler Obstruktion neuropathischer Grundlage einzusetzen. Sonst bieten EMG-Untersuchungen Informationen, die eher interessant als wichtig sind. Es kann daraus geschlossen werden, daß sie nicht von fundamentaler Bedeutung sind. Oberflächenelektroden, montiert an einen Katheter oder einen Analstöpsel, sind i. allg. ausreichend für klinische urodynamische Fragestellungen. Seit es augenscheinlich wurde, daß es einen Rückkopplungsmechanismus zwischen Blase und Sphinkter gibt, d.h. urethrale Kontraktionen provozieren Blasenhemmung, kann das EMG bei der Untersuchung von funktionellen oder psychischen Störungen der Entleerung hilfreich sein. Darüberhinaus erlaubt das EMG eine mehr dynamische Aussage der Urethrafunktion, wenn eine synchrone Videoskopie nicht durchgeführt werden kann. Die Aussagekraft über Abnormitäten ist jedoch minimal.

In der urodynamischen Forschung kann das EMG durchaus von Wichtigkeit sein, besonders bei der Untersuchung des Biofeedback-Mechanismus. Die kürzlich beschriebenen Methoden der EMG-Analyse mit Hilfe des Computers können die Klassifizierung von Muskelkontraktionen ermöglichen. Erscheint die diagnostische Analyse der einzelnen motorischen Endplatten angezeigt, sollte man die Unterstützung eines EMG-Experten suchen. Der Umfang der Informationen, die aus einem konventionellen EMG gewonnen werden können, ist limitiert. Die diagnostische Aussagekraft hängt in großem Maße von dem klinischen Erscheinungsbild und dem anderer Untersuchungen ab.

Sakral evozierte Potentiale (SEP)

Sinn der sakral evozierten Potentiale (sacral evoked responses) liegt darin, die Integrität des sakralen Reflexbogen zu messen. Klinische Beobachtungen wie die des Bulbocavernosusreflexes sind sehr ungenau und decken geringgradige Störungen nicht auf.

Technik

Die Methode mißt die Konduktionszeit (Latenzzeit) zwischen einem Stimulus, der an einem peripheren Nerven erfolgt, und der ausgelösten neurologischen Antwort, im allgemeinen eine Muskelkontraktion. Eine große Anzahl von Potentialantworten können hervorgerufen werden. Einige davon sind unten tabellarisch zusammengefaßt.

Orte der Stimulation

Dorsalnerven von Penis bzw. Klitoris
Perianalhaut
Harnröhrenschleimhaut
Blasenschleimhaut
Hautnerven am Bein

Orte der Messung

Musculus sphincter ani
Musculus sphincter urethrae
Musculus bulbocavernosus
Musculus levator ani
Cortex cerebri (Kopfhaut)

Zur Illustration soll nur der Bulbokavernosusreflex beschrieben werden. Er hat eine stabilere Latenzzeit als bei Aufzeichnungen, die Sphinkteren einbeziehen, zu ermitteln sind. Viereckimpulse (1 Hz, 1 ms) werden mit Hilfe einer aufgeklebten Blockelektrode auf die Haut und so auf den Nervus dorsalis penis übertragen. Eine konzentrische Nadelelektrode ist dabei in den Musculus bulbocavernosus eingestochen.

Die Erdungselektrode ist am Bein oder am Daumen fixiert. Die Signale werden an einem Oszilloskop überwacht und durch einen Stimulator ausgelöst. Das Gerät für die Erfassung der Reflexgeschwindigkeit erlaubt Analysen von 100–200 ms. Ein Signalmittler kann hilfreich sein. Ist die Latenz jedoch stabil, ist dieser nicht erforderlich. Die Intensität der Stimulation wird langsam gesteigert, um die sensorische Reizschwelle, die Reflexschwelle und die Schwelle der minimalen Latenzzeit festzustellen. Während die Intensität der Stimuli ansteigt, fällt die Latenzzeit bis zu einem Limit kontinuierlich ab.

Normale Ergebnisse

Die normale Reizantwort ist in Abb. 3.46 dargestellt. Die durchschnittliche Latenzzeit beim normalen Individuum liegt bei 35 ms. Der Normalbereich bewegt sich zwischen 27–42 ms. Die sensorische Reizschwelle liegt bei 25 Volt. Um die minimale Latenzzeit zu erreichen sind 50–60 Volt erforderlich, die jedoch schon äußerst unangenehm für den Patienten sein können. Die Antwort kann zwei Komponenten haben, wobei die frühe Komponente bei einer niedrigen Reizschwelle auftritt.

Pathologische Ergebnisse

Läsionen der Cauda equina, des Konus oder der peripheren Nerven verlängern die Latenzzeit und erhöhen die sensorische Reizschwelle. Je länger die Latenzzeit ist, desto variabler wird sie. Die Latenzzeit kann 40–50 ms lang oder sogar noch länger sein. Sie muß nicht notwendigerweise außerhalb des Normalbereiches (bis zu 42 ms)

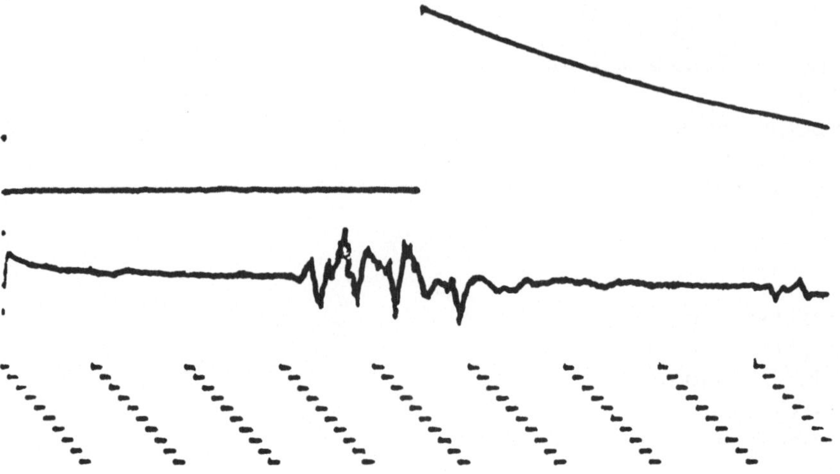

Abb. 3.46 Normale sakral evozierte Potentiale (sacral evoked response). Nach Stimulation des N. dorsalis penis wird die Reizantwort im M. bulbocavernosus gemessen; *obere Kurve:* Kalibrierung 1 mV; *mittlere Kurve:* Reizantwort mit einer Latenzzeit von 32 ms; *untere Kurve:* Jeder Punkt repräsentiert 1 ms

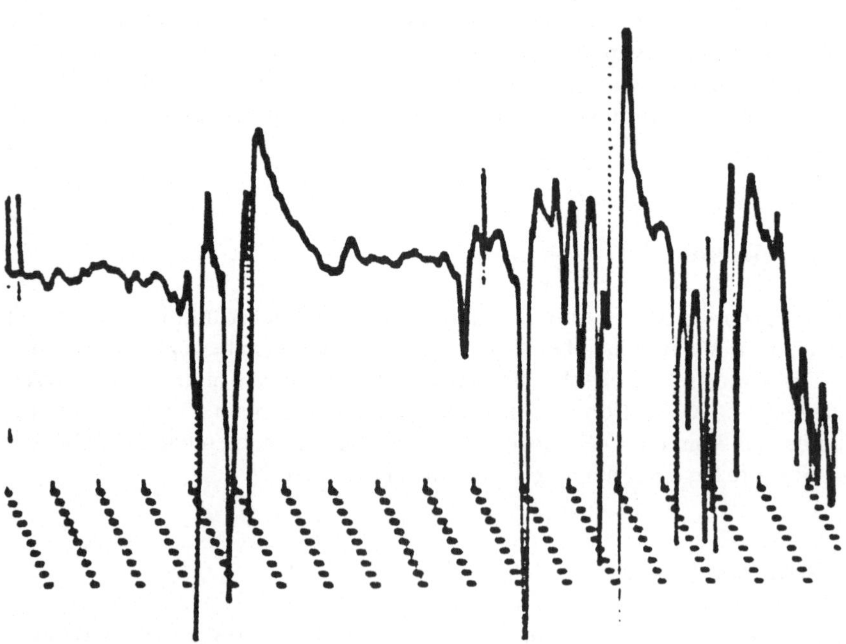

Abb. 3.47 Sakral evozierte Potentiale (sacral evoked response) bei einer nicht erkannten Myelopathie. Sie besteht aus einer langen positiven Komponente mit einer normalen Latenzzeit, einer Nachentladung sowie einer prominenten zweiten Komponente

liegen, wie oben erwähnt. Die zweite Komponente der Antwort kann prominenter werden und läßt die Latenzzeit verlängert erscheinen. Suprasakrale Rückenmarkläsionen beeinträchtigen die Latenzzeit nicht so sehr, obwohl sie diese manchmal leicht verkürzen können. Die Reflexschwelle kann erniedrigt, die Antwort nicht anormal sein und positive Wellen sowie „Nachentladungen“ (Abb. 3.47) aufweisen.

Indikationen zur Registrierung der sakral evozierten Potentiale

Die Erfassung der sakral ausgelösten Reflexantwort ist eine sensiblere Methode für die Erfassung einer Denervation oder Neuropathie als die Analyse der EMG-Potentiale, es sei denn, es wird das Verfahren der Einzelfaser-EMG-Ableitung benutzt. Solche Untersuchungen sind auch indiziert, um neuropathische, myopathische und funktionelle Blasenstörungen sowie neuropathische und funktionelle Impotenzformen differenzieren zu können.

Andere Typen von SEP

Die Latenzzeiten der Kontraktionen des Sphinkter ani nach Stimulation der Blase oder der Urethra sind viel länger, etwa zwischen 60–80 ms. Dies weist darauf hin, daß dieser Reflex polysynaptisch sein muß. Die Reizantwort des Sphinkter ani kann bei gesunden Individuen ausgelöscht werden, wenn sie den Beckenboden relaxieren. Das Fehlen der Möglichkeit, diese Reizantwort zu verhindern, kann auf eine suprasakrale Läsion hinweisen und kann mit einer Detrusorhyperaktivität in Zusammenhang stehen (Anderson et al. 1976).

Eine elektroenzephalographische Erfassung von evozierten Potentialen ist nach Stimulation der Urethra möglich (Gerstenberg et al. 1980). Die Latenz ist sehr kurz, etwa 65 ms und hat eine Amplitude von nur 5 μV. Es ist jedoch eine spezielle Einrichtung erforderlich, um viele dieser Potentiale zu mitteln. Die relativ schnelle Fortleitungszeit weist darauf hin, daß die Reizantwort eher mit den propriozeptiven Afferenzen vom Beckenboden in Beziehung steht, als daß sie eine echte Blasenempfindung repräsentieren.

Literatur

Abrams PH, Skidmore R, Poole AC, Follett D (1977) The concept and measurement of bladder work. Br J Urol 49:133–138

Abrams PH, Shah PJR, Feneley RCL (1981) A new simple urodynamic apparatus. In: Zinner N (ed) Female incontinence. Liss, New York, p 297–300

Andersen JT, Bradley WE, Timm GW (1976) Electrophysiological techniques for the study of urethral and vesical innervation. Scand J Urol Nephrol 10:189–194

Arbuckle LD, Paquin AJ (1963) Urinary outflow tract resistance in normal human females. Invest Urol 1:216–228

Asmussen M, Ulmsten U (1975) Simultaneous urethrocystometry and urethral pressure profile measurement with a new technique. Acta Obstet Gynecol Scand 54:385–386

Asmussen M, Ulmsten U (1976) Simultaneous urethrocystometry with a new technique. Scand J Urol Nephrol 10:7–11

Awad SA, Bryniak SR, Lowe PJ, Bruce AW, Twiddy DAS (1978) Urethral pressure profile in female stress incontinence. J Urol 120:475–479

Backman KA (1965) Urinary flow during micturition in normal women. Acta Chir Scand 130:357–370

Backman KA, von Garrelts B, Sundblad R (1966) Micturition in normal women. Studies of pressure and flow. Acta Chir Scand 132:403–412

Brown M, Wickham JEA (1969) The urethral pressure profile. Br J Urol 41:211–217

Bryndorf J, Sandøe E (1960) The hydrodynamics of micturition. Dan Med Bull 7:65–71

Edwards LE (1973) Investigation and management of incontinence in women. Ann Roy Coll Surg 52:69–85

Edwards LE, Singh M, Notley R, Whitaker R (1972) Continence after scrotal flap urethroplasty. Br J Urol 44:23–30

Enhörning G (1961) Simultaneous recording of intravesical and intraurethral pressure. Acta Chir Scand [Suppl] 276

Enhörning G, Miller ER, Hinman F (1964) Urethral closure studied with cine-roentgenography and simultaneous bladder-urethra pressure recording. Surg Gynecol Obstet 118:507–516

Frimodt-Møller C, Hald T (1972) Clinical urodynamics. Scand J Urol Nephrol [Suppl 15] 143–155

Garrelts B von (1956) Analysis of micturition. A new method of recording the voiding of the bladder. Acta Chir Scand 112:326–340

Garrelts B von (1958) Micturition in the normal male. Acta Chir Scand 114:197–210

George NJR, Feneley RCL (1978) The importance of postural influences on urethral musculature. Proc Int Cont Soc (Manchester) 8:117–118

Gerstenberg T, Hald T, Meyhoff HH (1980) Urinary cerebral evoked potentials mediated through urethral sensory nerves – a preliminary report. Proc Int Cont Soc (Los Angeles) 10:181

Gierup J (1970) Micturition studies in infants and children. Scand J Urol Nephrol 4:217–230

Gleason DM, Bottaccini MR, Perling D and Lattimer JK (1967) A challenge to current urodynamic thought. J Urol 97:935

Glahn BE (1970) Neurogenic bladder diagnosed pharmacologically on the basis of denervation supersensitivity. Scand J Urol Nephrol 4:13–24

Gosling J (1979) The structure of the bladder and urethra in relation to function. Urol Clin North Am 6:31–38

Griffiths DJ (1980) Urodynamics, the mechanics and hydrodynamics of the lower urinary tract. Adam Hilger, Bristol, p 121

Klevmark B (1974) Motility of the urinary bladder in cats during filling at physiological rates. 1. Intravesical pressure patterns studied by a new method of cystometry. Acta Physiol Scand 90:565–577

Lapides J, Friend CR, Ajemian EP, Reus WS (1962) Denervation supersensitivity as a test for neurogenic bladder. Surg Gynecol Obstet 114:241

Merrill DC (1971) The air cystometer, a new instrument for evaluating bladder function. J Urol 106:865–866

Meyhoff HH, Griffiths DJ, Nordling J, Hald T (1977) Clinical applications of momentum flux measurements with special reference to detrusor hyperreflexia and meatal stenosis. Urol Res 8:71–75

Plevnik S, Janez J (1978) Urethral pressure profile and urethral pressure-time variations. Proc Int Cont Soc (Manchester) 8:235–238

Ritter RC, Sterling AM, Zinner NR (1977) Physical information in the external urinary stream of the normal and obstructed adult male. Br J Urol 49:293–302

Siroky MB, Olsson CA, Krane RJ (1979) The flow rate nomogram. 1. Development. J Urol 122:665–668

Smith JC (1968) Urethral resistance to micturition. Br J Urol 40:125–126

Sundin T, Dahlstrom A, Norden L, Svedmyr N (1977) The sympathetic innervation and adrenoceptor function of the human lower urinary tract in the normal state and after parasympathetic denervation. Invest Urol 14:322

Tanagho EA (1979) Urodynamics of female urinary incontinence with emphasis on stress incontinence. J Urol 122:200–204

Thomas DG (1979) Clinical urodynamics in neurogenic bladder dysfunction. Urol Clin North Am 6:237–253

Torrens MJ (1977) A comparative evaluation of carbon dioxide and water cystometry and sphincterometry. Proc Int Cont Soc (Portoroz) 7:103–104

Vereecken RL, Verduyn H (1970) The electrical activity of the paraurethral and perineal muscles in normal and pathological conditions. Br J Urol 42:457–463
Wein AJ, Hanno PM, Dixon DO, Raezer D, Benson GS (1978). The reproducibility and interpretation of carbon dioxide cystometry. J Urol 120:205–206
Whiteside CG, Bates P (1979) Synchronous video pressure-flow cystourethrography. Urol Clin North Am 6:93–102

Kapitel 4

Interpretation urodynamischer Befunde

Einleitung

Dieses Kapitel stellt die verschiedenen urodynamischen Ergebnisse aus dem Blickwinkel des heutigen Erkenntnisstandes dar. Um die Diagnostik und das Therapieregime zu vereinfachen, bedarf es einer physiologisch fundierten einheitlichen Arbeitshypothese zur Funktion des unteren Harntraktes. Die folgenden Darstellungen dürfen nicht als Dogma angesehen werden, so einleuchtend sie auch scheinen mögen. Sie sind jedoch eine Hilfe für eine adäquate Therapie. Die Urodynamik hat gerade bei der Überprüfung therapeutischer Richtlinien einen bedeutenden Beitrag geleistet. Wenn Blase und Urethra im Anschluß getrennt behandelt werden, so ist damit nicht ihr funktionell einheitliches bzw. gegensätzliches Zusammenwirken infrage gestellt.

Harnröhrenfunktion

Sehr oft wird die Harnröhre nur als passives Konduit für den Urin angesehen, während die Blase als der bedeutendere und aktivere Teil des unteren Harntraktes erscheint. Einer der Gründe dafür ist die Beobachtung von Lapides, daß die Kontinenz einer isolierten Blase auch dann erhalten bleibt, wenn der größte Teil der Urethra abgeschnitten ist. Die Funktion der Harnröhre wird in erster Linie so interpretiert: Sie versucht, diese Balance aufzuheben. Und tatsächlich wäre es möglich, die Urethra als das Kontrollorgan im Miktionsablauf anzusehen. Der ureterale Verschlußmechanismus und somit die Harnkontinenz hängen von aktiven und passiven Faktoren ab. Die Harnröhrenfunktion kann als normal, hyperaktiv oder hypoaktiv klassifiziert werden.

Anatomie und Innervation

Es soll immer versucht werden, die Funktion von der Struktur zu unterscheiden. Im allgemeinen sollen die folgenden Erklärungen zur Anatomie eine bessere Einsicht in die funktionellen urodynamischen Beobachtungen geben. Die Terminologie und die allgemeine Anordnung des unteren Harntraktes wird in Abb. 4.1 gezeigt.

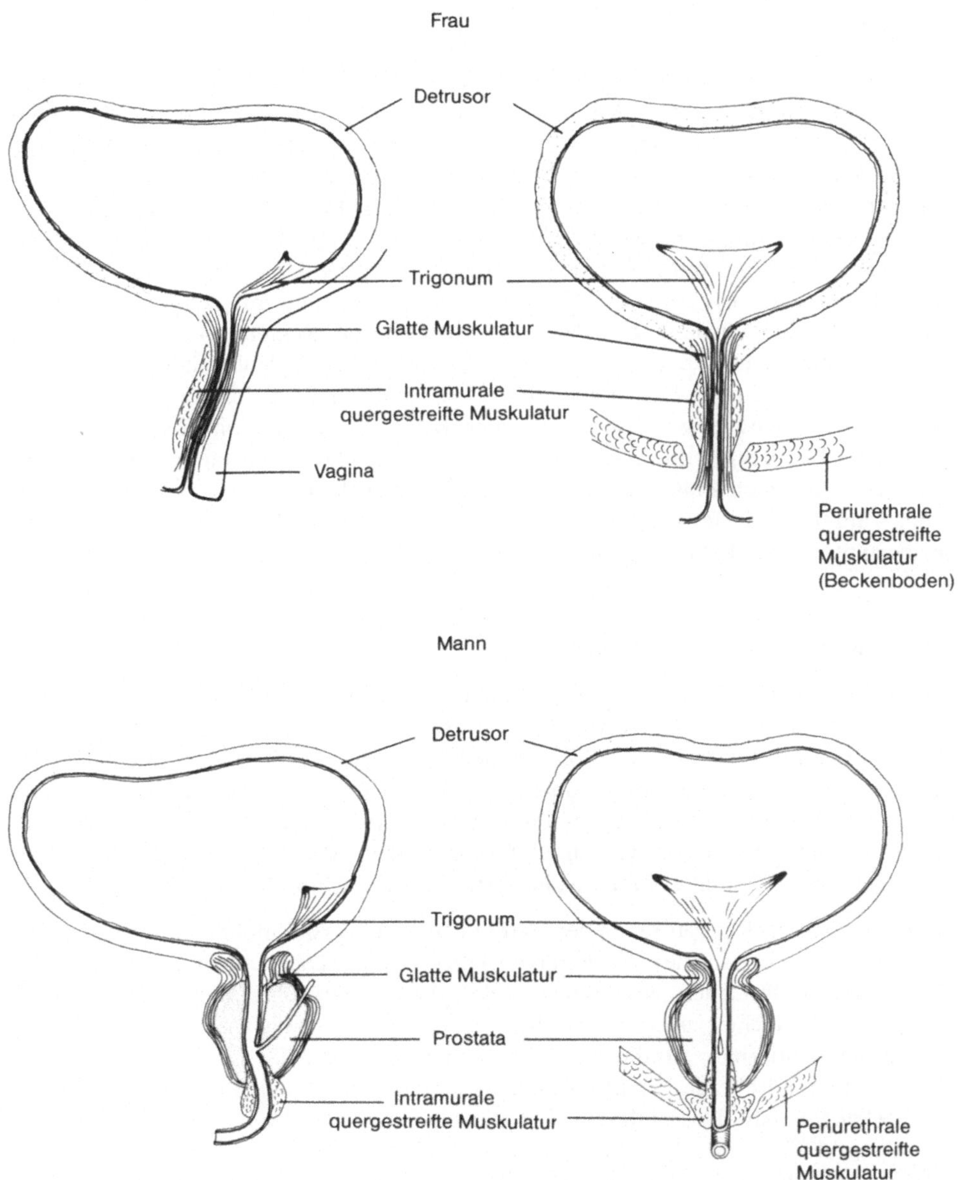

Abb. 4.1 Anatomische Verhältnisse des unteren Harntraktes. Die verschiedenen Strukturen sind im Text beschrieben (modif. nach Gosling 1979)

Schleimhaut

Bei beiden Geschlechtern ist die Mukosa in Längsfalten gelegt, die der geschlossenen Urethra eine sternförmige Konfiguration geben. Diese Anordnung zeigt eine ausgezeichnete Dehnungsfähigkeit. Die Oberflächenspannung kann ein Faktor im urethralen Verschlußmechanismus sein.

Submukosa

Die submuköse Schicht ist vorwiegend ein vaskulärer Plexus. Zinner et al. (1976) diskutieren die Rolle dieser Schicht in Beziehung zur Dehnbarkeit der inneren Urethrawand. Ihrer Ansicht nach agiert die Submukosa in passiver plastischer Weise, indem sie die Schleimhautfalten auffüllt und so die geschlossene Urethra abdichtet. Dieser Vorgang tritt ein, wenn die Wandspannung in der Muskelschicht der Urethra zunimmt. Sein Effekt besteht darin, die Effizienz der urethralen Abdichtung zu verbessern. Der vaskuläre Plexus hat wahrscheinlich doch eine aktive Funktion. Huisman (1979) verwies darauf, daß myoepitheliale Zellen in Zusammenhang mit den arteriovenösen Shunts gefunden wurden. Dies würde ein Mittel für die Regulation des submukösen Druckes darstellen. M. Asmussen (persönliche Mitteilung) glaubt, daß das vaskuläre Element ein wichtiger Faktor im urethralen Verschlußmechanismus der Frau sein könnte, da es schwierig ist, alle okklusiven Kräfte der urethralen Muskulatur zuzuschreiben. Dies erklärt die Anwesenheit der urethralen Druckschwankungen synchron mit dem arteriellen Puls und kann Ursache für Druckänderungen bei Lagewechsel oder während der Menstruation sein. J.A. Gosling (persönliche Mitteilung) konnte keine anatomische Erklärung für diese vaskuläre Kontrolle finden.

Harnröhrenmuskulatur der Frauen

Die glatten Muskelfasern der weiblichen Urethra haben eine longitudinale Anordnung. Der Nachweis von Azetylcholinesterase weist auf eine vorwiegend cholinerge Innervation hin (Gosling et al. 1977). In der Tat wurden keine noradrenergen Nerven gesehen. Dies scheint im ersten Moment verwirrend, da der Hauptanteil des meßbaren urethralen Ruhedrucks von alpha-adrenerger Aktivität abhängt, wenn man den Studien mit der Verwendung von alpha-blockierenden Medikamenten glauben kann (Donker et al. 1972). Dies führt zu einer Auswahl an Schlußfolgerungen:

1. Es sind Alpha-Rezeptoren in der glatten Muskulatur vorhanden, jedoch keine Nerven, die den Transmitter (Noradrenalin) produzieren. Dies scheint unlogisch.
2. Der urethrale Druck wird nicht von der glatten Harnröhrenmuskulatur erzeugt. Das scheint nicht so unwahrscheinlich wie es klingt, denn die Fasern verlaufen nicht zirkulär sondern longitudinal und sind nicht sehr zahlreich.
3. Der alpha-adrenerge Effekt vollzieht sich nicht am Muskel, sondern in Höhe der Beckenganglien. Das ist die zur Zeit plausibelste Erklärung.
4. Alpha-blockierende Medikamente haben einen Effekt auf die neuromuskuläre Übertragung, der auf herkömmliche Weise nicht erklärt werden kann.

Es gibt zwei verschiedene Gruppen von quergestreiften Muskeln mit Beziehung zur Urethra, die nach Gosling (1979) als intramural und periurethral bezeichnet werden.

Intramurale quergestreifte Muskelbündel findet man in unmittelbarer Nähe des urethralen Lumens, die manchmal fächerartig mit der glatten Muskulatur in Verbindung stehen. Bei der Frau sind diese Fasern hauptsächlich vorn und lateral im mittleren Urethradrittel zu sehen. Sie umschließen die Urethra hinten nicht vollständig und formen daher nicht wie beim Mann einen zirkulären Sphinkter. Der Muskel ist vom „slow twitch"-Typ (Typ der langsam agierenden Muskeln) und reich an Myosin-ATPase. Er ist dazu geschaffen, die Kontraktion über einen längeren Zeitraum aufrechtzuerhalten. Es wurden keine Muskelspindeln gefunden. Die intramurale quergestreifte Muskulatur wird von myelinisierten Fasern der Segmente S 2–4 versorgt, die im Nervus pelvicus verlaufen. Dies erklärt, warum sie weder durch Blockierung des N. pudendalis oder eine Neurektomie beeinflußt werden können. Die periurethrale quergestreifte Muskulatur ist Teil des Beckenbodens und von der Urethra durch eine Bindegewebsschicht getrennt. Dieser Muskel besteht aus einer Mischung von schnell und langsam agierenden Fasern. Er wird durch den Nervus pudendalis versorgt (S2–4).

Harnröhrenmuskulatur beim Mann

Die glatte Muskulatur der präprostatischen Urethra beim Mann ist histochemisch vom Detrusor und der Urethramuskulatur der Frau zu unterscheiden. Die Harnröhrenmuskulatur formiert auch die Prostatakapsel. Sie ist reich mit noradrenergen Endplatten versorgt. Es konnte wenig Azetylcholinesterase gefunden werden. Im allgemeinen besteht Übereinstimmung, daß dieser gut definierte Muskel „einen Genitalsphinkter" repräsentiert, der dafür verantwortlich ist, daß das Ejakulat nicht in die Blase gelangt. So wurden auch Druckänderungen in diesem Teil der Urethra während der Erektion festgestellt (Abb. 4.2). Diese scheinen nicht während irgendeiner anderen Phase des Miktionszyklus aufzutreten.

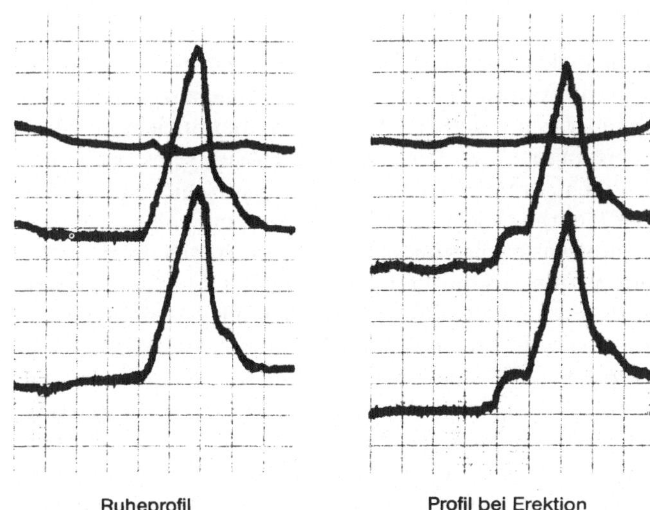

Abb. 4.2 Urethradruckprofil. Druckerhöhung in der Region des Blasenhalses und des präprostatischen Sphinkters vor und während der Erektion

Die quergestreifte Muskulatur des Mannes kann in die beiden gleichen Gruppen, wie oben für die Frau beschrieben, unterteilt werden. Die Innervation ist vergleichbar. Der intramurale quergestreifte Muskel ist zirkulär um die postprostatische „membranöse" Harnröhre in Form eines echten Sphinkters angeordnet.

Rezeptoren und Neurotransmitter

In letzter Zeit hat man sich viel Mühe mit der Analyse der Rezeptoren im Harntrakt gemacht. Die Unterscheidung zwischen den experimentell nachweisbaren alpha- und beta-adrenergen Rezeptoren und der Innervation ist noch immer nicht klar. Alphaadrenerge Rezeptoren, die eine Muskelkontraktion verursachen, wirken bei beiden Geschlechtern hauptsächlich in der Region des Blasenhalses und der proximalen 3 cm der Urethra. Die Beta-Rezeptoren-Aktivität ist in dieser Region sehr schwach. Beta-Rezeptoren werden i. allg. in der gesamten Blasenkuppel gefunden. Eine Beta-Stimulation fördert die Blasenrelaxation. Die Berücksichtigung dieser Funktionen hilft beim Verständnis der Medikamentenwirkung auf den Harntrakt. Trotzdem müssen die entsprechenden sympathischen Nervenfasern nicht in der Gegend immer anatomisch nachweisbar sein, in der die Rezeptoren gefunden werden. Die komplexe Wechselbeziehung von Nerven, Transmittersubstanzen und Rezeptoren ist seit Jahren ein Gegenstand von Kontroversen. Einige Gründe, die dafür verantwortlich sind, daß der Fortschritt auf diesen Wissensgebiet langsam verläuft, sind folgende:

1. Besondere Nerven können mehr als nur einen Neurotransmitter produzieren.
2. Neurotransmitter können an mehr als nur einem Rezeptortyp agieren und verschiedene Aktionen auslösen.
3. Neurotransmitter können auf verschiedene Weise an ein und demselben Rezeptor entsprechend ihrer Konzentration agieren.
4. Neurotransmitter können sich gegenseitig beeinflussen.
5. Es gibt bedeutende Artunterschiede sowohl bei den Neurotransmittern als auch bei den Rezeptoren.

Ein Beispiel für die fundamentelle Kontroverse ist die Frage nach der Identität des Hauptneurotransmitters des Detrusors. Man geht davon aus, daß die postganglionären parasympathischen Fasern cholinerg sind, und daß sie mit einer identifizierbaren Azetylcholinesterase in Zusammenhang stehen. Trotzdem werden sie, selbst wenn der Transmitter Azetylcholin ist, durch Atropin blockiert. Obwohl verschiedene Spezies atropinsensibel sind, ist es die Mehrheit nicht. Dies führte zu dem Schluß, daß eine andere Substanz der Hauptneurotransmitter sein müßte. Als Alternative könnten die Blasenmuskelrezeptoren mehr nikotin- als muskarinähnliche Charakteristika aufweisen. Vielleicht sind einige der Rezeptoren nicht für frei zirkulierendes Atropin zugänglich. Vorschläge für alternative Transmitter schließen das 5-Hydroxytryptamin und verschiedene Purinnukleotide wie z.B. ATP und Prostaglandine ein. Dieses Problem wurde erneut durch Nergardh (1981) aufgegriffen, der eine Feldstimulation zur Aktivierung von Muskelstreifen in vitro verwendete. Soweit es die Blase der Katze angeht, scheint es, daß Atropin die Kontraktion nicht inhibiert, sondern sie eher verstärkt, was folglich Azetylcholin als Neurotransmitter unwahrscheinlich macht. Chinidin von dem behauptet wurde, daß es ATP-Rezeptoren blockieren soll, hatte keinen Effekt. Das legte nahe, daß purinerge Nerven in der Katzenblase wahrscheinlich nicht bedeutsam sind. Auf der anderen Seite hemmt Indomethazin, das die Prostaglandinsynthese blokkiert, den Effekt der Feldstimulation. Selektive Antagonisten des 5-Hydroxytryptamin bewirken auch eine Inhibition der Kontraktion. Zur Zeit werden gleichzeitig und sehr intensiv Untersuchungen an menschlichen Muskelpräparaten vorgenommen, um bald ein besseres Verständnis für die Neuropharmakologie der Blase zu erhalten. Solange ist die unvorhersehbare Reaktion eines hyperaktiven Detrusors auf die Pharmakotherapie wenig überraschend.

Aktivität des Zentralnervensystems

Wie in Abb. 4.3 sichtbar, ist die Organisation der zentralen Kontrolle ein weitgehend komplexes Geschehen. Man kann sie jedoch auf verschiedene relativ einfache Vorstellungen reduzieren. Wenn die zerebrale Kontrolle intakt ist, müssen die Sensationen vom unteren Harntrakt zentral erkennbar sein und bewußt werden. Die Afferenzen der Blasenfüllung und -kontraktion steigen in der vorderen Hälfte des Rückenmarks auf. Sie könnte dort durch Schäden wie Thrombose der Arteria spinalis anterior, bilaterale Unterbrechung des Tractus spinothalamicus (Traktotomie) oder andere Rückenmarkläsionen beeinträchtigt werden. Sensationen von der Aktivität des Beckenbodens steigen in den Hinterstängen (Funiculus posterior) auf.

Die Empfindungen sollen nicht nur dann das Bewußtsein erreichen, wenn das Individuum wach ist. Sie müssen auch im Schlaf oder in anderen Momenten von Bewußtseinsstörung, evtl. durch kollaterale Effekte auf die Formatio reticularis in der Lage

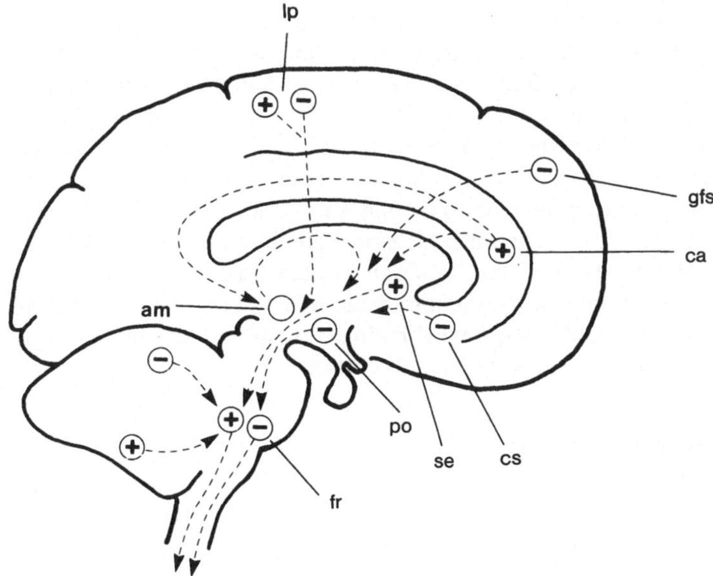

Abb. 4.3 Vereinfachte Darstellung der Hirnregionen, die beim Miktionsvorgang betroffen sind. Die Komplexität der Interaktionen macht verständlich, daß hier noch ein weites neurophysiologisches Forschungsgebiet besteht. + Bahnung, – Hemmung . *ca* Gyrus cinguli anterior, *am* Nucleus amygdalae, *lp* Lobus paracentralis, *po* Nucleus praeopticus, *fr* Formatio reticularis, *cs* Gyrus cinguli subcallosus, *se* area septalis, *gfs* Gyrus frontalis superior (Torrens, 1982)

sein, das Individuum vom Schlaf zu erwecken oder andererseits subortial die Miktion zu verhindern. Dies ist wohl das grundlegende Problem bei der Enuresis nocturna. Unter der Voraussetzung, daß die Sensibilität normal ist, agiert das Gehirn durch Ausgleich der verschiedenen stimulierenden und inhibierenden Effekte, wie in Abb. 4.3 gezeigt wird. Die letztlich gemeinsame Efferenz läuft durch das „Blasenzentrum" in der Formatio reticularis des Pons. Dieses Zentrum ist essentiell für eine normale koordinierte Miktion. Es beeinflußt das sakrale Miktionszentrum im Conus terminalis, wo die letzte Integration von Blasen- und Urethraaktivität stattfindet.

Da gewöhnlich eine Blase, die von der zerebralen Kontrolle ausgeschaltet ist, mit Reflexüberaktivität reagiert, kann man davon ausgehen, daß die hauptsächliche zerebrale Funktion die tonische Inhibition ist. Daher kommt auch der Ausdruck „ungehemmte Blase". Trotzdem ist dies nur eine Annahme, und eine vorschnelle Beurteilung der Aktivität des Nervensystems kann das Verständnis nur verschlechtern. Wir glauben daher, daß eine Terminologie, die spezifische pathologische Vorgänge beschreibt, so weit wie möglich vermieden werden soll.

Die neurologische Kontrolle der Blase ist in den Arbeiten von Nathan (1976), Fletcher und Bradley (1978) und Torrens (1982) ausführlich dargestellt.

Normale Harnröhrenfunktion

Ein normal funktionierender urethraler Verschlußmechanismus garantiert einen positiven Verschlußdruck während der Blasenfüllungsphase, auch bei Erhöhung des Abdominaldrucks. So wird die Erhaltung der Kontinenz beim Gesunden in Höhe des Blasenhalses garantiert. Dies kann man als den proximalen urethralen Verschlußmechanismus bezeichnen. Ist jedoch die vesikourethrale Verbindung nicht kompetent, kann trotzdem noch die Kontinenz etwa 2–3 cm distal davon in der Zone des höchsten Drukkes aufrecht erhalten werden. Diese Zone korrespondiert mit der größten Muskeldichte sowohl der glatten als auch der quergestreiften Muskulatur und kann als der distale urethrale Verschlußmechanismus angesehen werden. Aus physiologischer Sicht kann man über den Wert einer Trennung dieser beiden Anteile der Urethra diskutieren. Die normale Urethra arbeitet wahrscheinlich als eine Einheit. Trotzdem kann es aus praktischer Sicht sinnvoll sein, diese beiden Areale zu trennen, da diese nicht gleichzeitig pathologischen Störungen unterworfen sein müssen. Man glaubt, daß viele Faktoren am urethralen Verschluß beteiligt sind, wovon einige unzweifelhaft, andere dagegen mehr spekulativ sind. Sie sind nachfolgend aufgelistet:

1. Muskuläre Okklusion
2. Transmission des Abdominaldrucks auf die proximale Urethra
3. Schleimhautoberflächenspannung
4. Anatomische Konfiguration des Blasenhalses
5. Submuköse Anpassungsfähigkeit des Gefäßgeflechts
6. Longitudinale Wandspannung
7. Elastizität des Urethralschlauches
8. Urethralänge.

Solange die relative Bedeutung dieser verschiedenen Faktoren noch unbekannt ist, sollte man sich besser vorläufig darauf beschränken, nur die zu beschreiben, die objek-

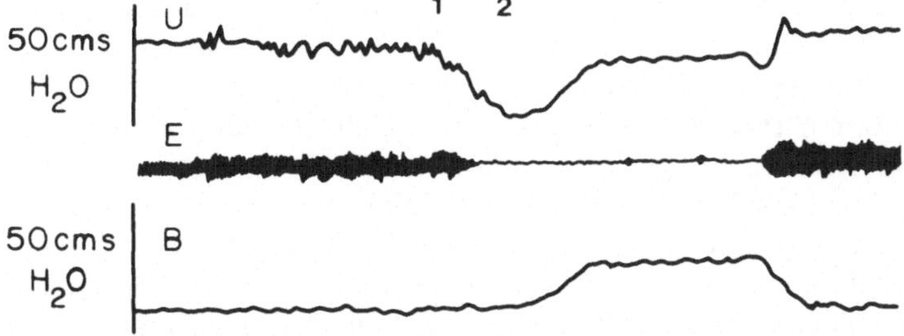

Abb. 4.4 Intravesikaler *(B)*, urethraler *(U)* Druck und EMG des quergestreiften Sphinkters *(E)* während einer gewollten Miktion. Bei Miktionseinleitung *(1)* fällt der Harnröhrendruck auf ein Minimum, bevor der Blasendruck anfängt zu steigen. Der Harnfluß beginnt bei „*2*", noch bevor ein merklicher intravesikaler Druck aufgebaut worden ist. Ein Harnverlust ist bei dieser weiblichen Patientin die Folge der urethralen Relaxation. Bei Beendigung des Harnflusses kehrt das EMG nach einer Periode der Ruhe zur prämiktionellen Aktivität zurück. Der Urethradruck steigt kurzzeitig an, während die proximale Urethra sich in die Blase zurück entleert (Mc Guire 1978)

tiv zu beobachten sind, den urethralen Verschlußdruck, das EMG und die videoskopische Erscheinung der Urethra.

Mechanische und hydrodynamische Analogieschlüsse, wie sie von Zinner et al. (1976) beschrieben wurden, dienen letztlich nur dazu, die komplizierte Situation zu demonstrieren. Im allgemeinen sinkt der urethrale Verschlußdruck bei bzw. kurz vor Beginn der Miktion ab. Gleichzeitig läßt sich fluoroskopisch ein Absinken der Blase sowie eine Reduktion der EMG-Aktivität der lokalen quergestreiften Muskulatur erkennen. Die Druckänderungen während der normalen Miktion sind in Abb. 4.4 zu sehen und in der Legende beschrieben. Es wäre falsch anzunehmen, daß die Urethra durch Zunahme des Detrusordrucks passiv geöffnet wird. Es lassen sich Miktionen nachweisen, die oft mit einem Miktionsdruck einhergehen, der geringer ist, als der maximale Urethradruck in Ruhe. Es scheint, daß das Absinken des Urethraverschlußdrucks ein aktiver Relaxationsprozeß ist. Ein Teil dieses Druckabfalls kann der Relaxation der quergestreiften Muskulatur des Beckenbodens zugeschrieben werden, ein anderer scheint möglicherweise eine aktive urethrale Hemmung zu sein. Das kann durch Stimulation der sakralen Nerven, besonders der von S4 (Torrens 1978) reproduziert werden. Es zeigt sich, daß verschiedene Frauen ausschließlich durch Relaxation und Öffnung der Urethra entleeren, ohne daß ein Detrusordruckanstieg nachweisbar ist.

Pathologische Harnröhrenfunktion

Die Urethra kontrahiert und relaxiert aktiv. Ihre passiven Eigenschaften schließen ihre Elastizität mit ein. Wie bei der Blase kann man von einer hohen oder niedrigen Compliance sprechen. Die Compliance kann durch Charakteristika der Harnröhrenwand oder durch Strukturen außerhalb der Urethra wie z.B. der Prostata beeinflußt werden. Jeder dieser Faktoren kann gestört sein. Im allgemeinen wurde der Untersuchung der Urethrafunktion wenig Aufmerksamkeit gewidmet, da das schwieriger zu sein scheint. Sie wurde oft fehlinterpretiert und daher als weniger relevant angesehen. Neuerdings schenkt man dieser Frage mehr Aufmerksamkeit und neue Untersuchungen sind zu erwarten. Mit keinem Test läßt sich die Urethrafunktion komplett beschreiben. Urethrale Hyperkontraktilität, gestörte Relaxation und niedrige Compliance können eine infravesikale Obstruktion hervorrufen. Die Druck-Fluß-Untersuchung ist überhaupt der beste Test für diese Läsionen. Die gestörte Kontraktion, unzureichende Relaxation und hohe Compliance sind kombiniert mit urethraler Inkompetenz und somit ist die Untersuchung des Urethradrucks dann äußerst hilfreich. Trotzdem ist in vielen urodynamischen Situationen die komplexe Untersuchung mit Hilfe verschiedener Methoden erforderlich, um einen Überblick zu erhalten. Das schließt natürlich auch die Blasenuntersuchung mit ein.

Urethrale Inkompetenz

Sie kann passiv (strukturell) oder aktiv sein. Passive urethrale Inkompetenz ist mit der „genuinen Streßinkontinenz" und mit verschiedenen Meßergebnissen, die bereits geschildert wurden, verbunden. Diese schließen die folgende 5 Punkte ein:

1. Niedriger Urethraverschlußdruck;
2. Verkürzte Profillänge;
3. Verkleinerte Fläche unter der Profilkurve;
4. Geringerer Anstieg des Urethraverschlußdrucks in aufrechter Körperhaltung;
5. Urethraverschlußdruck, der während des Hustens oder der Betätigung der Bauchpresse negativ wird.

Dieses Syndrom tritt bei beiden Geschlechtern in Verbindung mit Harnröhrentraumen besonders nach iatrogener Störung oder Denervierung auf. Bei Frauen können sie auch mit zunehmendem Alter, Häufigkeit der Geburten und verminderter urethraler Unterstützung verstärkt werden. R. Anderson (1982) stellte mit Hilfe des Einzelfaser-EMG fest, daß die Mehrzahl der Frauen mit Streßinkontinenz offensichtlich eine Denervierung des Beckenbodens haben.

Eine unzureichende urethrale Unterstützung, die für die „hochentwickelte Welt" typisch zu sein scheint, wirkt auf zweierlei Art: Es ist allgemein akzeptiert, daß das Absinken des Blasenbodens mit der Inkompetenz assoziert ist und zu einer meßbaren Reduktion der Transmission des intraabdominalen Drucks auf die Urethra führt. Es ist jedoch wahrscheinlich weniger gut bekannt, daß die Urethra außerdem „sackartig" und sehr anpassungsfähig sein kann. In dieser Situation ist sie physikalisch weniger gut in der Lage, abzudichten. Nach den ausgezeichneten anatomischen Untersuchungen der Urethra, die bis jetzt bekannt sind, scheint die Zeit reif, die Urethrapathologie während des Alterungsprozesses erneut zu betrachten.

Aktive urethrale Inkompetenz bedeutet unangebrachte Relaxation der Harnröhre. Dies ist das funktionelle Gegenstück der unangebrachten Kontraktion einer instabilen Blase und kann daher auch als „instabile Urethra" bezeichnet werden. Wie beim Detrusor zeigen die urodynamischen Untersuchungen die funktionellen Änderungen an, die bei einem normalen Miktionsvorgang auftreten, wenn der Patient nicht den Wunsch zur Miktion verspürt. Das heißt bei der Urethra, daß der intraluminale Druck fällt. Dies ist häufig, aber nicht zwangsläufig, besonders bei der Frau mit instabilen Detrusorkontraktionen kombiniert. So treten diese Druckabfälle gelegentlich auch in Abwesenheit von Detrusoraktivitäten auf, und dies kann verschiedene Fälle von Urgeinkontinenz erklären, auch wenn die Blase scheinbar normal funktioniert (McGuire 1978).

Zur Vermeidung von Verwirrung sollte jedoch festgestellt werden, daß einer der ersten, der den Ausdruck „instabile Urethra“ verwendete (Asmussen 1975), diesen Terminus in einer verwandten, doch anderen Bedeutung gebrauchte. Er nutzte diesen Begriff, um das Verhalten verschiedener weiblicher Harnröhren zu beschreiben, die während der Drangperioden signifikante Druckschwankungen zeigten. Dies wurde auch als „Haltemanöver“ (Bradley und Timm 1976) bezeichnet, wenn das in Zusammenhang mit der Unterdrückung einer Detrusorkontraktion auftrat (s. „Detrusorhypoaktivität“, Seite 120).

Urethrale Hyperaktivität und Obstruktion

Auch die urethrale Obstruktion kann aktiv oder passiv sein. Ein überaktiver urethraler Verschlußmechanismus kontrahiert unwillkürlich bei einer Detrusorkontraktion oder versagt während einer geplanten Miktion die Relaxation. Die synchrone Detrusor- und Urethrakontraktion dieses Typs wird als „Detrusor-Urethra-Dyssynergie“ bezeichnet. Schließt dies die quergestreifte Muskulatur des distalen urethralen Verschlußmechanismus ein, so kann dieser Typ mit dem gewohnten Begriff „Detrusor-Sphinkter-Dyssynergie“ beschrieben werden. Sonst muß dieser Zustand durch Nennung der Lokalisation und des Typs der betroffenen urethralen Muskulatur charakterisiert werden (s. Anhang 1, S. 225). Eine persistierende urethrale Kontraktion kann reflektorisch die Detrusorkontraktion hemmen und zur Entstehung eines Harnverhalts führen. Die glatte Muskulatur um den Blasenhals kann nicht fähig sein, sich zu entspannen und kann so eine Blasenhalsobstruktion erzeugen. Es ist wichtig, zwischen der Blasenhalsobstruktion und der Blasenhalshypertrophie zu unterscheiden. Die letztere, ein langsam sich verdickender Blasenhals, kann in Zusammenhang mit einer Detrusorhyperaktivität als eine Art von Arbeitshypertrophie entstehen. Sie muß nicht in allen Fällen eine Obstruktion verursachen. Sie kann eher das Resultat einer mehr distal gelegenen funktionellen Obstruktion bei neurologischen Störungen sein. Die videoskopischen oder zystoskopischen Erscheinungen müssen mit Hilfe von Druck-Fluß-Messungen überprüft werden.

Die Blasenhalsobstruktionen können in zwei Gruppen unterteilt werden: Es kann sich einmal um eine aktive, jedoch unangebrachte Kontraktion des Blasenhalses oder zum anderen um eine Blasenhalsfibrose mit mangelnder physikalischer Dehnbarkeit handeln. Die jeweilige Bedeutung dieser beiden Faktoren wurde bis jetzt noch nicht in vollem Ausmaß bestimmt. Die aktive Blasenhalskontraktion sollte besser als Detrusor-Blasenhals-Dyssynergie bezeichnet werden. Ob zusätzlich das offensichtliche Versagen der Öffnung bzw. ein zu früher Verschluß des Blasenhalses einer inadäquaten Detrusorkontraktion angelastet werden kann (das würde bedeuten, daß der Blasenhals durch den Detrusor gewissermaßen aufgezogen werden muß), ist noch nicht geklärt. Zur Zeit versucht man die Rolle des männlichen Blasenhalses als adrenerger genitaler Sphinkter mit seiner Fähigkeit in Beziehung zu bringen, den Harnfluß zu unterbrechen. Manchmal zeigt das statische urethrale Druckprofil bei Blasenhalsobstruktion Veränderungen, wie sie in Abb. 4.2 wiedergegeben sind, obwohl alpha-adrenerge Blockaden nicht zu einem therapeutischen Effekt führen. Jedoch sind Druckprofile ein unzureichendes Mittel für die Diagnosefindung. Dies ist ein Beispiel, wo syn-

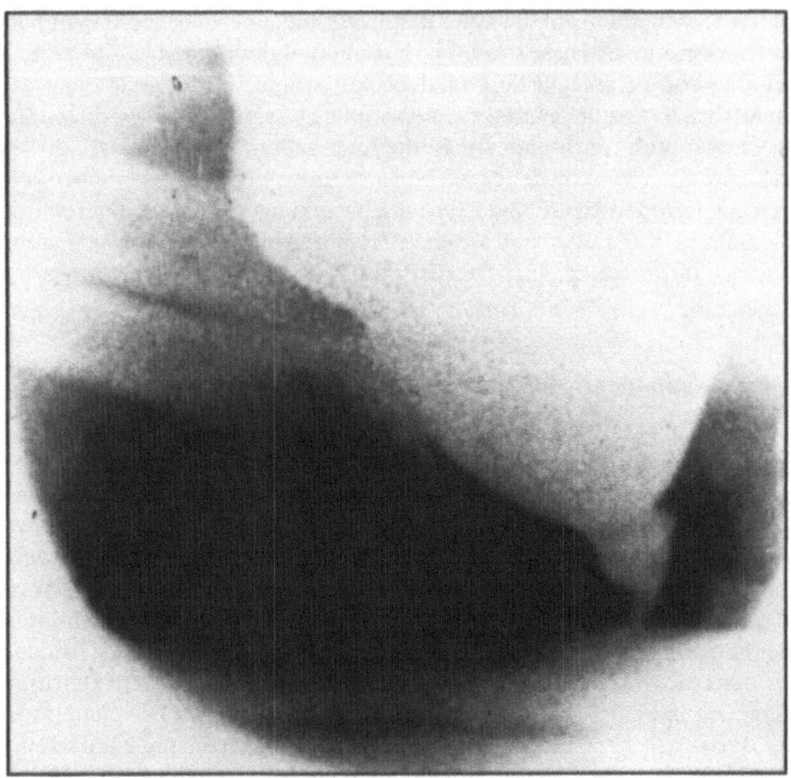

Abb. 4.5 Miktionszystourethrogramm bei einem männlichen Patienten mit Detrusor-Sphinkter-Dyssynergie. Das Durchleuchtungsbild zeigt die erweitete proximale Urethra mit dem noch als Ring sichtbaren Blasenhals. Dies ist ein charakteristisches radiologisches Bild

chrone Video-Druck-Fluß-Studien von Wichtigkeit sind. Bei der Frau sind Blasenhalsobstruktionen selten ein Problem, obwohl Blasenhalshypertrophien vorkommen können. Die Compliance des Blasenhalses und der Urethra kann durch übermäßig starke Suspensionsoperationen ungünstig beeinflußt werden. Gelegentlich haben Fibrosen, die nach wiederholter radikaler Urethradilatation auftreten können, einen ähnlichen Effekt.

Bedingungen, die passiv die Urethracompliance verringern und eine Obstruktion verursachen, z.B. Strikturen oder Prostatahyperplasien, geben i. allg. einheitlichere und reproduzierbarere urodynamische Untersuchungsergebnisse als die aktiven Obstruktionen, die stärker variieren können. Die Detrusor-Sphinkter-Dyssynergie beschreibt eine unangebrachte Kontraktion der quergestreiften Muskulatur des distalen urethralen Sphinktermechanismus. Dies kann z. B. bei nervösen Individuen vorkommen. Die wahre Form tritt jedoch immer im Zusammenhang mit neurogenen Blasenentleerungsstörungen infolge von Läsionen des oberen motorischen Neurons auf. Die urodynamischen Ergebnisse wurden bereits illustriert (s. „Detrusor-Urethra-Dyssynergie", S. 87). Ihr videoskopisches Erscheinungsbild ist ebenfalls charakteristisch (Abb. 4.5). Wie bereits erwähnt (s. „Pathologische Ergebnisse", S. 93), muß man sie hauptsächlich von der willkürlichen Hypertrophie des distalen Sphinkters unterscheiden, was jedoch nur mit Druck-Fluß-Messungen möglich ist.

Eine weitere Form der dyssynergen urethralen Kontraktion kann besonders bei Kindern auftreten. Dabei betrifft es die glatte Muskulatur des distalen urethralen Sphinkters beider Geschlechter. Sie tritt besonders in den Fällen auf, bei denen die parasympathischen und sakralen somatischen Nervenwege durch eine Läsion des unteren motorischen Neurons gestört sind, jedoch die sympathischen Efferenzen zur Urethra, die sie von einem höheren Niveau aus erreichen (Th10-11), noch intakt sind. Im Gegensatz zur Dyssynergie des quergestreiften Muskels, bei der die Nervenversorgung zur Blase intakt ist, führt diese Störung zu einer relativen Niederdruckretention bei akontraktiler Blase und einer trichterförmigen Öffnung der proximalen Urethra als Resultat dieser Störung. Wie in Kap. 5 („Die neuropathische Blase", S. 175) beschrieben wird, können bestimmte Abnormitäten zusammen auftreten. Dies macht Diagnose und Behandlung schwierig.

Detrusorfunktion

Anatomie

Die Harnblase ist nicht kugelförmig, besonders dann nicht, wenn sie sich kontrahiert. Daher müssen Kalkulationen der Wandspannung, die eine Kugelform voraussetzen, irreführen. Die Blasengestalt entspricht mehr einer dreiseitigen Pyramide mit der Basis nach dorsal und dem Apex zum Urachus hin gerichtet. Die Oberfläche ist vom Peritoneum bekleidet und wird durch andere Abdominalorgane komprimiert. Die beiden Unterflächen werden durch den Beckenboden unterstützt. Sie sind mit der pelvinen Faszie durch verschiedene Verdichtungen des lockeren Gewebes verbunden. Die intakte Funktion der Blase ist an ihre genaue Position gebunden. Durch einen erhöhten viszeralen Druck bzw. eine unzureichende Beckenbodenunterstützung können funktionelle Probleme entstehen.

Der Detrusor besteht aus einem Netzwerk von sich kreuzenden Muskelbündeln. Diese verlaufen nicht in Schichten, wie früher öfter beschrieben, und wie es beim Darm der Fall ist. Der Detrusormuskel um den Blasenhals herum ist in verschiedenen Schleifen und Schlingen angeordnet. Diese sind in den Verschluß- und Öffnungsmechanismus des Blasenhalses integriert. Trotzdem sind die verschiedenen mechanistischen Theorien der Funktion, die erarbeitet wurden, mit Vorsicht zu interpretieren.

Die Detrusormuskulatur ist relativ reich an Azetylcholinesterase. Dies ist ein Beweis für die hauptsächlich cholinerge Innervation (s. „Rezeptoren und Neurotransmitter", S. 108). Histochemisch kann nur eine geringe adrenerge Aktivität nachgewiesen werden.

Innervation

Die efferenten motorischen Nerven zum Detrusor stammen von den parasympathischen (cholinergen) Ganglionzellen im Plexus pelvicus. Die präganglionären Fasern verlaufen in den sakralen Wurzeln S2–4. Die dritte sakrale Wurzel ist i. allg. der dominierende Nerv. Die parasympathische Versorgung ist erregungsfördernd.

Eine nerval vermittelte Detrusorinhibition ist beschrieben worden. Sie tritt nach Stimulation der Beckenbodenmuskulatur bzw. der perianalen Gegend auf. Es wird vermutet, daß diese Beziehung durch das sympathische Nervensystem hergestellt wird (Sundin und Dahlstrom 1973). Die Blasenrelaxation, die durch Blasenwanddehnung (Akkomodation) hervorgerufen wird, kann auf ähnliche Weise fortgeleitet werden. Gosling (1979) hat nachgewiesen, daß beim Menschen eine absolut geringe sympathische Innervation die Blasenkuppel erreicht und daraus geschlossen, daß die Inhibition in den Neuronen des Ganglion pelvicum stattfindet, wo adrenerge axosomatische Endplatten gefunden wurden. Der sympathische Anteil des Ganglion pelvicum kommt aus dem Bereich von Th10–12 und verläuft in den präsakralen Nerven und dem Plexus hypogastricus. Die Muskulatur um den Blasenhals herum ist bei beiden Geschlechtern ähnlich angeordnet. Die meisten Nervenendigungen sind acetylcholinesterase-positiv. Es werden kaum noradrenerge Endplatten beobachtet. Das steht im Widerspruch zu den Befunden bei verschiedenen Tiergattungen.

Die sensiblen Nerven von der Blase verlaufen zusammen mit den motorischen Fasern. Gewöhnlich erreichen die propriozeptiven Afferenzen, die auf Wandspannung reagieren, die Sakralsegmente, wie auch die größere Anzahl der exterozeptiven Affe-

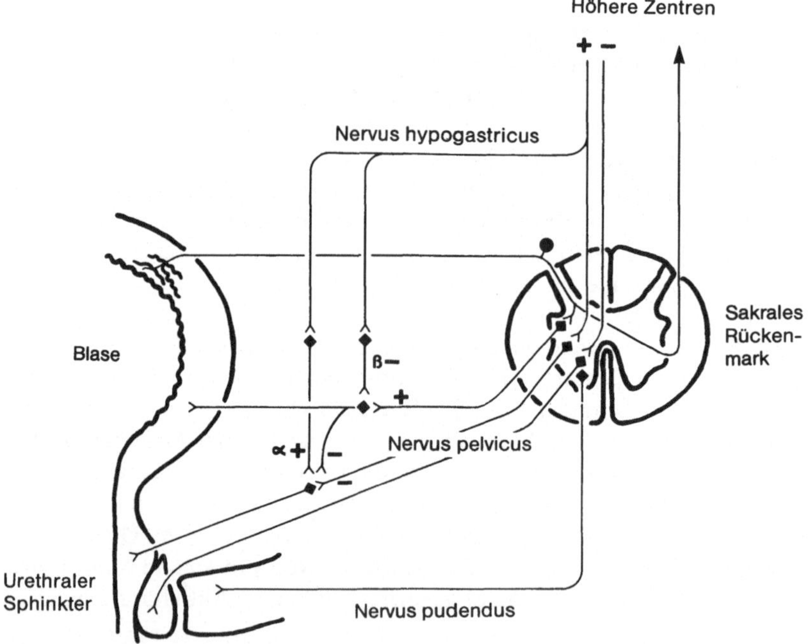

Abb. 4.6 Zusammenfassung der möglichen peripheren Nervenversorgung des unteren Harntraktes. Präganglionäre parasympathische Fasern sowie postganglionäre sympathische Fasern haben Synapsen mit Ganglienzellen nahe und in der Blasenwand. Diese Anordnung ist bei der Urethra wahrscheinlich gleich, differiert jedoch in funktioneller Hinsicht. Die periurethrale quergestreifte Muskulatur (Bekkenboden) wird durch den Nervus pudendus versorgt. Die somatische Nervenversorgung der intramuralen quergestreiften Urethralmuskulatur verläuft über den Nervus pelvicus. Letzterer ist bei Radikaleingriffen im kleinen Becken stark gefährdet (Torrens 1982)

renzen, die auf Schmerz und Temperatur reagieren. Die schlecht lokalisierbaren Schmerz- und Dehnungsempfindungen treten mit den sympathischen Fasern höher ein. Die Innervation der Blase und der Urethra ist in Abb. 4.6 zusammengefaßt.

Normale Detrusorfunktion

Die Detrusorfunktion kann am besten während der Druchführung der Zystometrie betrachtet und beschrieben werden: Sensibilität, Kapazität, Compliance und Kontraktilität. Alle diese Parameter können normal, erhöht oder erniedrigt sein. Der Gebrauch von eindeutigen Termini, die keine spezielle Definition erfordern, verhindert mögliche Mißverständnisse.

Während der Füllungsphase dehnt sich die Blase zunächst ohne signifikanten Druckanstieg (Akkomodation) aus. Die Blase ist anpassungsfähig. Es treten keine unwillkürlichen Kontraktionen auf. Die normale Blasenentleerung wird durch eine willkürlich eingeleitete Detrusorkontraktion erreicht, die solange aufrecht erhalten wird, bis die Blase leer ist. Eine normale Entleerungskontraktion kann willkürlich unterdrückt werden. Es ist offensichtlich, daß ein Normalfall nicht definiert werden kann, ohne die Aktivitäten sowohl während der Füllungs-, als auch der Entleerungsphase zu betrachten.

Ein Zystometrogramm im Liegen kann nicht die Reaktivität der Blase auf Streß des normalen täglichen Lebens imitieren. Unter Beachtung dieser Erkenntnis wurde das Konzept der Provokationszystometrie ausgearbeitet, um zu beweisen, daß sich die Blase unter keinen Umständen unwillkürlich kontrahiert. Provokationsbedingungen schließen eine schnelle Füllung, Positionswechsel von liegender zu aufrechter Stellung, Husten, Springen und eventuell das Geräusch von laufendem Wasser ein. Die Blase, die sich bei einer Provokationszystometrie nicht kontrahiert, kann man als stabil bezeichnen. An dieser Stelle muß eine gewisse Begriffsverwirrung konstatiert werden: Eine "stabile" Blase, die allein durch Auffüllzystometrie definiert wird, schließt die Kategorien der normalen und der reduzierten Kontraktilität mit ein. Wir glauben, daß diese Definition auch für den Gegensatz, nämlich der „instabilen" Blase (s. unten) akzeptabel ist. Man einigte sich jedoch im Standardisierungskomitee der I.C.S. (4. Report 1980, Anhang 1), daß „stabil" als Synonym für Normalität gebraucht werden soll, wie es oben bereits dargestellt wurde. Das heißt, daß eine Blase, die als „stabil" definiert ist, bei der Entleerung eine Kontraktion zeigen muß. Richard Turner-Warwick (persönliche Mitteilung) hat hervorgehoben, daß nach seiner Meinung der Terminus „stabil" nicht beinhaltet, daß die Kontraktilität während der Entleerung immer normal ist. Jedoch muß nachgewiesen werden, daß die Blase zur Kontraktion fähig ist. Wenn „stabil" normal bedeutet, dann scheint der Gebrauch dieses Terminus nutzlos zu sein. Falls „stabil" als Gegensatz zu „instabil" gebraucht wird, um das Resultat der Provokationszystometrie zu beschreiben, dann würde jedoch der Begriff akzeptabel sowie einfach verständlich und sein Gebrauch üblich sein. Bedauerlicherweise scheint es jedoch notwendig, zu verdeutlichen, was ein jeder unter diesem Terminus versteht. Daher wurde er in diesem Buch nicht verwendet.

Der normale Detrusor kontrahiert sich willkürlich bei Entleerung. Solch eine Kontraktion führt nicht notwendigerweise zu einem Anstieg des intravesikalen Drucks, besonders nicht bei der Frau. Tritt eine hohe Flußrate auf, die mit der Detrusormuskelverkürzung einhergeht, dann ist die Kontraktion isobar. Alternativ kann sich der Blasendom selbst in die Blasenbasis invaginieren, ohne daß eine stärkere Verkürzung der Detrusorfasern in der Blasenwand eintritt.

Pathologische Detrusorfunktion

Jeder der obengenannten Faktoren kann entweder in der Füllungs- oder in der Entleerungsphase nicht normal sein. Es ist immer anzustreben, ein komplettes Bild des ganzen Miktionsablaufes zu erhalten. Das ist ein Grund dafür, weshalb eine Sequenz von urodynamischen Studien ausgearbeitet wurde und diese z.B. einer isolierten Auffüllzystometrie vorgezogen werden sollte.

Detrusorhyperaktivität

Gesteigerte Kontraktilität: Eine Detrusorhyperaktivität existiert dann, wenn während der Füllphase unwillkürliche Detrusorkontraktionen auftreten, die nicht gehemmt werden können. Diese Kontraktionen können spontan oder nur bei den oben beschriebenen Provokationen auftreten. Eine Detrusorhyperaktivität während der Entleerung kann durch eine unwillkürliche Entleerungskontraktion oder durch das Unvermögen, eine willkürliche Kontraktion zu verhindern, charakterisiert sein. Zur Zeit ist die letzte Form der gestörten Unterdrückung noch nicht allgemein anerkannt. Verschiedene spezielle Termini wurden gebraucht, um diese Erscheinungen zu beschreiben. Sie werden wie folgt definiert:
Der instabile Detrusor ist ein Blasenmuskel, der objektivierbare Kontraktionen zeigt, die spontan oder auf Grund von Provokationen während der Füllphase auftreten, während der Patient sich bemüht, eine Miktion zu unterdrücken. Der instabile Detrusor kann asymptomatisch sein und das Auftreten dieser Kontraktionen setzt nicht unbedingt eine neurogene Störung voraus. Die *Detrusorhyperreflexie* ist definiert als Überaktivität auf Grund einer Störung des nervalen Kontrollmechanismus. Sie muß durch den objektiven neuropathologischen Befund bestätigt werden. Andere Synonyma oder nicht definierte Termini sollten vermieden werden, wie z.B. hypertone, systolische, spastische, automatische oder ungehemmte Detrusorkontraktionen. Das gesamte Konzept der Detrusorhyperaktivität wurde auf der Basis der Zystometrie mit mittelschneller oder schneller Auffüllgeschwindigkeit entwickelt. Einige Autoren glauben, daß die schnelle Füllrate bei der Zystometrie so unphysiologisch ist, daß sie einen nicht repräsentativen Nachweis einer Detrusoraktivität bewirkt (Klevmark 1974). Es kann in der Tat so sein, daß eine schnelle Füllrate die Blase „reizt" und der Detrusor mit einer artifiziellen Hyperkontraktilität reagiert. Thomas (1979) stellte fest, daß dies hauptsächlich bei neuropathischen Blasen auftreten kann (s. „Spezielle urodynamische Techniken", Seite 177). Jedoch hat Jensen (1981) in einer kleinen Serie normaler und neuropathischer Blasen beobachtet, daß die verschiedenen Füllraten den intravesikalen Druck nicht verändern. Ramsden et al. (1977) fanden ebenfalls, daß die Füllrate, die Kapazität oder das Auftreten der Instabilität nicht beeinflußt. Auf diesem Gebiet ist Grundlagenforschung weiterhin notwendig.

Die Detrusorhyperkontraktilität führt zu einer Arbeitshypertrophie des Muskels und somit zur Trabekulierung insbesondere dann, wenn sie auf Grund einer infravesikalen Obstruktion oder eines mächtigen willkürlichen Urethralsphinkters auftritt. Die Trabekulierung steht eher mit einer Detrusorhyperaktivität als mit einer Obstruktion in Beziehung.

Wenn man die Grenzen des Normalen nicht definieren kann, wie kann man dann behaupten, daß eine Hyperkontraktilität eindeutig pathologisch ist? Sind die Symptome des Patienten während einer objektiv demonstrierbaren Kontraktion exakt reproduzierbar, dann weist dies ziemlich sicher ursächlich auf den Detrusor hin. Bei einer anderen Interpretation ist Vorsicht geboten.

Herabgesetzte Compliance. Zusätzlich zur erhöhten Kontraktilität kann der Blasendruck progressiv bei der Füllung auf Grund einer niedrigen Compliance ansteigen (schlechte Blasendehnungsfähigkeit). Es gibt zwei Elemente, die zur „low-compliance-bladder" führen: Das sind die aktiven und passiven Charakteristika der Blasenwand. Lassen sich durch Epiduralanästhesie verschiedene nervale Einflüsse ausschalten, so sind diese beiden Anteile zu unterscheiden. Die so verbliebene Compliance, die annähernd das passive Element beinhaltet, kann dann erfaßt werden.

Eine niedrige Compliance ist gewöhnlich Folge einer Fibrose (Infekt, Radiotherapie). In diesen Fällen ist der Druckanstieg der Blase während der Zystometrie normalerweise konstant (Abb. 3.30). Existiert dagegen eine mangelnde Dehnbarkeit auf Grund der Muskelwandhypertrophie als Folge einer Detrusorhyperaktivität, dann zeigt das Zystometrogramm anfänglich Schwankungen und die Compliance fällt dann später progressiv ab (Abb. 3.33).

Es ist von Wichtigkeit festzustellen, daß die augenscheinliche Compliance von der Füllrate abhängen kann (Klevmark 1974). Je schneller die Blase gefüllt wird, desto steiler ist der Anstieg im Zystometrogramm. Dies ist noch ein anderer Grund, warum das Zystometrogramm bei durchschnittlicher mittlerer Füllungsgeschwindigkeit nicht die echte physiologische Aktivität der Blase offenbaren muß. Findet man eine niedrige Compliance auf Grund einer zu schnellen Füllung, fällt der Druck bei Füllungsstopp aber wieder ab (Abb. 3.31), dann stellt sich die Frage: Was bedeutet das? Hat die schnelle Füllung eine Kontraktion provoziert oder ist dies ein Phänomen der passiven Eigenschaften der Blasenwand? Die Situation ist weiterhin unklar.

Was ist Instabilität?

Entsprechend der Definition des Terminus „Instabilität", die jeden Druckanstieg über 15 cmH_2O während der Füllung als ein Kriterium für eine abnorme Blasenaktion ansieht, müßte jede „low-compliance-bladder" instabil sein. Dieses weitere Durcheinander erschwert das Verständnis. Wir haben versucht, dieses Problem dadurch zu lösen, daß wir die Blasendruckänderung als entweder phasisch oder tonisch klassifizieren. Ein phasischer Wechsel zeigt eher schnelle Änderungen des Druckes, d. h. innerhalb von 5–10 s. Der Druckanstieg wird oft von einem Druckabfall gefolgt, was wir als Kontraktion verstehen. Ein tonischer Druckanstieg tritt langsamer auf, dauert Minuten und sinkt erst nach der Miktion wieder ab. Wir haben dies als aktives Element einer verringerten Compliance angesehen, das mit dem korrespondiert, was als Tonus beschrieben wird. Es kann sein, daß dieses Konzept eine mathematische Definition der Detrusorkontraktion erlaubt. Repräsentiert die Compliance die Volumenänderung bei einer gegebenen Druckänderung (dv/dp), dann kann die Kontraktion als die Rate der Compliance-Änderung angesehen werden (d^2v/dp^2). Es wird augenscheinlich, daß vom klinischen Standpunkt aus nicht die Anwesenheit der Detrusorhyperaktivität, sondern ihr Schweregrad von entscheidender Bedeutung ist. Daher ist bei Verwendung der „provokativen" Zystometrie eine Neuorientierung erforderlich. Manche Provokationen können extrem und manche Untersuchungsbedingungen unzureichend sein. Die Aufgabe sollte es sein, die Symptome des Patienten zu reproduzieren und dann zu analysieren, wodurch sie verursacht werden. Je bequemer und normaler die Umgebung ist, desto besser. Eine Methode, die den Schweregrad der Detrusorhyperaktivität auszudrücken vermag, insbesondere in Beziehung zu dem angewandten Test, könnte von Vorteil sein. In der Praxis heißt das: Wenn der intravesikale Druck hoch ist, wenn die maximale zystometrische und die funktionelle Blasenkapazität gering sind und wenn eine Inkontinenz während einer unwillkürlichen Detrusorkontraktion auftritt, dann ist eine signifikante Hyperaktivität vorhanden.

Detrusorhypoaktivität

Beim hypoaktiven Detrusor werden in der Füllphase keine Kontraktionen und während der Entleerung eine völlig fehlende oder eine insuffiziente Kontraktion nachgewiesen. Solch eine Blase ist im allgemeinen durch ein hohes Volumen, einen niedrigen Druck in der Füllphase gekennzeichnet und wird mit dem Terminus der „high-compliance-bladder" beschrieben. Trotzdem passen sich nicht alle hypoaktiven Blasen normalerweise der Dehnung an, und einige können sogar eine niedrige Compliance aufweisen. Manche Blasen können eine langdauernde Hypoaktivität ohne deutliche Symptome aufweisen, bis irgendeine Komplikation z.B. eine Obstruktion dazukommt. Ein akontraktiler Detrusor ist ein Detrusor, der unter keinen Umständen eine Kontraktion aufweist. Eine Detrusorareflexie findet man dann, wenn eine Hypoaktivität durch eine bekannte Störung der nervalen Kontrolle bedingt ist. Sie bezeichnet die komplette Abwesenheit der zentral koordinierten Kontraktionen. Im Falle einer Detrusorareflexie auf Grund von Störungen des Conus medullaris oder der Cauda equina wird der Detrusor als dezentralisiert und nicht als denerviert beschrieben, da die peripheren ganglionären Neuronen intakt bleiben. In solchen Blasen können Druckschwankungen von geringer Amplitude auf Grund von unkoordinierten Blasenkontraktionen auftreten. Dieses Bild der Blasenfunktion kann man als „autonome Kontraktilität" beschreiben. Ausdrücke wie aton, hypoton, oder schlaff sollten vermieden werden.

Die Detrusorhypoaktivität kann nicht allein auf Grund der Auffüllzystometrie diagnostiziert werden. Es ist auch die Durchführung einer Entleerungsstudie erforderlich. Das Problem tritt dann auf, wenn der Patient während der Untersuchung nicht entleeren kann, und es unklar bleibt, ob diese Inhibition psychogener oder neurogener Art ist. Wird synchron der Urethradruck oder das Sphinkter-EMG registriert, kann damit gezeigt werden, ob die Urethra relaxiert oder nicht. In solch einem Fall kann das Unvermögen zur Entleerung entweder psychogen bedingt sein oder, falls neurogen, auf Grund einer Läsion oberhalb des sakralen Miktionszentrums. Eine psychogene Unterdrückung der Detrusorkontraktion ist selten, wenn der Patient möglichst wenig durch den Untersucher bzw. die Untersuchungseinrichtung gestört wird.

In anderen Fällen kann es schwierig sein, zwischen den neuropathischen und myopathischen Ursachen der Detrusorhypoaktivität zu unterscheiden. Ist die Urethrafunk-

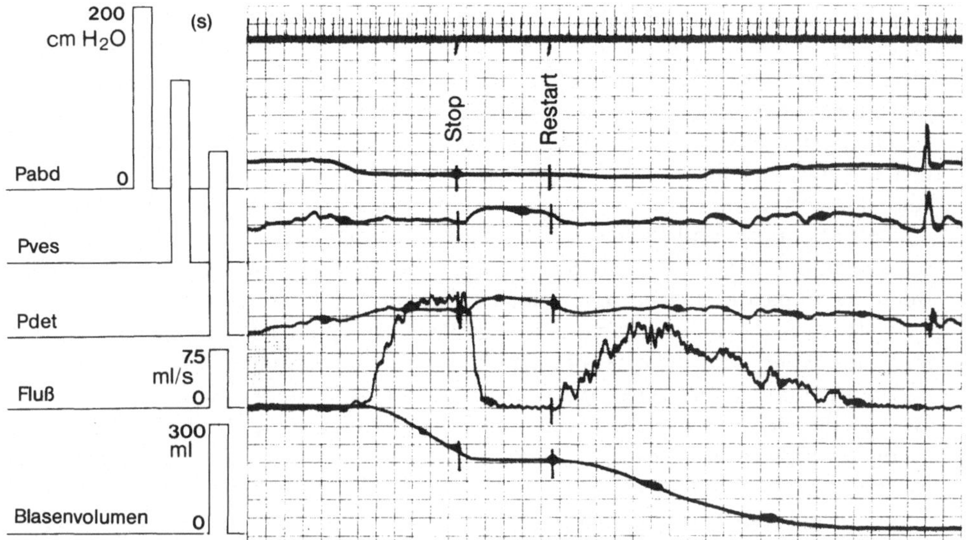

Abb. 4.7 Die Unterbrechung eines diagnostisch zweifelhaften Harnflusses (17,5 ml/s) bei einer Frau führt nur zu einem geringen Druckanstieg (20 cmH_2O), der zwar zeigt, daß der Detrusor kontraktionsfähig, aber in seiner Kraft unzureichend ist. (normal 50–100 cmH_2O; s. „Normalwerte", Seite 83)

tion mehr oder weniger normal, dann ist eine Neuropathie nicht zu erwarten. Ist die Urethrafunktion nicht normal, dann läßt sich der sakrale Reflexbogen mit der Bestimmung evozierter Potentiale (s. „Sakral evozierte Potentiale (SEP), S. 98) und dem Hypersensibilitätstest nach Lapides prüfen (siehe „Medikamentengabe während der Zystometrie", S. 76). In den Fällen, in denen die Miktionseinleitung möglich ist, werden typische urodynamische Kurven gefunden wie bereits oben beschrieben. Diese Kurven schließen Ergebnisse mit niedrigem Druck bei schlechtem Flow, unzureichender Druckerhöhung, intermittierenden Druckänderungen und Miktion mit Hilfe der Bauchpresse ein. In einer unklaren Situation (Niederdruck bei praktisch normalem Fluß) sollte ein „Stopptest" durchgeführt werden, um die Kraft der isometrischen Kontraktion zu prüfen (Abb. 4.7).

Aussagekraft der Zystometrie

Die Interpretation der Detrusorfunktion beruht hauptsächlich auf der Zystometrie. Daher ist es recht und billig zu fragen: „Wie physiologisch ist das Zystometrogramm"? Es wurde dieser Frage wenig Aufmerksamkeit gewidmet. In der Tat hat das Verlangen nach einfacher Durchführbarkeit des Tests und das Konzept der Provokationszystometrie zu extrem schnellen Infusionsraten verschiedener Gase und Flüssigkeiten geführt. N.J.R. George und P.A. Lewis (unpubliziertes Material) analysierten Zystometrogramme, die sie mit einer kontinuierlichen Füllungsrate von 50 ml/min (Kochsalzlösung, 37°C) bei Patienten in sitzender Position durchgeführt hatten. Die maximale zystometrische Kapazität wurde mit der durchschnittlichen funktionellen Kapazität verglichen (s. „Miktionsprotokoll“, Seite 18). Von 38 untersuchten Patienten hatten 37 eine reduzierte maximale Blasenkapazität. Die mittlere Reduktion lag bei 41%. Daher erscheint die Zystometrie die Kapazität zu unterschätzen, besonders dann, wenn es sich um Patienten mit erhöhter Sensibilität handelt.

Die Zystometrie beeinflußt auch den Restharn. Die Restharnmessung nach Zystometrie kann nur mit der verglichen werden, die nach einer initialen Entleerung der Katheterisierung durchgeführt wurde. Von 38 Patienten hatten 22 Restharn nach der ersten Entleerung, und 18 dieser 22 Patienten zeigten eine Reduzierung bzw. ein Verschwinden des Restharns nach Zystometrie. Die Reduktion war größer als erwartet, wenn die Kapazität absank. Bei 9 der 22 Patienten war der Restharn beseitigt. Die Patienten, bei denen der Restharn anstieg (3 von 22), hatten alle Restharnmengen von mehr als 500 ml. Nur bei einem Patienten war die Restharnmenge unverändert. Die anderen Patienten, bei denen die Entleerung vor der Untersuchung einen größeren Wert als die durchschnittliche funktionelle Kapazität aufwies (und die oben nicht einbezogen wurden), war Restharn die Regel und bei 22 von 25 Patienten nachweisbar. Nur bei 3 der 22 Patienten blieb ein Rest auch nach der Zystometrie bestehen. George und Lewis schlossen daraus, daß die ideale Kapazität für die nachfolgende zystometrische Analyse vor der Studie zwischen 50 und 90 % der maximalen funktionellen Kapazität betragen soll. Bei einer Analyse der eigenen Patienten fielen nur 26 % in diese Kategorie. Ändert die künstliche Füllung das Ergebnis der Auffüllzystometrie, dann kann dies auch die Kontraktilität und darüberhinaus das Ergebnis der Druck-Fluß-Studie verändern.

Die Schlußfolgerungen aus diesen Überlegungen sind: Die bei der Zystometrie gemessene Blasenkapazität ist nicht zuverlässig und die Werte für Restharn nach Zystometrie sind suspekt. Die Blase sollte während der gesamten Untersuchung nicht überdehnt werden, da ansonsten die Kontraktilität beeinträchtigt wird. Die Patienten werden oft gebeten, zur urodynamischen Untersuchung mit „voller“ Blase zu erscheinen. Dies kann die Testergebnisse dann beeinflussen, wenn die Blase überfüllt war.

Sensibilität

Eine koordinierte Blasen- und Urethrafunktion hängt von der Integrität verschiedener sakraler und suprasakraler Reflexe ab. Jeder dieser Reflexe benötigt ein intaktes sensorisches System. Fehlt dies, kommt es zu Störungen. Das sensorische System wurde bisher relativ vernachlässigt, hauptsächlich darum, weil es schwierig zu untersuchen ist. Die Sensibilität kann als normal, gesteigert oder abgeschwächt klassifiziert werden.

Normale Sensibilität

Die vermuteten sensorischen Rezeptoren in Blase und Urethra sind nicht spezifisch. Sie übertragen die Informationen sowohl bezüglich des Schmerzes, der Temperatur oder der Berührung (exterozeptiv) als auch der Muskelspannung der Blasenwand, des Sphinkters oder des Beckenbodens (propriozeptiv). Obwohl i. allg. die propriozeptiven Informationen in der hinteren Säule des Rückenmarks verlaufen und mit denen der Berührung vergesellschaftet sind, wohingegen die Empfindungen von Schmerz und Temperatur im Tractus spinothalamicus verlaufen, scheint die Lokalisation der afferenten Blasensensorik im Rückenmark nicht vorhersehbar zu sein. Untersuchungen an Patienten, die mit einer anterolateralen Kordotomie zur Schmerzbekämpfung behandelt wurden, scheinen zu zeigen, daß der Großteil der Blasenafferenzen mit dem Tractus spinothalamicus verläuft, daß sie manchmal aber als Gruppe an einer anderen Stelle des Rückenmarks liegen können. Jeder pathologische Prozeß, der die vordere Sektion des Rückenmarkes betrifft, löscht sicherlich die zentrale Fortleitung der sensiblen Reize aus. Spannungsrezeptoren, die im Tierexperiment nachgewiesen wurden, haben eine Exitationsrate, die sowohl zum Volumen als auch zum Druck innerhalb der Blase proportional ist. Dies erklärt, daß das erste Füllungsgefühl und der Wunsch zur Entleerung ohne einen signifikanten Blasendruckanstieg auftritt.

Untersuchung der Sensibilität

Subjektive Untersuchungen der Sensibilität sind in Beziehung zur Dehnung entweder von Blase oder Urethra bzw. zum Druck oder zur Temperatur möglich. Es ist sicher sinnvoll zu vermerken, wie die Reaktion des Patienten auf eine Katheterisierung war, um dies auch bei der Beurteilung der urodynamischen Befunde mitzuberücksichtigen. Eine semiobjektive Untersuchung der Sensoren ist durch Messung der Reizschwelle bei konstanter elektrischer Stimulation (Powell und Feneley 1980) möglich. Bei dieser Technik wird ein Urethralkatheter mit zwei Platinelektroden (1 cm voneinander entfernt und 1.5 cm unterhalb des Blasenballons) in die Blase eingeführt. Diese Elektroden sind an einem konstanten Elektrostimulator angeschlossen, der Rechteckimpulse mit einer Frequenz von 20 Hz produziert. Wird der Ballon aufgeblasen und zum Blasenhals gezogen, kann eine urethrale Standard-Sensibilität festgestellt werden, insbesondere, wenn die Messungen für die Reizschwelle bei verschiedenen Gelegenheiten wiederholt werden. Eine normale Elektrosensibilitätsschwelle wurde bei 6 mA festgestellt. Unipolare Stimulation mit Hilfe einer Elektrode im mit Kochsalz gefüllten Blasenlumen kann auch einen Eindruck der Blasenelektrosensibilität geben. Aus verschiedenen Gründen ist dies eine ziemlich unzuverlässige Methode. Powell und Feneley (1980) zeigten eine gute Korrelation zwischen den urethralen Elektrosensibilitätsschwellen und dem ersten Harndrang bei der Zystometrie sowie der zystometrischen Blasenkapazität.

Hypersensibilität

Die Charakteristika des Zystometrogramms bei einer hypersensiblen Blase wurden bereits beschrieben (s. „Hypersensibles Zystometrogramm“, S. 73). Ähnliche Hypersensibilitäten wurden in der Harnröhre gemessen, die gut mit dem „Blasenhypersensibilitätssyndrom“ korrelieren. In der Tat ist es nicht immer einfach zu entscheiden, ob die Symptome von der Blase oder der Urethra ausgehen. Die Zystoskopie und eine sorgfältig durchgeführte Urethroskopie sind in vielen dieser Fälle indiziert, die mit einer Entzündung einhergehen können. In den anderen Fällen, wo eine Entzündungspathologie nicht zu sichern ist, ist die Situation weniger leicht zu verstehen. Die Wirkung der Hypersensibilität auf die Blasen- und Urethrafunktion beginnt man erst jetzt richtig zu verstehen. Obwohl es in vielen Fällen eine signifikant erhöhte Sensibilität gibt, scheint dies nicht zur Reflexauslösung von motorischen Aktivitäten zu führen. Eine Instabilität in Zusammenhang mit einer Hypersensibilität ist ungewöhnlich. In der Tat haben wir dann häufiger eine Hemmung der Detrusorkontraktion mit einem schlechten Harnfluß gesehen. Es kann sein, daß ein urethraler Schmerz in einer Hinsicht einen ähnlichen Effekt wie der Analschmerz auslöst, der letztlich zu einer Retention führen kann.

Eine erhöhte urethrale Sensibilität wird auch vergesellschaftet mit infravesikaler Obstruktion infolge einer Prostatahyperplasie gefunden. Der Grund dafür ist nicht klar. Aber auch hier kann wiederum eine dynamische Beziehung zwischen urethraler Sensation und Inhibition der Detrusorkontraktilität bestehen. Das würde bedeuten, daß die „Dekompensation“ des Detrusors bei einer chronischen Retention nicht ausschließlich auf Grund der physikalischen Überdehnung erklärt werden kann. Klevmark (1980) beschreibt 2 Typen der sensorischen Urge oder Hypersensibilität. In einer Gruppe war das Durchschnittsvolumen der Blase beim ersten Harndrang, beim starken Harndrang und bei Erreichen der maximalen zystometrischen Kapazität 60, 110 und 205 ml. Die Blasenfüllung während Anästhesie zeigte eine normale Kapazität. Er beschrieb dies als „idiopathische sensorische Urge“. Es zeigte sich später, daß einige dieser Patienten eine interstielle Zystitis hatten. Diese Patienten neigten zur Nykturie und zur Inkontinenz. Die Miktionsprotokolle zeigten geringe Volumina bei Tag und Nacht. Diese Gruppe konnte nie von ihren Symptomen befreit werden und die zystometrische Kapazität war immer gering. Eine zweite Gruppe beschrieb er als „psychosomatische sensorische Urge“. Bei diesen Fällen wurde der erste Harndrang, der starke Harndrang und die maximale zystometrische Kapazität bei durchschnittlichen Volumina von 150, 210 bzw. 500 ml beobachtet. Die Patienten konnten immer von ihren Symptomen befreit werden und akzeptierten eine normale Blasenkapazität. Diese Gruppe der Patienten schlief i. allg. nachts durch, hatte geringe oder keine Inkontinenz und die Miktionsprotokolle zeigten extrem variable Kapazitäten. Es wurde daraus geschlossen, daß diese zweite Gruppe wohl mit psychotherapeutischen Methoden behandelt werden sollte.

In bezug auf diese eher schlecht definierte Gruppe von hypersensiblen Patienten wurde über pathologische Veränderungen innerhalb der sakralen Nervenwurzeln berichtet. Bohm et al. (1959) beschrieben eine Fibrose, Myelindegeneration und Rundzellinfiltration bei einem Großteil der menschlichen sakralen Nervenpräparate, die von Patienten entnommen wurden, die über starke Schmerzsyndrome im unteren Harntrakt klagten.

Hyposensibilität

Sind die Sensationen vom unteren Harntrakt signifikant verringert, dann kann die Kontinenz betroffen und die Detrusorkontraktilität gestört sein. Es ist anzunehmen, daß objektiv demonstrierte Hyposensibilitäten mit verschiedenen identifizierbaren neurologischen Störungen einhergehen können. Zwei andere Patientengruppen mit herabgesetzter urethraler Sensibilität wurden durch Powell und Feneley (1980) beschrieben. In einer Gruppe war die Hyposensibilität mit einer langdauernden Blaseninstabilität kombiniert. Es kann sein, daß eine unzureichende urethrale Sensibilität zu einer gestörten Maturation der Blasenkontrolle Anlaß gibt. Werden diese Sensationen nicht bis zum Hirn weitergeleitet, dann kann sich weder eine willkürliche noch eine unwillkürliche Kontrolle des Miktionsreflexes entwickeln. Die andere Patientengruppe mit einer hyposensiblen Urethra klagte über zögernden Miktionsbeginn, einen wechselnd schlechten Harnfluß und rezidivierende Harnwegsinfekte. Wenige Patienten präsentierten sich mit rezidivierenden Episoden von akutem Harnverhalt ohne Vorhandensein einer mechanischen Obstruktion. Es scheint, daß bei einer intensiven Untersuchung dieser Gruppe ein okkulter neurogener Schaden aufgedeckt werden kann. Solche Untersuchungen wurden jedoch bis jetzt noch nicht durchgeführt.

Literatur

Asmussen M (1975) Urethrocystometry in women. Thesis, Malmö, Sweden

Bohm E, Franksson C, Nordenstam H, Petersen I (1959) Spinal root changes in rhizotomy specimens. Acta Chir Scand 116:275–286

Bradley WE, Timm GW (1976) Cystometry VI, Interpretation. Urology 7:231–235

Donker PJ, Ivanovici F, Noach EL (1972) Analyses of the urethral pressure profile by means of electromyography and the administration of drugs. Br J Urol 44:180–193

Fletcher TF, Bradley WB (1978) Neuroanatomy of the bladder/urethra. J Urol 119:153–160

Gosling JA (1979) The structure of the bladder and urethra in relation to function. Urol Clin North Am 6:31–38

Gosling JA, Dixon JS, Lendon RG (1977) The autonomic innervation of the human male and female bladder neck and proximal urehtra. J Urol 118:302–305

Huisman AB (1970) Morfologie van de vrouwelijke urethra. Thesis, Groningen, The Netherlands

Jensen D (1981) Pharmacological studies of the uninhibited neurogenic bladder. 1. The influence of repeated filling and various filling rates on the cystometrogram of neurological patients with normal and unhibited neurogenic bladder. Acta Neurol Scand 64:145–174

Klevmark B (1974) Motility of the urinary bladder in cats during filling at physiological rates. 1. Intravesical pressure patterns studied by a new method of cystometry. Acta Physiol Scand 90:565–577

Klevmark B (1980) Hyperactive neurogenic bladder studied with physiological filling rates. Proc Nordic Soc Urol, Gothenburg. Scand J Urol Nephrol [Suppl] (to be published)

McGuire EJ (1978) Reflex urethral instability. Br J Urol 50:200–204

Nathan PW (1976) The central nervous connections of the bladder. In: Williams DI, Chisholm GD (eds.). Scientific foundations of urology. Heineman, London, p 51–58

Nergardh A (1981) Neuromuscular transmission in the corpus-fundus of the urinary bladder. Scand J Nephrol 15:103–108

Powell PH, Feneley RCL (1980) The role of urethral sensation in urology. Br J Urol 52:539–541

Ramsden PD, Smith JC, Pierce JM, Ardran GM (1977) The unstable bladder. Fact or artefact? Br J Urol 49:633–639

Sundin T, Dahlstrom A (1973) The sympathetic innervation of the urinary bladder and urethra in the normal state and after parasympathetic denervation at the spinal root level. Scand J Urol Nephrol 7:131–149

Thomas D (1979) Clinical urodynamics in neurogenic bladder dysfunction. Urol Clin North Am 6:236–253

Torrens MJ (1978) Urethral sphincteric responses to stimulation of the sacral nerves in the human female. Urol Int 33:22–26

Torrens JM (1982) Neurophysiology. In: Stanton SL (ed) Gynaecological urology. Mosby, St Louis

Zinner NR, Ritter RC, Sterlin AM (1976) The mechanism of micturition. In: Williams DI, Chisholm GD (eds) Scientific foundations of urology. Heinemann, London, p 39–51

Kapitel 5

Klinischer Wert urodynamischer Untersuchungen

Einleitung

Dieses Kapitel soll dem Kliniker zeigen, inwieweit die urodynamischen Untersuchungen in der Lage sind, zur Verbesserung von Diagnose und Therapie beizutragen. Dies ist prinzipiell auf 4 verschiedenen Wegen möglich:

1. Im individuellen Fall kann die urodynamische Untersuchung im Rahmen der klinischen Abklärung dazu dienen, objektive Kriterien zur Grundlage einer therapeutischen Entscheidung zu machen.
2. Durch Analyse bestimmter Patientengruppen können im Laufe der Zeit nicht nur Fortschritte im Verständnis der Pathophysiologie verschiedenster Erkrankungen erzielt werden, sondern auch in der Patientenselektion für die unterschiedlichen therapeutischen Modalitäten.
3. Behandlungsergebnisse lassen sich durch urodynamische Untersuchungen vor und nach Therapie objektivieren.
4. Urodynamische Untersuchungen dienen letztlich der kontinuierlichen klinischen Forschung.

Mit wachsender Erfahrung in der Urodynamik bekommt der Kliniker in der Regel wachsendes Zutrauen zur Relevanz anamnestischer Daten und zur Möglichkeit der Diagnoseerstellung auf Grund der Symptomatik. Gerade diese diagnostische Selbstsicherheit ist aber nur teilweise gerechtfertigt, wie eine Studie der Zuverlässigkeit diagnostischer Vorhersagen von urodynamischen Untersuchern belegt: Ein Computerblatt stellt dem urodynamischen Untersucher die Aufgabe, die Diagnose auf Grund der Symptomatik vorherzusagen. Selbst für erfahrene Untersucher war die mangelhafte Übereinstimmung mit der definitiven urodynamischen Diagnose überraschend. Im folgenden benutzen wir die urodynamische Diagnose als „objektiven Entscheidungsmaßstab". Dabei wird vorausgesetzt, daß im Verlaufe der urodynamischen Abklärung die

Tabelle 5.1. Urodynamische Diagnose bei 1002 Männern und 1901 Frauen, die zur urodynamischen Abklärung zugewiesen wurden

Urodynamische Diagnose	Männer %	Frauen %
Stabil, nicht-obstruiert	14	26
Instabil, nicht-obstruiert	20	19
Hypersensibel, nicht-obstruiert	6	12
Streßinkontinenz, nicht-obstruiert	1	20
Instabil, Sphinkterschwäche, nicht obstruiert	2	6
Stabil, obstruiert	10	2
Instabil, obstruiert	16	1
Hypersensibel, obstruiert	6	1
„Neuropathisch"	15	8
„Andere Diagnosen"	10	5

Ursachen der Symptomatik schrittweise aufgedeckt werden. Divergieren die subjektiven Beschwerden und die objektiven urodynamischen Befunde, so sollte die Untersuchung wiederholt oder weiter ausgedehnt werden.

Der Anteil der verschiedenen urodynamischen Diagnosen im Patientengut eines urodynamischen Zentrums wird aus Tabelle 5.1 ersichtlich. Dabei haben natürlich spezifische Interessen und Schwerpunkte des urodynamischen Zentrums die Patientenselektion beeinflußt und somit die Proportionen der einzelnen Gruppen verschoben. Trotzdem läßt sich allgemein sagen, daß in jeder urodynamischen Einheit Inkontinenzbeschwerden am häufigsten Anlaß zur Untersuchung sind. Bei 52 % aller Männer und 78 % aller Frauen, die zur urodynamischen Abklärung zugewiesen wurden, war die Harninkontinenz zumindest eines der Symptome (Tabelle 5.2). Nimmt man die Zahl sämtlicher zugewiesenen Patienten, so handelte es sich in 34% um Frauen mit einer Streß- oder Urge- oder kombinierten Streß-Urge-Inkontinenz. Eine Feldstudie, die in unserem Einzugsgebiet durchgeführt wurde, unterstreicht das tatsächliche Ausmaß der Inzidenz von Harninkontinenz (Tabelle 5.3). Die Gruppe mit der bekannten Harninkontinenz setzt sich aus Patienten zusammen, deren Behandlung bei den verschiedenen Versicherungsgesellschaften und Gesundheitsorganisationen aktenkundig ist. Die

Tabelle 5.2. Inkontinenztypen, nach der klinischen Symptomatik aufgeschlüsselt

Inkontinenztypen	Männer % (576 Patienten)	Frauen % (791 Patienten)
Keine Inkontinenz	47,5	22,3
Streßinkontinenz	1,0	19,0
Streß-, Urgeinkontinenz	0,7	25,1
Urge	22,7	14,4
Urgeinkontinenz, Enuresis	3,3	5,1
Enuresis	5,7	2,9
Postmiktionsträufeln	13,0	0,8
Totale Inkontinenz	4,2	6,4
Andere Formen	1,9	4,0

Tabelle 5.3. Verbreitung der Harninkontinenz in einer unausgewählten Population

Inkontinenz	Männer % 15–64 Jahre	über 65 Jahre	Frauen % 15–64 Jahre	über 65 Jahre
Bekannt	0,1	1,3	0,2	2,5
Bisher unbekannt	1,6	6,9	8,5	11,6

Gruppe mit der „bisher unbekannten" Inkontinenz wird von den Patienten dieser Studie gebildet, die noch in keiner Behandlung waren und deren Inkontinenz somit bislang nicht statistisch erfaßt wurde.

Die Probleme des unteren Harntraktes werden in diesem Kap. in der Form präsentiert, wie sie sich dem Kliniker darbieten, d.h. entsprechend ihrer klinischen Symptomatik. Die Aussagekraft der jeweiligen Symptomatik für die definitive Diagnose wird jeweils eingehend diskutiert.

Die klinischen Probleme werden nach Alter und Geschlecht getrennt dargestellt, einmal, weil sie sich dem Kliniker so präsentieren und zum anderen, weil diese Faktoren die therapeutischen Konsequenzen wesentlich beeinflussen. Eine Ausnahme von dieser Gliederung bietet das Kap. der „neuropathischen Blase", das als Ganzes getrennt abgehandelt wird. Auch der Abschnitt über die Probleme geriatrischer Patienten weicht etwas vom allgemeinen Konzept ab, da das urodynamische Zentrum Bristol einen Schwerpunkt seiner Arbeit in der urodynamischen Abklärung und adäquaten pflegerischen Versorgung von Blasenfunktionsstörungen des älteren Menschen sieht.

Die urodynamische Untersuchung wird in Zusammenhang mit der Darstellung der Einzelprobleme behandelt. Um den Ablauf der einzelnen diagnostischen Schritte klarzumachen, sind Diagramme erstellt worden. Außerdem werden Modifikationen urodynamischer Untersuchungstechniken beschrieben, die bisweilen notwendig sind, um speziellen klinischen Problemen zu entsprechen. Im allgemeinen werden die Therapiemodalitäten weder diskutiert noch empfohlen, die nicht in spezieller Beziehung zu den Ergebnissen der urodynamischen Abklärung stehen.

Urodynamik bei Kindern

Aus verschiedenen Gründen sind urodynamische Studien bei Kindern schwieriger als bei Erwachsenen. Die geringere Weite der Harnröhre kann zu technischen Problemen bei der Katheterisierung führen und transurethral eingelegte Katheter können eher als beim Erwachsenen den Harnfluß obstruieren. Auch die Kooperation ist oft wesentlich schwieriger. Die inhärente Abneigung des Klinikers gegenüber der urodynamischen Abklärung von Kindern beruht auf der Angst, dem Kind ein emotionelles Trauma zuzufügen. Es ist deshalb absolut notwendig sicherzustellen, daß die urodynamische Abklärung angebracht ist und daß die zu erwartenden Ergebnisse einen klinischen Nutzen haben.

Prinzipiell können urodynamische Untersuchungen bei 3 Gruppen von Kindern klinisch sinnvoll sein:

1. Kongenitale anatomische Fehlbildungen, wie Harnröhrenklappen- und Hemmungsmißbildungen mit inkompletter Fusion von Harnblase, Urethra und vorderer Bauchwand. Zur Diagnose ist die urodynamische Abklärung selten notwendig, doch kann die Uroflowmetrie eine Obstruktion ausschließen helfen. Funktionelle Messungen sind weiterhin zur Überprüfung des Behandlungserfolges hilfreich (Cromie und Duckett 1979).
2. Neurogene Blasenfunktionsstörungen, die bei Kindern am häufigsten mit dysraphischen Fehlbildungen der Wirbelsäule und des Rückenmarkes assoziiert sind. Die neurologische Störung ist häufig komplizierter als bei erworbenen Schädigungen des Nervensystems, wodurch die Interpretation der Blasenfunktionsstörungen schwieriger ist. Trotzdem treffen die Feststellungen, die später im Kap. über neurogene Blasenfunktionsstörungen (s. „Neuropathische Blase", S. 175) gemacht werden, in gleicher Form für Kinder zu und sollten deshalb im Zusammenhang mit den folgenden, auf die pädiatrische Neurourologie bezogenen Abschnitten verstanden werden.
3. Funktionelle Miktionsstörungen, deren urodynamische Abklärung bei Kindern und Jugendlichen außerordentlich wichtig ist. Dazu gehören Enuresis, Pollakisurie und imperativer Harndrang sowie die sog. mitigierte neurogene Blase und außerdem einige Fälle rezidivierender Harnwegsinfekte.

Modifikationen der Untersuchungstechniken

Wenn die urodynamische Abklärung von diagnostischer Bedeutung ist, dann kann auch die suprapubische Plazierung von Meßkathetern in Allgemeinanästhesie gerechtfertigt werden, beispielsweise zum Zeitpunkt einer vorangehenden Zystoskopie (s. „Technik der intravesikalen Druckmessung", S. 67). Der suprapubische Zugang ist bei Knaben vor der Pubertät und bei Mädchen unter 8 Jahren zu bevorzugen. Diese Meßtechnik wird deshalb empfohlen, um zuverlässige und reproduzierbare Meßdaten zu erhalten. Die Irritation durch eine transurethrale Plazierung von Meßkathetern kann in diesem Zusammenhang zu Artefakten oder zur gänzlichen Unverwertbarkeit einer Untersuchung führen. Verschiedene Untersucher haben die Anwendung von Sedativa oder sogar der Allgemeinanästhesie vor der Abklärung beschrieben. Wichtiger erscheint es, ausreichend Zeit darauf zu verwenden, die Zuneigung und das Vertrauen des Kindes zu erlangen. Im allgemeinen ist es günstiger, wenn die Eltern nicht bei der Untersuchung anwesend sind. Die Untersuchung sollte nach vorangegangener Applikation der Meßkatheter in einer sitzenden, bequemen Haltung über dem Flowmeter durchgeführt werden. Eine synchrone Miktionszystourethrographie kann sehr wohl nützlich sein, doch irritiert der Röntgenapparat Kinder oft stärker als Erwachsene. Bei Kindern unter 4 Jahren ist die Kooperationsfähigkeit bei komplizierteren Untersuchungen als der Harnflußmessung nur in begrenzten Umfang zu erwarten. Deshalb werden nur wenige Kinder vor diesem Alter urodynamisch untersucht, wobei gute Gründe dafür sprechen, die Diagnostik an Zentren mit spezieller Ausrüstung und Erfahrung durchführen zu lassen. Ältere Kinder und Jugendliche können auf die gleiche Art wie Erwachsene untersucht werden. Beim pathologischen Ausfall der ersten urodynamischen Studie sollte diese in gleicher Sitzung wiederholt werden, bis es absolut klar ist, daß das Kind entspannt und das Miktionsverhalten reproduzierbar ist. Erleichtert wird diese Forderung durch Verwendung von suprapubisch eingelegten Meßkathetern. Ein Kind, das während der ersten Miktion intermittierende Sphinkterkontraktionen hat, sollte nicht sofort mit der Diagnose einer funktionellen Miktionsstörung abgestempelt werden. Es muß immer wieder betont werden, daß die Blase des Kindes ein geringeres Akkomodationsvermögen hat als die des Erwachsenen und die Füllungsgeschwindigkeit bei der Zystometrie entsprechend reduziert werden muß. Meistens ist eine Füllungsgeschwindigkeit von 15 ml/min optimal. Bei der Beurteilung der Meßwerte sind die altersentsprechenden Normwerte zu berücksichtigen, was besonders für die Harnflußrate gilt (Gierup 1970). Der untere Grenzbereich der Harnflußraten ist in Tabelle 3.1 dargestellt. Für eine exakte Beurteilung muß die Harnflußrate – wie beim Erwachsenen – in Relation zum Miktionsvolumen gesehen werden (s. Abb. 3.4).

Enuresis

Die Enuresis nocturna war in Bristol der häufigste Anlaß zur urodynamischen Abklärung von Kindern und Jugendlichen. Enuresis ist definiert als eine normale Reflexmiktion während des Schlafes. Insgesamt wurden 259 Patienten zumeist wiederholt untersucht, um mehr über den Krankheitsverlauf der Enuresis beim Heranwachsenden zu erfahren (Tabelle 5.4). Da urodynamische Abklärungen zur Diagnose der Enuresis nicht unbedingt notwendig sind, besteht ihre Bedeutung hauptsächlich darin, die Pathophysiologie der Erkrankung besser zu verstehen und die geeignete Patientenselektion für die verschiedenen Behandlungsregime durchzuführen. Es muß jedoch zugegeben werden, daß die Urodynamik bisher insgesamt wenig zur Bewältigung dieser Probleme beigetragen hat.

Wie aus Tabelle 5.4. ersichtlich, besteht bei Enuretikern eine hohe Inzidenz an Detrusorhyperaktivität. Ellison Nash (1949) korrelierte die Prognose der kindlichen Enuresis mit dem Ausmaß der Detrusorhyperaktivität. Darüberhinaus fand er, daß auch die Tagsymptomatik eng mit dem Ausmaß der Detrusorhyperaktivität korreliert war. Er interpretierte Enuresis als eine Verzögerung in der normalen Maturation der Kontrolle des unteren Harntraktes. Es ist aber ganz offensichtlich, daß ein Grundpro-

Tabelle 5.4. Urodynamische Analyse bei 259 Enuretikern

Alter Jahre	Männlich	Weiblich	Total	Detrusorhyperaktivität (Instabilität)
Unter 10	19	8	27	22 (81 %)
10-19	66	67	133	71 (53 %)
20-29	43	56	99	62 (62 %)
Total	128	131	259	
Obstruiert	10 (7,8 %)	1 (0,7 %)		
Instabil	85 (66 %)	70 (53 %)		

blem beim Enuretiker auch darin besteht, bei voller Blase, die zu kontrahieren beginnt, nicht aufzuwachen. Dazu passen die Beobachtungen von Torrens und Collins (1975) und Powell und Feneley (1980), die bei einigen Enuretikern eine Reduktion der sensorischen Wahrnehmungen vom unteren Harntrakt nachgewiesen haben. Es kann sehr wohl sein, daß dadurch sowohl die verminderte Fähigkeit, bei voller Blase aufzuwachen, als auch der Reifungsdefekt in der Blasenkontrolle begünstigt wird. Für ein besseres Verständnis der Enuresis wird in Zukunft eine kombinierte Analyse zentraler neurologischer Funktionen und peripherer urologischer Funktionen notwendig sein. Die Urodynamik hat insofern etwas zum Verständnis dieses Syndroms beigetragen, indem die Vorstellung, daß eine subvesikale Obstruktion eine wichtige Ursache der Enuresis sei, widerlegt wurde. Bei den männlichen Untersuchten war in unserer Serie nur in 7 % der Fälle ein erhöhter urethraler Auslaßwiderstand nachweisbar. Bei der Hälfte dieser Fälle handelte es sich darüberhinaus um grenzwertige Befunde, die sicherlich keine chirurgische Intervention zur Reduktion des Ausflußwiderstandes benötigten. Funktionelle Untersuchungen haben weiterhin gezeigt, daß die Kombination einer Trabekelblase mit einem prominenten Blasenhals und einer subvesikalen hinteren Harnröhrenerweiterung nur Zeichen einer Detrusorhyperaktivität sind, ohne daß eine Korrelation mit einer Obstruktion nachgewiesen werden konnte. Es wäre günstig, wenn die Patientenselektion für die entsprechende Behandlung auf die urodynamischen Ergebnisse gestützt werden könnte. Zum Beispiel wäre es logisch, in Fällen von Detrusorhyperaktivität mit Anticholinergika zu behandeln und in solchen Fällen, in denen keine Instabilität nachweisbar ist, Pharmaka zu nutzen, die den Urethratonus anheben. Allerdings konnte bisher keine ausreichend gute Korrelation zwischen urodynamischen Befunden und erfolgreichen Behandlungsmodalitäten nachgewiesen werden. Dabei ist es offensichtlich, je hyperaktiver die Blase ist, desto schwieriger ist eine wie auch immer geartete Therapie und desto unwahrscheinlicher ist eine Spontanheilung. Bezeichnenderweise sind in der medikamentösen Behandlung der Enuresis die Pharmaka angezeigt, die zentral am Nervensystem angreifen, wobei solche, die sowohl zentral als auch peripher wirken (z. B. Imipramin und Ephedrin), besonders erfolgreich sind. Eine effektive Behandlung müßte wohl entweder eine zusätzliche Konditionierung durch nächtliche Alarmeinrichtungen oder den Gebrauch von Antidiuretika, wie DDAVP (Desmopressin) einschließen. Das Hauptanliegen der Urodynamik muß deshalb der Ausschluß einer subvesikalen Obstruktion sein, was am einfachsten durch Harnflußmessung erreicht werden kann. In Zentren mit diesem speziellen Interessengebiet und der Möglichkeit, große Zahlen solcher Patienten wissenschaftlich abklären zu können, muß diese Forschung in der Hoffnung weitergeführt werden, endlich eine rationale Erklärung für dieses Syndrom zu finden.

Symptome der Detrusorhyperaktivität bei Kindern

Tagsymptome, wie Pollakisurie, imperativer Harndrang und Dranginkontinenz sind in dieser Gruppe häufig und können, wie oben beschrieben, mit Enuresis nocturna vergesellschaftet sein. Diese Symptome der Detrusorhyperaktivität normalisieren sich mit zunehmendem Alter, so daß nur bei wenigen Jugendlichen ernste Probleme persistieren, wenn auch Störungen im höheren Alter erneut auftreten können. Wo die Symptome des hyperaktiven Detrusors nicht in Zusammenhang mit Harnwegsinfektionen auftreten, läßt sich gewöhnlich keine anatomische Abnormität finden, obwohl eine Detrusorhyperaktivität vorausgesagt werden kann. Einige Autoren sahen eine Korrelation zwischen der Höhe intravesikaler Drucksteigerungen während hyperaktiver Blasenkontraktionen und der Inzidenz rezidivierender Harnwegsinfekte bei Frauen (Lapides et al. 1968).

Für Kinder mit einer Detrusorhyperaktivität würden wir im Sinne einer Stufendiagnostik vorschlagen, eine subvesikale Obstruktion zuerst durch Untersuchung der Harnflußrate auszuschließen und nur in unklaren Fällen eine kombinierte Druck-Fluß-Studie als zweiten Schritt anzuschließen. Insgesamt scheint die komplette urodynamische Abklärung nicht den Therapieerfolg zu verbessern, so daß ein sofortiger Beginn einer symptomatischen Behandlung gerechtfertigt erscheint, bis eine spontane Besserung des Zustandes eintritt.

Rezidivierende Harnwegsinfektionen

Bei nachgewiesenen Harnwegsinfektionen werden bei den meisten Kindern ein Ausscheidungsurogramm und ein Miktionszystourethrogramm als erste diagnostische Schritte durchgeführt. Diese Untersuchungen erfassen die Mehrzahl pathologischer Veränderungen, von denen der vesikoureterale Reflux die größte Bedeutung hat. Mittels urodynamischer Untersuchungen werden kaum neue Ursachen für rezidivierende Harnwegsinfekte bei diesen Kindern aufgedeckt.

Blasenentleerungsstörungen

Blasenentleerungsstörungen sind bei neurologisch gesunden Kindern die Ausnahme. Gelegentlich finden sich einmal die Symptome einer seltenen oder erschwerten Miktion, möglicherweise in Zusammenhang mit rezidivierenden Infektionen. Die radiologische Abklärung solcher Patienten zeigt dann unter Umständen eine sich schlecht entleerende Blase, ohne daß pathologisch-anatomische Anomalien wie Urethralklappen als Ursache nachgewiesen werden können. In solchen Fällen sind urodynamische Untersuchungen zur Aufdeckung einer funktionellen Ursache der Blasenentleerungsstörung angezeigt. Als Ursache einer Blasenentleerungsstörung kommt zum einen eine bereits lange bestehende Detrusorhypokontraktilität, zum anderen eine funktionelle Störung der Koordination zwischen Detrusorkontraktion und Sphinkterrelaxation in Betracht. Dieses Syndrom, das ausführlich von Allen (1977) beschrieben wurde, ist durch kräftige Kontraktionen großer, trabekulierter Blasen bei gleichzeitiger dyssynerger Sphinkterkontraktion charakterisiert. Einige dieser Kinder können dann urinieren, wenn ein sehr hoher Detrusordruck die dyssynerge Sphinkterkontraktion noch übertrifft. Dennoch ist Restharn die Regel. Infektion und sekundärer vesikoureteraler Reflux sind ebenso häufige Befunde wie die Inkontinenz. Viele dieser Kinder haben auch Darmentleerungsstörungen im Sinne einer chronischen Obstipation. Für die Therapie hat Allen besonders die Bedeutung des Blasentrainings betont. Bei anderen Fällen muß man möglicherweise eine Sphinkterotomie erwägen. Manche Kinder erfordern eine primäre Behandlung der Obstipation.

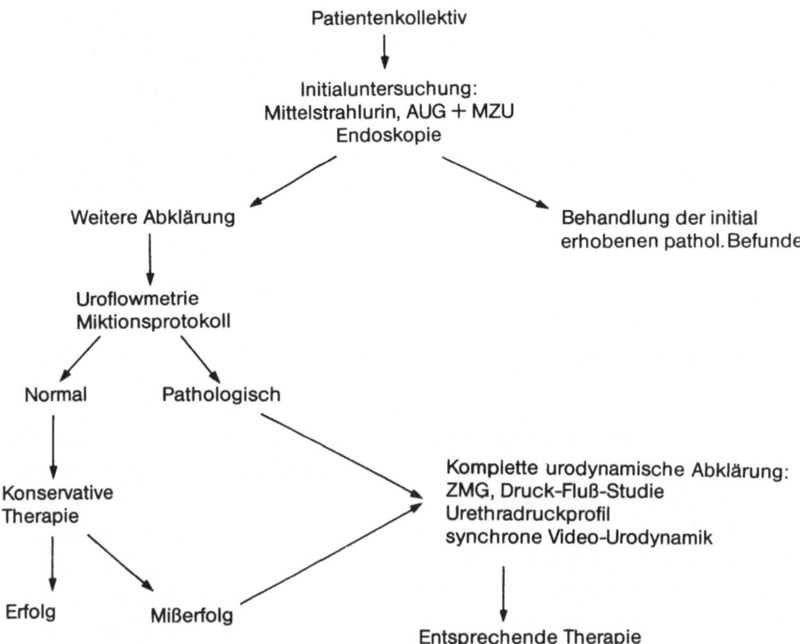

Abb. 5.1 Vorgehen bei Kindern mit Blasenentleerungsstörungen. *AUG* Ausscheidungsurogramm, *MZU* Miktionszystourethrogramm, *ZMG* Zystometrogramm

Neurogene Störungen

Der größte Teil der Kinder mit neurogener Blasendysfunktion hat eine Myelodysplasie. In diesen Fällen korreliert die Höhe der neurologischen Läsion nicht mit der funktionellen Störung des unteren Harntraktes. Dies trifft zwar auch für andere neurologische Erkrankungen zu, ist aber bei den Kindern, die eine Spina bifida mit neurologischer Läsion haben, besonders offensichtlich.

Dabei ist die Differenzierung zwischen Hochdrucksystem und Niederdrucksystem entscheidend, da bei ersterem die Prognose wesentlich schlechter ist. Blaivas et al. (1977) heben hervor, daß eine statistische Korrelation zwischen intravesikalem Druck und der Höhe der neurologischen Läsion nicht aufgestellt werden kann. Eine Detrusor-Sphinkter-Dyssynergie konnte sowohl in Blasen mit hohem als auch mit niedrigem Druck beobachtet werden, wobei allerdings gewöhnlich nur die Dyssynergie im Hochdrucksystem zu signifikanten Restharnmengen führt. An dieser Stelle muß nochmals die Bedeutung einer langsamen Blasenfüllung bei der Zystometrie der Patienten mit neurologischen Erkrankungen betont werden. Da es sich in diesen Fällen um komplexe Probleme handelt, ist primär die Durchführung einer synchronen Miktionszystourethrographie und/oder einer EMG-Registrierung indiziert. Die Behandlungsmöglichkeiten beruhen auf drei Prinzipien:

1. Reduktion des erhöhten intravesikalen Druckes durch Pharmaka oder Sphinkterotomie.

2. Beherrschung eines symptomatischen Harnwegsinfektes durch Harnansäuerung und – wenn erforderlich – Antibiotika in niedriger Dosierung, sowie Reduktion der Restharnmengen entweder durch Blasenexprimierung oder durch intermittierenden Katheterismus.
3. Verbesserung der Kontinenz entweder mit Pharmaka, die an der nachgewiesenen Funktionsstörung angreifen, oder durch restharnfreie Blasenentleerung mit Hilfe des intermittierenden Katheterismus bzw. der Miktion nach der Uhr.

Urodynamik bei Männern

Die Prostata wurde besonders bei Männern höheren Alters für eine Vielzahl von Beschwerden von seiten des unteren Harntraktes verantwortlich gemacht. Entsprechend wurde die Prostatektomie als Allheilmittel für derartige Symptome angewandt. Die Notwendigkeit der Objektivierung einer Vielzahl solcher Symptome wurde mit Einführung kombinierter Druck-Fluß-Studien bestätigt. Durch diese urodynamischen Untersuchungen wurden alternative Erklärungsmöglichkeiten für bestimmte Symptome erarbeitet, die zum Verständnis einer Reihe von alltäglichen Erkrankungen entscheidend beigetragen haben. Dennoch wurde in keiner Weise die Bedeutung einer sorgfältigen und methodischen klinischen Abklärung geschmälert. Anamnese und klinische Untersuchung, gefolgt von routinemäßigen Harnanalysen und adäquaten röntgenologischen Untersuchungen, bleiben nach wie vor Grundlage der urologischen Behandlung. In diesem Kap. sollen lediglich Wege aufgezeigt werden, wie urodynamische Untersuchungen die Behandlungsmöglichkeiten männlicher Patienten verbessern können.

Symptomgruppen

Die Symptomatik liefert keineswegs den besten Zugang zur Diagnose bei Patienten mit Erkrankungen des unteren Harntraktes. Solche Symptome werden von den Patienten häufig emotional als derart lästig und beeinträchtigend empfunden, daß die Probleme bei der ersten Arztvorstellung oft übertrieben dargestellt werden. Das Miktionsprotokoll, auf dem der Patient Anzahl und Harnmenge der einzelnen Miktionen registriert, hat nach unserer Erfahrung viel zur Objektivierung der Symptomatik beigetragen. Die Beschwerden einer halbstündigen Miktionsfrequenz oder einer 3–4 maligen Nykturie bestätigen sich häufig nicht, wenn der Patient gezwungen ist, erstmals über 3 Tage ein Miktionsprotokoll zu führen. Eine Harninkontinenz kann bei Männern jeder Altersgruppe vorkommen. Von 1002 Männern, die unserem Zentrum zwischen 1975 und 1980 zugewiesen wurden, waren 587 Patienten inkontinent, allerdings generell nur in einem geringeren Maße als Frauen: 33 % hatten eine Dranginkontinenz, 29 % hatten Postmiktionsträufeln, 25 % hatten eine Enuresis und 10 % hatten eine permanente Inkontinenz. 43 % jüngere Männer klagten über imperativen Harndrang, Dranginkontinenz und Enuresis und 44 % von 318 älteren Männern mit Symptomen einer obstruktiven Prostatahyperplasie klagten über Harninkontinenz. Eine sorgfältige Anamnese sollte dem Kliniker die Differenzierung ermöglichen, welche Form der

Harninkontinenz bei dem Patienten vorliegt (s. „Harninkontinenz“, S. 12). Bei Männern ohne irgendeine neurologische Erkrankung ist die Inkontinenz mit einer hohen Inzidenz von Detrusorhyperaktivität assoziiert. Eine Streßinkontinenz ist die Ausnahme. Diese kann allerdings nach Prostataoperationen auftreten oder in Verbindung mit einer chronischen Überlaufblase, wo hohe intravesikale Drücke den urethralen Verschlußdruck überwinden.

In allen Altersgruppen gehört Nachträufeln nach der Miktion zu den geläufigen Beschwerden. Insgesamt klagten 27 % unserer männlichen Patienten darüber. Dieses Symptom ist nicht mit einer objektiven subvesikalen Obstruktion assoziiert, sondern mit dem Einschluß eines Urinbolus zwischen Blasenhals und externen Sphinktermechanismus oder mit einer mangelhaften Entleerung der Harnröhre durch den M. bulbocavernosus am Ende der Miktion. Dieses Symptom bedarf keiner operativen Korrektur, sondern eines Trainings der Perinealmuskulatur und eines manuellen Ausstreichens der Harnröhre am Ende der Miktion.

Rezidivierende Harnwegsinfekte

Beim Auftreten von Pollakisurie, imperativen Harndrang und Dysurie wird gewöhnlich die Verdachtsdiagnose eines Harnwegsinfektes gestellt. In der Anamnese finden sich meist eine oder mehrere Episoden dieser Symptome. Der Patient wurde meist schon ex juvantibus mit Antibiotika behandelt. Beschwerden, die an eine Infektion des unteren Harntraktes denken lassen, erfordern allerdings immer erst eine adäquate Abklärung. Dazu ist die mikroskopische und kulturelle Untersuchung des Mittelstrahlurins unerläßlich. Symptome einer Blasenirritation entstehen nämlich auch bei anderen Erkrankungen des Harntraktes wie Steinen oder Tumoren, die durch die urologische Routineabklärung (Mittelstrahlurin und Abdomenübersicht) ausgeschlossen werden müssen. Ein relativ ungewöhnlicher prädisponierender Faktor für das Auftreten rezidivierender Harnwegsinfekte ist eine niedrige Miktionsfrequenz. Ein solches pathologisches Verhaltensmuster wird häufiger bei Frauen angetroffen, kommt gelegentlich aber auch beim Manne vor. Diese Patienten halten den Harn tagsüber 8 Stunden oder noch länger und entleeren dann 800 ml oder mehr in einer Miktion. Ein solches Verhalten läßt sich leicht anhand eines Miktionsprotokolls aufdecken. Die pathophysiologischen Überlegungen gehen dahin, daß die seltene Miktion das Bakterienwachstum in der Blase begünstigt, da sogar geringere Restharnmengen als 50 ml zu einer klinischen Harnwegsinfektion führen können (Mackintosh et al., 1975). Mit der einfachen Anweisung, die Blase regelmäßig alle zwei oder drei Stunden zu entleeren, kann dabei eine rezidivierende Harnwegsinfektion verhütet werden. Finden sich Harnwegsinfekte und/oder Steine, so stellt sich gewöhnlich die Frage einer ursächlichen subvesikalen Obstruktion. Das Ausscheidungsurogramm ist für die Diagnostik der infravesikalen Obstruktion eine wenig geeignete Methode. Urodynamische Untersuchungen sind dabei eher von Nutzen. Wenn eine klinische Indikation zur Endoskopie besteht, sollten die urodynamischen Untersuchungen vor der Zystoskopie durchgeführt werden. Die wiederholte Harnflußmessung ist die einfachste Form der urodynamischen Routineuntersuchung und wenn diese Normalwerte ergibt, so ist eine weitere differenzierte urodynamische Abklärung meistens überflüssig.

Wenn die Harnflußrate fraglich oder sicher reduziert ist, sind in der Regel weitere urodynamische Untersuchungen indiziert. Urethrale Druckmessungen können Veränderungen im Bereich des Blasenhalses, der Prostata oder der Urethra aufdecken, die zu einer rezidivierenden Harnwegsinfektion prädisponieren. Die Katheterisierung nach der urodynamischen Untersuchung ermöglicht die akkurate Beurteilung der Restharnmengen. Da Blase und Harnröhre während der Miktion als Einheit arbeiten, kann die Restharnbildung auf einer Störung der Blasenfunktion, der Harnröhrenfunktion oder beider beruhen. Eine Detrusorkontraktionsschwäche während der Miktion kann sowohl bei bekannter neurologischer Grunderkrankung als auch bei intakter neurogener Kontrolle gefunden werden. Die Detrusorhypokontraktilität als Ursache

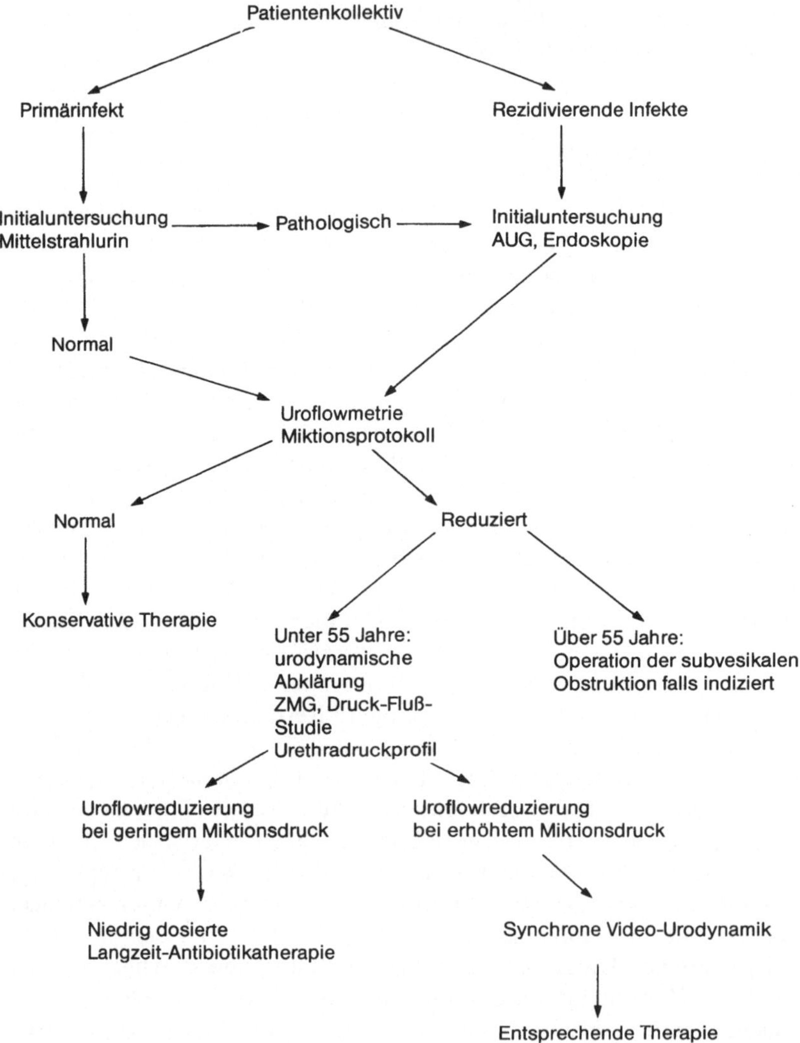

Abb. 5.2 Vorgehen bei Männern mit Harnwegsinfektionen

einer inkompletten Blasenentleerung tritt als ätiologischer Faktor dann in den Vordergrund, wenn mit steigendem Alter eine zusätzliche subvesikale Obstruktion (benigne Prostatahyperplasie) hinzukommt. Die Detrusorkontraktion kann aber auch adäquat sein und trotzdem ist die Blasenentleerung auf Grund einer subvesikalen Obstruktion behindert. Meistens haben diese Obstruktionen eine anatomische Ursache wie Blasenhalsstenose, Prostatahyperplasie oder Urethrastriktur. Allerdings kann die Obstruktion auch funktioneller Natur sein im Sinne einer neurogenen Detrusor-Sphinkter-Dyssynergie oder der bei jüngeren Männern vorkommenden Detrusor-Blasenhals-Dyssynergie.

Die Abb. 5.2 zeigt ein Diagramm zur Abklärung von Patienten mit nachgewiesenem Harnwegsinfekt. In dieser Patientengruppe sollte vor und nach der urodynamischen Untersuchung eine prophylaktische Antibiotikagabe erfolgen.

Symptome der Detrusorhyperaktivität

Die Symptome Pollakisurie, Nykturie, imperativer Harndrang, Dranginkontinenz und Enuresis lassen eine Detrusorhyperaktivität vermuten. Solche Symptome können aber auch durch eine kleine Blase oder eine exzessive Harnausscheidung bei normaler Blasenkapazität bedingt sein. Das reduzierte Blasenfüllungsvermögen kann funktionelle oder strukturelle Ursachen haben. Die größte Gruppe bilden Patienten mit einer funktionell reduzierten Blasenkapazität, deren häufigste Ursachen wiederum Restharnbildung bei subvesikaler Obstruktion, Detrusorhyperaktivität und Detrusorhypersensibilität sind.

Symptomatische Diagnose

Die entscheidende Frage ist, wie die verschiedenen Ursachen der Symptome der Detrusorhyperaktivität zu differenzieren sind. Wie oben dargestellt, verursacht die Detrusorhyperaktivität Pollakisurie, Nykturie, imperativen Harndrang und Dranginkontinenz, die Blasenhypersensibilität Pollakisurie, Nykturie, Mißempfindungen und seltener imperativen Harndrang. Eine subvesikale Obstruktion verursacht bei Anwesenheit hoher Restharnmengen Pollakisurie und Nykturie. Die Differenzierung zwischen Detrusorhyperaktivität und symptomatischen Beschwerden bereitet Schwierig-

Tabelle 5.5. Urodynmische Diagnosen bei Männern mit Detrusorhyperaktivität, Blasenhypersensibilität und subvesikaler Obstruktion

Urodynamische Diagnose Füllungsphase	 Miktionsphase	
Hyperaktiv	nicht-obstruiert	14 %
Hypersensibel	nicht-obstruiert	4 %
Normal	obstruiert	17 %
Hyperaktiv	obstruiert	40 %
Hypersensibel	obstruiert	7 %

keiten. Sehr häufig findet sich ein Zusammentreffen dieser beiden genannten Zustände (Abrams 1977), wie aus Tabelle 5.5. ersichtlich, in der die urodynamischen Diagnosen von 319 Männern mit Symptomen einer subvesikalen Obstruktion aufgeführt sind.

Verschiedene Studien konnten zeigen, daß einzelne Symptome der Detrusorhyperaktivität wenig Aussagekraft haben. Je vollständiger der Komplex der einschlägigen Symptome jedoch ist, desto größer ist auch die Wahrscheinlichkeit des Vorliegens einer Detrusorhyperaktivität.

Nur die Miktionsstartverzögerung und der abgeschwächte Harnstrahl sind pathognomisch für die Diagnose einer subvesikalen Obstruktion. Unglücklicherweise ist die diagnostische Brauchbarkeit dieser Symptome gerade in dem Patientenkollektiv reduziert, das eine reduzierte funktionelle Blasenkapazität und damit kleine Miktionsvolumina hat. Solche kleinen Miktionsvolumina verursachen auch dann eine Miktionsstartverzögerung und einen abgeschwächten Harnstrahl, wenn keine Obstruktion vorhanden ist. Die Konfusion, die dadurch ausgelöst wird, daß für obige Symptome entweder eine Detrusorhyperaktivität oder eine subvesikale Obstruktion angeschuldigt werden kann, ist anhand zweier Patienten ohne Abflußhindernis mit einem täglichen Harnvolumen von einem Liter zu demonstrieren (Tabelle 5.6., nach Siroky et al. 1979). Dieses Beispiel belegt, daß die Detrusorhyperaktivität nicht nur für die Symptome Pollakisurie, Nykturie und imperativer Harndrang, sondern wegen der reduzierten funktionellen Blasenkapazität auch für die Beschwerden einer Harnstrahlabschwächung verantwortlich zu machen ist. Wenn sowohl die Detrusorhyperaktivität als auch die Blasenhypersensibilität in Kombination mit einer infravesikalen Obstruktion vorgefunden werden kann, so bleibt doch die Rolle der Wechselbeziehungen noch zu klären. Einige Untersucher sehen zum Beispiel eine subvesikale Obstruktion als Ursache einer Detrusorhyperaktivität an, obwohl die Detrusorhyperaktivität in gleicher Häufigkeit bei obstruierten und nicht–obstruierten Patienten nachweisbar ist (Abrams 1977).

Eine Detrusorhyperaktivität kann sich von der Kindheit bis ins Erwachsenenalter ziehen. In unserer Studie von 212 Männern im Alter von 20–45 Jahren mit den Beschwerden Pollakisurie, Nykturie, imperativer Harndrang und Dranginkontinenz hatten 76 % eine Detrusorhyperaktivität. Bei jüngeren Männern mit diesem Symptomenkomplex war der Befund einer koexistenten subvesikalen Obstruktion die Ausnahme (4 %). In höheren Altersgruppen ist eine Detrusorhyperaktivität häufiger. Bei 20–30jährigen wurde eine Detrusorhyperaktivität in 33 % beobachtet und bei 45–85jährigen in 54 %, wobei häufig eine Assoziation mit einer subvesikalen Obstruktion nachweisbar war (Abrams 1977). Eine Blasenhypersensibilität findet sich bei 10 %–15 % der Patienten aller Altersgruppen von 10–78 Jahren (Abrams 1977, Abrams et al. 1981).

Tabelle 5.6. Symptome der Detrusorhyperaktivität bei einem täglichen Harnentleerungsvolumen von 1 Liter

	Miktions-frequenz	Nykturie	Miktions-volumen (ml)	Harnstrahl (subjektiv)	Max. Harnflußrate
Keine Instabilität	4	0	250	normal	25 ml/s
Instabilität	8	2	100	schwach	13 ml/s

In unseren Untersuchungen bezüglich der Treffsicherheit einer auf Symptomen basierenden Vorhersage der Diagnose wurde eine Detrusorhyperaktivität in 53 % der Fälle korrekt vorhergesagt, während eine Blasenhypersensibilität nur in 13 % der Fälle richtig vermutet wurde.

Urodynamische Diagnose und therapeutische Konsequenzen

Mit der Harnflußuntersuchung alleine ist eine gute Differenzierungsmöglichkeit zwischen isolierter Detrusorhyperaktivität und assoziierter Hyperaktivität bei subvesikaler Obstruktion immer dann gegeben, wenn der Patient ein ausreichendes Harnvolumen entleeren kann. In unserer Untersuchung von 212 jungen Männern mit Miktionsproblemen, von denen 116 die Symptome der Detrusorhyperaktivität hatten, konnte mit Hilfe von Druck-Fluß-Studien eine infravesikale Obstruktion nur bei 8 Patienten nachgewiesen werden. Bei all diesen Patienten wäre die Diagnose einer Obstruktion auf Grund der Analyse der Harnflußrate alleine möglich gewesen. Wir würden so argumentieren, daß, sobald mit der Harnuntersuchung, Abdomenübersichtsaufnahme und Endoskopie pathologische Veränderungen ausgeschlossen sind, als einzige Frage mit therapeutischer Konsequenz noch offen bleibt: Besteht eine subvesikale Obstruktion oder nicht? Ist keine infravesikale Abflußbehinderung nachweisbar, so ist es sinvoll, den Patienten mit Anticholinergika wie Imipramin oder Emeproniumbromid ex juvantibus zu behandeln. Spricht der Patient auf diese Behandlung nicht an, dann sollte eine komplette urodynamische Abklärung erfolgen. Es ist das Ziel, die Blasenfunktionsstörung, die die Beschwerden verursacht, exakt zu definieren, bevor eine andere definitive Therapie eingeschlagen wird. Die urodynamischen Ausgangsuntersuchungen können dann nach Therapie wiederholt werden, um den Behandlungserfolg zu verifizieren. Die mögliche Organisation dieses Vorgehens ist im Diagramm in Abb. 5.3 dargestellt.

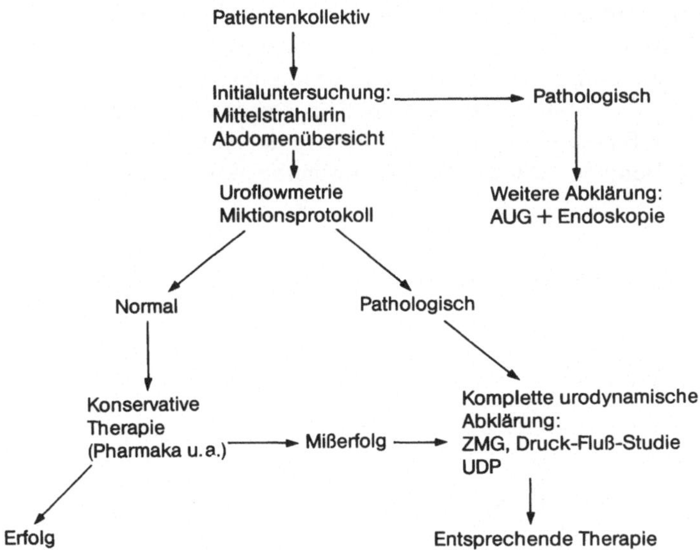

Abb. 5.3 Vorgehen bei Männern mit Symptomen der Detrusorhyperaktivität

Blasenentleerungsstörungen

Die Altersverteilung bei Blasenentleerungsstörungen zeigt eine hohe Inzidenz von subvesikalen Obstruktionen bei Patienten über 55 Jahre. In einer Untersuchung von 318 Patienten über 55 Jahre beurteilten wir die Relevanz folgender Symptome für die urodynamische Diagnose:

- Pollakisurie
- Nykturie
- imperativer Harndrang
- Inkontinenz
- Harnstrahlabschwächung
- Miktionsstartverzögerung
- Postmiktionsträufeln

Aus diesem Symptomkomplex, der im Ganzen als „Prostatismus" umschrieben wird, sind lediglich die Beschwerden der Harnstrahlabschwächung und Startverzögerung mit einer nachgewiesenen subvesikalen Obstruktion assoziiert (Abrams und Feneley 1978). Aus der Diskussion der vorherigen Seiten ist es klar geworden, daß der Großteil dieser Symptome, nämlich Pollakisurie, Nykturie, imperativer Harndrang und Inkontinenz auf eine Detrusorhyperaktivität bezogen werden muß. Das postmiktionelle Nachträufeln hat weder einen Bezug zur Detrusorhyperaktivität noch zur infravesikalen Obstruktion (s. Kap. 3). Unserer Ansicht nach sollten wir den Terminus „Prostatismus" verlassen und stattdessen die Symptome des Patienten aufzählen. Dies erscheint in zweifacher Hinsicht wichtig: Einmal wird der Kliniker motiviert, auf Grund der Anamnese Überlegungen über die wahrscheinliche Ursache der Symptome anzustellen, zum anderen wird ein Automatismus vermieden, mit dem Patienten mit diesen Symptomen üblicherweise der Prostatektomie zugeführt werden. Wenn es auch möglich ist, bestimmte Symptome entweder der Detrusorhyperaktivität oder der subvesikalen Obstruktion zuzuordnen, so präsentieren manche Patienten eine Kombination dieser Symptome. Tabelle 5.7 gibt die endgültigen urodynamischen Diagnosen von 318 Patienten mit Symptomen von seiten des unteren Harntraktes wieder.

Diese Tabelle zeigt, daß 13 % aller Patienten mit Symptomen einer subvesikalen Obstruktion sowohl in der Blasenfüllungsphase als auch in der Miktionsphase völlig normale urodynamische Befunde hatten. Die Uroflowmetrie war ein zuverlässiger

Tabelle 5.7. Urodynamische Diagnosen von 318 Männern (45 – 58 Jahre) mit Symptomen einer subvesikalen Obstruktion

Urodynamische Diagnose	
Normal	13 %
Hyperaktiv, nicht-obstruiert	14 %
Hypersensibel, nicht-obstruiert	4 %
Obstruiert	17 %
Hyperaktiv, obstruiert	40 %
Hypersensibel, obstruiert	7 %
Andere	5 %

Indikator für eine subvesikale Obstruktion. Wenn die Harnflußrate normal ist, und der Patient die Symptome einer Detrusorhyperaktivität hat, sollte die Behandlung erfolgen wie im Abschnitt „Symptome der Detrusorhyperaktivität" dargestellt. Wenn die Harnflußrate reduziert ist und Beschwerden bestehen, sollte in der Altersgruppe über 55 Jahre die operative Beseitigung der subvesikalen Obstruktion vorgenommen wer-

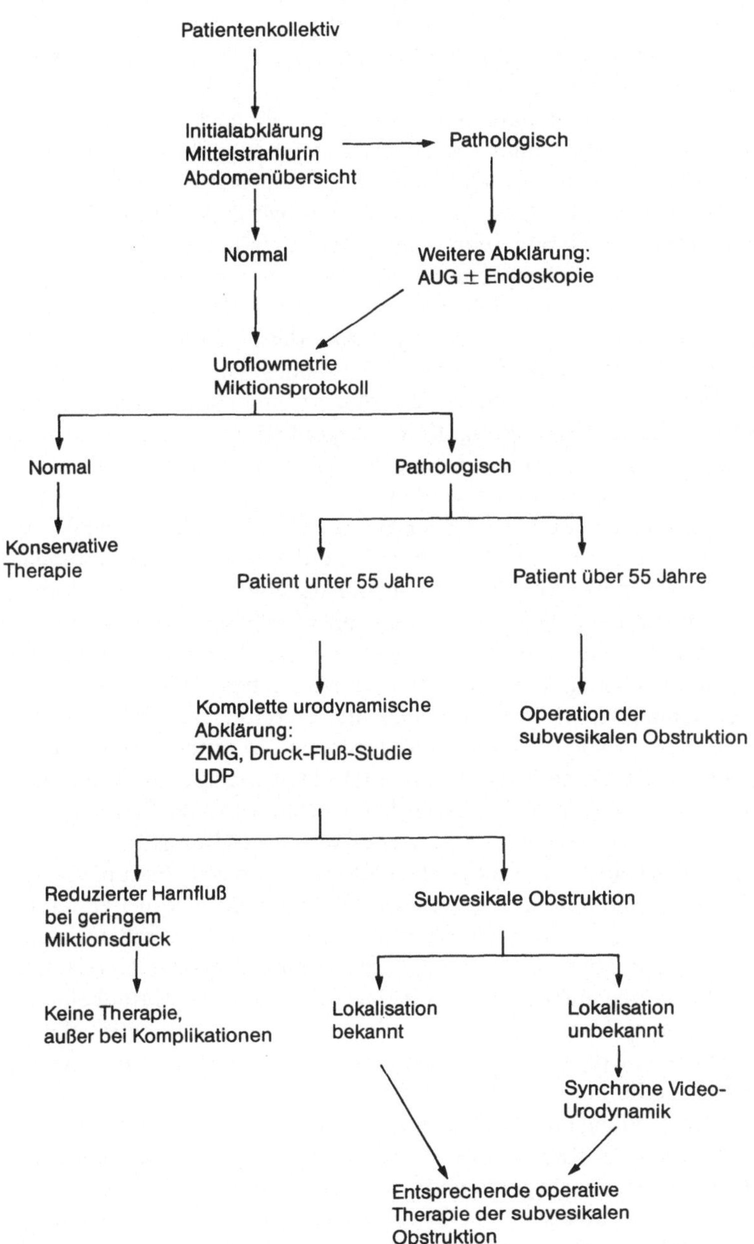

Abb. 5.4 Vorgehen bei Männern mit Symptomen einer subvesikalen Obstruktion

den. Weitere urodynamische Untersuchungen sind nur dann wünschenswert, wenn die Harnflußraten nicht eindeutig eine subvesikale Obstruktion diagnostizieren lassen. Ein Patient über 55 Jahre mit einer reduzierten Harnflußrate und signifikanten Restharnmengen wird bezüglich der Flußverbesserung und der Restharnsenkung in jedem Fall von einer operativen Intervention profitieren. Dieses Konzept wird durch eine urodynamische Untersuchung von 100 Patienten vor und nach Operation untermauert. Bei 11/13 Patienten mit reduzierter Harnflußrate bei normalen Miktionsdrükken trat nach Prostatektomie eine objektive Verbesserung ein (Abrams 1977). Das vorgeschlagene Vorgehen zeigt Abb. 5.4.

Aus einer anderen Serie mit 318 Patienten wurden 107, die nach der Erstuntersuchung aus klinischen Gründen nicht einer operativen Therapie zugeführt wurden, nach einem Intervall von 5 Jahren nachuntersucht (Ball et al. 1981). 53/107 Patienten hatten auf Grund der urodynamischen Erstuntersuchung eine subvesikale Obstruktion. 10 Patienten mußten daraufhin operiert werden, zwei wegen einer akuten Harnretention und 8 wegen Verschlimmerung der Symptomatik; alle diese Patienten waren primär als obstruiert klassifiziert worden. 81 von den verbleibenden 97 Patienten hatten eine unveränderte oder geringfügig gebesserte Symptomatik. Meistens bestand weder klinisch noch urodynamisch eine Verschlechterung des Zustandes. Ohne Behandlung des „Prostatismus“ entstanden keineswegs allzuviele Probleme. Die Harnflußrate war der beste Monitor des Verlaufes der Erkrankung. Kein einziger Patient mit einer Harnflußrate innerhalb der doppelten Standardabweichung des Normalwertes mußte innerhalb des Nachbeobachtungszeitraumes operiert werden.

Wenn bisher Ausführungen über den Wert der Ausscheidungsurographie zur Abklärung von Störungen des unteren Harntraktes vermißt werden, so liegt das daran, daß unserer Ansicht nach die Indikation für diese Untersuchung nur bei Symptomen gestellt werden sollte, die auf eine Neoplasie, Steine oder Veränderungen des oberen Harntraktes wie Pyelonephritis deuten. Zusätzlich kann ein Ausscheidungsurogramm indiziert sein, wenn die Abdomenübersicht einen pathologischen Befund zeigt oder wenn die Harnuntersuchung eine Pyurie oder Hämaturie ergibt. Dagegen spielt die Urographie in der Abklärung von funktionellen Störungen des unteren Harntraktes nur eine unbedeutende Rolle. Diese Ansicht wird durch eine Untersuchung untermauert, in der 202 Urogramme und urodynamische Untersuchungen von Patienten mit Symptomen einer Prostatavergrößerung ausgewertet wurden (Abrams et al. 1976). Diese Studie zeigte, daß als einzige radiologische Kriterien der basale Füllungsdefekt der Prostata und die Blasengröße bei der subvesikalen Obstruktion von Bedeutung waren. Die Blasengröße war auch nur dann wichtig, wenn sie auf der Großaufnahme und auf der Postmiktionsaufnahme annährend übereinstimmte. Verschiedene andere radiologische Kriterien werden immer wieder mit einer infravesikalen Abflußbehinderung in Verbindung gebracht. Von diesen waren allerdings nur die Blasentrabekulierung, die Blasendivertikel und die Dilatation des oberen Harntraktes mit einem hohen intravesikalen Druck korrelierbar. Der Wert der Urographie wird weiterhin dadurch geschmälert, daß die Beurteilung der Restharnmenge nur mit unzureichender Genauigkeit möglich ist, wie schon in Kap. 2 unter dem Abschnitt „Ausscheidungsurographie“ dargestellt. Es gibt mittlerweile genügend Gründe anzunehmen, daß die Urographie eine zur Abklärung einer subvesikalen Obstruktion überflüssige Untersuchung ist (Marshall et al. 1974, Abrams et al. 1976, Gammelgaard et al. 1976).

Post-Prostatektomie-Probleme

Patienten klagen nach einer Prostatektomie mitunter über Probleme, die folgenden Symptomkreisen zuzuordnen sind:

Persistierende Symptome der Detrusorhyperaktivität.
Persistierende Symptome der subvesikalen Obstruktion.
Harninkontinenz.

Deshalb werden verschiedene Symptomkomplexe unterschieden, die entweder auf eine isolierte Funktionsstörung oder eine Kombinationsstörung hinweisen. Letztere Störung kann wie beim nicht-operierten Patienten aus Detrusorhyperaktivität und subvesikaler Obstruktion bestehen. Die Symptome Pollakisurie, Nykturie, imperativer Harndrang, Dranginkontinenz und Mißempfindungen in der Blase machen eine Detrusorhyperaktivität wahrscheinlich. Die Symptome Harnstrahlabschwächung und Miktionsstartverzögerung und das Auftreten nachgewiesener Harnwegsinfektionen deuten auf eine Persistenz der subvesikalen Obstruktion hin. Das Symptom Harninkontinenz wird mit Sicherheit nach einer Operation schwerer wiegen als vor der Operation. Der Patient sollte über die Häufigkeit und das Ausmaß des unwillkürlichen Urinverlustes eingehend befragt werden sowie darüber, ob er Maßnahmen zur Wäscheprotektion (Vorlagen etc.) ergreifen muß, und ob er sogar soziale Restriktionen auf Grund seiner Harninkontinenz erfährt. Weiterhin ist es wichtig zu eruieren, ob die Inkontinenz schon vor der Operation bestand und welcher Art diese Harninkontinenz war. Die Inzidenz einer Inkontinenz nach Prostatektomie wird mit 3 % angegeben (Powell 1980). Zur Abklärung fast aller Patienten dieses Kollektivs sind urodynamische Standardtechniken ausreichend. Wir werden darlegen, daß das Urethradruckprofil und die Miktionsstudie dabei besonders wichtig sind. Abrams (1980) stellte urodynamische Befunde einer Gruppe von 60 Patienten mit Problemen nach Prostatektomie zusammen. Tabelle 5.8 zeigt die Beschwerden dieses Patientenkollektivs.

Patienten mit persistierenden Symptomen einer Detrusorhyperaktivität haben bei der Zystometrie eine hohe Inzidenz einer Detrusorinstabilität und Blasenhypersensibilität. Es ist bekannt, daß die Symptome einer Detrusorhyperaktivität sich nach Prostatektomie verbessern und daß sich bei 62% der ehemals hyperaktiven Blasen postopera-

Tabelle 5.8. Beschwerden von 60 Patienten mit Post-Prostatektomie-Problemen

Symptome	Anzahl
Inkontinenz	
– Urgeinkontinenz	19
– Streßinkontinenz	8
– nicht-klassifizierbare Inkontinenz	6
Harnstrahlabschwächung, Startverzögerung, Miktion mit Bauchpresse	14
Pollakisurie, Nykturie, imperativer Harndrang	11
Postmiktionsträufeln	2

tiv ein zystometrischer Normalbefund erheben läßt (Abrams 1978). Allerdings behalten 19% der Patienten ihre Detrusorhyperaktivität auch nach der Prostatektomie. Price et al. (1980) konnten zeigen, daß Patienten mit imperativem Harndrang bei präoperativ ausgeprägter Detrusorhyperaktivität am ehesten persistierende Symptome nach der Operation hatten. Der Grund für die Konversion eines instabilen in ein normales Detrusorverhalten bleibt unklar. Es wird gemutmaßt, daß die Reduktion des Miktionsdruckes nach Prostatektomie oder die Denervierung von Blasenhals und hinterer Harnröhre durch die Operation hierbei eine Rolle spielen könnten.

Postoperative Symptome der Harnstrahlabschwächung und Miktionsstartverzögerung waren in der Vergangenheit häufig Anlaß für die Durchführung wiederholter transurethraler Resektionen. Damit stieg das Risiko einer Verletzung des distalen Sphinktermechanismus. Urodynamische Untersuchungen der betroffenen Patienten zeigen ganz klar, daß die Minderzahl eine persistierende infravesikale Abflußbehinderung hat. Ein Großteil dieser Patienten hat die reduzierte Harnflußrate auf Grund eines hypo- oder akontraktilen Detrusors. Wenn sich im Urethradruckprofil keine Reste der prostatischen Harnröhre mehr nachweisen lassen (Abb. 5.5), kann dem Patienten durch eine zweite Prostataresektion nicht geholfen werden. Sollte das Urethradruckprofil allerdings verbliebenes Prostatagewebe aufdecken (Abb. 5.6), so kann eine wiederholte transurethrale Resektion des verbliebenen Gewebes die Miktion auch dann bessern, wenn der Detrusor hypokontraktil ist.

Vor der Abklärung von Post-Prostatektomie-Problemen sollte ein ausreichendes Zeitintervall von der Operation zur Untersuchung abgewartet werden, um einer spontanen Besserung der Symptomatik nicht vorzugreifen. Diese kann noch bis zu 6 Monaten nach der Operation erwartet werden. Treten nach der Operation neue Beschwerden auf, so ist ein Wandel des Funktionszustandes des unteren Harntraktes anzuneh-

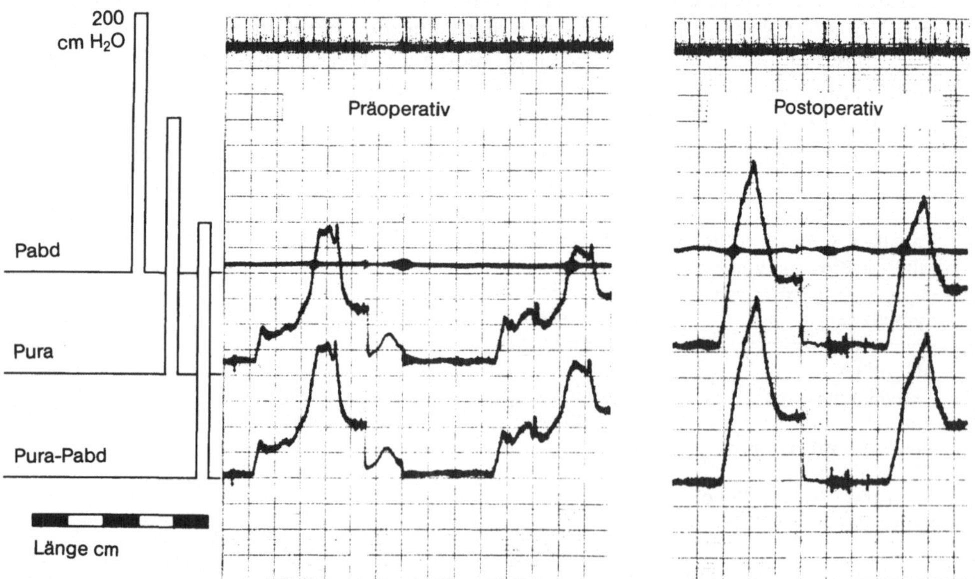

Abb. 5.5 Urethradruckprofil vor und nach Prostatektomie. Postoperativ ist kein urethraler Verschlußdruck mehr im Bereich der prostatischen Harnröhre nachweisbar

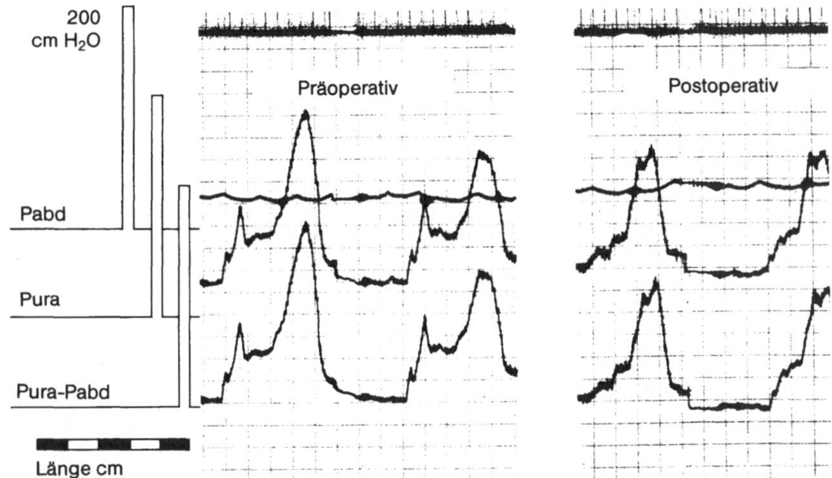

Abb. 5.6 Urethradruckprofil vor und nach Prostatektomie. In diesem Fall ist postoperativ noch so viel Prostatagewebe vorhanden, daß im Bereich der prostatischen Harnröhre, proximal des distalen Sphinktermechanismus, noch ein urethraler Verschlußdruck aufgebaut wird

men. Symptome der Detrusorhyperaktivität können auf einen postoperativen Harnwegsinfekt hinweisen und solche der subvesikalen Obstruktion auf die Entwicklung einer Harnröhrenstriktur. Wenn ein Patient nach Prostatektomie über eine Dranginkontinenz klagt, dann wird er die Symptome des imperativen Harndrangs und möglicherweise der Dranginkontinenz auch schon vor der Operation gehabt haben. Auf Grund unserer Erfahrung, daß sich solche Symptome nach der Operation häufig nicht bessern, beraten wir Patienten mit imperativem Harndrang präoperativ. Wir sagen, daß nach der Operation sehr wohl eine Verbesserung der Harnflußrate zu erwarten sei, die Symptome der Detrusorhyperaktivität aber möglicherweise nicht in gleicher Weise günstig beeinflußbar sein könnten.

Bei einer Post-Prostatektomie-Inkontinenz handelt es sich entweder um eine Dranginkontinenz, eine Streßinkontinenz oder selten um eine Kombination beider Typen. Das Symptom Streßinkontinenz kommt niemals bei neurologisch gesunden Patienten ohne Operation vor. Deshalb bedeutet das Auftreten dieses Symptoms nach einer Operation entweder eine intraoperative Verletzung des distalen urethralen Sphinktermechanismus oder eine Schwächung des Beckenbodens, der den Sphinktermechanismus unterstützt durch die offene Entfernung eines großen Adenoms. In der Praxis kommt eine vorübergehende Streßinkontinenz nach offener Prostatektomie relativ häufig vor, während die persistierende Streßinkontinenz Hinweis auf eine intraoperative Sphinkterläsion ist. Bei Männern stellt die Streßinkontinenz ein therapeutisches Problem dar, das in schweren Fällen die Implantation einer Sphinkterprothese erfordert. Unser Vorgehen bei Post-Prostatektomie-Problemen ist in Abb. 5.7 dargestellt.

Patienten mit normaler Harnflußrate, die auf die symptomatische Behandlung einer Detrusorhyperaktivität mit Anticholinergika nicht ansprechen, sollten urodynamisch abgeklärt werden, damit die Pathophysiologie der Symptomatik besser verstan-

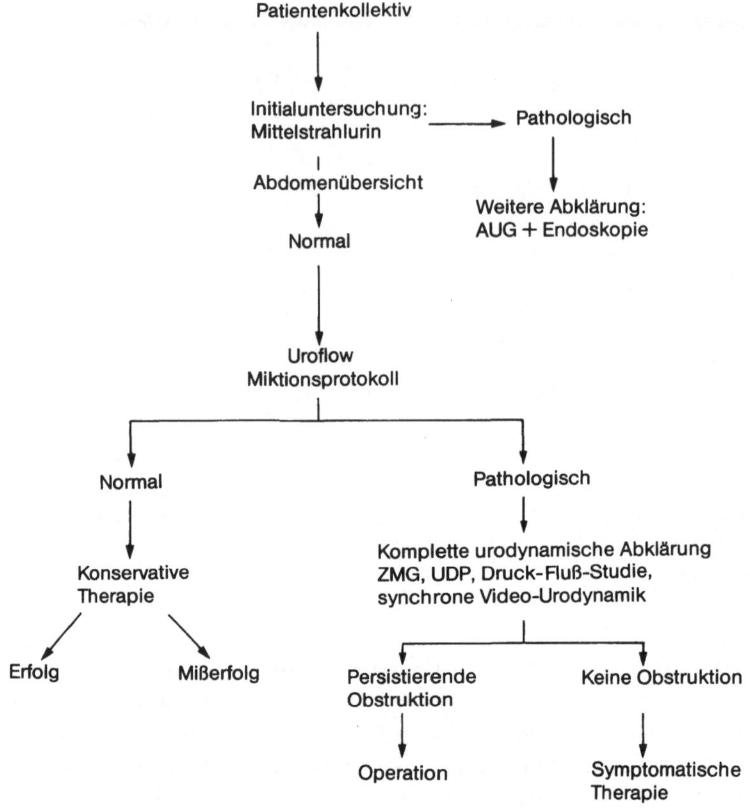

Abb. 5.7 Vorgehen bei Post-Prostatektomie-Problemen

den werden kann. Sollte die urodynamische Abklärung ergeben, daß eine Detrusorhypokontraktilität Ursache der reduzierten Harnflußrate und der Restharnbildung ist, dann sollte eine medikamentöse Therapie mit Cholinergika wie Distigminbromid oder Bethanechol versucht werden. Unsere Erfahrung in der Abklärung von Post-Prostatektomie-Problemen deutet klar darauf hin, daß diese Symptome am besten mit urodynamischen Untersuchungsmethoden abzuklären sind. Nur so läßt sich ein rationaler Therapieplan aufstellen und entscheiden, ob keine, eine medikamentöse oder eine operative Therapie indiziert ist.

Urodynamik bei Frauen

Inkontinente Frauen bilden in den meisten urodynamischen Zentren das größte Patientenkollektiv. In Bristol waren es 2/3 aller zugewiesenen Frauen. Die Streßinkontinenz ist nahezu ausschließlich ein Symptom der Frau, das entweder isoliert auftritt oder mit verschiedenen Graden des vermehrten Harndranges (Urge) assoziiert sein kann. Auch

Inkontinenz in Verbindung mit gesteigertem Harndrang (Urgeinkontinenz) ist ein häufiges Problem. Dieser Symptomkomplex erlaubt zwar Mutmaßungen, jedoch alleine keine zuverlässigen Schlüsse über die pathologische Ursache der Störung. So besteht eine der wesentlichen Aufgaben der Urodynamik darin, in jedem Einzelfall aufzudekken, ob die Hauptursache der Inkontinenz in einer Funktionsstörung der Blase oder des Sphinkters liegt.

Tabelle 5.9. Klassifizierung der verschiedenen Inkontinenzformen bei der Frau nach ihren Symptomen

Inkontinenzformen	
Keine Inkontinenz	22,3 %
Streßinkontinenz	19,0 %
Streß-, Urgeinkontinenz	25,1 %
Urgeinkontinenz	14,4 %
Urgeinkontinenz, Enuresis	5,1 %
Enuresis	2,9 %
Postmiktionsträufeln	0,8 %
Totale Inkontinenz	6,4 %
Andere	4,0 %

In Tabelle 5.9 wird die Häufigkeit der unterschiedlichen Inkontinenztypen bei Patientinnen aufgeschlüsselt, die unserem Zentrum zugewiesen wurden. 64 % haben entweder Streß- oder Dranginkontinenz. Die Ursache dafür, daß die Inkontinenz bei Frauen häufiger und problematischer ist als bei Männern, liegt darin begründet, daß sich prädisponierende Faktoren zu einem komplexen Geschehen addieren. Einerseits besteht mit zunehmendem Alter die Tendenz des Detrusors zur Hyperaktivität, andererseits die des Sphinkters, seine Kompetenz zu verlieren. Entsprechend variiert das Verteilungsmuster mit dem Alter der Patientinnen (Tabelle 5.10), wobei die Häufigkeit mit zunehmendem Alter steigt.

Kombinierte Streß- und Urgeinkontinenz

Diese Form ist die häufigste Zuweisungsdiagnose der Frau. Es ist wohl bekannt, daß eine der Hauptursachen für das Versagen von Inkontinenzoperationen in dieser Patientengruppe eine signifikante Detrusorhyperaktivität ist. Was bedeutet aber „signifikante" Hyperaktivität?

Tabelle 5.10. Altersbezogener Prozentsatz von Frauen mit Inkontinenz

Alter	Streß	Streß/Urge	Urge
20–30	14%	15%	15%
40–50	30%	34%	16%
60–70	12%	32%	20%

Tabelle 5.11. Urodynamische Diagnosen der vier häufigsten Inkontinenzformen, klassifiziert nach den Symptomen

Inkontinenzformen (Anzahl der Patienten)		Urodynamische Enddiagnose (%)			
	Normal	Hyperaktive Blase	Hypersensible Blase	Genuine Streßinkontinenz	Andere[a]
Keine (176)	42	13	11	4	30
Streß (150)	35	7	4	39	15
Streß/Urge (199)	21	20	7	19	23
Urge (154)	16	29	5	12	38

[a] Obstruierte, neurogene und nicht klassifizierte Formen sind einbezogen.

Symptomatische Diagnose

Die Symptome sind in Kap. 2 beschrieben. Eine sorgfältige Anamnese deckt bei diesen Patientinnen eine Vielzahl möglicher Symptomkomplexe auf. So können eine Streßinkontinenz und eine Urgeinkontinenz bei einer Patientin nebeneinander existieren und zu unterschiedlichen Zeiten manifest werden. Andere verspüren einen verstärkten Harndrang nur in Verbindung mit Streßsituationen wie Husten oder sportlichen Aktivitäten. Wieder andere Patienten können ein komplexes und gemischtes Symptommuster bieten, das sich nicht klassifizieren läßt. Wenn auch das Auftreten eines vermehrten Harndranges sicherlich die Diagnose einer reinen Streßinkontinenz in Frage stellt, so ist dieses Symptom dennoch kein absolut zuverlässiger Indikator einer Detrusorhyperaktivität. Tabelle 5.11 korreliert die symptomatische Diagnose von 679 Patienten mit der definitiven urodynamischen Diagnose. Obwohl die Häufigkeit des urodynamischen Befundes einer Instabilität parallel mit der Zahl von Harndrangsymptomen ansteigt, so erreicht doch die Korrelation zwischen Symptom und Befund niemals auch nur 50%. Die Korrelation des Symptoms Streßinkontinenz mit dem urodynamischen Befund der Sphinkterinkompetenz ist zwar besser, aber dennoch nicht ausreichend exakt. Daraus folgt, daß objektive Studien zur Etablierung der Diagnose unumgänglich sind.

Urodynamische Diagnose

Die funktionellen Befunde bei reiner Streß- und reiner Urgeinkontinenz werden unten beschrieben. Zum gemischten Typ sind gewisse Erläuterungen vonnöten. Zunächst muß etwas zur Terminologie gesagt werden. Für einige Kliniker bedeutet der Terminus „kombinierte Streß/Urgeinkontinenz" lediglich den Befund, daß die Detrusorhyperaktivität durch eine Streßsituation ausgelöst wird, für andere wiederum bedeutet es die Kombination beider Symptome. Erstere Kategorie wird auch als Husten-Urge beschrieben und ist in Abb. 5.8. dargestellt. Selbstverständlich ist die ätiologische Signifikanz von Streßsituationen zur Auslösung einer Instabilität allgemein anerkannt. Aus diesem Grund sollten die Patienten während der urodynamischen Untersuchung solchen Streßtests ausgesetzt werden, die im individuellen Fall am ehesten geeignet sind, eine Inkontinenz auszulösen. Die Zystometrie ist die entscheidende Untersu-

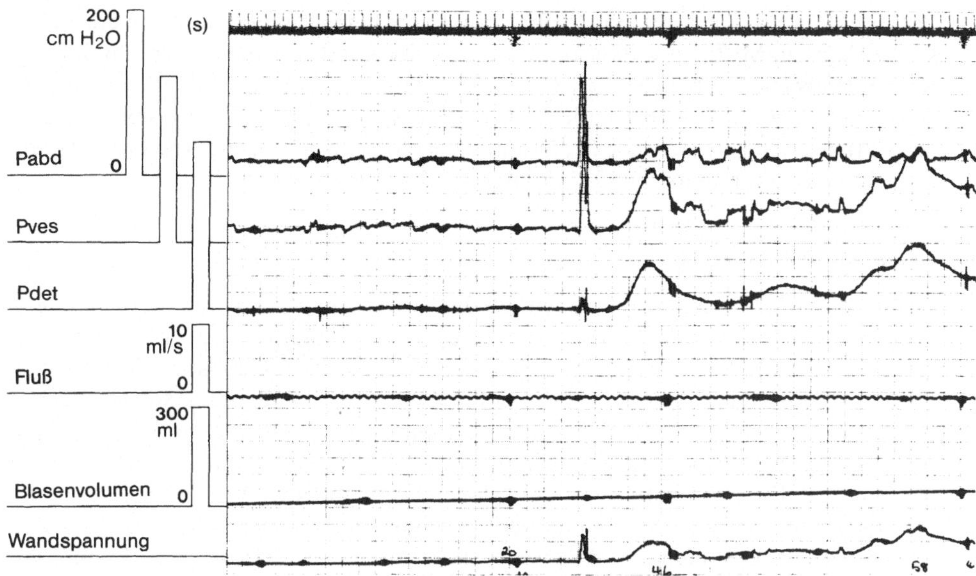

Abb. 5.8 Ausschnitt aus einem Zystometrogramm: Instabile Kontraktion durch Hustenstoß provoziert

chung zur Abklärung dieser Symptome, die Miktiometrie hat dagegen nur untergeordnete Bedeutung. Erfolgt die zystometrische Blasenfüllung in sitzender Position, so ist jeder Harnverlust mit dem Uroflowmeter zu erfassen. Die Patientin sollte man während der Blasenfüllung wiederholt zum Husten auffordern. Wenn die Blase voll ist, sollte der Hustentest wiederholt und ein Valsalva-Manöver vorgenommen werden. Die Blasenhalsfunktion läßt sich am besten dann darstellen, wenn entweder gleichzeitig oder aber anschließend eine Miktionszystourethrographie unter videoskopischer Kontrolle durchgeführt wird. Dabei erlaubt die simultane Druckaufzeichnung die Aufdekkung der Ursache einer Blasenhalsöffnung. Verliert jetzt die Patientin in sitzender Position keinen Harn, so sollte die Untersuchung im Stehen wiederholt werden, wozu allerdings eine Neujustierung der Druckwandler notwendig ist. Wiederum sind Provokationstests wie Husten oder aber auch Hüpfen dazu geeignet, den Mechanismus des unfreiwilligen Harnverlustes aufzudecken. Wird mit diesen Untersuchungen eine Instabilität ausgeschlossen aber ein unfreiwilliger Harnverlust bei Streßsituationen nachgewiesen, so ist die Diagnose einer Sphinkterinsuffizienz erstellt und die Behandlung kann dementsprechend ausgerichtet werden. Aus der Miktionsstudie ist in diesem Zusammenhang lediglich der Stopptest relevant, der Aufschluß über die Möglichkeit einer willkürlichen Miktionsunterbrechung gibt. Die Geschwindigkeit der Harnstrahlunterbrechung und die videoskopische Beobachtung der retrograden Harnröhrenentleerung in die Blase können Rückschlüsse auf die Sphinkterkompetenz erlauben. Kann der Harnstrahl sehr rasch unterbrochen werden, so liegt nahe, daß der Sphinkter in der Lage ist, Normaldrücken bei täglichen Streßsituationen standzuhalten. Wenn bei willkürlicher Harnstrahlunterbrechung der isometrische Kontraktionsdruck aufgezeichnet werden kann, so ist die Möglichkeit einer Analyse der Detrusorkraft gegeben.

Die direkte Messung der Sphinkterfunktion kann dann wichtig sein, wenn die Videoskopie nicht zur Verfügung steht oder vorangegangene Untersuchungen unschlüssige Resultate ergeben haben. Ein niedriger urethraler Ruhedruck, die Unfähigkeit einer willkürlichen urethralen Druckerhöhung und eine verminderte Transmission des Abdominaldruckes sind die Befunde der Sphinkterinsuffizienz, wie sie im Abschnitt über die „Urethrale Inkompetenz" auf S. 112 ausführlich dargestellt wurden.

Behandlung

Es muß zunächst entschieden werden, ob die Detrusorhyperaktivität oder die Sphinkterinsuffizienz als Ursache der Inkontinenz im Vordergrund steht oder ob andere mögliche Ursachen in Betracht kommen. Faktoren, die die therapeutische Entscheidung beeinflussen, sind in Tabelle 5.12 dargestellt. Kann eine dominierende Störung nachgewiesen werden, so sollte die Behandlung darauf ausgerichtet werden. Das diagnostische und therapeutische Vorgehen wird in Abb. 5.9 erläutert. Wenn lediglich ein geringer Grad von Detrusorhyperaktivität vorliegt, ist die operative Korrektur einer mittleren oder schweren Streßinkontinenz nicht kontraindiziert. Meyhoff et al. (1980) berichten über 41 Patientinnen, bei denen eine konventionelle Kolposuspension oder vordere vaginale Plastik trotz Vorhandenseins einer Detrusorhyperaktivität durchgeführt wurde. Die Erfolgsrate (Heilung und Besserung) betrug 73 %. Nur 30 % der Patientinnen verloren nach dem operativen Eingriff die Detrusorhyperaktivität.

Pollakisurie, Harndrangsymptomatik und Dranginkontinenz

Dieser Symptomkomplex ist häufig mit dem ersten Auftreten einer Inkontinenz assoziiert, während andere Symptome schon länger, möglicherweise lebenslang, bestanden haben. Der Mechanismus dieser Symptome ist oben ausführlich dargestellt (s. Abschnitt „Urge" S. 11, „Harninkontinenz", S. 12, „Pollakisurie- und Drangsympto-

Tabelle 5.12. Klinische und urodynamische Aspekte von Sphinkterinsuffizienz und Detrusorhyperaktivität

Sphinkterinsuffizienz	Detrusorhyperaktivität
Geringer Urethraruhedruck	
Urethradruck kann willkürlich nicht gesteigert werden	Zahlreiche hyperaktive Detrusorkontraktionen mit hohen Druckspitzen
Harnstrahl kann willkürlich nicht unterbrochen werden	Harnstrahl kann willkürlich unterbrochen werden
Mangelhafte urethrale Abdominaldrucktransmission auf die Urethra	Urethradruck kann willkürlich gesteigert werden
	Nachweis isometrischer Detrusorkontraktionen
Relativ große Miktionsvolumina	Relativ geringe Miktionsvolumina

Ein inkompetenter Blasenhals kann bei jeder der beiden Situationen vorkommen. Seine Anwesenheit hilft nicht bei der Diagnosefindung

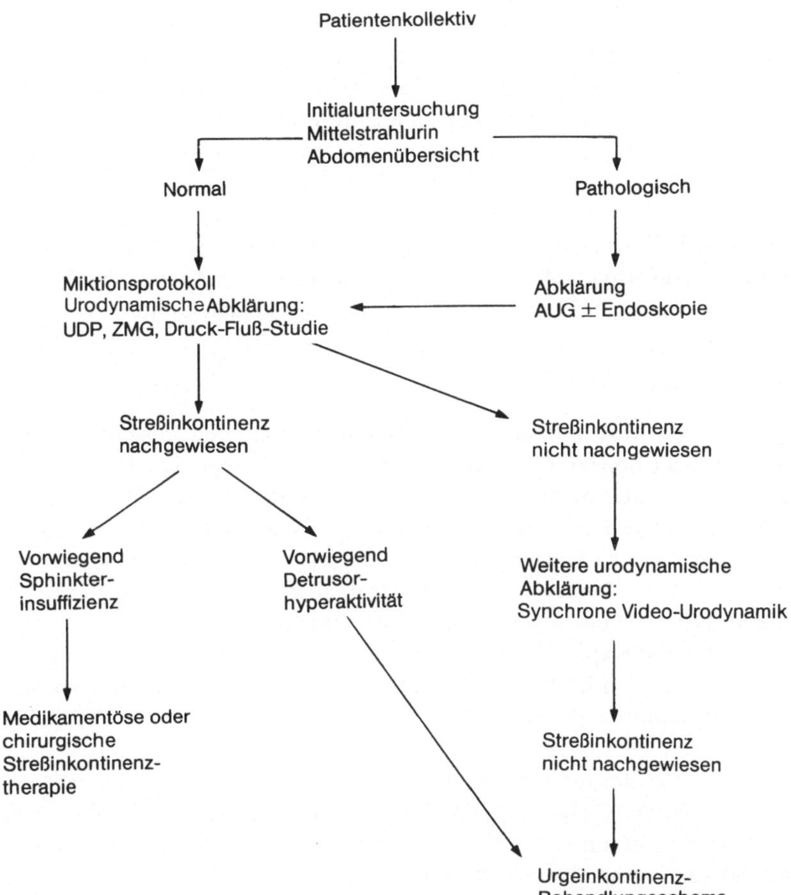

Abb. 5.9 Vorgehen bei Frauen mit kombinierter Streß- und Urgeinkontinenz

matik", S. 22). Die urodynamische Untersuchung hat zu klären, ob die Symptome durch eine Detrusorhyperaktivität oder aber eine Hypersensibilität verursacht werden. Allerdings hat die Differentialdiagnose derzeit nur eine untergeordnete klinische Bedeutung, da keine Differentialtherapie zur Verfügung steht.

Symptomatische Diagnose

Auf Grund der Symptome kann kaum zwischen Detrusorhyperaktivität und Hypersensibilität unterschieden werden. Die Pollakisurie bei Patienten mit instabiler Zystometriekurve ist identisch mit der bei Patienten mit normaler Kurve (mittlere Frequenz 7–8 pro Tag, s. Abschnitt „Miktionsfrequenz", S. 7). Hypersensible Blasen präsentieren sich eher durch Pollakisurie (mittlere Frequenz 10–11 pro Tag). Ein imperativer Harndrang trat in unserer Serie bei 70 % der Patienten mit normalen Zystometrogrammen auf, bei 61 % mit hypersensiblen Blasen und bei 85 % mit Detrusorhyperaktivität.

Wenn allerdings Pollakisurie, Nykturie und Dranginkontinenz zusammen auftreten, so läßt sich in 89 % eine Detrusorhyperaktivität nachweisen. Wir konnten in unserer Studie zeigen, daß die diagnostische Vorhersage einer Detrusorhyperaktivität auf Grund der klinischen Symptome in 31 %–48 % der Fälle zutraf. Die Vorhersehbarkeit einer hypersensiblen Blase war mit 22 %–25 % noch geringer. Auch wenn diese Werte verbesserungsfähig erscheinen, so ist doch auch für den erfahrenen Untersucher in praxi eine akkurate Prognose äußerst schwierig. Die Analyse der Miktionsprotokolle kann weitere diagnostische Hilfestellung leisten. Bei variablen Miktionsvolumina ist eher die Diagnose einer Detrusorhyperaktivität wahrscheinlich, während bei gleichbleibenden Miktionsvolumina eher eine Hypersensibilität erwartet werden kann.

Urodynamische Diagnose

Wie im vorangegangenen Abschnitt steht wiederum die zystometrische Abklärung im Mittelpunkt und sämtliche obigen Anmerkungen treffen auch hier zu. Die Differentialdiagnose zwischen Detrusorhyperaktivität und hypersensibler Blase sollte mit einer möglichen Ausnahme keine Schwierigkeiten bereiten. Einige Untersucher beschreiben eine Blase mit limitierter Kapazität, wenn die Druckdifferenz zwischen gefüllter und leerer Blase größer als 15 cmH_2O ist, als instabil, auch wenn keinerlei Nachweis einer aktiven Kontraktion erbracht werden konnte. Wir würden diesen Typ als hypersensibel ansehen, wenn die Kapazität durch eine subjektive sensorische Komponente limititert ist und würden auch nach einer Störung der Sensibilität suchen, wenn die Kapazität durch eine Inkontinenz begrenzt wird, ohne daß der Patient ein Blasenfüllungsgefühl registriert.

Ein wichtiges Ergebnis der urodynamischen Untersuchung sollte die Aufdeckung der Umstände einer Harninkontinenz sein. Wir haben oben dargestellt, daß dies gewöhnlich der Zuweisungsgrund ist, während andere Symptome häufig schon länger präexistent sind. So kann beispielsweise erkannt werden, daß auf Grund der Entwicklung einer aktiven oder passiven Sphinkterinsuffizienz der urethrale Sphinktermechanismus nicht mehr in der Lage ist, dem Detrusordruck standzuhalten. Dies impliziert, daß die Urethrozystometrie die adäquate Untersuchungsmethode zur Abklärung dieser Fälle darstellt (s. „Urethrozystometrie", S. 64). Aus der Betrachtung dieser klinischen Gruppe unter den Gesichtspunkten der urodynamischen Befunde wird klar, daß die Detrusorhyperaktivität nicht die einzige Ursache einer mit Harndrang assoziierten Inkontinenz darstellt.

Ursachen der Inkontinenz

Unter der Annahme einer normalen Blasensensibilität, die die ungestörte Perzeption einer hyperaktiven Detrusorkontraktion erlaubt, sollte ein normaler urethraler Sphinktermechanismus in der Lage sein, die Harnkontinenz in den meisten Fällen zu sichern. Ist dies nicht der Fall, so kommen folgende Gründe in Betracht:

1. Der Blasendruck ist zu hoch,
2. der urethrale Sphinktermechanismus ermüdet,
3. die Sphinkterkontraktion ist infolge einer Läsion beeinträchtigt,
4. der Sphinkter ist inhibiert oder relaxiert.

Die Rolle der Urethra in der Pathophysiologie der motorischen Urgeinkontinenz ist möglicherweise noch umfassender. Die urethrale Kontraktion bedingt eine Detrusorinhibition, ähnlich wie dies andere Afferenzen vom Beckenboden auslösen. So könnte es sehr wohl der Fall sein, daß der Verlust der Fähigkeit zur Kontraktion der urethralen und periurethralen Muskeln der Entwicklung einer Detrusorhyperaktivität Vorschub leistet. Sicherlich bedarf die Urethra in dieser Hinsicht weiterer Aufmerksamkeit. Wenn Harninkontinenz bei einer hypersensiblen Blase auftritt (sensorische Urgeinkontinenz), so muß notwendigerweise eine spontane Öffnung des urethralen Sphinktermechanismus postuliert werden, da ja kein signifikanter Anstieg des intravesikalen Druckes nachgewiesen werden kann, der eine Harnaustreibung erklären würde. Sicherlich bedarf dieser Aspekt der Urodynamik weiterer intensiver Grundlagenforschung.

Behandlung

Die Interaktion zwischen Blasen- und Harnröhrenfunktion ist auch für die Behandlung äußerst bedeutsam. Eine alleinige medikamentöse Therapie hat sich in vielen Fällen als nicht ausreichend erwiesen. Auch die positiven Effekte einer Dehnungsbehandlung oder einer chirurgischen Denervierung sind gewöhnlich nur vorübergehender Natur. Sehr hilfreich sind Methoden des Beckenbodentrainings. Darunter fällt auch das sogenannte „Blasentraining", wozu der Patient ein Tagebuch über Miktionshäufigkeit und -volumen führt, was ihm sein Miktionsmuster und die Möglichkeiten einer gezielten Einflußnahme darauf vorwiegend durch Beckenbodenaktivität bewußter macht. Die unterschiedlichen Formen der Elektrostimulation wirken wahrscheinlich in gleicher Weise. Der Behandlungserfolg muß selbstverständlich hinsichtlich der Beeinflussung der urethralen Sphinkterfunktion verifiziert werden. Dies erlaubt in Zukunft die rationale Wahl des Behandlungsprogramms. Urodynamische Untersuchungsmethoden haben bisher mehr Bedeutung für die Beurteilung von Behandlungsergebnissen erlangt, als für die Selektion einer spezifischen Behandlungsform beim individuellen Patienten. Hinter der Differenzierung von Detrusorhyperaktivität und -hypersensibilität steht die Vorstellung, daß die Pharmakotherapie beider Befunde unterschiedlich sein sollte. In der Praxis sieht es allerdings so aus, daß die Ergebnisse einer medikamentösen Therapie sich in verschiedenen Studien widersprechen. Zudem erzielt fast jede Therapieform initial eine etwa 50%ige Besserung der Symptome, ob es sich nun um eine medikamentöse oder eine anders geartete Behandlungsform handelt. Das Diagramm (Abb. 5.10) unterstreicht die Bedeutung einer konservativen Therapie dieser Beschwerden. Bis die Ätiologie dieser Befunde vollständig aufgedeckt ist, erscheinen radikalere Maßnahmen nicht angebracht, es sei denn, im Rahmen einer kontrollierten Studie.

Streßinkontinenz

Patientinnen mit unkomplizierter „reiner" Streßinkontinenz werden selten zur urodynamischen Abklärung zugewiesen, und dies ist auch gerechtfertigt. Wenn eine Frau keine Drangsymptome hat und der unfreiwillige Harnabgang in unmittelbarem Zusammenhang mit Streßbedingungen wie Husten auftritt, so ist eine weitere funktionelle

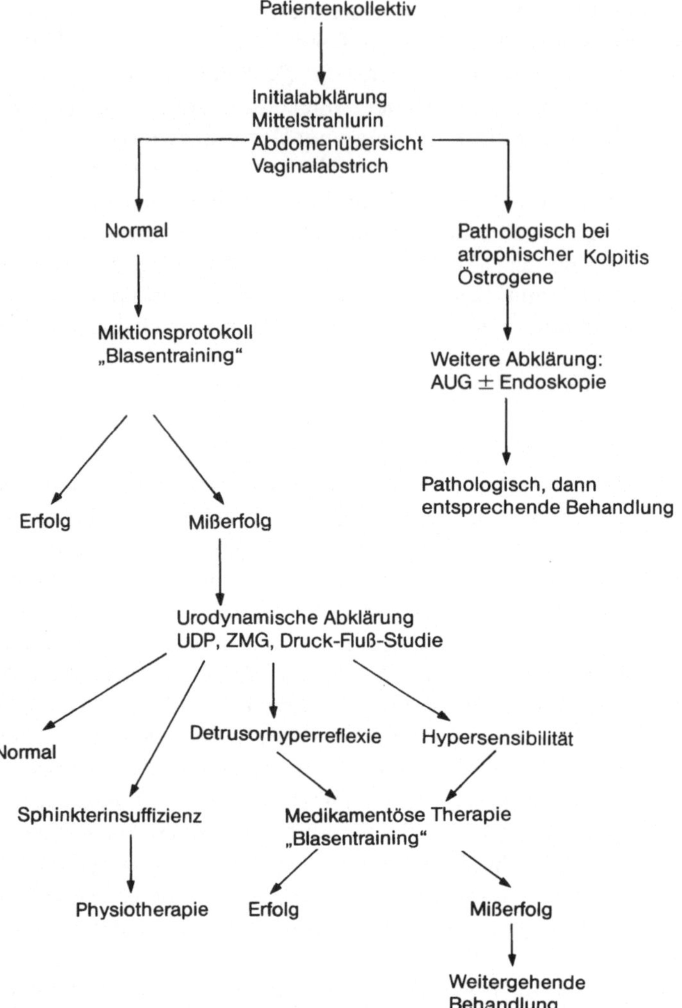

Abb. 5.10 Vorgehen bei weiblichen Patienten mit Symptomen einer Detrusorhyperaktivität

Abklärung überflüssig. Dabei gibt es allerdings immer wieder Patientinnen, bei denen die Diagnose unklar bleibt und eine Harninkontinenz klinisch nicht nachgewiesen werden kann.

Symptomatische Diagnose

In dieser Patientengruppe traf in unserer Untersuchungsserie die klinische Diagnose am häufigsten zu. In 87 % der Fälle wurde vor jeglicher urodynamischer Untersuchung die korrekte Diagnose gestellt. Die Zuverlässigkeit der Diagnose kann dabei noch gesteigert werden, wenn bei der Untersuchung des Patienten ein Hustentest mit voller Blase durchgeführt wird. Dieser Test erscheint zwar für die Ambulanz wenig praktikabel, da vor der Untersuchung die Blase der Patienten unweigerlich entleert wird, um eine Harnanalyse zu erhalten, doch lassen sich solche Regeln vielleicht ändern.

Urodynamische Diagnose

Die urodynamische Untersuchung ist dann indiziert, wenn die Anamnese zwar auf eine Streßinkontinenz hindeutet, klinisch sich dieser Befund jedoch nicht objektivieren läßt. Hierzu muß festgestellt werden, daß die Diagnose einer genuinen Streßinkontinenz nur dann gesichert ist, wenn die urodynamische Untersuchung einen unfreiwilligen Harnabgang demonstriert, der auf einem positiven Druckgradienten zwischen intravesikalem Druck und maximalem Urethradruck beruht, und eine gleichzeitige Detrusoraktivität ausgeschlossen werden kann. Zum Verständnis der Streßinkontinenz muß deshalb eine Inkompetenz beider Verschlußmechanismen, des Blasenhalses und des distalen urethralen Sphinkters, gefordert werden. Geeignete Untersuchungsmethoden müssen in der Lage sein, die Funktion beider Sphinkterkomponenten darzustellen. Die Miktionszystourethrographie kann in einigen Fällen ausreichenden Aufschluß geben. Eine genauere Analyse gelingt nur nach Anfertigung eines Urethradruckprofils. Es gibt den aufgewendeten Druck in der gesamten Harnröhre wieder.

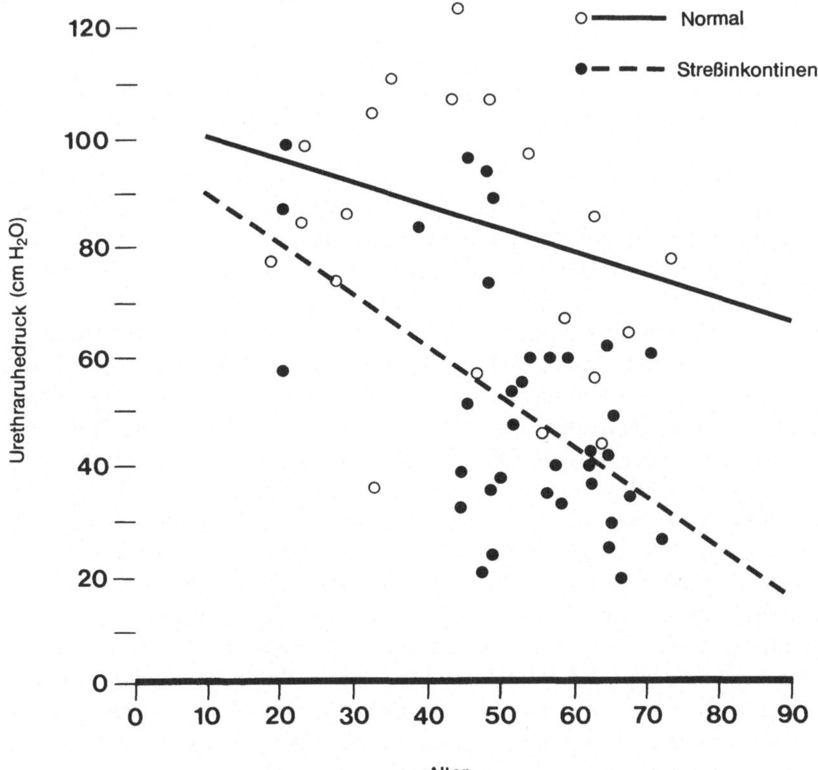

Abb. 5.11 Maximaler Urethraruhedruck als Funktion des Lebensalters bei normalen und streßinkontinenten Patientinnen. Statistische Regressionsgeraden

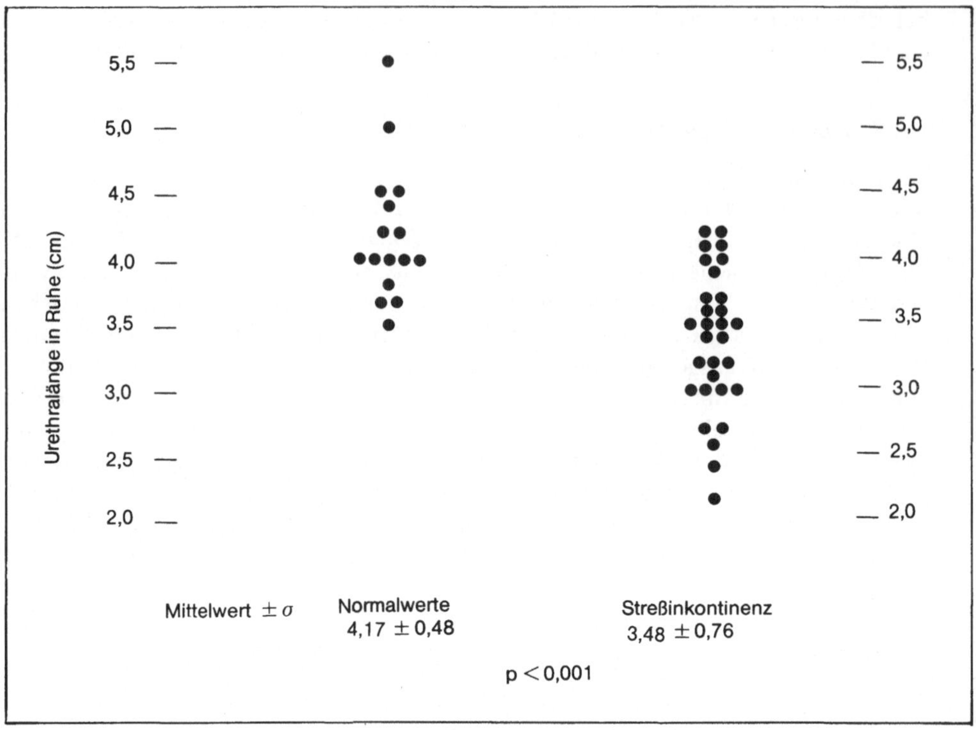

Abb. 5.12 Vergleich der funktionellen Urethralänge bei gesunden und streßinkontinenten Frauen

Die Profilometrie kann unter Ruhebedingungen, bei Willkürkontraktion des Sphinkters und während Änderungen der Körperhaltung durchgeführt werden (s. „Urethradruckprofil", S. 52). Der maximale Urethradruck sinkt mit zunehmendem Alter, wobei bei streßinkontinenten Patientinnen dieser Prozeß verstärkt zutage tritt (Abb. 5.11). Weiterhin zeigt sich bei Streßinkontinenz eine Verkürzung der funktionellen Harnröhrenlänge (Abb. 5.12) und eine Abschwächung der willkürlichen Sphinkterkontraktion. Auf Grund einer breiten Überlappung mit den Normalwerten können diese Daten zur Etablierung einer exakten Diagnose nicht isoliert angesehen werden. Außerdem erlauben sie keine Beurteilung der Blasenhalskompetenz. Benutzt man zur Unterscheidung von Streßinkontinenten und Normalfällen das Produkt aus funktioneller Harnröhrenlänge und maximalem Urethradruck als Index, so kann in 86 % der Fälle die Diagnose richtig gestellt werden, was keine Verbesserung der klinischen Diagnostik bedeutet. Aus diesem Grund wurden Untersuchungsmethoden eingeführt, um die abdominale Drucktransmission auf die Urethra zu beurteilen (s. „Urethrastreßprofil", S. 58). Im Normalfall sollte ein hoher prozentualer Anteil des durch einen Hustenstoß erzeugten Abdominaldruckes von der proximalen Harnröhre bis zum Punkt des maximalen Urethradruckes nachweisbar sein, so daß der urethrale Verschlußdruck während des Hustens nicht vor diesem Punkt negativ wird (Abb. 5.13). Bei der Streßinkontinenz ist diese Druckübertragung, die hilft, die normale Harnröhre unter Streßsituationen verschlossen zu halten, insuffizient. Dadurch wird der Urethraverschlußdruck bei starken Hustenstößen negativ (Abb. 5.14). Dies kann sogar dann eintreten, wenn das Urethra-

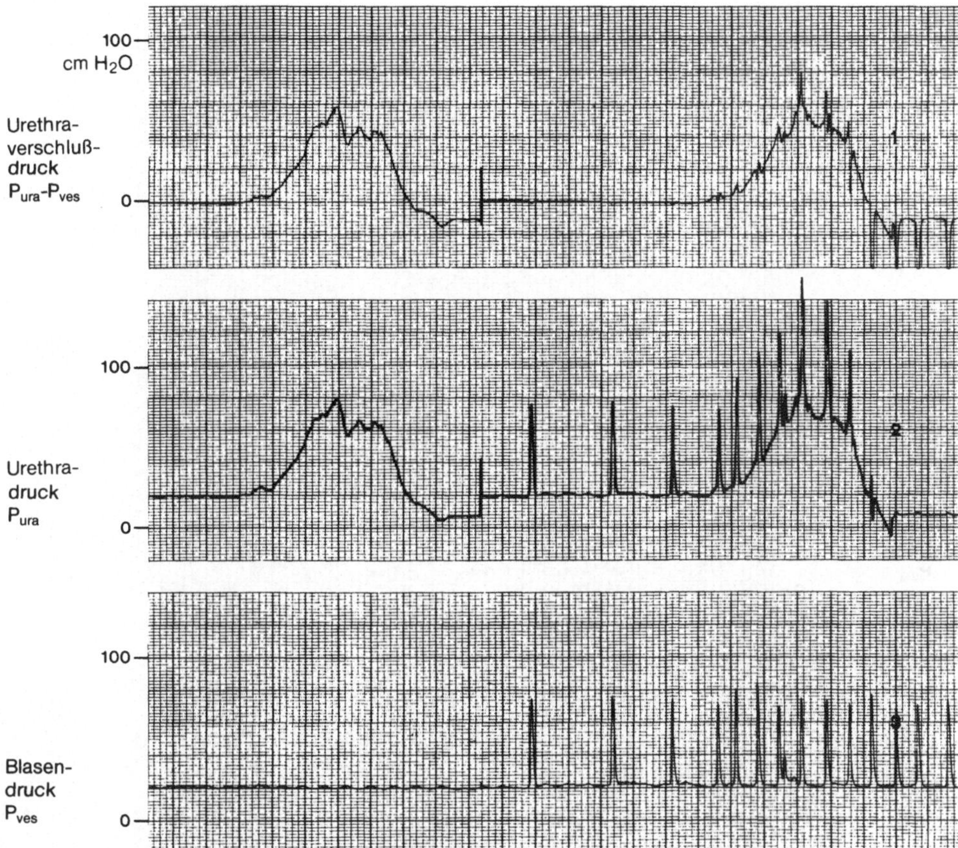

Abb. 5.13 Urethraruheprofil *(links)* und Streßprofil *(rechts)* einer kontinenten Frau. Der Urethraverschlußdruck *(oben)* bleibt bis zum Niveau des maximalen Urethradruckes positiv

ruheprofil ansonsten unauffällig ist (Abb. 5.15). Ein ähnlicherTest der Blasenhalskompetenz wurde 1980 von Sutherst und Brown beschrieben. Es handelt sich dabei um den „Fluid Bridge Test", der auf derTatsache beruht, daß im Falle einer Blasenhalsinsuffizienz Flüssigkeit von der Blase in die Urethra eintritt. Durch diese Flüssigkeitsverbindung werden Blase und Harnröhre zu kommunizierenden Gefäßen, in denen stets ein identischer Druck herrscht. Wenn also der Urethradruck während eines Hustenstoßes gleich hoch wird wie der Blasendruck, so ist dies ein Hinweis für eine Blasenhalsinsuffizienz.

Die Druckmessung im Rahmen dieses Testes ist nur über ein offenes Perfusionssystem möglich (s. „Flüssigkeitsperfusionsprofilometrie, S. 53), wobei allerdings die Infusionspumpe abgestellt sein muß. Der Katheter ist in Abb. 5.16 dargestellt und ein typisches Meßergebnis in Abb. 5.17. Die Zone der urethralen Druckmessung liegt dabei 0,5 cm distal des Blasenhalses, der durch das Urethradruckprofil ermittelt wurde. Bisher ist noch nicht zuverlässig geklärt, ob diese Untersuchungstechnik ausschließlich eine Blasenhalsinsuffizienz anzeigt oder ob ein falsch-positives Resultat dadurch möglich ist, daß die Blasenhalsregion unter Streßbedingungen entlang des fixierten Katheters deszendiert und gar keine Blasenhalsinsuffizienz auftritt.

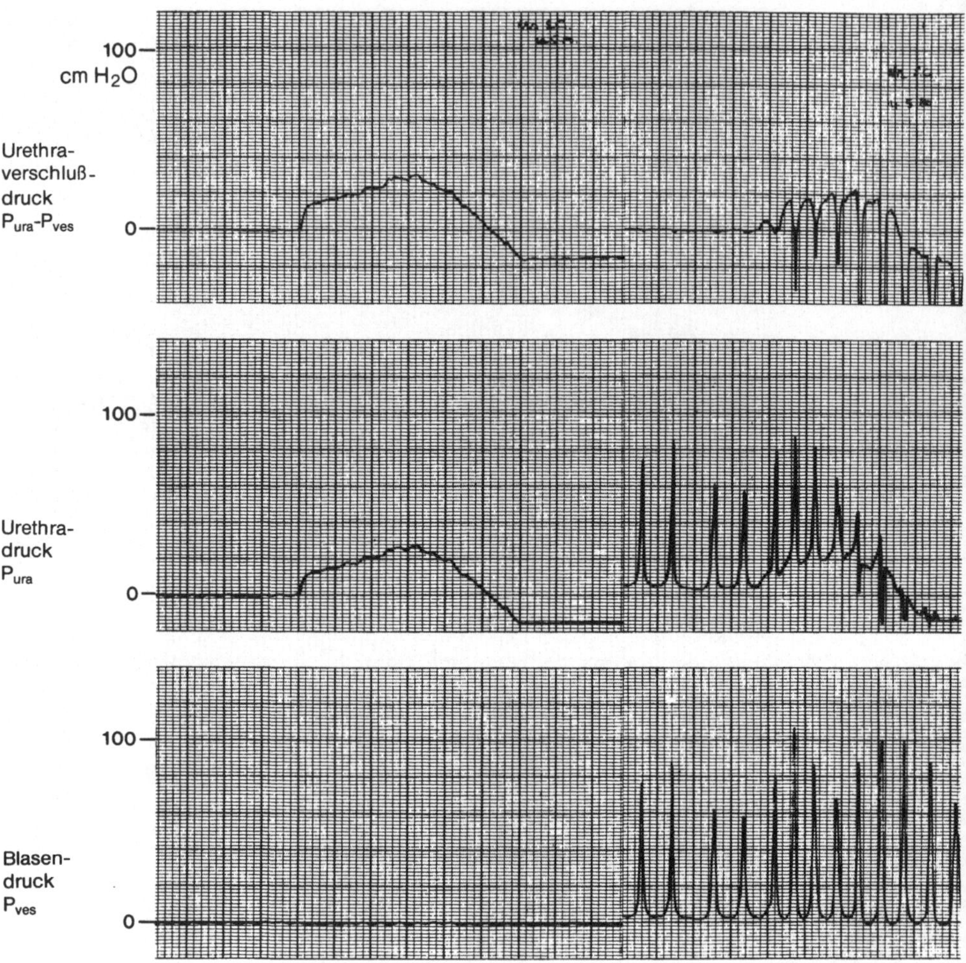

Abb. 5.14 Gleiche Untersuchungssituation wie in Abb. 5.13. bei einer Patientin mit niedrigem Urethraverschlußdruck und schlechter Drucktransmission. Beim Husten wird der Urethraverschlußdruck negativ

Behandlung

Abb. 5.18 zeigt ein Diagramm für das Vorgehen bei Streßinkontinenz. Die Erörterung der chirurgischen Therapie der Streßinkontinenz würde den Rahmen dieses Buches überschreiten. Es sei in diesem Zusammenhang auf die ausführlichen Darstellungen in dem Buch von Stenton und Tanagho (1980) verwiesen. Urodynamische Untersuchungen nach erfolgreichen Streßinkontinenzoperationen zeigen im Urethradruckprofil häufig keinerlei Änderung des Urethraverschlußdruckes oder der funktionellen Urethralänge. Dagegen findet sich im Streßprofil eine Verbesserung der Transmission des Abdominaldruckes auf die Urethra. In diesem Zusammenhang muß auch die konservative Behandlung der Streßinkontinenz erwähnt werden. Eine Methode soll im folgenden detailliert beschrieben werden. Dieses Konzept vereinigt Vorstellungen, die

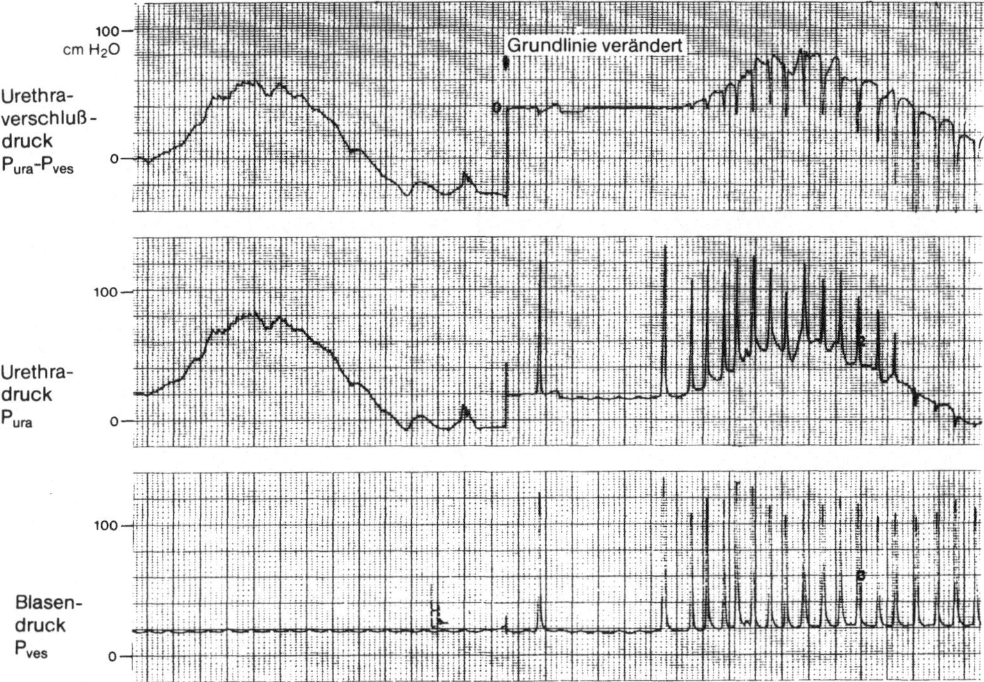

Abb. 5.15 Ein Beispiel einer Patientin mit negativem Urethraverschlußdruck beim Husten trotz eines nahezu normalen Ruheprofils

auf urodynamischen Untersuchungen und Biofeedback-Techniken basieren, die eine breitere Anwendung durchaus rechtfertigen würden.

Der Gebrauch des Perineometers

Kegal publizierte 1948 die Details eines Instrumentes zur Messung der Muskelkraft des Beckenbodens. Er nannte dieses Instrument Perineometer und empfahl die Anwendung bei Frauen aller Altersgruppen mit Streßinkontinenz ohne größere pathologische

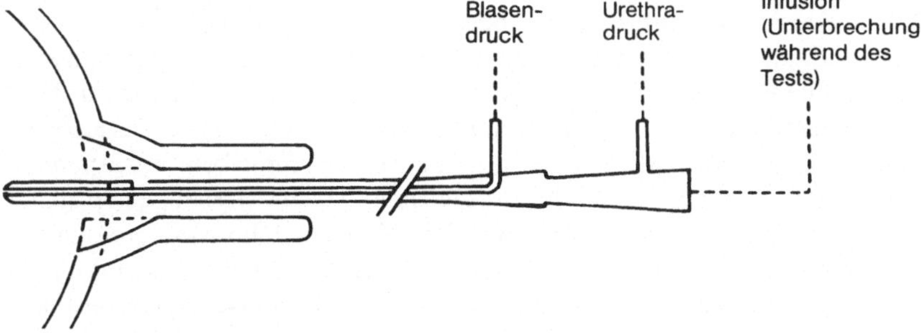

Abb. 5.16 Details des Perfusionskatheters für den „Fluid bridge Test". Öffnet sich beim Husten der Blasenhals, so kommuniziert der Blaseninhalt mit den seitlichen Katheteröffnungen *(durchgezogene Linien)*. (Sutherst und Brown 1980)

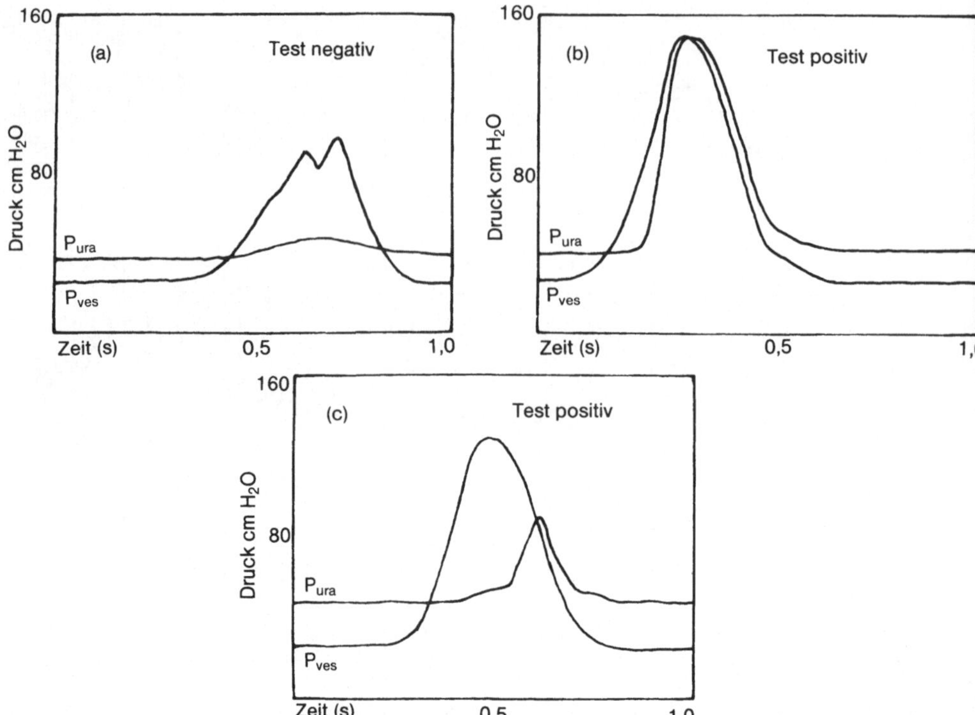

Abb. 5.17 a–c Oszillographische Darstellungen der Druckkurven beim Husten: **a** die proximale Harnröhre bleibt geschlossen, **b** die proximale Harnröhre öffnet sich sofort, **c** die proximale Harnröhre öffnet sich spät im Vergleich zur Druckspitze des Hustenstoßes (Sutherst und Brown 1980)

Veränderungen der topographischen Anatomie. Die Patientin wird nach einer Messung der Ausgangssituation durch einen Physiotherapeuten dahingehend unterwiesen, das Perineometer sowohl zum Muskeltraining als auch zur Messung der Effektivität zu gebrauchen. Einige dieser Instrumente existieren noch. Von Plevnik (1985) wurde eine moderne Variante vorgestellt. Es handelt sich um ein Set mit 9 konischen Gewichten von 20 bis 100 Gramm. 1977 stellte die Abteilung für Medizinische Physik am Bristol General Hospital ein einfaches Instrument her, das sich eng an das Original des Kegal-Perineometers anlehnte. Dieses Instrument bestand aus einem 12 cm langen, hohlen, festen Latexzylinder mit einem Durchmesser von 3 cm, der mit einem Druckmanometer mit einem Maßbereich von 0–25 cm H_20 verbunden war. Dieser Zylinder wurde so tief als möglich in die Scheide eingeführt und anschließend wieder 2 cm herausgezogen. Die Patientin wurde sodann aufgefordert, ihre Beckenbodenmuskeln anzuspannen und der resultierende Druckanstieg wurde aufgezeichnet. Solche Messungen erfolgten dann bei 10 gesunden Patientinnen im Alter zwischen 25 und 60 Jahren mit „normalen" Geburten und ohne Streßinkontinenz (Tabelle 5.13). In einer Untersuchung an 22 Patientinnen mit eindeutiger Streßinkontinenz oder urodynamisch nachweisbarer Sphinkterinsuffizienz wurde das Perineometer zur objektiven Beurteilung eines Behandlungserfolges angewandt. Die Ergebnisse zeigt Tabelle 5.14. Die Behandlung erfolgte durch vaginale Elektrostimulation und aktives Beckenbodentraining nach

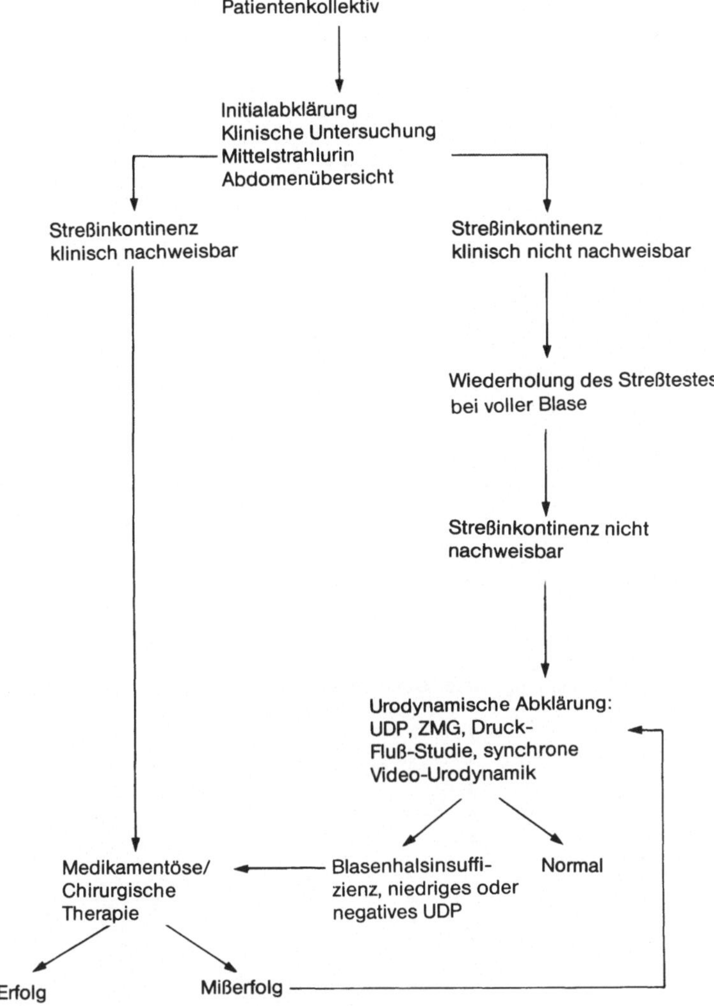

Abb. 5.18 Vorgehen bei weiblicher Streßinkontinenz

Instruktion durch einen versierten Physiotherapeuten. Die Patientinnen nahmen an bis zu 8 (Mittel 4,8) wöchentlichen Sitzungen teil. Die Nachuntersuchung einer größeren Gruppe von 54 Patientinnen, 18 Monate nach Beendigung derTherapie, ergab, daß 13 (24 %) der Patientinnen komplett trocken waren, 30 (56 %) eine mehr als 75 %ige subjektive Besserung der Symptome angaben und 11 Patientinnen keinerlei Besserung der Symptomatik erfahren hatten. Diese subjektiven Ergebnisse konnten durch entsprechende Perineometermessungen bestätigt werden. Vor der Behandlung variierte der intravaginale Druckanstieg von 0–3 cm H_2O (Mittel 1,1 cm H_20). Nach der Behandlung wurde ein Druckanstieg von 1–7 cm H_2O (Mittel 3,5 cm H_2O) erzielt. In dieser Untersuchungsreihe konnte der Nutzen des Perineometers zur objektiven Beurteilung einer Verbesserung der Beckenbodenmuskeln nachgewiesen werden. Derzeit ist eine

Tabelle 5.13. Anstieg des Intravaginaldruckes bei willkürlicher Beckenbodenkontraktion (gesunde Frauen nach normalen Geburten)

Name	Alter	Geburtenzahl	Druckanstieg ($cm\ H_2O$)
B. T.	50	3	5
E. M.	56	2	8
P. L.	30	2	6
S. H.	25	2	7
P. D.	26	2	5
J. B.	40	4	6
J. P.	45	1	3
B. S.	60	3	6
H. D.	42	2	4
J. M.	35	5	5
Mittelwert	40,9 Jahre	2,6	5,5 $cm\ H_2O$

Tabelle 5.14. Effekt der Physiotherapie bei inkontinenten Frauen: Intravaginaler Druckanstieg (cmH_2O) bei willkürlicher Beckenbodenkontraktion

Name	Alter	Druckanstieg vor Behandlung	nach Behandlung
E. C.	59	1	7
M. H.	32	1	4
H. W.	49	0	4
E. B.	38	3	3
M. J.	47	0	4
P. C.	35	0	3
M. B.	61	2	5
D. W.	45	0	2
E. R.	48	0	3
A. B.	52	3	4
A. F.	62	2	3
G. K.	45	0	3
S. C.	45	3	5
B. N.	24	2	4
A. S.	42	1	1
T. B.	32	0	3
F. N.	47	0	2
A. L.	35	1	4
B. C.	52	0.3	
T. A.	26	2	5
L. B.	58	1	4
C. C.	26	0	4
Mittelwerte	43,8 Jahre	1.1 $cm\ H_2O$	3.5 $cm\ H_2O$

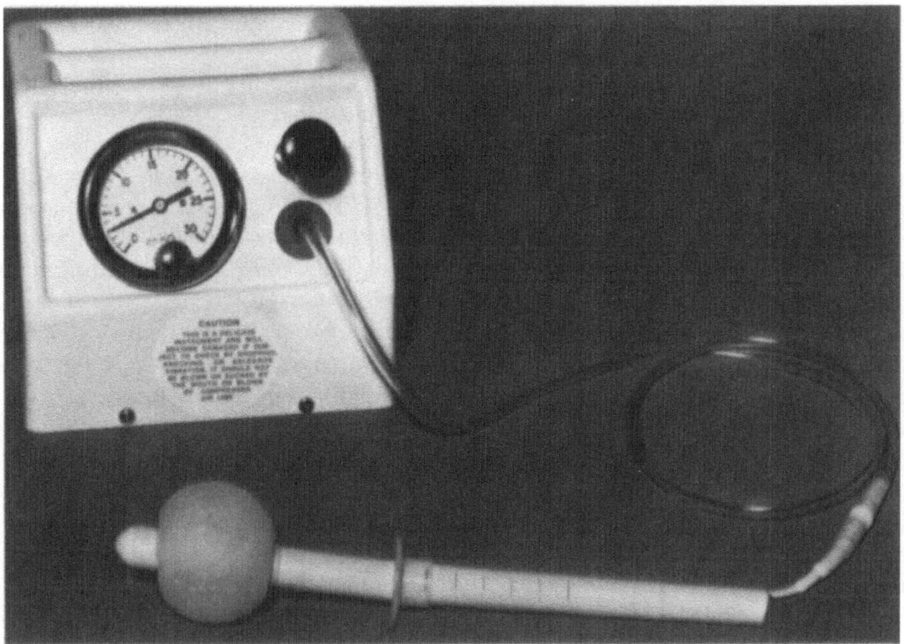

Abb. 5.19 Das Perineometer für Beckenbodentraining und Kontrolle des Behandlungserfolges

neue Modifikation des Gerätes in Entwicklung. Abb. 5.19 zeigt das neue Instrument, wie es bald auf den Markt kommen wird. Ein aufblasbarer Ballon am Vaginalzylinder ermöglicht eine zuverlässige Fixation im Introitus vaginae, wobei die Meßskala vor Beginn der Beckenbodenkontraktion auf 0 kalibriert wird. Dieses Gerät ist nicht nur zur Beurteilung der Ausgangsfunktion der Beckenbodenmuskulatur und deren therapeutischer Beeinflußbarkeit gedacht, sondern auch als Trainingsinstrument. Nach einer Einweisung in die Technik können die Patientinnen das Gerät zu Hause zwischen den einzelnen Klinikbesuchen anwenden. Shepherd et al. publizierten 1984 die klinischen Ergebnisse nach Anwendung dreier unterschiedlicher Prototypen des modifizierten Kegal-Perineometers. Nach unserer Ansicht ist die Wiedererlangung einer effizienten Beckenbodenfunktion essentiell für die Therapie der Streßinkontinenz auf dem Boden einer primären Sphinkterschwäche ohne große Veränderungen der topographischen Anatomie. Das Gerät kann ebenso zur Prophylaxe einer solchen Situation, beispielsweise nach Entbindungen, angewandt werden. Auch wenn nur einem kleinen Anteil von Patientinnen damit eine Operation erspart werden könnte, so wäre der therapeutische Versuch damit dennoch gerechtfertigt. Die Indikationen zur Anwendung des Perineometers sind:

1. Gering- oder mäßiggradige Streßinkontinenz,
2. keine groben Veränderungen der topographischen Anatomie (Prolaps),
3. niedriger maximaler Urethraruhedruck,
4. Unfähigkeit zur Beckenbodenkontraktion und
5. Unfähigkeit zur Unterbrechung des Harnstrahles bei der Miktion.

Miktionsprobleme

Blasenentleerungsprobleme können Folge einer Detrusorhypokontraktilität oder einer subvesikalen Obstruktion sein. In einer Serie mit 2124 Frauen hatten 8,1 % einen hypokontraktilen Detrusor. Im Gegensatz zu Männern mit Miktionsbeschwerden waren nur 3,7 % der weiblichen Patienten urodynamisch obstruiert. Die Detrusorhypokontraktilität kann durch Medikamente, wie z. B. trizyklische Antidepressiva, oder durch eine periphere Neuropathie bei Diabetes mellitus sowie spinale Erkrankungen z.B. eine lumbale Spondylose verursacht werden. Eine Detrusorhypokontraktilität kann des weiteren Folge gynäkologischer Operationen im kleinen Becken sein. Shephard (1979) analysierte die Auswirkungen chirurgischer Eingriffe an der Gebärmutter auf die Funktion des unteren Harntraktes. Der erste Eindruck war, daß Patientinnen nach abdominaler Hysterektomie häufiger Pollakisurie und Harndrangsymptome aufwiesen, als Patientinnen mit vaginaler Hysterektomie. Prospektive urodynamische Untersuchungen zeigten allerdings keine vermehrte Inzidenz einer Detrusorhyperaktivität nach abdominaler Hysterektomie. Patientinnen mit vaginaler Hysterektomie hatten eine signifikante Reduktion der maximalen Harnflußrate, einen erniedrigten Miktionsdruck, eine vergrößerte Blasenkapazität und erhöhte Restharnmengen. Drei von 15 Patientinnen entwickelten Restharnmengen über 250 ml. Demnach werden durch eine vaginale Hysterektomie häufiger Detrusorhypokontraktilität und Miktionsprobleme verursacht als durch eine abdominale Hysterektomie. Allerdings lassen sich bei den meisten Frauen mit Detrusorhypokontraktilität keine eindeutigen Ursachen eruieren. Die infravesikale Obstruktion kann eine ganze Reihe von Ursachen haben. Mechanische Obstruktionen können in Form von Urethrastrikturen neu auftreten, am häufigsten am Meatus externus. Eine Blasenhalsobstruktion ist eher selten und falls diese endoskopisch vermutet wird, so ist sie eher auf eine muskuläre Detrusorhypertrophie als auf eine echte Obstruktion zurückzuführen. Eine Obstruktion kann desweiteren durch eine Urethraverziehung verursacht sein, wie z. B. bei einer ausgeprägten Zystozele, die zu einer Abknickung der Urethra führen kann. Mechanische Obstruktionen können iatrogen nach Radiotherapie oder Operationen im kleinen Bekken verursacht sein. Ein häufiger Grund für postoperative subvesikale Obstruktionen ist die chirurgische Überkorrektur einer Streßinkontinenz. Wiederholte Harnröhrendilatationen können durch Fibrosierung und Vernarbung zur mechanischen Obstruktion führen. Abflußbehinderungen treten auch ohne echte mechanische Komponente auf. Solche funktionellen Obstruktionen sind bei Patientinnen mit psychogenen Miktionsstörungen nachweisbar. Emotionale Faktoren, wie Angst und Überbesorgnis können eine Inhibition der normalen Harnröhrenrelaxation während der Miktion bewirken.

Symptomatische Diagnose

Die Symptomatik der Miktionsstörungen der Frau ist ähnlich der des Mannes. Startverzögerung, schwacher und unterbrochener Harnstrahl, assistierende Bauchpresse und Restharngefühl sind die Regel. Seltener findet sich eine akute oder chronische Retention. Die Ursache des akuten Harnverhalts der Frau ist häufig schwer definierbar. Einige Autoren (Doran und Roberts 1975) sehen psychologische Faktoren als ursächlich an. Allerdings muß in jedem Fall eine neurologische Grunderkrankung oder eine chronische Obstipation ausgeschlossen werden. Zahlreiche Frauen klagen zeitweise über eine Miktionsstartverzögerung. Nur 7 % aller Frauen mit diesem Symptom haben eine echte Obstruktion. Frauen mit einer Obstruktion haben in 33 % der Fälle in der Anamnese einen akuten Harnverhalt (10 % spontan, 8 % nach Entbindung und 15 % postoperativ). 40 % der Frauen mit Miktionsstörungen haben eine Anamnese mit gynäkologischen Voroperationen. In zahlreichen Fällen finden sich rezidivierende Harnwegsinfekte. Es gibt keinerlei klinische Anhaltspunkte, die eine Untersuchung zwischen Detrusorhypokontraktilität und subvesikaler Obstruktion erlauben würden. In unserer Untersuchungsreihe konnte die Diagnose der Obstruktion bei Frauen nur in 17 % der Fälle korrekt gestellt werden.

Urodynamische Diagnose

Die Harnflußrate allein erlaubt keinesfalls eine Unterscheidung zwischen subvesikaler Obstruktion und Detrusorhypokontraktilität; für die Differenzierung ist eine Druck-Fluß-Studie erforderlich. Wenn eine Frau bei bestehendem Harnverhalt untersucht wird, deckt die urodynamische Untersuchung in der Regel außer einer fehlenden willkürlichen Detrusorkontraktion wenig Pathologisches auf. Die Untersuchung des Beckenboden-EMG kann Aufschluß darüber geben, ob das Fehlen einer Sphinkterrelaxation Ursache für die Detrusorhemmung ist. Eine solche Situation kann auch ohne neurologische Grunderkrankung auftreten. Bei Patientinnen mit psychogenen Miktionsstörungen konnte eine Spastizität des äußeren Harnröhrensphinkters und der Beckenbodenmuskulatur nachgewiesen werden. Bei einer Detrusorhypokontraktilität ist die Unterscheidung zwischen neurogenen und myogenen Ursachen von Bedeutung (s. „Ursachen der Detrusorhypokontraktilität", S. 180).

Behandlung

Die Behandlung dieser Patienten ist zumeist empirisch, wie in dem Diagramm (Abb. 5.20) dargestellt. Eine Uroflowmetrie sollte schon deshalb durchgeführt werden, um ein diesbezügliches Problem zu verifizieren. Weitere Schritte sind die Urethrozystoskopie und die Harnröhrendilatation. Die Indikation zur kompletten urodynamischen Abklärung stellt sich nach einem Mißerfolg der Harnröhrendilatation. Die Ergebnisse dieser Untersuchung haben in vielen Fällen wenig Einfluß auf die praktische Behandlung der Patientinnen. Die medikamentöse Therapie mit Betanechol zur Detrusorstimulation oder Phenoxybenzamin zur Urethrarelaxation ist meist wenig erfolgreich. Über bessere Resultate wurde nach Anwendung von Diazepan berichtet, 2–6 mg/Tag (Kaplan et al. 1980) oder bis zu 10 mg intravenös (Krane und Siroky, 1979). Der intermittierende Selbstkatheterismus ist für einige dieser Patientinnen die Therapie der Wahl. Unter diesen Umständen beenden die Patientinnen ihre sich zu eigen gemachte strikt passive Rolle in Hinblick auf ihre Erkrankung, was von großem Vorteil ist. Die Miktionsstörung tritt gewöhnlich als akutes Problem auf, ohne in eine chronische Phase einzumünden. Wird die Patientin im Selbstkatheterismus unterrichtet, so kann die akute Phase leicht auf diese Art überwunden werden. Bei einigen Patientinnen wurden transurethrale Blasenhalsresektionen durchgeführt. Es besteht die Gefahr einer hochgradigen Inkontinenz. Aus diesem Grund sind wir gegenüber der transurethralen Blasenhalsresektion eher zurückhaltend eingestellt.

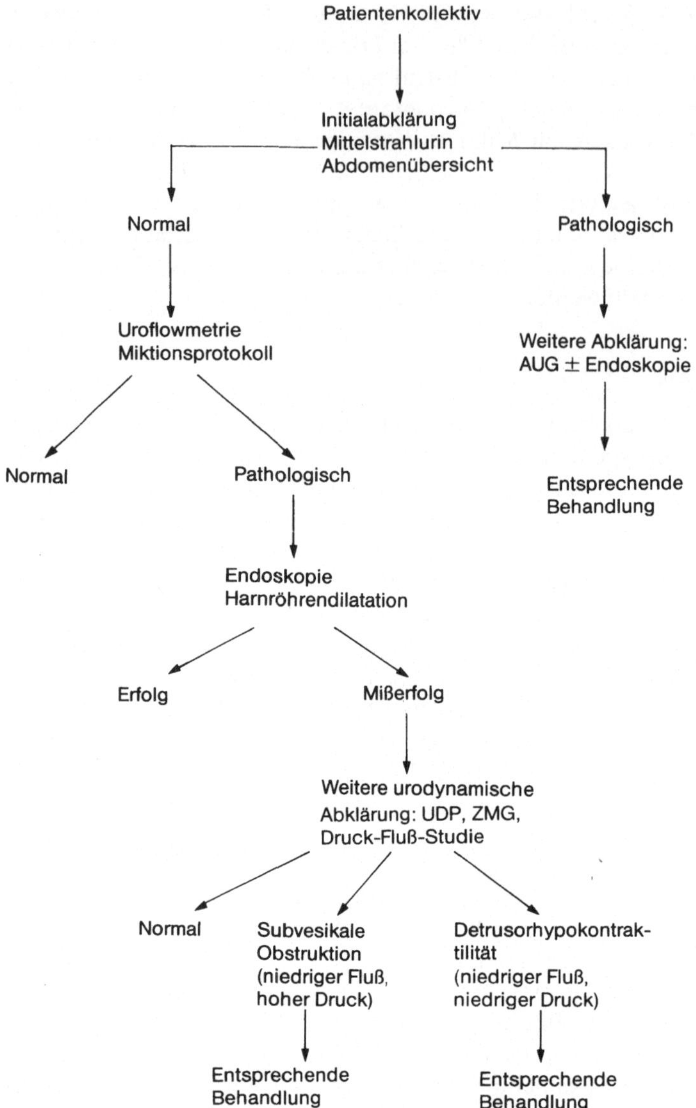

Abb. 5.20 Vorgehen bei weiblichen Patienten mit Miktionsstörungen

Wenn auch die chronische Retention der Frau selten ist, so bietet sie doch zumeist erhebliche Behandlungsprobleme. Eine Blase mit großer Kapazität und fehlender Willkürkontraktion des Detrusors kann ebenso effektiv durch intermittierenden Selbstkatheterismus behandelt werden. Da die Kontinenz der Frau hauptsächlich von einem intakten Blasenhalsmechanismus abhängt, sollte die operative Therapie für solche Patientinnen reserviert bleiben, bei denen eine Blasenhalsobstruktion urodynamisch bewiesen ist. In jedem Fall ist die Blasenhalsinzision der transurethralen Blasenhalsresektion vorzuziehen. Patientinnen, die uns mit einer iatrogenen Harninkontinenz nach empirisch durchgeführter transurethraler Blasenhalsresektion zugewiesen wurden, bieten zumeist besondere Behandlungsprobleme.

Geriatrische Probleme

Eine Veränderung des Miktionsmusters ist bei Patienten über 65 Jahren so geläufig, daß einige von ihnen eine milde Symptomatik von seiten des unteren Harntraktes als natürliche Konsequenz des Alterns betrachten. Dabei wird eine Steigerung der Miktionsfrequenz tagsüber gewöhnlich gut toleriert, während die wiederholte Störung des Nachtschlafes als irritierend empfunden wird. Ein imperativer Harndrang beeinträchtigt eine Vielzahl normaler sozialer Aktivitäten und wirkt sich bei einigen Patienten derart störend aus, daß dadurch schwere Einschränkungen des persönlichen Lebensstils bedingt werden. Das Auftreten einer Harninkontinenz kann bei Patienten in normaler mentaler Verfassung schwere und teils nicht wieder gut zu machende psychische Störungen hervorrufen. Sowohl ältere Männer als auch Frauen leiden oft unter den Symptomen Pollakisurie, imperativer Harndrang und Dranginkontinenz. Urodynamische Abklärungsprogramme haben die physiologischen Veränderungen darstellen können, die gewöhnlich mit steigendem Alter auftreten. Darüberhinaus hat die Urodynamik die rationale präoperative Selektion älterer Patienten vor Durchführung eines Eingriffes am unteren Harntrakt sowie eine objektive Beurteilung der Operationsergebnisse ermöglicht. Alle die Kliniker, die sich mit der Behandlung älterer Patienten beschäftigen, kennen das Problem der Harninkontinenz, und doch ist die Beurteilung dieser Kondition häufig recht unterschiedlich. Die Einrichtung urodynamischer Zentren hat dazu geführt, daß Patienten aus den unterschiedlichsten Kollektiven zur urodynamischen Abklärung zugewiesen wurden, woraus sich dann die Logistik eines spezialisierten Inkontinenzprogrammes ableiten ließ. Isaacs (1979) publizierte Resultate einer Befragung von 105 Abteilungen für Geriatrische Medizin in England, die darauf abzielte, den Beitrag verschiedenster Spezialdisziplinen, wie Urologie, Gynäkologie, Physiotherapie und Urodynamik zur Bewältigung der Harninkontinenzproblematik abzuschätzen. Danach war die Behandlung durch Urologen und Gynäkologen für die Patienten nur dann von Vorteil, wenn eine klar definierte pathologisch-anatomische Störung vorlag, was allerdings nur in der Minderzahl der Patienten der Fall war. Im Rahmen dieser Untersuchung wurden die weitaus besten Ergebnisse von Kliniken mit eigenem urodynamischen Meßplatz mitgeteilt. Isaacs schloß daraus, daß in der Behandlung von inkontinenten alten Menschen noch ein breiter Raum für die Entfaltung urologischer und urodynamischer Aktivitäten liege. Die hohe Inzidenz einer Harninkontinenz bei den uns zugewiesenen Patienten führte schon beim Aufbau unseres urodynamischen Zentrums dazu, der Abklärung und Behandlung der Harninkontinenz einen besonderen Stellenwert einzuräumen. Zur exakten Planung eines solchen Spezialservices waren Kenntnisse über die Inzidenz der Harninkontinenz unabdingbar. So beteiligte sich unser Zentrum an einer epidemiologischen Untersuchung des Northwick Park Hospital unter Leitung von T.W. Meade.

Inzidenz der Harninkontinenz

In der Altersgruppe über 65 Jahre ist die Inzidenz einer Harninkontinenz deutlich höher als in den übrigen Altersgruppen. Es scheuen sich allerdings zahlreiche Patienten davor, über dieses Problem mit ihrem Arzt zu sprechen. Thomas et al. (1980) untersuchten in ihrer Studie über die Verbreitung der Harninkontinenz hauptsächlich zwei Kollektive. Das erste Kollektiv umfaßte solche Patienten, deren Harninkontinenz bei den Trägern der staatlichen Gesundheitsorganisationen dokumentiert war, und das zweite Kollektiv umfaßte solche Patienten, deren Erkrankung bisher noch nicht erfaßt worden war, sondern erst durch die schriftliche Befragung entdeckt wurde. Die angewandte Definition beschrieb eine Harninkontinenz als unwillkürliche Miktion oder unwillkürlichen Harnverlust am ungeeigneten Ort oder zur ungeeigneten Zeit, und was ungeachtet der Gründe des Harnabganges zweimal pro Monat oder häufiger aufgetreten sein mußte. Die Ergebnisse sind in Tabelle 5.3 dargestellt, wobei die Verbreitung einer Inkontinenz bei Männern und Frauen von 15 bis 64 Jahren und darüber ersichtlich wird. Die Fallstudie deckte zusätzlich eine beträchtliche Anzahl von Patienten mit Harninkontinenz auf, die noch um keine medizinische Abklärung oder Therapie nachgesucht hatten. 20398 erwachsene Patienten aus den Karteien von 12 Allgemeinmedizinern erhielten einen Fragebogen und 18084 (89 %) sandten den Fragebogen ausgefüllt zurück. Bei der späteren Untersuchung der 170 Patienten, bei denen auf Grund der Fragebogenaktion eine Harninkontinenz vermutet wurde, konnte diese Diagnose bei 20 Patienten (11 %) nicht bestätigt werden. Von den verbleibenden 158 Patienten mit Harninkontinenz hatten 34 eine mittel- oder hochgradige Inkontinenz. Nach der Definition dieser Formen waren Extrawäsche, Windeln oder Urinale u. ä. erforderlich. In einigen Fällen waren Einschränkung der Aktivität und in schweren Fällen sogar Pflegebedürftigkeit zu beobachten. Die Mehrzahl dieser Patienten hatte bisher keine Unterstützung durch die öffentlichen Gesundheits- und Sozialeinrichtungen erfahren.

Symptomatische Klassifikation

Zwischen 1975 und 1980 wurden 3276 Patienten am Urodynamischen Zentrum Bristol untersucht. Davon waren 814 (25 %) älter als 65 Jahre, 414 Männer und 400 Frauen. 74 % der Männer und 67 % der Frauen waren zwischen 65 und 75 Jahre alt. 62 % der Männer und 80% der Frauen hatten unterschiedliche Grade der Harninkontinenz. Die urodynamischen Untersuchungen wurden hauptsächlich bei ambulanten Patienten zur präoperativen Abklärung durchgeführt. Die Resultate spiegeln diese besondere Auswahl in der vorgestellten Patientengruppen wieder. Aus diesem Grund sollte jeder Vergleich mit anderen Serien älterer Patienten mit Vorsicht interpretiert werden. Die symptomatische Inkontinenzklassifikation ist in Tabelle 5.15 dargestellt. Es fand sich in der Altersgruppe über 65 Jahren ein deutlicher Anstieg der Inzidenz einer Dranginkontinenz, unter der 52 % der Männer und 54 % der Frauen litten. Die kombinierte Streß- und Urgeinkontinenz der Frau war mit 33 % ebenfalls recht häufig, allerdings bestand hier kein Unterschied zur Häufigkeit in der Altersgruppe zwischen 45 und 55 Jahren, in der diese Diagnose 36 % der Zuweisungen ausmachte. Die Mehrzahl der Patienten hatte eine intermittierende Inkontinenz wechselnden Grades, nur 10 % der Männer und 14% der Frauen hatten eine dauernde Inkontinenz. Die Mehrzahl der Männer

Tabelle 5.15. Symptomatische Klassifikation der Inkontinenz von Patienten, die zur urodynamischen Abklärung zugewiesen wurden

Inkontinenzform	Männer % unter 65 J.	% über 65 J.	Frauen % unter 65 J.	% über 65 J.
Streßinkontinenz	1	3	26	11
Streß-, Urgeinkontinenz	1	3	35	33
Urgeinkontinenz	34	52	20	41
Enuresis	26	6	10	1
Postmiktionsträufeln	29	26	1	0
Totale Inkontinenz	9	10	8	14

hatte nur eine geringgradige Inkontinenz ohne die Folgen einer sozialen Restriktion. Frauen mußten wesentlich häufiger Maßnahmen zum Schutz der Kleidung vor Harnverlust ergreifen und litten stärker unter Restriktionen ihrer sozialen und physischen Aktivitäten (Tabelle 5.16).

Urodynamische Abklärung

Die urodynamische Routineabklärung an unserem Zentrum ist in den vorangegangenen Kapiteln im Detail dargestellt worden. Dieses Abklärungsprogramm besteht aus einer initialen Uroflowmetrie, einer Urethradruckprofilometrie und anschließenden Druck-Fluß-Studien in der Füllungs- und Entleerungsphase der Blase.

Uroflowmetrie

Bei der Erstuntersuchung an unserem Zentrum konnten 14 % aller Männer und 20 % der Frauen unter Untersuchungsbedingungen kein Wasser lassen, so daß bei ihnen die initiale Bestimmung der Harnflußrate nicht möglich war. 70 % der Männer und 30 % der Frauen, bei denen die initiale Harnflussmessung erfolgreich durchgeführt werden konnte, hatten eine maximale Harnflußrate von weniger als 10 ml/s. Allerdings lag bei der Mehrzahl der Messungen das Miktionsvolumen unter 150 ml. Da ältere Patienten vor einem Krankenhausbesuch häufig ängstlich und besorgt sind, sollte bei Männern mit Verdacht auf eine subvesikale Obstruktion die Harnflußrate an dem Tag, an dem sie im Krankenhaus verweilen, mehrfach bestimmt werden. P.H. Powell und A. Ball (per-

Tabelle 5.16. Ausmaß der sozialen Restriktion inkontinenter Patienten

Soziale Restriktion	Männer %	Frauen %
Keine	82	9
Minimal	7	32
Deutlich	11	72

sönliche Mitteilung) untersuchten 27 Männer mit der Verdachtsdiagnose einer subvesikalen Obstruktion. Druck-Fluß-Studien bestätigten die Verdachtsdiagnose bei 20 von 27 Patienten. Die einmalige Aufzeichnung der maximalen Harnflußrate konnte die Ergebnisse der Druck-Fluß-Studie nur in 8 Fällen (30 %) korrekt vorhersagen, wohingegen wiederholte Harnflußstudien in der Lage waren, die Diagnose in 25 Fällen (93 %) korrekt zu prognostizieren. Dabei bestand eine große Variation der maximalen Harnflußrate beim gleichen Patienten. Bei einer Harnflußrate von mehr als 12 ml/s bestand keine signifikante subvesikale Obstruktion.

Urethradruckprofil

Das statische Urethradruckprofil im Liegen hat nur eingeschränkte Bedeutung für die Abklärung der Harninkontinenz. Es kann ein normaler, schwacher oder hyperaktiver distaler Harnröhrensphinkter gefunden werden. Unsere Untersuchungen haben ergeben, daß bei Frauen mit steigendem Alter, besonders in der Altersgruppe über 50 Jahren, ein Anstieg der Sphinkterinsuffizienz zu verzeichnen ist (Abb. 5.11). Von 387 untersuchten Frauen waren 313 inkontinent. Nach dem Urethradruckprofil hatten davon 77 % eine Sphinkterinsuffizienz. Allerdings hatten auch von den 74 kontinenten Frauen nach dem Urethradruckprofil 60 % eine Sphinkterschwäche.

Zystometrie

In der Füllphase der Zystometrie wurde der Detrusor als normal, hypokontraktil, hypersensibel oder hyperaktiv klassifiziert. Die Ergebnisse sind in Tabelle 5.17 dargestellt, in der kontinente und inkontinente Männer und Frauen über 65 Jahren unterschieden werden. Bei beiden Geschlechtern steigt die Inzidenz einer Detrusorhyperaktivität mit zunehmendem Alter an, wobei dies bei den Männern stärker als bei Frauen in Erscheinung tritt. Tabelle 5.18 zeigt zum Vergleich die Ergebnisse der Zystometrie bei kontinenten und inkontinenten Männern und Frauen unter 65 Jahren. Auch hier findet sich bei den Männern eine größere Häufigkeit der Detrusorinstabilität. Die Streßinkontinenz erreichte in unserer Serie die höchste Inzidenz in der Altersgruppe zwischen 45 und 55 Jahren, wobei die Detrusorantwort in der Auffüllzystometrie normal war. Die Druck-Fluß-Studien ermöglichten einen objektiven Nachweis einer subvesikalen Obstruktion. Infravesikale Abflußbehinderungen sind bei Frauen selten. In

Tabelle 5.17. Zystometrische Diagnose von 810 Patienten über 65 Jahren

	Männer (410)		Frauen (400)	
Detrusorfunktion	inkontinent	kontinent	inkontinent	kontinent
Total	260	150	323	77
Auswertbares Zystometrogramm	240	138	231	50
Normal %	9	10	36	40
Erhöhte Compliance %	23	14	4	5
Hypersensibel %	5	9	12	20
Hyperaktiv %	53	53	41	27

Tabelle 5.18. Zystometrische Diagnose von 1527 Patienten unter 65 Jahren

Detrusorfunktion	Männer (393)	Frauen (1134)
Normal %	24	45
Erhöhte Compliance %	3	2
Hypersensibel %	17	18
Hyperaktiv %	40	27

unserer Serie hatten nur 17 von 400 Frauen (4 %) über 65 Jahren eine subvesikale Obstruktion. Die Unterscheidung zwischen Detrusorhyperaktivität und subvesikaler Obstruktion ist besonders bei den Männern bedeutsam. Die klinische Routineabklärung mit Messung der maximalen Harnflußrate kann den Großteil obstruierter Patienten suffizient selektionieren. Es verbleibt jedoch gewöhnlich eine Gruppe von Patienten mit unklaren Befunden. Patienten, die bei der Uroflowmetrie wiederholt Miktionsvolumina von weniger als 200 ml haben, sollten urodynamisch abgeklärt werden, da unter diesen Bedingungen die alleinige Uroflowmetrie keine zuverlässigen Ergebnisse bringt.

Urodynamische Untersuchungen sollten auch bei solchen Patienten durchgeführt werden, bei denen eine operative Intervention fehlgeschlagen ist. In solchen Fällen ist eine detaillierte Abklärung mit der synchronen Video-Urodynamik von besonderem Wert, da hierdurch das wiederholte Abspielen bedeutsamer Phasen der Untersuchung, wie z. B. der Miktion oder der Streßbedingungen Husten oder Pressen ermöglicht wird. Allerdings erfordert die Zystometrie Kooperation von seiten des Patienten. In unserer Serie waren die Untersuchungen von 8 % der Männer und 30 % der Frauen nicht auswertbar, hauptsächlich auf Grund praktischer Schwierigkeiten in dieser Altersgruppe. Bei den Frauen war der Verlust des Meßkatheters das häufigste Problem.

Behandlung

In der Geriatrie sollten sich ganz allgemein die Indikationen zu unterschiedlichen Behandlungsstrategien am biologischen Alter und nicht am tatsächlichen Lebensalter orientieren. Eine 80jährige Frau, die täglich noch 8 km Fahrrad fährt, wird sicherlich beleidigt sein, würde man sie in gleicher Weise behandeln wie eine 70jährige geistesschwache Alte. Die Behandlung älterer Patienten mit Harninkontinenz stellt ein wesentlich größeres Problem dar als die Diagnose. Nach unserer Erfahrung haben urodynamische Untersuchungen eine sehr eingeschränkte Bedeutung für die klinisch geriatrische Praxis. Sie können allerdings für die präoperative Abklärung in Grenzfällen sehr entscheidend sein. Wenn auch die Urodynamik für den individuellen Fall im Verhältnis zu dem betriebenen Aufwand nur einen geringen Effekt zeigt, so haben doch diese Untersuchungen das Verständnis und das Interesse für die Pathophysiologie des unteren Harntraktes dieser Altersgruppe gefördert. In Abb. 5.21 wird das klinische Vorgehen im Diagramm dargestellt. Die Grundidee ist, die systematische Abklärung jedes Patienten daran zu orientieren, was der Patient einerseits an praktischer Hilfe und medizinischer Behandlung erwartet und was andererseits die Diagnostik dazu bei-

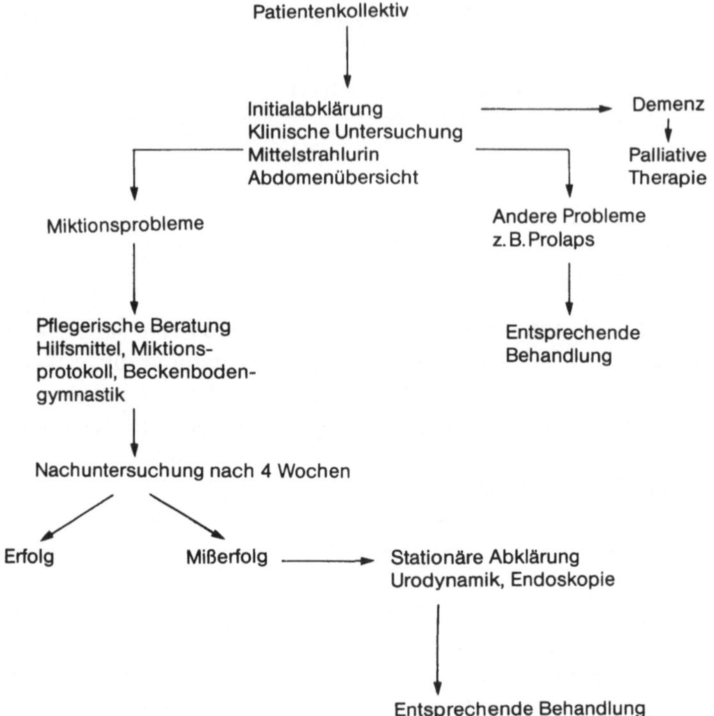

Abb. 5.21 Vorgehen bei Miktionsproblemen in der Geriatrie

tragen könnte. Ausgangsbasis dafür ist die sorgfältig erhobene Anamnese, die körperliche Untersuchung und die grundlegenden Laboruntersuchungen. Anhand der dabei erhobenen Befunde kann der Kliniker gewöhnlich schon zwischen ausweglosen Situationen und Inkontinenzformen, die einer Behandlung zugänglich erscheinen, unterscheiden. Ausgeprägte intellektuelle oder neurologische Defekte oder schwere körperliche Behinderungen können jede Aussicht auf Wiedererlangung der Kontinenz hoffnungslos erscheinen lassen. Unter diesen Umständen ist eine Langzeitbehandlung mit einer Inkontinenzhilfe (Urinal, Vorlage u. a.) oder einem Katheter indiziert. Das Ausmaß der Probleme, die einer Therapie zugänglich sind, variiert gewöhnlich beträchtlich hinsichtlich des Musters und Grades der Harninkontinenz. Die Urgeinkontinenz ist die häufigste Form in dieser Altersgruppe. Frewen (1970) wies darauf hin, daß die Anamnese dieser Patienten häufig inkonsistente Symptome und prädisponierende Elemente für Episoden von Inkontinenz offenlegten. So sind z. B. bei älteren Patienten lange Perioden, in denen sie komplett trocken sind, nicht ungewöhnlich, um dann wieder von Perioden mit imperativen Harndrang und Dranginkontinenz abgelöst zu werden. Die Verbindung zwischen dem Geräusch fließenden Wassers und der Urgeinkontinenz ist wohl bekannt und es existieren zahlreiche verwandte Beispiele. Eine Anamnese mit unlängst aufgetretenem nächtlichen Einnässen, läßt eine chronische Harnretention mit Überlaufinkontinenz vermuten. Medikamente, wie Diuretika, Sympathikomimetika oder Sedativa sind bei älteren Patienten häufig die Ursache für eine iatrogen ausgelöste Symptomatik von seiten des unteren Harntraktes. Die Anamnese solcher Patienten ist zeitaufwendig und kann in einer geschäftigen Ambulanz kaum sorgfältig genug erhoben werden. Die körperliche Untersuchung wird zum Ausschluß offensichtlicher pathologisch-anatomischer Veränderungen durchgeführt. Befunde wie Adipositas, chronische Bronchitis, palpable Blase, Prolaps, atrophische Kolpitis oder pathologische Prostataveränderungen bedürfen einer entsprechenden Therapie. Die Harnanalyse dient dem Ausschluß einer Glukose- oder Proteinurie. Der Mittelstrahlurin wird zur mikroskopischen Untersuchung und zur Harnkultur eingesandt. Da eine Kontamination des Urins bei der Entnahme leicht möglich ist, sollten die Ergebnisse der Laboruntersuchungen mit Vorsicht interpretiert werden. Eine ausgeprägte Phimose des Mannes oder eine Kraurosis vulvae der Frau können Gründe für irreführende Ergebnisse, z. B. einer vorgetäuschten Pyurie oder Infektion sein. In zweifelhaften Fällen sollte eine wiederholte Untersuchung erfolgen. Weitere Routineuntersuchungen schließen ein komplettes Blutbild, eine Kreatininbestimmung und Abdomenübersichtsaufnahme ein. Einige Patienten mit Blasensteinen hatten die Urgeinkontinenz als Leitsymptom. In ihrer Anamnese waren Katheterableitungen oder längere Immobilisationen nach einem Unfall bemerkenswert und suspekt. Bei einer Anamnese mit Hämaturie und Flankenschmerzen ist die Durchführung eines Ausscheidungsurogramms angezeigt. Nach der medizinischen Untersuchung wird der Patient von einem spezialisierten Pfleger (oder einer Schwester) hinsichtlich praktikabler pflegerischer Maßnahmen beraten. Beim Aufbau dieses Zentrums haben sich in der Hinsicht interessante Perspektiven ergeben, daß anfänglich die Absicht darin bestand, den Patienten, wenn sie zur urodynamischen Abklärung kamen, eine Auswahl von Windeln, Höschen und anderen Inkontinenzhilfen vorzuführen. Schon bald aber wurde die therapeutische Bedeutung dieser Einrichtung klar. Die Inkontinenzklinik gab Patienten und ihren Angehörigen die Gelegenheit, ihre Probleme mit einer Schwester oder einem Pfleger im Detail zu diskutieren. Dabei erwähnten die Patienten häufig Gesichtspunkte, die der Arzt übersehen hatte. Dadurch wurden die psychologischen und sozialen Faktoren offenbar, die so häufig mit der Erkrankung vergesellschaftet sind. Die Rolle der spezialisierten Fachkrankenschwester oder des -pflegers ist mittlerweile ein essentieller Bestandteil der klinischen Behandlung dieser Patienten geworden. Die Schwester verhilft dem Patienten zu einer positiven Einstellung zur „Selbsthilfe". Der Patient wird zur Führung eines Miktionsprotokolls angeregt und in der Technik des Beckenbodentrainings mit dem Perineometer unterwiesen. Die Aufzeichnung der Miktionsfrequenz und der Miktionsvolumina ist von großer Bedeutung. Dabei stellt sich häufig heraus, daß die Miktionsfrequenz tatsächlich geringer ist, als der Patient primär vermutet hatte. Die Aufzeichnung der Miktionsvolumina gibt Aufschluß über die durchschnittliche und maximale funktionelle Blasenkapazität und die 24-Stunden-Harnmenge. Einige ältere Patienten scheiden während der Nacht eine größere Harnmenge als am Tag aus; diese Veränderung des 24-Stunden-Rhythmus ist eine häufig übersehene Ursache der Nykturie. Auch die nächtlichen Miktionsvolumina sollten aufgezeichnet werden. Wenn sie niedriger als die maximale funktionelle Blasenkapazität sind, ist die Nykturie eher Folge einer Schlafstörung als einer Blasenfunktionsstörung. Falls das Miktionsprotokoll ergibt, daß die maximale Blasenkapazität unter 200 ml liegt, sollte eine Zystoskopie in Narkose durchgeführt werden, um mögliche Harnblasenprozesse ausschließen zu können. Die urodynamisch geschulte Fachkrankenschwester vereinbart mit dem Patienten einen Konsultationstermin in etwa 4 Wochen. Zu diesem Zeitpunkt führt sie zusammen mit dem Patienten eine Analyse der Miktionsprotokolle durch. Einige Patienten haben das Verständnis für die Reservoirfunktion der Harnblase eingebüßt. Es wird dann versucht, ihnen das Ziel der Therapie klarzumachen, nämlich größere Harnmengen von 300 bis 400 ml zurückzuhalten. Dieses Vorgehen bei der Inkontinenz hat in vielen Fällen dazu geführt, daß die Patienten das Selbstvertrauen und das Selbstbewußtsein zurückerlangt haben. Das Konzept beruht nicht so sehr auf adjunktiven Therapieformen, wie beispielsweise Medikamentengabe, die allerdings wieder jederzeit zusätzlich in das Behandlungsschema integriert werden können, sondern auf pädagogische Maßnahmen. Patienten, deren Inkontinenz ambulant nicht abzuklären ist, werden für 5 Tage stationär aufgenommen. Während der ersten zwei Tage werden medizinische und pflegerische Untersuchungen durchgeführt und die Häufigkeit des Einnässens aufgezeichnet. Hierzu kann die elektronische Windel hilfreich sein (James et al. 1971). Die initiale Beobachtung des Patienten dient der Einschätzung des Schweregrades der Inkontinenz. 15 % der Patienten zeigen im Krankenhaus keinerlei Anhalt einer Harninkontinenz und weitere 25 % sprechen auf einfache Routinemaßnahmen sehr gut an.

Solche Patienten werden darin unterwiesen, ihr Miktionsmuster und das Auftreten von Inkontinenz aufzuzeichnen, und einige erlangen die Kontrolle schon durch so einfache Maßnahmen wie Miktion nach der Uhr zurück. Dabei lassen sich auch die psychosomatischen Aspekte der Harninkontinenz feststellen und die sozialen Probleme näher erörtern. Nach diesem Schema werden auch die Patienten selektioniert, die einer weitergehenden urodynamischen und endoskopischen Abklärung bedürfen. Wenn bei Männern auf Grund wiederholter Harnflußuntersuchungen die Diagnose einer subvesikalen Obstruktion gestellt wurde, wird nach einer Urethrozystoskopie eine Prostatektomie vorgenommen. Wenn die klinische Abklärung zweifelhafte Resultate liefert, wird vor einer Operation eine komplette urodynamische Untersuchung durchgeführt. Bei Frauen mit Streß- und Urgeinkontinenz ist die komplette urodynamische Abklärung nur dann indiziert, wenn zwischen normaler Blasenfunktion bei Sphinkterinsuffizienz und Detrusorinstabilität mit kompetentem Sphinkter unterschieden werden muß. Patientinnen mit Detrusorhyperaktivität werden einem Blasentraining zugeführt (Frewen 1980). Bei Patientinnen mit Sphinkterinsuffizienz kann eine der üblichen Inkontinenzoperationen erwogen werden.

Bei älteren Frauen mit Harninkontinenz ist es ratsam, zunächst eine konservative Therapie mit entsprechender Aufklärung und Einleitung einer unterstützenden medikamentösen Therapie zu versuchen. Während eines solchen Therapieversuches ist eine weitere Abklärung der Problematik möglich, wobei urodynamische Untersuchungen nur dann durchgeführt werden, wenn die konservative Therapie fehlschlägt und eine operative Behandlung erwogen werden muß. In diesen Fällen dient die Urodynamik der präoperativen Abklärung.

Bei Detrusorhyperaktivität werden unterschiedliche therapeutische Strategien verfolgt. Die medikamentöse Behandlung mit Anticholinergika oder Sympathikomimetika spricht in etwa 25 bis 30 % der Patientinnen an. Eine Zystoskopie unter Allgemeinnarkose mit gleichzeitiger maximaler perinealer Stimulation zur faradischen Erzeugung einer Beckenbodenkontraktion wird ebenfalls mit einer Erfolgsrate von 25 bis 30 % beschrieben. Die Blasendehnung in Narkose als Hydrodilatation oder Ballondilatation gab insgesamt enttäuschende Ergebnisse. Bei diesem Vorgehen stehen die konservativen Maßnahmen im Vordergrund, besonders für Frauen mit Streß- oder Urgeinkontinenz. In gleicher Weise wird auch der Mann vor Durchführung einer Prostatektomie untersucht.

Therapieversagen

Die Behandlung der Harninkontinenz durch einen Dauerkatheter erfordert für den Patienten eine medizinische Langzeitüberwachung. Zwischen Krankenhaus und Gemeindeschwester koordiniert hier auf sinnvolle Weise die spezialisierte „Inkontinenzschwester". Bei Auftreten von Komplikationen nach transurethralem Dauerkatheterismus, ist die suprapubische Trokar-Zystostomie zu empfehlen. Komplikationen des Langzeit-Dauerkatheters sind die Harnröhrenstriktur und der periurethrale Abzeß beim Mann während bei der Frau mit neurogener Harninkontinenz (z. B. infolge einer multiplen Sklerose) häufig die Harninkontinenz entlang dem Katheter im Vordergrund steht. Die suprapubische Zystostomie mit operativem Blasenhalsverschluß kann in solchen Fällen wertvoll sein.

In der Behandlung des geriatrischen Patienten mit Harninkontinenz ist eine enge Kooperation zwischen der „Inkontinenzschwester" und dem klinisch tätigen Arzt von grundlegender Bedeutung. Die Probleme der Patienten sind in der Regel individuell und die Spezialschwester (-pfleger) kann sowohl dem Patienten als auch dem Angehörigen die wertvollsten Hinweise über externe Inkontinenzhilfen, Katheter und Sozialdienste geben.

Neuropathische Blase

Das Verständnis für die neurogen gestörte Blasenfunktion wurde in der Vergangenheit durch eine uneinheitliche Terminologie, sowie durch unvollständige Abklärung, empirische Behandlungsversuche und durch Gleichsetzung aller Störungen mit denen, die bei Rückenmarkverletzungen auftreten, erschwert. Dabei wurde die Blasendysfunktion häufig nach der anatomischen Lokalisation der neurologischen Schädigung klassifiziert. Die therapeutischen Konsequenzen erfolgten auf der Basis von anatomischen oder radiologischen Informationen. Diese Betrachtungsweise wird zunehmend von funktionellen Überlegungen des unteren Harntraktes, basierend auf den Ergebnissen urodynamischer Untersuchungen, abgelöst. Die klinische Erfahrung lehrt, daß es nicht nur schwierig ist, auf Grund einer bekannten neurologischen Läsion die korrespondierende Blasenfunktionsstörung abzuleiten, sondern daß solche Blasenfunktionsstörungen darüberhinaus auch noch einem zeitlichen Wandel unterworfen sind, der sich aus den oft wechselnden Stadien der Erkrankung und den komplizierenden äußeren Einflüssen wie Harnwegsinfektionen erklärt.

Zur Terminologie sei folgendes kurz angemerkt: „Neurogen" bedeutet „verursacht durch Nerven". „Neuropathisch" bedeutet, daß ein Leiden durch nervale Störungen verursacht ist. Dementsprechend ist es korrekt, von der „neuropathischen Blase" oder der „neurogenen Blasendysfunktion" zu sprechen. Dagegen ist der Terminus „neurogene Blase" inkorrekt, ebenso die Bezeichnung „neuropathische Blasendysfunktion", da die Dysfunktion schon in dem Wort „neuropathisch" ausgedrückt wird. Diese Bemerkungen sollen der Klärung der verschiedenen verwirrenden Termini dienen.

Klassifikation der neuropathischen Blase

Nachdem dargestellt wurde, daß es schwierig ist, die Funktionsstörung des unteren Harntraktes von den klinischen Symptomen und neurologischen Befunden abzuleiten (Raezer et al. 1977; Thomassen 1979), werden Diagnose, Prognose und therapeutisches Vorgehen zunehmend an den objektiven Daten einer urodynamischen Abklärung orientiert. Die Beziehung zwischen der Pathophysiologie und den urodynamischen Befunden wurde ausführlich in Kap. 4 diskutiert. Immer sollte es möglich sein, eine neurogene Blasen- und Sphinkterfunktionsstörung auf Grund entsprechender pathologischer Veränderungen, wie in Tabelle 5.19 beschrieben, zu definieren. Wenn in bezug auf das sakrale Rückenmark und die sakralen Nerven (Wirbelsäulenhöhe: L1) entweder eine komplette untere oder eine komplette obere Läsion des motorischen Neurons besteht, so kann eine relativ uniforme Funktionsstörung des unteren Harntraktes erwartet werden.

Komplette untere motorische Läsion

gefühllos)
große Kapazität)
akontraktil) Niederdruck
vergrößerte Kapazität)
inaktiver Sphinkter)
Entleerung mit
Bauchpresse

Komplette obere motorische Läsion

gefühllos)
verringerte Kapazität)
hyperkontraktil)
hyperaktiver Sphinkter) Hochdruck
Reflexentleerung)

Die Ausnahme hierzu bildet eine untere motorische Läsion unterhalb des sympathischen Hypogastriuskernes (Wirbelsäulenhöhe Th10–L2), so daß auf Grund der intakten sympathischen Innervation des unteren Harntraktes eine Obstruktion durch den

Tabelle 5.19. Klassifikation der Funktionen des unteren Harntraktes nach den Vorschlägen der International Continence Society (ICS)

	Normal (N)	Hyperaktiv (+)	Hypoaktiv (–)
Detrusor (D)	D_N	D_+	D_-
Urethra (U)	U_N	U_+	U_-
Sensibilität (S)	S_N	S_+	S_-

glattmuskulären Harnröhrensphinkter möglich ist (s. Kap. „Urethrale Hyperaktivität und Obstruktion, S. 113).

Komplette Läsionen des oberen und unteren motorischen Neurons können nach traumatischen Rückenmarksläsionen gefunden werden, die Mehrzahl aller anderen neurologischen Erkrankungen mit Blasenbeteiligung führt allerdings eher zu inkompletten Läsionen. Aus diesem Grund erscheint die Anwendung urodynamischer Kriterien zur Klassifikation der neurogenen Blasen- und Sphinkterdysfunktion um so bedeutsamer.

Zuletzt ist es wichtig, die Blasenfunktionsstörung im Zusammenhang mit sämtlichen medizinischen Befunden und sozialen Folgen zu sehen. Jeder Patient bietet ganz unterschiedliche Probleme, die nicht nur durch die Blasenfunktionsstörung bedingt sind, sondern auch durch seinen Allgemeinzustand, die neurologische Grunderkrankung, seine Mobilität und Geschicklichkeit. Schließlich ist zu entscheiden, ob die Kontinenz oder der Schutz des oberen Harntraktes im Vordergrund urologischer Bemühungen stehen muß.

Spezielle urodynamische Techniken

Zur Untersuchung der neurogenen Blasen- und Sphinkterdysfunktion besteht in der Regel die primäre Indikation zur Anwendung simultaner urodynamischer und videozystographischer Untersuchungstechniken, da gerade in diesen Fällen die Synchronisation zwischen Blase und Sphinktermechanismus besonders häufig gestört ist. Daher ist nicht nur die bildgebende Untersuchung dieser Abschnitte sondern auch die simultane Druckmessung von Blase und Urethra angezeigt. Eine solche Urethrozystometrie (s. „Urethrozystometrie“, S. 64), läßt sich am besten mit einem Tip-Transducer-Katheter mit zwei Druckabnehmern durchführen, doch ist auch die Perfusionstechnik mittels eines modifizierten Katheters, z. B. nach Rossier (Yalla 1975) möglich. Dabei muß berücksichtigt werden, daß transurethrale Katheter nicht nur eine Obstruktion bewirken, sondern auch reflektorische Blasenkontraktionen auslösen können.

Die neuropathische Blase erreicht häufig als Endzustand eine labile Balance, die leicht durch Infektion, rasche Blasenfüllung oder eine Änderung der Restharnmenge aus dem Gleichgewicht gebracht werden kann. Thomas (1979) schlägt deshalb vor, bei diesen Patienten die Blase vor der urodynamischen Untersuchung nicht entleeren zu lassen. Die Blasenfüllung sollte möglichst mit einer physiologischen Füllgeschwindigkeit erfolgen; 10–15 ml/min erscheinen akzeptabel. Um eine Reflextriggerung durch die urodynamische Untersuchung zu vermeiden, kann der suprapubische Zugang für Blasenfüllung und Druckmessung erwogen werden. Reproduzierbare und repräsentative Meßergebnisse lassen sich erst erhalten, wenn Blasenfüllung und Miktion zumindest 3mal konsekutiv durchgeführt werden.

Wird die Harnröhre röntgenologisch dargestellt und gleichzeitig der intraurethrale Druck gemessen, so bleibt als Indikation für eine Elektromyographie die Differenzierung zwischen einer glattmuskulären oder quergestreiften Dyssynergie der Sphinktermuskulatur. Die EMG-Ableitung wird zu einem essentiellen Bestandteil der urodynamischen Untersuchung, wenn die Harnröhre röntgenologisch nicht darstellbar ist oder der intraurethrale Druck nicht gemessen wird. Die beiden letztgenannten Untersuchungsmethoden sind allerdings deshalb vorzuziehen, weil die Aktivität der verschiedenen Beckenbodenmuskeln bei neurologischen Erkrankungen durchaus unterschiedlich sein kann. Die EMG-Ableitung des distalen quergestreiften Harnröhrensphinkters ist technisch schwierig. Anale Stöpselelektroden können über eine Dehnung des Anus die Funktion des unteren Harntraktes beeinflussen. In Zukunft werden sich die EMG-Ableitungen zur Abklärung neurogener Blasen- und Sphinkterdysfunktionen wahrscheinlich mehr auf die quantitative Darstellung des Ausmaßes einer Denervation und Reinnervation der Beckenbodenmuskulatur konzentrieren.

Eine Körperbehinderung des Patienten kann die Durchführung einer urodynamischen Untersuchung außerordentlich erschweren. Adduktorenspasmen können schon die Katheterisierung der Harnröhre, besonders bei Frauen, zum Problem werden lassen. Wenn der Patient nicht in der Lage ist, während der Untersuchung zu sitzen oder zu stehen, kann es notwendig sein, die Untersuchung auf einer speziellen Liege mit entsprechend integriertem Flowmeter durchzuführen. Wenn die Position des Patienten während der Untersuchung verändert werden kann, ist es möglich, substantielle Veränderungen der Funktion des unteren Harntraktes mit dem Positionswechsel nachzuweisen.

Klinischer Stellenwert urodynamischer Untersuchungen

Die Rolle der urodynamischen Untersuchung im Rahmen der Betreuung von Patienten mit neurogenen Blasen- und Sphinkterdysfunktionen läßt sich am besten an einigen täglichen klinischen Problemen darstellen. Die wichtigsten Behandlungsmöglichkeiten sind in Abb. 5.22 zusammengefaßt.

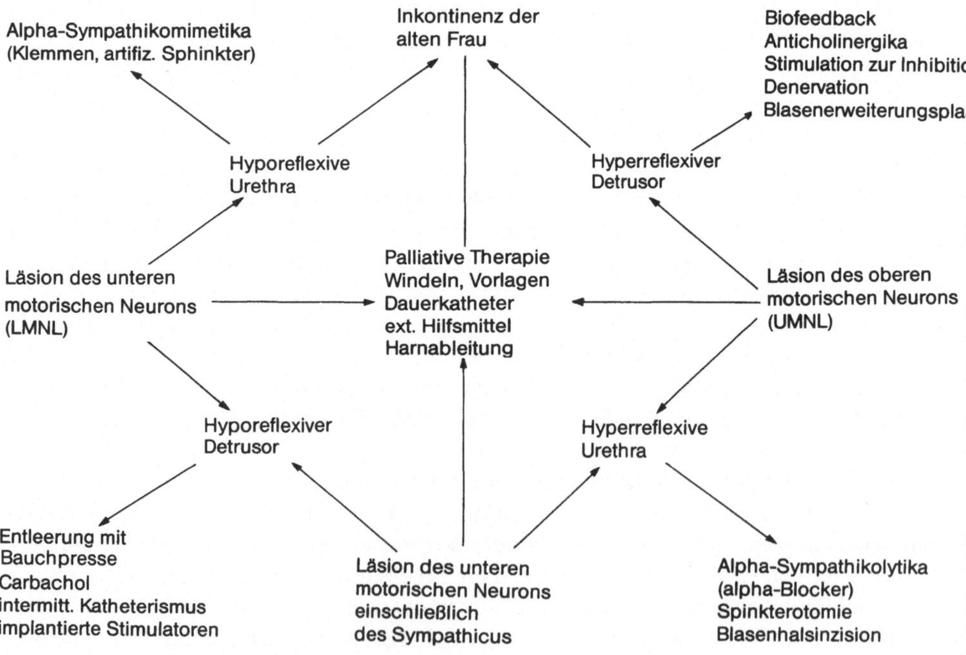

Abb. 5.22 Zusammenfassung der Behandlung neuropathischer Blasen

Indikation zur Sphinkterotomie

Bei Blasen- und Sphinkterhyperreflexie führt die Detrusor- Sphinkter-Dyssynergie zu überhöhten intravesikalen Drücken. Diese Funktionsstörungen sind häufig mit autonomer Dysreflexie, hohen Restharnmengen, vesikoureteralem Reflux und Dilatation des oberen Harntraktes assoziiert. Diese Befunde können radiologisch nachgewiesen werden, allerdings erst nach ihrer Manifestation. Das bedeutet, daß eine Schädigung des oberen Harntrakts bereits eingetreten ist. In besonderem Maße gilt das, wenn gleichzeitig eine Harnwegsinfektion vorliegt. Die urodynamische Untersuchung soll eine Detrusor-Sphinkter-Dyssynergie mit hohen intravesikalen Drücken noch vor dem Auftreten der oben dargestellten Komplikationen aufdecken und so eine Therapie im Frühstadium ermöglichen. Probleme treten hauptsächlich bei Patienten mit inkompletten Läsionen auf, die noch genügend Sensibilität haben, um kontinent zu bleiben. Dabei kann die Kontinenz teilweise auf der dyssynergen Sphinkterkontraktion beruhen. In diesen Fällen wird eine Sphinkterotomie zur Verschlechterung der Inkontinenz führen. Deshalb müssen diese Patienten engmaschig kontrolliert werden, um eine Intervention beim ersten Zeichen einer Komplikation durchführen zu können.

Der ideale Zeitpunkt zur Sphinkterotomie ist noch umstritten. In Abhängigkeit von Läsionstyp und Behandlungskonzept des Klinikers werden bei Patienten mit traumatischen Rückenmarkläsionen Sphinkterotomien mit einer Häufigkeit zwischen 18 und 90 % durchgeführt. Daher werden dringend prospektive Studien mit urodynamischen Untersuchungen der Patienten benötigt, um den optimalen Zeitpunkt einer operativen Intervention festlegen zu können.

Eine intraoperative urethrale Druckmessung kann die Entscheidung erleichtern, ob eine Sphinkterotomie adäquat durchgeführt wurde. Natürlich darf bei diesen Untersuchungen keine Anästhesie erfolgen, um eine medikamenteninduzierte Paralyse zu vermeiden.

Indikation zur medikamentösen Harnröhrenrelaxation

Wenn Medikamente verordnet werden, von denen einige unangenehme Nebenwirkungen haben, so sollte die Effektivität einer solchen Behandlung wenigstens an Hand der Miktionsprotokolle, Harnflußraten und Restharnmengen überprüft werden.

Medikamente zur Relaxation der quergestreiften Muskulatur wie Baclofen oder Dantamacrin wurden ohne durchschlagenden Erfolg angewandt. Wahrscheinlich kann nur bei etwa 10% der Patienten mit diesen Medikamenten eine Verbesserung der Situation erzielt werden. Wenn an Hand der urodynamischen Untersuchung eine signifikante Detrusor-Sphinkter-Dyssynergie nachgewiesen wird, so ist meistens eine chirurgische Intervention notwendig. Die Folgen einer Hyperaktivität des Sympathikus sind auf Grund der alpha-adrenergen Innervation auf die proximale Harnröhre beschränkt. Dabei läßt sich eine funktionelle subvesikale Obstruktion in Höhe des Blasenhalses oder der proximalen Urethra nachweisen, ohne daß während der Miktion eine verstärkte EMG-Aktivität aufgezeichnet wird. Diese Situation läßt sich therapeutisch durch Alpha-Blocker beeinflussen (Awat und Downie 1977). Olsson et al. (1977) führten den Phentolamintest ein, um die Patienten herauszufiltern, deren neurogene Blasenfunktionsstörung auf alpha-Blocker anspricht. Es wurden Harnflußraten vor und nach intravenöser Applikation von 5 mg Phentolamin aufgezeichnet. Eine Verbesserung um 80% der Standardabweichung von Normalpersonen versprach durch eine Phenoxybenzamintherapie eine Verbesserung des klinischen Status des Patienten. In der Praxis scheinen allerdings Alpha-Blocker bei Patienten mit subvesikaler Obstruktion nach traumatischer Rückenmarkläsion wenig erfolgreich, allerdings können sie in manchen Fällen Symptome einer autonomen Dysreflexie unterdrücken. Eine bessere Wirksamkeit von Alpha-Blockern konnte bei Kindern mit Myelodysplasie nachgewiesen werden.

Ursachen der Detrusorhypokontraktilität

Eine inadäquate Detrusorkontraktion bei Fehlen einer subvesikalen Obstruktion kann diagnostische Schwierigkeiten bereiten. Als mögliche Ursachen kommen eine Neuropathie, eine Myopathie oder deren Kombination in Betracht, weiterhin „funktionelle" oder „psychogene" Störungen.

Zuerst muß zwischen einem akontraktilen Detrusor mit einer erhöhten Compliance bei verminderter oder fehlender Blasensensibilität einerseits und einer Blasenentleerungsstörung bei normaler Sensibilität und normaler Blasenkapazität andererseits unterschieden werden. In letzterem Fall muß eine subvesikale Obstruktion durch eine kombinierte Druck-Fluß- Messung ausgeschlossen werden. Wenn die Zysto-Uroflowmetrie normal ist oder eine Miktion unmöglich ist, dann kann die EMG-Ableitung dazu dienen, eine persistierende Sphinkterkontraktion als Ursache einer reflektorischen Detrusorinhibition nachzuweisen. Dieses Problem kommt sowohl bei funktionellen Störungen als auch bei einigen neurologischen Erkrankungen mit Läsion des oberen motorischen Neurons (z. B. multipler Sklerose) vor, wobei die Unfähigkeit zur Auslösung einer Detrusorkontraktion häufig eines der ersten Symptome darstellt.

Liegt dagegen eine Funktionsstörung durch einen akontraktilen Detrusor bei hoher Compliance vor, dann muß man gewöhnlich zwischen neurogenen, myogenen und kombinierten Ursachen unterscheiden. Dies kann beim Fehlen neurologischer Symptome schwierig sein. Weiterführende urodynamische Untersuchungen sind in der Regel dabei wenig hilfreich. Natürlich sollte in jedem Fall eine Lues und ein Diabetes mit Hilfe eines Glukosetoleranztests ausgeschlossen werden. Zur weitergehenden Abklärung und zum Ausschluß einer okkulten Neuropathie sollte ein Hypersensibilitätstest (s. „Medikamentengabe während der Zystometrie", S. 76) und eine Messung der sakral evozierten Potentiale (s. „Sakral evozierte Potentiale", S. 98) durchgeführt werden. Fallen alle diese Untersuchungen normal aus, so liegt die Ursache wahrscheinlich im Detrusor selbst.

Indikation zur Harnableitung

Im Entscheidungsprozeß, ob und wann eine Harnableitung durchgeführt werden soll, spielen urodynamische Kriterien eine untergeordnete Rolle. Diese Entscheidung wird hauptsächlich aus pflegerischen und sozialen Erwägungen getroffen. Allerdings wird bei zunehmender Erfahrung mit dem intermittierenden Katheterismus die Harnableitung seltener nötig werden. Urodynamische Untersuchungen sind nur in solchen Fällen von Bedeutung, bei denen trotz Sphinkterotomie eine Dilatation des oberen Harntraktes auftritt. Die funktionelle Untersuchung des unteren Harntraktes dient dem Zweck aufzudecken, warum die Sphinkterotomie erfolglos geblieben ist.

Urodynamische Untersuchungen sind natürlich unentbehrlich, wenn eine erneute Ureter-Blasen-Verbindung (Undiversion, Transplantation) erwogen wird, um abzuklären, ob die Blasen- und Sphinkterfunktion eine Ureterreimplantation in die Blase sinnvoll erscheinen läßt.

Verdachtsdiagnose „Neuropathie“

Die Inzidenz neurogener Blasenfunktionsstörungen liegt beim Patientenkollektiv des urodynamischen Zentrums Bristol bei etwa 10 %. Die Zahl zeigt, daß diese Probleme in der klinischen Praxis relativ häufig vorkommen. Trotzdem wird diese Form der Blasendysfunktion häufig übersehen, besonders in Fällen mit akuter Harnretention. Die dadurch bedingte Therapieverzögerung kann den Erfolg der Blasenrehabilitation negativ beeinflussen. Folgende Umstände sollten den Verdacht auf eine neurogene Blasendysfunktion wecken und erfordern dementsprechend eine rasche Abklärung und Behandlung:

1. Plötzlicher Beginn einer Blasenfunktionsstörung beim jüngeren Patienten.
2. Jede in Verbindung mit Wirbelsäulenbeschwerden akut einsetzende Blasenfunktionsstörung, auch wenn die Wirbelsäulenschmerzen bei fortbestehender Blasenfunktionsstörung nachlassen.
3. Jede Blasenfunktionsstörung in Verbindung mit einer anamnestisch angegebenen zervikalen oder lumbalen Spondylose. Diese Erkrankungen sind häufig nicht so harmlos, wie allgemein angenommen wird.
4. Jede Blasenfunktionsstörung, bei der konventionelle Untersuchungsmethoden keine Ursache aufdecken können. So besteht beispielsweise bei Auftreten einer Detrusorhyperaktivität durch Untersuchungen kortikal evozierter Potentiale die Möglichkeit, das Frühstadium einer multiplen Sklerose oder eines spinalen Tumors zu entdecken bzw. auszuschließen.
5. Blasenfunktionsstörungen bei Patienten mit einer bekannten malignen Grunderkrankung. Blasensymptome können häufig das erste Zeichen einer Rückenmarkkompression sein. Im Frühstadium kann die Operation oder eine Radiotherapie die Entwicklung einer Paraplegie verhindern. Ist die Paraplegie erst einmal eingetreten, so sind die neurologischen Funktionsausfälle nur noch selten reversibel.

Darüberhinaus muß nochmals betont werden, daß eine sorgfältige neurologische Untersuchung in jedem Fall einer plötzlich aufgetretenen Blasenfunktionsstörung äußerst wichtig ist. Finden sich Zeichen oder Symptome einer neurologischen Grunderkrankung, so muß eine Notfallsituation angenommen werden. Die Nichtbeachtung dieser beiden Grundsätze kann zu einer fortdauernden Krankheit führen, die möglicherweise vermeidbar gewesen wäre.

Schlußfolgerungen

Vor einer Zusammenfassung der Indikationen zur urodynamischen Abklärung von Funktionsstörungen des unteren Harntraktes ist es vielleicht interessant, einmal die Konsequenzen zu betrachten, die die zuweisenden Ärzte aus der urodynamischen Diagnose ziehen. Es wurden die Krankenhausaufzeichnungen von 220 weiblichen Patienten bearbeitet, die drei Jahre vorher urodynamisch untersucht worden waren und zusätzlich einen Fragebogen beantwortet hatten. In 90 % der Fälle war der urodynamische Befundbericht in den Krankenhausunterlagen abgeheftet. Die zuweisenden Kollegen waren in 86 % der Fälle gemäß den therapeutischen Empfehlungen des urodynamischen Berichtes vorgegangen. Die Auswertung der Krankenhausaufzeichnungen und der Patientenangaben auf den Fragebögen ergaben, daß in dieser Gruppe 72 % der Patienten geheilt wurden oder eine deutliche Verbesserung ihrer Symptome erfuhren. Bei den 14 % der Patienten, deren Behandlung entgegen den gegebenen Empfehlungen durchgeführt wurde, betrug die Rate der Symptombesserung nur 38 %. Aus der Beantwortung der Fragebögen durch die Patienten ging hervor, daß 56 % der Frauen keinerlei Probleme mit der urodynamischen Untersuchung hatten. Weitere 26 % empfanden diese Untersuchung als etwas unangenehm. Nur 5 % gaben an, daß diese Untersuchung außerordentlich unangenehm gewesen sei, 13 % fanden sie schmerzhaft. Daraus folgt, daß die funktionelle Abklärung des unteren Harntraktes mittels der hier beschriebenen Techniken von der Mehrzahl der Patienten gut toleriert wird. Die zuweisenden Ärzte scheinen die urodynamische Serviceleistung in der Behandlung ihrer Patienten als hilfreich anzusehen, da die vermittelten Informationen die Erfolgsrate verbessern.

Indikationen für urodynamische Untersuchungen

Kinder

Uroflow: Verdacht auf eine subvesikale Obstruktion
Druck-Fluß-Studien: Funktionelle Blasenentleerungsstörungen
Synchrone Video-Urodynamik: Neurogene Blasendysfunktion

Männer

Uroflow: Verdacht auf subvesikale Obstruktion, Harnwegsinfektionen, Verdacht auf Detrusorhyperaktivität bei subvesikaler Obstruktion
Druck-Fluß-Studien: Reduzierter Uroflow bei jungen Männern, Post-Prostatektomie-Probleme, grenzwertige Harnflußraten
Synchrone Video-Urodynamik: Behinderte Miktion bei jungen Männern, neurogene Blasendysfunktion

Frauen

Uroflow: Verdacht auf subvesikale Obstruktion
Druck-Fluß-Studien: Kombinierte Streß-/Urgeinkontinenz, erniedrigte Harnflußraten trotz Harnröhrendilatation, grenzwertige Harnflußraten
Synchrone Video-Urodynamik: Inkontinenz, symptomatische, jedoch nicht objektivierbare Streßinkontinenz, neurogene Blasendysfunktion.

Geriatrische Patienten

Alte Patienten sollten unter Berücksichtigung des mentalen und physischen Status in gleicher Weise (s. o.) abgeklärt werden.

Neurogene Blasendysfunktion

Urodynamische Untersuchungen sind grundsätzlich zur Klassifikation der neuropathischen Blase notwendig.

Zusätzlich zu den genannten Indikationen sollten urodynamische Untersuchungen zur Kontrolle eines Therapieeffektes sowohl bei medikamentösen als auch bei chirurgischen Behandlungen angewandt werden. Daneben bieten die urodynamischen Untersuchungen eine höchst nützliche Meßmethodik, die für Forschung und klinische Routinearbeit einsetzbar ist.

Zukünftige Forschungsschwerpunkte

Auf drei speziellen Gebieten sind noch weitere Forschungsanstrengungen erforderlich. Definition des Normalverhaltens, Verständnis der Pathophysiologie und Erschließung neuer Untersuchungstechniken:

Normalverhalten

Es ist immer schwierig, eine genügend große Anzahl von „normalen" Personen mit einer speziellen Technik zu untersuchen, besonders wenn es sich um empfindliche Körperregionen handelt. Deshalb sind Informationen über Normalwerte und deren Grenzbereiche selten und die publizierten Serien eher klein. Eine komplette Übersicht sämtlicher verfügbaren Daten wäre hilfreich. Verbundstudien sind weiterhin erforderlich.

Es bestehen immer noch Kontroversen, in wieweit die allgemein gebräuchlichen Untersuchungstechniken in der Lage sind, den Normalzustand wiederzuspiegeln. Der Effekt der Füllgeschwindigkeit bei der Zystometrie ist letztlich immer noch ungeklärt. Weitere Untersuchungen sind erforderlich, um die Korrelation zwischen der maximalen zystometrischen Blasenkapazität und der maximalen oder durchschnittlichen funktionellen Blasenkapazität festzulegen. Da die meisten urodynamischen Untersuchungen nur einen Miktionszyklus messen, wäre es wichtig zu wissen, wie zuverlässig eine solche Untersuchung das normale Miktionsverhalten eines Patienten wiederspiegelt.

Pathophysiologie

Bevor eine Dysfunktion vollständig begriffen werden kann, muß die normale Physiologie klar sein. Wie oben dargestellt, ist dies noch nicht immer der Fall. Vergleichende Tierexperimente sind notwendig, um die Bedeutung der urodynamischen Befunde voll verständlich werden zu lassen. Zahlreiche zur Zeit laufende Studien werden allerdings durch die arteigenen Variationen der Funktion des unteren Harntraktes in ihrer Bewertung erschwert. Die wohl wertvollsten Untersuchungen beschäftigen sich heute mit der neuromuskulären Physiologie und der Pharmakologie. Weiterhin sind Messungen der Wechselbeziehung zwischen Detrusor- und Sphinkteraktivität von Bedeutung. Kombinierte Untersuchungen der anorektalen und der vesikourethralen Funktionen könnten ebenso zu wichtigen Schlußfolgerungen führen. Wenn einmal die Pathophysiologie z.B. der genuinen Streßinkontinenz vollständig abgeklärt ist, dann können prophylaktische Maßnahmen ergriffen werden, die letztlich wichtiger sind als die Erforschung der Therapie.

Neue urodynamische Untersuchungstechniken

Neue Untersuchungstechniken sollten möglichst nicht-invasiv sein. Dieses Prinzip müßte auch für die Druckmessung gelten. Die Untersuchung und Bewertung des Harnstrahls bietet wahrscheinlich noch Möglichkeiten zur weiteren Ausschöpfung der Methodik (s. „Technik und Ausrüstung“, S. 36 und „Neue Entwicklungen in der Meßtechnik“, S. 187). Die Mikroelektronik wird es in der Zukunft ermöglichen, urodynamische Aufzeichnungen automatisch zu analysieren und die Wahrscheinlichkeit einer spezifischen Diagnose zu ermitteln (s. „Verarbeitung der Meßergebnisse“, S. 192). Dazu ist allerdings eine Datenbank mit allen Angaben über die oben bereits genannten Normalfunktionen notwendig. Digitale Aufzeichnungstechniken werden die Elimination von Meßartefakten ermöglichen. Allerdings muß dabei sorgfältig darauf geachtet werden, daß die Daten nicht verfälscht werden. Trotz der weiten Verbreitung von Mikrocomputern werden wahrscheinlich spezielle Mikroprozessoren für die klinische Praxis größere Bedeutung gewinnen (s. „Zukünftige Entwicklungen“, S. 198).

Kapitel 6 versucht, die neuen Entwicklungen in der Urodynamik bis zum Entwicklungsstand von 1986 zusammenzufassen.

Literatur

Abrams PH (1977) The investigation of bladder outflow obstruction in the male. MD Thesis, University of Bristol

Abrams PH (1978) Urodynamic changes following prostatectomy. Urol Int 33:181–186

Abrams PH (1980) Investigation of post prostatectomy problems. Urology 15:209–212

Abrams PH, Feneley RCL (1978) The significance of the symptoms associated with bladder outflow obstruction. Urol Int 33:171–174

Abrams PH, Roylance J, Feneley RCL (1976) Excretion urography in the investigation of prostatism. Br J Urol 48:681–684

Abrams PH, Dunn M, George NJR (1978) The urodynamic findings in chronic retention of urine and the relevance to the results of surgery. Br Med J II:1258–1260

Abrams PH, Shah PJR, Feneley RCL (1981) Voiding disorders in the young male adult. Urology 18:107–109

Allen T (1977) The non-neurogenic neurogenic bladder. J Urol 177:232–238

Awad S, Downie J (1977) Sympathetic dyssynergia in the region of the external sphincter, a possible source of lower urinary tract obstruction. J Urol 118:636–640

Ball AJ, Feneley RCL, Abrams PH (1981) The natural history of untreated prostatism. Br J Urol 53:613–616

Blaivas J, Labib KL, Bauer SB, Retik AB (1977) Changing concepts in the urodynamic evaluation of children. J Urol 117:778–781

Cromie W, Duckett J (1979) Urodynamics in childhood. Urol Clin N Am 6:227–235

Doran J, Roberts M (1975) Acute urinary retention in the female. Br J Urol 47:793–796

Frewen WK (1970) Urge and stress incontinence: fact and fiction. J Obstet Gynaecol Br Commonw 77:932–934

Frewen WK (1980) The management of urgency and frequency of micturition. Br J Urol 52:367–369

Gammelgaard A, Andersen J, Hald T, Jacobsen O, Nordling J, Walter S (1976) Prostatic hypertrophy, symptomatology and investigation; indications for treatment. Communication to the International Continence Society, Antwerp

Gierup J (1970) Micturition studies in infants and children. Normal urinary flow. Scand J Urol Nephrol 4:191–207

Isaacs B (1979) The management of urinary incontinence in Departments of Geriatric Medicine. Health Trends 11:42–44

James ED, Flack FC, Caldwell KPS, Martin MR (1971) Continuous measurements of urine loss and frequency in incontinent patients: preliminary reports. Br J Urol 43:233–237

Kaplan WE, Firlit CF, Schoenberg HW (1980) The female urethral syndrome: external sphincter spasm as aetiology. J Urol 124:48–49

Kegal AH (1948) The non-surgical treatment of genital relaxation. Ann West Med Surg 2:213–216

Krane RJ, Siroky MB (1979) Clinical neuro-urology. Little, Brown, Boston

Lapides J, Costello T, Zierdt D, Stone T (1968) Primary cause and treatment of recurrent urinary infections in women. J Urol 100:552–554

Mackintosh IP, Hammond BJ, Watson BW, O'Grady F (1975) Theory of hydrokinetic clearance of bacteria from the urinary bladder. The effect of variations in bacterial growth rate. Invest Urol 12:468–472

Marshall V, Singh M, Blandy JP (1974) Is urography necessary for patients with acute retention of urine before prostatectomy? Br J Urol 46:73–76

Meyhoff HH, Walter S, Gerstenburg T, Olesen KP, Nordling J, Pedersen PH, Hald T (1980) Incontinence surgery in females with motor urge incontinence. Proc Int Cont Soc (Los Angeles) 10:109–112

Nash DF Ellison (1949) The development of micturition control with special relevance to enuresis. Ann Roy Coll Surg 5:318–344

Olsson C, Siroky M, Krane R (1977) The phentolamine test in neurogenic bladder dysfunction. J Urol 117:481–485

Powell PH (1980) Male urinary incontinence. Communication to the Royal Society of Medicine

Powell PH, Feneley RCL (1980) The role of sensation in clinical urology. Br J Urol 52:539–541

Price DA, Ramsden PD, Stobbart D (1980) The unstable bladder and prostatectomy. Br J Urol 52:529–531

Raezer DM, Benson GS, Wein AJ, Duckett JW (1977) The functional approach to the management of the paediatric neuropathic bladder. A clinical study. J Urol 117:649–654

Shepherd AM (1979) The effects of gynaecological surgery on bladder function. MD Thesis, University of Bristol

Siroky MB, Olsson CA, Krane RJ (1979) Flow rate nomogram. Development. J Urol 122:665–668

Stanton SL, Tanagho EA (1980) Surgery of female incontinence. Springer-Verlag, Berlin Heidelberg New York

Sutherst JR, Brown MC (1980) Detection of urethral incompetence in women using the fluid bridge test. Br J Urol 52:138–142

Thomas D (1979) Clinical urodynamics in neurogenic bladder dysfunction. Urol Clin N 6:237–254

Thomas TM, Plymat KR, Blannin J, Meade TW (1980) Prevalence of urinary incontinence. Br Med J 281:1243–1245

Torrens MJ, Collins C (1975) The urodynamic assessment of adult enuresis. Br J Urol 47:433–440

Yalla S, Rossier A, Fam B (1975) Synchronous cysto-sphincterometry in patients with spinal cord injury. Urology 6:777–788

Kapitel 6

Neue Entwicklungen in der Urodynamik

J. Rollema, A.E.J.L. Kramer und U. Jonas

Neue Entwicklungen in der Meßtechnik

Allgemeines

Die International Continence Society (ICS) hat im Juli 1985 durch die Arbeitsgruppe „Urodynamische Einrichtung" einen Bericht über urodynamische Einrichtung und technische Aspekte zusammenstellen lassen, um somit Empfehlungen für die technischen Spezifikationen der anzuwendenden urodynamischen Apparaturen zu geben. Man sollte bei Anschaffung neuerer Apparatur den in diesem Bericht genannten Minimalforderungen Folge leisten.

Harnflußmessung

Auf dem Gebiet der Harnflußmeßtechnik sind keine grundlegenden neuen Entwicklungen zu nennen. Bei den anerkannten „traditionellen" Untersuchungstechniken gab es jedoch Verbesserungen, um die bekannten Fehler wie die fehlende Linearität, die variablen Meßverzögerungen und das sog. „clipping" – die unzuverläßliche Wiedergabe der Meßwerte oberhalb bzw. unterhalb bestimmter Grenzwerte – so gut wie möglich zu vermeiden.

Insbesondere ging es um die verbesserte Meßgenauigkeit bei geringeren Harnflußraten als 10 ml/s, da dies der Bereich ist, in dem die meisten Meßergebnisse liegen. So wird für die neuesten Harnflußmeßelemente, die auf dem Prinzip der rotierenden Scheibe (Dantec Typ 22K10) beruhen, eine Meßgenauigkeit von ± 3 % angegeben (± 0.2 ml/s bei einer Auflösung von 0.03 ml/s) (Abb. 6.1).

Dagegen haben Kombinationsmeßtechniken, bei denen neben der Harnflußrate auch die Austrittsschnelligkeit des Harnstrahls gemessen wird (Meyhoff et al. 1980), keine klinische Anwendung gefunden.

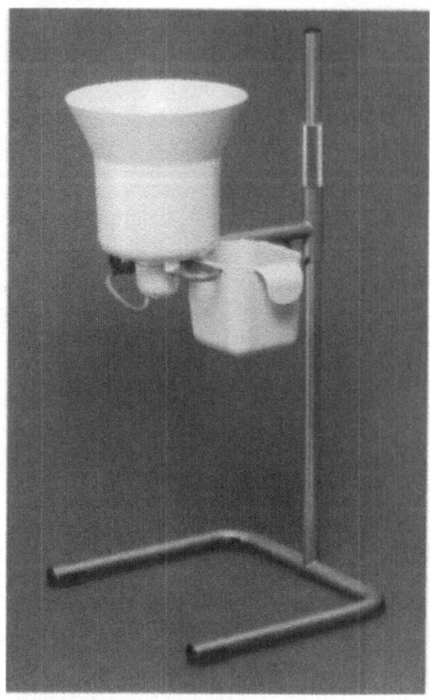

Abb. 6.1. Uroflowmeter der neuen Generation

Druckmessungen

Es hat sich gezeigt, daß die Kosten des Halbleiter – oder Tip Transducer-Katheters und des „konventionellen" externen Druckwandlers (durch die dabei erforderlichen Einmal-Hilfsmittel) etwa gleich hoch sind. Der große Vorteil des Tip Transducer-Katheters liegt darin, daß der Meßpunkt innerhalb des zu messenden Organes liegt. Dadurch wird diese Druckmessung nicht mehr durch Patientenbewegungen beeinflußt. Dieser Vorteil wird jedoch durch die Empfindlichkeit dieses Druckaufnehmers gegenüber dem statischen Druck (der Höhe der Flüssigkeitssäule über dem Meßpunkt; also Bewegungen des Meßpunkts innerhalb des Organs) im Vergleich zu den flüssigkeitsgefüllten Systemen vermindert.

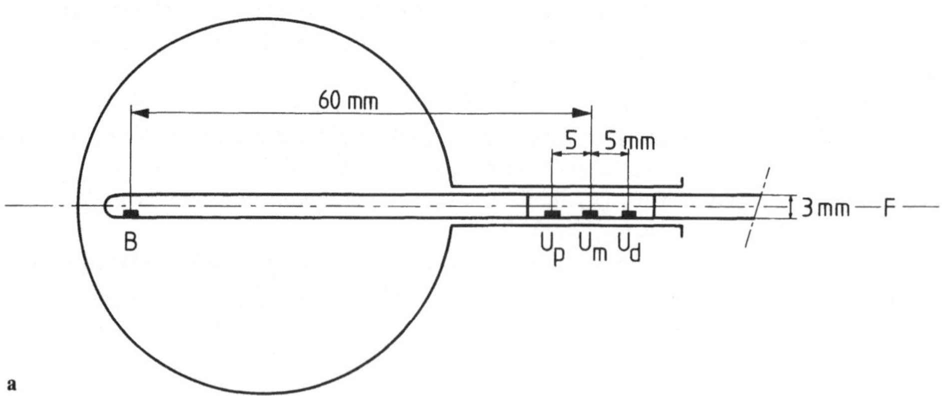

a

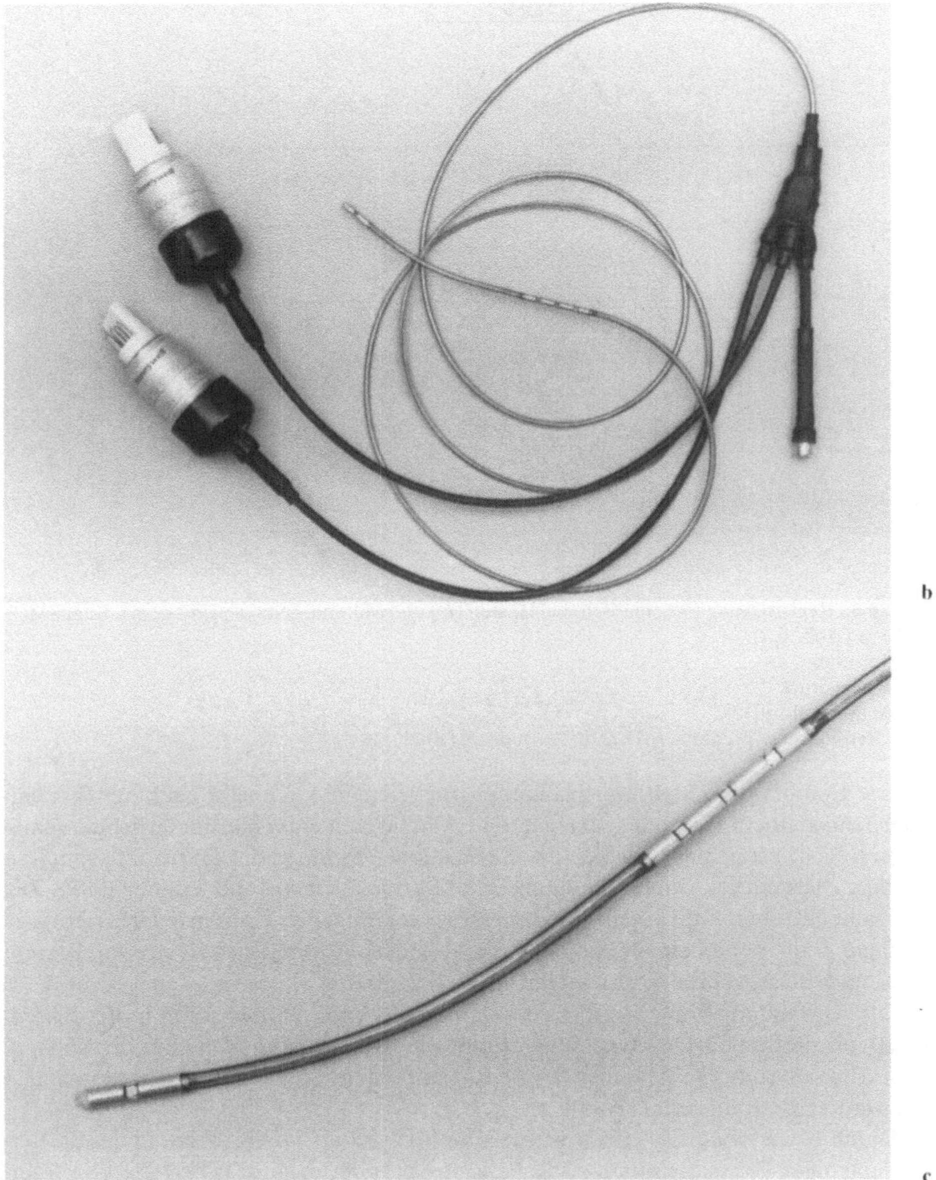

b

c

Abb. 6.2a, b, c. Tip Transducer-Katheter mit 4 Druckmeßpunkten und Füllkanal
a schematische Darstellung.
F Füllkanal,
B Blasendruckwandler,
U_p. U_m U_d Proximaler, medialer bzw. distaler Urethradruckwandler)
b Tip Transducer-Katheter mit 4 Meßpunkten (Honeywell), Katheterdurchmesser 3 mm, Katheterlänge 100 cm
c Katetherspitze

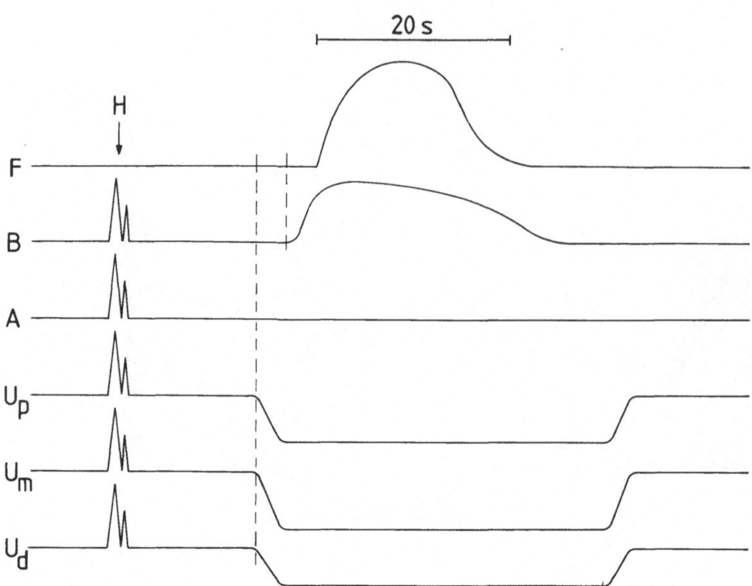

Abb. 6.3. Registrierung (schematisch) bei Husten (*H*) und Miktion, gemessen mit dem 4-Kanal-Meßkatheter (Abb. 6.2):
F Harnfluß
B Blasendruck
A Abdominaldruck
U Urethradruck, proximal (*p*), medial (*m*), distal (*d*)

Die Kombination mehrerer Halbleiterdruckelemente in einem Katheter (bei entsprechend kleinem Durchmesser) bietet die Möglichkeit einer kontinuierlichen, simultanen Registrierung des Druckes, an verschiedenen Punkten der Harnröhre simultan mit dem Blasendruck während Füllung und Miktion (Venema und Kramer 1985). Zur Zeit stehen Katheter mit einem Durchmesser von weniger als 2.5 mm (8 Charrière) zur Verfügung, die neben einem Füllkanal die Möglichkeit zur Registrierung von Blasendruck und drei Urethradrücken bieten (Abb. 6.2a, b u. 6.3).

Die Anwendung von „Mikro-Druckelementen" (mit den Sensoren in der Seitenwand) zur urethralen Druckmessung erhöht die Artefakthäufigkeit. Bei der Verwendung dieses Systems sollte daher der Sensor mit einem wassergefüllten Ballon umgeben werden (de Jonge et al. 1985).

Durch Kvarstein et al. (1983) wurde eine Meßtechnik beschrieben, in der die Verformung einer Druckmembran zu Reflektionsveränderungen führt. Diese Glasfaserkatheter vermeiden elektrische Risiken, können jedoch (noch) nicht zu Mehrkanal-Druckkathetern zusammengefaßt und darüberhinaus nicht mit einem Perfusionskanal versehen werden.

Yalla et al. (1980) verwenden einen Halbleiter-Druckkatheter, um während der Miktion ein urethrales Druckprofil zu schreiben. Damit kann z. B. der schnelle Druckabfall an dem Punkt in der Urethra bestimmt werden, an dem sich die Obstruktion befindet.

Obwohl die Messung des elektrischen Widerstandes (Impedanz) zwischen zwei Elektroden in der Urethra keine Druckmessung ist, soll sie doch hier beschrieben werden. Dieser sog. elektrische Flüssigkeitsüberbrückungs-Test („electric fluid bridge test" (Plevnik et al. 1983) erscheint als brauchbare Methode zur Erkennung und Quantifizierung der urethralen Inkompetenz bei der inkontinenten Frau.

EMG und Neurophysiologie

Die z. Z. allgemein übliche EMG-Registrierung erlaubt keine differenzierte Diagnostik bei neurogenen Störungen, unabhängig davon, ob Nadelelektroden oder Oberflächenelektroden angewandt werden (Lose et al. 1985; Nielsen et al. 1985). Sie ist jedoch gut geeignet, Detrusor-Sphinkter-Dyssynergien aufzudecken (van Gool 1984; Wheeler et al. 1983). Zur exakten Diagnose von Neuropathien sind neuere neurophysiologische Techniken (Dyro et al. 1983; Fowler und Kirby 1985; Snoks und Swash 1984a; Vodusek und Light 1983) bzw. die Messung von evozierten Potentialen, sowohl peripher (Snooks und Swash 1984b; Vereecken et al. 1982; Vodusek und Light 1983) als auch zentral (Badr et al. 1984), erforderlich.

Ultraschalltomographie, Video-Urodynamik

Durch die Entwicklung neuerer empfindlicher Ultraschallgeräte wird auch diese Technik zur urodynamischen Kombinationsuntersuchung (zusammen mit Fluß-Druck-Messung) herangezogen (Nishizawa et al. 1982; Shabsigh et al. 1986). Die Video-Urodynamik ist neben der konventionellen Urodynamik auch zur Funktionsuntersuchung des „kontinenten" Darmreservoir nach Harnableitung geeignet (Berglund et al. 1984; Jonas und Kums 1986; Kock et al. 1985; Kums und Jonas 1986).

Telemetrie, Biofeedback, Elektrostimulation

Besonders beim Problempatienten, bei denen eine genaue urodynamische Diagnose sehr schwierig ist oder entscheidend von den anamnestischen Ergebnissen abweicht, empfiehlt sich die urodynamische Untersuchung über einen längeren Zeitraum, mit natürlicher Diurese und in einer möglichst artefaktfreien „physiologischen" Umgebung. Dabei muß die Untersuchung mit Hilfe von Miniaturdruckaufnehmern telemetrisch durchgeführt werden. Auf diese Weise können urodynamische Untersuchungen auf bis zu 24 Stunden ausgedehnt werden (Thüroff et al. 1980; Valcke et al. 1984).

Die zunehmenden Verbesserungen in der urodynamischen Funktionsdiagnostik führten bisher nicht zu einer gleichermaßen verbesserten Therapie. Es sollen jedoch die verschiedenen Elektrostimulationstechniken, sowohl peripher (Fall 1984; Janez et al. 1979; Kralj 1981; Kralj 1985; Madersbacher et al. 1982; McGuire et al. 1983) als auch zentral (Tanagho und Schmidt 1986), sowie die akustischen (Festge et al. 1985) und visuellen (Madersbacher 1984; Nørgaard et al. 1982) Biofeedbacktechniken genannt werden.

Verarbeitung der Meßergebnisse

Allgemeines

Die zur Zeit zur Verfügung stehenden, preisgünstigen und einfach zu bedienenden Mikrocomputer haben auch für die Urodynamik eine merkliche Verbesserung bei der Verarbeitung der Meßgebnisse gebracht. Mit speziellen Computerprogrammen können neue, physiologische Parameter, auch wenn dazu komplizierte Berechnungen oder Vergleiche zwischen den einzelnen Meßwerten erforderlich sind, schnell und verläßlich ermittelt werden. Darüberhiunaus werden unwichtige Meßinformationen eliminiert, um somit eine ungestörte Interpretation zu ermöglichen (Jacobs et al. 1984; Jonas et al. 1986; Regnier 1986; Rollema et al. 1985; Saini und Thiede 1986; Schäfer et al. 1984).

Harnflußmessung

Die Forderung, eine möglichst komplette Information aus der (nicht-invasiven) physiologischen Harnflußmessung zu erhalten, scheint durch die Einführung des Mikrocomputers erfüllt zu sein (Rollema 1983) (Abb. 6.4).

Das zur Zeit unter dem Namen UDI („Uroflow Diagnostic Interpretation" bekannte Computerprogramm (Dantec) arbeitet in drei Stufen (Abb. 6.5):

1. Analyse des Harnflußsignals durch exakte definierte Variablen mit hoher Sensitivität und Spezifität,

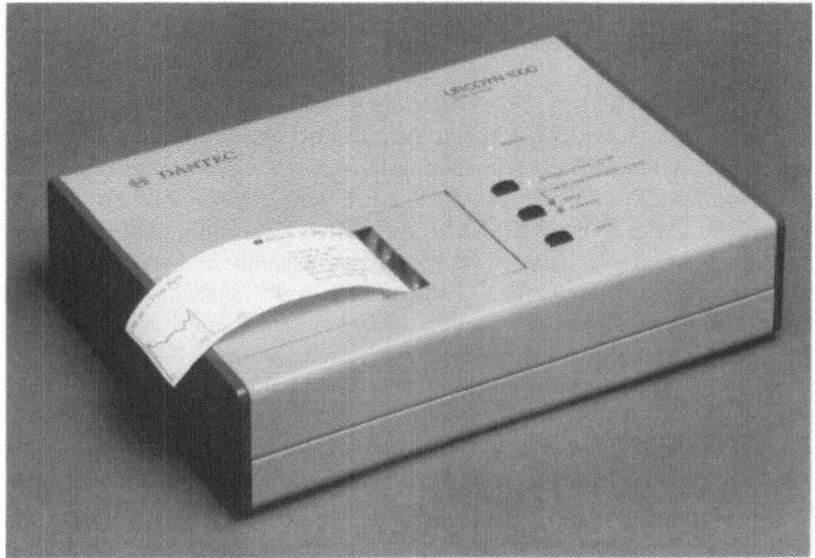

Abb. 6.4. Mikroprozessorgesteuertes Uroflowmeter mit EDV-Diagnosehilfe (Dantec, Urodyn 1000)

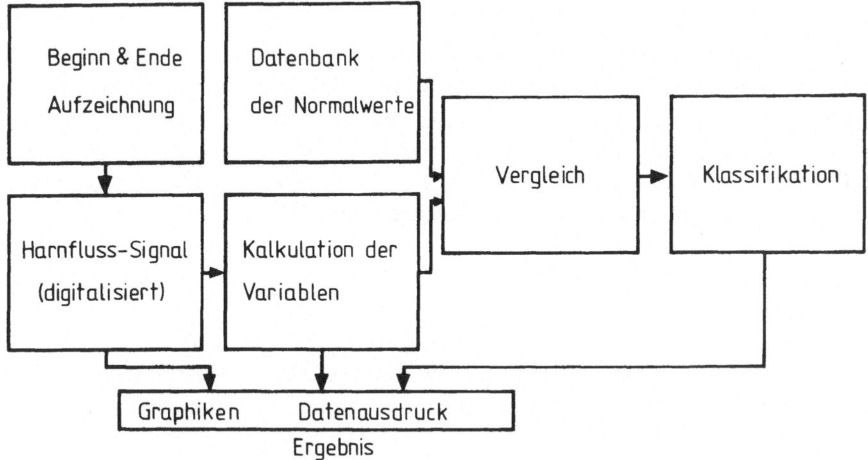

Abb. 6.5. „Uroflow-Diagnostic-Interpretation“ (UDI)-Computerprogramm (Dantec) Darstellung, Erläuterungen s. Text

2. Vergleich mit normalen Referenzwerten, die in einem permanenten Datenspeicher im Computer festgelegt sind,
3. Ausdruck der Klassifikation „normal“ und „pathologisch“ zusammen mit der Harnflußkurve, der Volumenkurve, den Graphiken mit Blasenkontraktionsschnelligkeit gegenüber dem Blasenvolumen und den numerischen Werten der Variablen.

Da der Datenspeicher die Normalwerte sowohl für den Mann (Rollema 1981) als auch für die Frau (Rollema et al. 1985; Rollema und Jonas 1985) beinhaltet, ist die Klassifikation der Harnflußkurven für beide Geschlechter möglich. Die Einführung dieses einfachen „Expertensystems“ ermöglicht dem Kliniker, Flußverbesserungen oder -verschlechterungen (z. B. nach einem operativen Eingriff) standardisiert und quantifiziert festzustellen. Diese Klassifikation erfolgt „on-line" mit Hilfe sensibler Variablen, die manuell schwierig zu errechnen wären (Rollema et al. 1986).

Die Entwicklung dieses „Expertensystems“ hat darüberhinaus korrekte statistische Methoden zur Festlegung von Normalwerten ermöglicht.

Die Tatsache, daß die meisten Parameter in der Urodynamik, insbesondere die der Harnflußmessung, keine Normalverteilung zeigen (weder bei einem noch bei mehreren Probanden) und darüberhinaus die meisten Variablen volumenabhängig sind, beweist die Notwendigkeit einer korrekten statistischen Berechnung bei der Festlegung von Referenzwerten. Es läßt sich feststellen, daß die Annahme des nichtparametrischen Toleranzlimits (Rollema 1981; Toguri et al. 1982) der Annahme einer normalen Verteilung (Kondo et al. 1978; Siroky et al. 1979) überlegen ist, da sie eine Verringerung falsch negativer Beobachtungen bringt. Auch kann eine unzureichende Berücksichtigung der intrinsischen Eigenschaften (Sensitivität, Spezifität) eines Testes die exakte klinische Diagnostik stören. Ein Beispiel dafür ist das Nomogramm für den maximalen Harnfluß, das auf der Beobachtung bei symptomfreien älteren Männern beruht (Jørgensen et al. 1986): Die Diskriminierung zwischen „gesund“ und „krank“

führt hier zu einer Testempfindlichkeit von < 30 %, da die Vergleichsgruppe zwar evtl. (noch) keine Probleme, jedoch durchaus schon eine Prostatahyperplasie mit entsprechend geringeren Harnflußraten hat.

Ein anderer Aspekt der automatisierten Verarbeitung ist die Möglichkeit, basierend auf bestimmten physiologischen Modellen, aus der Flußkurve Modellparameter und ihren Verlauf (als Funktion von Zeit bzw. Blasenvolumen) zu berechnen, um dadurch mehr Information über den Harnfluß zu erhalten. Diese Modelle stehen z. Z. zur Verfügung (Griffiths und Rollema 1979; Rollema et al. 1977) und haben bereits zu klinisch brauchbaren Harnflußparametern geführt (Rollema und Griffiths 1984).

Druckmessung

Die hier genannten Argumente gelten gleicherweise für die kombinierten Druck-Fluß-Messungen. Die Konzepte von „Blasenleistungsbeziehung" – („bladder output relation") – und „urethrale Widerstandsbeziehung", die dem Hillschen Modell für quergestreifte Muskulatur entsprechen (Griffiths 1980; Schäfer 1985), haben zur Einführung von einigen vielversprechenden Kontraktilitätsparametern der Blasenmuskulatur geführt. Diese werden einmal aus den isometrischen Kontraktionen (van Mastrigt und Griffiths 1986), andererseits aus Druck-Fluß-Studien (Griffiths et al. 1986; Schäfer und Lutzeyer 1986) berechnet. Auch hier ermöglicht erst der Computer, die klinische Anwendung der Parameter.

Da dieses Parameter viel weniger artefaktanfällig sind als die konventionellen, aus analogen Drucksignalen berechneten Variablen und darüberhinaus im allgemeinen volumenabhängig sind, erlauben sie, den Informationsgehalt der Druck-Fluß-Signale deutlich zu vergrößern.

Die automatisierte Verarbeitung der Blasen- und Urethradruckmeßergebnisse und die Bestimmung von Unterschieden bzw. Übereinstimmungen (Transmission, Zeitbeziehung) sind jetzt deutlich vereinfacht. Da aber diese Messungen mit Hilfe verschiedener Techniken vorgenommen werden, muß man trotzdem berücksichtigen, daß durch den Automatisierungsprozeß Artefakte übersehen werden können (van der Kooi et al. 1984).

EMG und Neurophysiologie

Zur Verarbeitung der Ergebnisse, die aus den evozierten Potentialmesssungen gewonnen werden, ist ein System erforderlich, das möglichst die Mittelwerte aufzeichnet und dadurch zufällige Ergebnisschwankungen unterdrückt. Dies wäre manuell praktisch nicht durchführbar.

Um abweichende Aktionspotentiale im EMG zu erkennen, sind Formerkennungstechniken („pattern recognition"), wie sie aus der Neurophysiologie bekannt sind, absolut erforderlich. Die qualitative Beurteilung des EMG kann durch die Definition von Grenzwerten bzw. dessen Aufzeichnung in verschiedenen Kategorien gegenüber diesen Grenzwerten erfolgen. Auch bei diesem Prozeß spielt die Automatisierung eine entscheidende Rolle.

Video-Urodynamik

Zur Zeit findet die Interpretation von Videoaufzeichnungen (Video-Urodynamik) noch komplett manuell statt. Entsprechend der klinischen Interpretation von Röntgen- oder Ultraschallbildern werden interessante Teile aus der kontinuierlichen Registrierung herausgenommen und den synchron registrierten urodynamischen Meßwerten gegenübergestellt.

Klinische Anwendung der neuen Entwicklungen

Harnflußmessung

Der in das System integrierte Computer stellt eine Entscheidungshilfe dar. Er kann 7 verschiedene Meßparameter mit gespeicherten und volumenkorrigierten Referenzwerten vergleichen und so die Ergebnisse klassifizieren. Die Untersuchung wird sowohl für den Mann als auch für die Frau angewandt. Die Spezifizität kann – bei grenzwertigen Klassifikationen – durch eine zweite Messung noch verbessert werden (Rollema 1981; Rollema et al. 1986). Die Ergebnisse dieser Untersuchungen zeigten, daß die Vorteile der Mikroprozessor-kontrollierten Interpretation der Harnflußkurven insbesondere in der schnellen und standardisierten Klassifikation sowie der höheren Empfindlichkeit dieses Test liegen. Mizunaga et al. (1986) untersuchten das MUDI- („male uroflow diagnostic interpretation")-Programm bei gesunden Männern und Patienten mit Dysurie. Sie fanden, daß die Variable dl/dt40 (erwartete Blasenwandkontraktionsschnelligkeit bei einem Blasenvolumen von 40 ml) volumenunabhängig ist und eine ausgezeichnete Unterscheidung zwischen Gesunden und Erkrankten erlaubt. Das MUDI-Programm scheint für die urologische Praxis geeignet.

Der Wert von Harnflußmessungen ist allgemein anerkannt: Abrams (1977) zeigte, daß die Erfolgschance nach Prostatektomie zunimmt, wenn die Harnflußmessung als präoperatives Selektionskriterium angewandt wurde. Eine Operation ist bei Patienten mit Blaseninstabilität und normalen Harnfluß weniger erfolgreich als bei Patienten mit deutlicher Obstruktion und einem pathologischen Harnfluß.

Shoukry et al. (1975) objektivierten mit Hilfe der Harnflußmessung die postoperativen Verbesserungen nach TUR-P. Auch bei anderen pathologischen Bedingungen wie z. B. bei Harnröhrenstriktur (Hansen et al. 1981) oder dyssynerger Blasenhalsobstruktion (Turner-Warwick 1984) besteht ebenfalls eine gute Korrelation zwischen prä- und postoperativer klinischer Symptomdiagnose und ausgezeichnete Harnflußcharakteristika.

Zur Objektivierung der Streßinkontinenz werden in letzter Zeit die sog. „pad tests" angewandt. Diese Tests beruhen auf standardisierten Untersuchungen von Flüssigkeitsaufnahme und körperlichen Aktivitäten wie Bewegungen und Husten im Zeitraum von einer Stunde. Ein eventueller Harnverlust wird als Gewichtszunahme der Windel während der Meßperiode gemessen (nicht publizierter 5. Bericht der ICS).

Druckmessungen

Die zur Verfügung stehenden neuen Kontraktilitätsparameter, die auf sorgfältig ausgetesteten Modellen beruhen, sollten einen festen Platz in der klinischen Urodynamik einnehmen. Der aus der isometrischen Druckzunahme für die Miktion berechnete Parameter (U/l: extrapolierte maximale Kraftzunahme des Detrusors pro Blasenumfang) korreliert signifikant mit der infravesikalen Obstruktion. Ein anderer Parameter, errechnet aus dem Detrusordruck-Flußsignal (W: Annäherung der Detrusorleistung pro Oberfläche), scheint mehr oder weniger unabhängig von den urethralen Eigenschaften zu sein und korreliert signifikant mit dem Restharn. Restharn kann daher nicht ausschließlich mit einer infravesikalen Obstruktion erklärt werden (Griffiths et al. 1986; van Mastrigt und Griffiths 1986; Rollema und van Mastrigt 1986). Diese neuen Kontraktilitätsparameter haben eine gute Reproduzierbarkeit und werden wahrscheinlich in der Zukunft dazu beitragen, eine bessere Patientenselektion zur Prostatektomie zu erlauben (Rollema und van Mastrigt 1986). Darüberhinaus erlaubt die geringe Artefaktempfindlichkeit, diese Parameter eher in Anwendung zu bringen, als beispielsweise den Stopptest.

Ein anderer Meßwert, der aus dem Miktionszyklus berechnet werden kann, ist die „relative Kontraktionsleistung" (RCP), die veränderte Detrusoraktivität in Beziehung zur optimalen Leistung. Aus der Analyse von 300 Miktionsstudien konnte abgeleitet werden, daß dieser Parameter zur Beurteilung neurogener Blasenentleerungsstörungen gut geeignet ist (Schäfer und Lutzeyer 1986).

Auch die kontinuierlichen Registrierungen des Urethradrucks während Füllphase und Miktion erlauben neue klinische Interpretationen. So scheint, daß z. B. die Blaseninstabilität oft das Resultat einer urethralen Instabilität ist (Hindmarsh et al. 1983; Kramer und Venema 1984; Venema und Kramer 1985). Diese urethrale Instabilität kann durch eine inadäquate Funktion der quergestreiften oder glatten Urethralmuskulatur verursacht werden (Kulseng-Hanssen 1983; Vereecken und Das 1985). Daraus folgt – ausschließlich bei Patienten mit sensorischer Urge oder Urge-Inkontinenz – eine veränderte therapeutische Konsequenz. Bei diesen Patienten sollte man in erster Linie versuchen, die Urethrafunktion medikamentös zu beeinflussen (Venema und Kramer 1986). Als auslösende Ursache dieser Erscheinungen sehen die meisten Autoren minimale Neuropathien an (Anderson 1983; Fowler und Kirby 1985; Snooks und Swash 1984a).

So wird auch die „pathologische" Harnröhre als neurogene Störung im Regelmechanismus erklärt. Da es hierbei i. allg. um Minimalstörungen geht, ist es einleuchtend, daß eine instabile Harnröhre auch bei Personen gefunden wird, bei denen keine oder nur minimale urologische Beschwerden (z. B. eine geringe Streßkontinenz) nachweisbar sind.

Eine wichtige klinische Konsequenz, die sich aus der Druck-Fluß-Kurve bei neurogenen Blasenentleerungsstörungen ergibt, wurde durch McGuire et al. (1981) angegeben. Bei Kindern mit Myelomeningozele und hohem Öffnungsdruck (> 40 cm H_2O) hatten 81 % Veränderungen am oberen Harntrakt. Demgegenüber wurden diese Störungen nur bei 10% der Kindern gesehen, die einen geringen Öffnungsdruck hatten. Der intermittierende Katheterismus, eventuell in Kombination mit Anticholinergika, ist die Methode der Wahl in der Behandlung der Patienten mit hohem Öffnungsdruck. Mit dieser Behandlung gelingt eine Stabilisierung bzw. Verbesserung der Symptome (McGuire und Savastano 1983).

Obwohl erst geringe Erfahrungen bestehen, scheint die Messung der elektrischen Leitfähigkeit zur Erfassung des Flüssigkeiteintritts in die Uretha (fluid bridge test) eine Verbesserung in der Aussage, inwieweit eine Inkontinenzoperation adäquat ausgeführt wurde (Plevnik et al. 1983).

Es ist zu erwarten, daß die Untersuchung mehrerer Parameter zu einer Therapieverbesserung bzw. -veränderung führen kann (Blaivas 1983).

EMG und Neurophysiologie

In Hinblick auf die klinische EMG-Anwendung sind keine neuen Entwicklungen zu nennen.

Die wichtigste Verbesserung neurophysiologischer Untersuchungen innerhalb eines urodynamischen Abklärungsprogrammes ist die Untersuchung der elektrisch evozierten Potentiale. Mit Hilfe dieser Technik scheint es möglich, die neurologischen Komponente der Blasenfunktionsstörungen genauer zu analysieren. Insbesondere gelingt es, die afferente Innervation bei neurologischen Funktionsstörungen zu untersuchen. Zur Zeit werden die evozierten Potentiale („evoked responses") beim Gesunden und beim Kranken untersucht (Fidas et al. 1985; Opsomer et al. 1985). Es ist zu erwarten, daß die evozierten Potentiale besonders bei der Analyse sensorischer Störungen und subklinischer sensorischer Neuropathien von Wichtigkeit sind. Daneben erlauben sie ein besseres Verständnis von Neurophysiologie und Neuropathologie der Miktion sowie der Sexualfunktionen.

Video-Urodynamik; Ultraschalltomographie

Durch die Kombination von bildgebenden Systemen mit den urodynamischen Druck-Fluß-Messungen ist ein guter Einblick in die Pathologie der Blasenhalsobstruktion gewonnen worden, der mit anderen Techniken nicht möglich gewesen wäre (Turner-Warwick 1984).

Das Auftreten eines Refluxes nach Harnableitung steht in einem deutlichen Zusammenhang mit dem Auftreten von Hochdruck im Reservoir. So wird auch deutlich, daß bei einem gut funktionierenden Klappenmechanismus bei hohem Druck (> 60 cm H_2O) doch ein Reflux auftreten kann (Jonas und Kums 1986; Kums und Jonas 1986).

Die transrektale „real-time"-Ultraschalltomographie erscheint als gutes diagnostisches Hilfsmittel in der urodynamischen Funktionsanalyse, insbesondere von Blasenhals, prostatischer Harnröhre und externem Sphinkter.

Bei der Druck-Registrierung mit simultanen Videoaufzeichnungen können wertvolle urodynamische Schlußfolgerungen gezogen werden (Shabsigh et al. 1986). Ein Nachteil scheint durch die schwierige Bildinterpretation gegeben zu sein, der auch bei digitaler Bildverarbeitung noch besteht.

Telemetrie, Biofeedback, Elektrostimulation

Telemetrische Untersuchungen haben, wenn indiziert, einen festen Platz in der urodynamischen Diagnostik. Patienten, die eine Inkontinenzoperation benötigen, sollten, insbesondere bei schwer objektivierbaren Symptomen, telemetrisch untersucht werden. Es konnte mit Hilfe der telemetrischen Urodynamik bei Patienten mit Inkontinenzproblemen in 46% der Fälle eine Inkontinenz aufgedeckt werden, die bei den konventionellen urodynamischen Untersuchungen nicht erkannt worden war. Bei 26% wurde eine Detrusorinstabilität gesehen, die wiederum vorher nicht erkennbar war (Valcke et al. 1984). Die große Schwierigkeit bei dieser Untersuchungsform ist jedoch die Zuverlässigkeit der Aufzeichnungstechnik (Thüroff et al. 1980).

Erfolgversprechend sind auch die Biofeedbacktechniken (akustische oder visuelle) in der Behandlung „geringer" Neuropathien, die isoliert auftreten, z.B. instabiler Detrusor, Detrusor-Sphinkter-Dyssynergie, Detrusor-Blasenhals-Dyssynergie (Festge et al. 1985; Maizels et al. 1979; Wart und Roose 1984).

Die Erfolgschance bei der Anwendung der Elektrostimulation wird insbesondere durch eine gute Patientenselektion bestimmt. Dabei muß die Effektivität von Stromstärke, Frequenz, Strominterval und Stimulationsort (intravaginal, intrarektal oder transurethral) vergleichend betrachtet werden.

Die in der Literatur berichteten Ergebnisse beweisen, daß die Elektrostimulation einen festen Stellenwert in der Behandlung der sensorischen und motorischen Urgeinkontinenz hat. Jedoch sind die Erfolge bei Patienten mit Streßinkontinenz oder mit neurogenen Blasenfunktionsstörungen gering (Fall 1984; Janez et al. 1981; Kralj 1981; Kralj 1985; McGuire et al. 1983).

Zukünftige Entwicklungen

Die zukünftigen Entwicklungen in der Urodynamik stehen in einem sehr engen Zusammenhang mit der Anwendung von Computern. Vier Aspekten gilt zur Zeit besondere Aufmerksamkeit:

1. Verbesserung der Befundung
2. Fortschritte bei epidemiologischen Fragestellungen
3. Einführung von Experten-Systemen
4. Automatisierte Bildbearbeitung.

ad 1.

Die schon zur Verfügung stehende Computerapparatur dient insbesondere dazu, eine einfachere Befundung der urodynamischen Untersuchung zu garantieren.

- Das Eliminieren nicht interessanter Untersuchungsteile und
- die Registrierung der relevanten Untersuchungsteile in angepaßter Aufzeichnungsgeschwindigkeit ermöglicht eine eindeutigere Interpretation der Ergebnisse. Auch das automatisierte Erkennen der wichtigen Untersuchungsaussagen auf Grund der Druck- oder Harnflußvarianten oder das objektive Selektionieren einzelner Anteile sind schon heute Vorteile bei der Verarbeitung der Meßergebnisse (Regnier 1986). Mit Hilfe eines guten Computerprogramms ist es möglich, eine automatisierte Raffung der urodynamischen Untersuchung und damit eine sehr instruktive Übersicht zu erhalten (Kramer und Jonas 1986).

Neue sensible Parameter, die aus Modellversuchen abgeleitet wurden, sollen in Kürze klinisch anwendbar sein. Dabei soll auch die Einfügung des Experten-Systems verstärkt berücksichtigt werden, um eine adäquate statistische und methodologisch exakte Untersuchungstechnik zur Verfügung zu haben. Die Differentialanalysetechniken müssen dabei allgemein angewandt werden.

ad 2.

Durch Eingabe aller bei den urodynamischen Untersuchungen gewonnenen Ergebnisse in größere Computerspeicher besteht für den Untersucher die Möglichkeit, die Epidemiologie der urodynamischen Abweichungen zu erkennen und sein eigenes Behandlungsschema anzupassen. Mit dieser Speicherung erhält der Untersucher darüberhinaus die Möglichkeit, neue Entwicklungen in der Urodynamik für seinen eigenen Bedarf zu prüfen und evtl. bereits festgelegte Daten erneut automatisiert – auf der Basis dieser neuen Entwicklungen – zu interpretieren.

Begriffe wie „richtungsweisende Werte" („predictive values") eines diagnostischen Testes erhalten größere Bedeutung, wenn die Prävalenz (die aus der epidemiologischen Untersuchung abgeleitet werden kann) bestimmter Erkrankungen besser erkannt wird. Darüberhinaus können in der Zukunft durch Erweiterung von Computerverbindungen die Erfahrung aus verschiedenen Kliniken kombiniert werden, um damit regionale, nationale, nationale und sogar internationale epidemiologische Erfahrungen zu sammeln. Somit können charakteristische Klassifikationsdaten für bestimmte Erkrankungen festgelegt werden.

ad 3.

Schon auf Grund der z. Z. bekannten Daten können automatisierte Systeme entwikkelt werden, die nach Aufzeichnung einer urodynamischen Untersuchung die erhaltenen Meßwerte interpretieren können . Sie bieten dem Untersucher Richtlinien zur Klassifikation der Erkrankung und der möglichen Differentialdiagnose an, die sogar Empfehlungen für eine zusätzliche Untersuchung einschließen. Die erste Realisierung eines so aufgebauten Experten-Systems bietet das beschriebene Mikroprozessorprogramm zur Interpretation von Harnflußmessungen (Rollema 1983; Rollema et al. 1985).

Differentialanalysetechniken in der Urodynamik können für strukturierte Untersuchungsprogramme verwendet werden. Die Formanalyse soll bei urodynamischen Experten-Systemen dann eine entscheidende Rolle spielen (Roskar et al. 1985).

Eine bis jetzt noch nicht verwendete Möglichkeit dieser Formanalyse ist die computerisierte Erkennung von Bildmustern. So sind „typische" Harnflußverläufe bei bestimmten Abweichungen beschrieben (Jonas et al. 1980; Melchior 1981), oder Druck-Fluß-Diagramme als obstruktiv oder nicht-obstruktiv charakterisiert worden (Griffiths und Scholtmeyer 1982). Die Speicherung von typischen Mustern im Computer und der automatisierte Vergleich mit der aktuellen Messung kann zu einer exakten Klassifikation von definierten Gruppen führen.

ad 4.

Die Entwicklungen auf dem Gebiet der automatisierten Bildverarbeitung in der Radiologie könnten in nicht allzulanger Zeit dazu führen, eine dynamische, video-urodynamische und automatisierte Untersuchung zu erlauben. Dabei sollten außer den Meßdaten der urodynamischen Untersuchung auch die Bildcharakteristika über ein urodynamisches System registriert werden, wobei die Variablen des Bildes und die Variablen der urodynamischen Kurve automatisiert miteinander kombiniert werden. Auf diese

Weise ist es möglich, ein komplettes funktionelles und morphologisches Bild zu erhalten.

Bevor jedoch diese technischen Entwicklungen die Klinik erreichen, müssen erst reproduzierbare und verläßliche Standardwerte vorhanden sein. Es ist heute noch zu wenig über die Funktion der glatten urethralen Muskulatur, die Kontraktilität des Detrusors, das Zusammenspiel von afferenten und efferenten Innervationen der verschiedenen Organe und der kortikalen Kontrolle bekannt.

Die Antwort auf diese Frage muß aus der Grundlagenforschung kommen. Dabei hat der Urodynamiker mit dem Neurophysiologen, Morphologen und dem Bioingenieur zusammenzuarbeiten, um klinisch ausgereifte Untersuchungsprogramme erstellen zu können.

Literatur

Abrams PH (1977) Prostatism and prostatectomy. The value of urine Flow rate measurements in the preoperative assessment for operation. J Urol 117: 70-71

Anderson RS (1983) Increased motor unit fibre density in the external anal sphincter in genuine stress incontinence: a singel-fibre EMG study. Neurourol Urodyn 2: 45-50

Badr GG, Fall M, Carlsson C-A, Lindstrom L, Friberg S, Ohlsson B (1984) Cortical evoked potentials obtained after stimulation of the lower urinary tract. J Urol 131: 306-309

Berglund B, Kock NG, Myrvold HE (1984) Volume capacity and pressure characteristics of the continent ileostomy reservoir. Scand J Gastroenterol 19: 683-690

Blaivas JG (1983) Urodynamics: the second generation. J Urol 129: 783

Dyro FM, Bauer SB, Halett M, Khoshbin S (1983) Complex repetitive discharges in the external urethral sphincter in a pediatric population. Neurourol Urodyn 2: 39-44

Fall M (1984) Does electrostimulation cure urinary incontinence? J Urol 131: 664-667

Festge O–A, Gross W, Tischer W, von Suchodoletz H (1985) Acoustic biofeedback in the treatment of isolated neurogenic bladder dysfunctions in children. In: International Continence Society, Proceedings 15th Annual Meeting, London, pp. 192-193

Fidas A, Corocoran M, Galloway NTM, McInnes A, Chisholm GD (1985) Latent neuropathology in idiopathic detrusor instability elicited by sacral evoked responses. In: International Continence Society, Proceedings 15th Annual Meeting, London, pp. 40-41

Fowler CJ, Kirby RS (1985) Abnormal electromyographic activity (decelerating burst and complex repetitive discharges) in the striated muscle of the sphincter in 5 women with persisting urinary retention. Br J Urol 57: 67-70

van Gool JD (1984) Vesico-ureteral reflux in children with spina bifida and detrusor-sphincter dyssynergia. In: Hodson CJ, Heptinstall RH, Winberg J (eds) Contributions to Nephrology, Vol 39, Karger, Basel, pp. 221-237

Griffiths DJ (1980) Urodynamics, the mechanics and hydrodynamics of the lower urinary tract. Hilger, Medical Physics Handbooks 4, Bristol

Griffiths DJ, Constantinou CE, von Mastrigt R (1986) Urinary bladder function and its control in healthy females. Am J Physiol, 251, section R: 225-230

Griffiths DJ, Rollema HJ (1979) Urine flow curves of healthy males: a mathematical model of bladder and urethral function during micturition. Med Biol Eng Comput 17: 291-300

Griffiths DJ, Scholtmeyer R (1982) Precise urodynamic assessment of anatomic urethral obstruction in boys. Neurourol Urodyn 1: 97-104

Hansen RI, Guldberg O, Møller I (1981) Internal urethrotomy with the Sachse urethrotome. Scand J Urol Nephrol 15: 189

Hindmarsh JR, Gosling PT, Deane AM (1983) Bladder instability. Is the primary defect in the urethra? Br J Urol 55: 648-651

Jacobs SC, Sebern MA, Donnell R, Lawson RK (1984) Compter assisted urodynamics. J Urol 132: 716-717

Janez J, Plevnik S, Suhel P (1979) Urethral and bladder responses to anal electrical stimulation. J Urol 120: 729-731

Janez J, Plevnik S, Vrtacnik P (1981) Maximal electrical stimulation for female urinary incontinence. In: Zinner NR, Sterling AM (eds) Female incontinence. Alan R Liss, Progress in clinical and biological research 78, New York, pp. 369-372

Jonas U, Heidler H, Thüroff J (1980) Urodynamik. Diagnostik der Funktionsstörungen des unteren Harntraktes. Ferdinand Ende Verlag, Stuttgart

Jonas U, Kramer AEJL, Rollema HJ (1986) Computerized urodynamics. Urogynaecologia (im Druck)

Jonas U, Kums J (1986) The Kock-pouch: initial experiences – analysis of success and pitfall. J Urol 135: 156A

de Jonge MC, van der Kooi JB, Kornelis JA, de Pater L (1985) Cough-induced microtransducer movements in the urethra affecting pressure measurements. J Urol 135: 634-637

Jørgensen JB, Jensen KM-E, Bille-Brahe NE, Mogensen P (1986) Uroflowmetry in asymptomatic elderly males. Br J Urol 58: 390-395

Kock NG, Norlen L, Philipson BM, Aakerlund s (1985) The continent ileal reservoir (Kock pouch) for urinary diversion. World J Urol 3: 146-151

Kondo A, Mitsuya H, Tori H (1978) Computer analysis of micturition parameters and accuracy of uroflowmeter. Urol Int 33: 337-344

van der Kooi JB, van Wanroy PJA, de Jonge MC, Kornelis JA (1984) Time separation between cough pluses in bladder, rectum and urethra in women. J Urol 132: 1275-1278

Kralj B (1981) Treatment of female urinary incontinence by stimulation of the pelvic floor muscles. Artif Organs, suppl 5, 609

Kralj B (1985) Selection of patients for treatment with functional electrical stimulation. Urogynaecologia 1: 41-47

Kramer AEJL, Jonas U (1986) die „on-line" computerisierte urodynamische Untersuchung. Aktuel Urol 17: 193-197

Kramer AEJL, Venema PL (1984) Dynamic urethral pressure measurements in the diagnoses of incontinence in women. World J Urol 2: 203-207

Kulseng-Hanssen S (1983) Prevalence and pattern of unstable urethral pressure in one hundred seventy-four gynecologic patients referred for urodynamic investigation. Am J Obstet Gynaecol 146: 895-900

Kums J, Jonas U (1986) Der Kock Pouch. 18. Fort- und Weiterbildungsseminar, Arbeitskreis Urologische Funktionsdiagnostik, Timmendorfer Strand

Kvarstein B, Aase O, Hansen T-E, Dobloug P (1983) A new method with fiberoptic transducers for simultaneous recording of intravesical and intraurethral pressure during physiological filling and voiding phases. J Urol 130: 504-506

Lose G, Andersen JT, Kristensen JK (1985) Urethral sphincter electromyography with vaginal surface electrodes: a comparison with sphincter electromyography recorded via periurethral coaxial, anal sphincter needle and perianal surface electrodes. J Urol 133: 815-818

Madersbacher H (1984) Blasen(re)habilitation bei Kindern mit neurogener Harnentleerungsstörung mittels Biofeedback unter Verwendung der transurethralen Elektrostimulation. Aktuel Urol 15: 248-253

Madersbacher H, Pauer W, Reiner E, Hetzel H, Spanudakis S (1982) Rehabilitation of micturition in patients with incomplete spinal cord lesions by transurethral electrostimulation of the bladder. Eur. Urol 8: 111-116

Maizels M, King LR, Firlit CF (1979) Urodynamic biofeedback: a new approach to treat vesical sphincter dyssynergia. J Urol 122: 205-209

van Mastrigt R, Griffiths DJ (1986) An evaluation of contractility parameters determined from isometric contractions and micturition studies. Urol Res 14: 45-52

McGuire EJ, Savastano JA (1983) Long-term follow up of spinal cord injury patients managed by intermittent catheterization. J Urol 129: 775-776

McGuire EJ, Shi-Chun Z, Horwinski ER, Lytton B (1983) Treatment of motor and sensory detrusor instability by electrical stimulation. J Urol 129: 78-79

McGuire EJ, Woodside JR, Borden TA, Weiss RM (1981) Prognostic value of urodynamic testing in myelodysplastic patients. J Urol 126: 205-209

Melchior H (1981) Urologische Funktionsdiagnostik. Lehrbuch und Atlas der Urodynamik. Georg Thiema Verlag, Stuttgart, New York

Meyhoff HH, Griffiths DJ, Nordling J, HaldT(1980) Clinical applications of momentum flux measurements with special reference to detrusor hyperreflexia and meatal stenosis. Urol Res 8: 71-75

Mizunaga M, Miyata M, Yamauchi K, Sasaki M, Nakata Y, Tokunaka S, Yachiku S (1986) Male uroflow diagnostic interpretation. Acta Urol Jap 32: 361-367

Nielsen KK, Kristensen ES, Qvist N, Jensen KM-E, Dalsgard J, KrarupT, Pedersen D (1985) A comparative study of various electrodes in electromyography of the striated urethral and anal sphincter in children. Br J Urol 57: 557-559

Nishizawa O, Moriya I, Satoh S, Harada T, Tsuchida S (1982) A new video urodynamics: combined ultrasonotomographic and urodynamic monitoring. Neurourol Urodyn 1: 295-301

Nørgaard JP, Nissen T, Djurhuus JC (1982) A device for treatment of detrusor hyperreflexia by biofeedback. Urol Res 13: 241-242

Opsomer RJ, Top M, Wese FX, van Cangh PJ (1985) Cerebral evoked potentials from the pudendal nerve. Preliminary results. In: International Continence Society, Proceedings 15th Annual Meeting, London, pp. 38-39

Plevnik S, Brown M, Sutherst JR, Vrtacnik P (1983) Tracking of fluid in urethra by simultaneous electric impedance measurement at three sites. Urol Int 38: 29-32

Regnier CH (1986) Current and future applications of computers in urodynamics. Neurourol Urodyn 5: 343-371

Rollema HJ (1981) Uroflowmetry in males. Ph.D. Thesis, University of Groningen. Kooyker International University Booksellers, Leiden

Rollema HJ (1983) Microprocessor controlled interpretation of urinary flow rate patterns. In: International Continence Society and Urodynamics Society, Proceedings 2nd Joint Meeting, Aachen, pp. 230-231

Rollema HJ, van Batenburg PC, Jonas U (1986) Automatisierte Uroflowmetrie: Neue Variablen. Urologe A 25: 281-285

Rollema HJ, Griffiths DJ (1984) Estimated maximum bladder contraction velocity calculated from urinary flow rate: a useful variable for objective assessment of bladder outflow impairment. In: International Continence Society, Proceedings 14th Annual Meeting, Innsbruck, pp. 194-196

Rollema HJ, Griffiths DJ, van Duyl WA, van den Berg JW, de Haan R (1977) Flow rate versus bladder volume. An alternative way of presenting some features of the micturition of healthy males. Urol Int 32: 401-412

Rollema HJ, Griffiths DJ, Jonas U (1985) Computer-aided uroflowmetry. Normal values in healthy women and application in gynaecological patients. In: International Continence Society, Proceedings 15th Annual Meeting, London, pp. 210-211

Rollema HJ, Jonas U (1985) Automatic analysis and interpretation of urinary flow rate patterns in women. In: International Society of Urology, Proceedings XXth Congress, Vienna, 479

Rollema HJ, Kramer AEJL, Jonas U (1985) Computer-based urodynamics: on-line decision-making in uroflowmetry and construction of permanent data files. J Urol 133: 263A

Rollema HJ, van Mastrigt R (1986) Analyse von Detrusor-Kontraktilität in Patienten mit Postatismus-Beschwerden. In: Abstracta 8. Symposium für Experimentelle Urologie, Mainz, 41

Roskar E, Abrams P, Torrens M, Kononenko I (1985) Computer assisted derivation of urodynamic diagnostic expertise for lower urinary tract disorders. In: International Continence Society, Proceedings 14th Annual Meeting, Innsbruck, pp. 173-175

Saini VD, Thiede HA (1986) An integrated software package for urodynamic research and clinical applications. Neurourol Urodyn 5: 419-432

Schäfer W (1985) Urethral resistance? Urodynamic concepts for physiological and pathological bladder outlet function during voiding. Neurourol Urodyn 4: 161-201

Schäfer W, Hannappel J, Gerlach R, Lutzeyer W (1984) Computer analysis of urodynamic data in BPH. J Urol 131: 166A

Schäfer W, Lutzeyer W (1986) A new concept for determination of detrusor contractility during a complete voiding cycle. J Urol 135: 251A

Shjabsigh R, Fishman IJ, Krebs M (1986) The use of real-time transrectal longitudinal ultrasonography in urodynamics. J Urol 135: 157A

Shoukry I, Susset JG, Elhilali MM, Dutartre D (1975) Role of uroflowmetry in the assessment of lower urinary tract obstruction in adult males. Br J Urol 47: 559-566

Siroky MB, Olsson CA, Krane RJ (1979) Flow rate nomogram: 1. Development. J Urol 122: 665-668

Snooks SJ, Swash M (1984a) Abnormalities of the innervation of the urethral striated sphincter musculature in incontinence. Br J Urol 56: 401-405

Snooks SJ, Swash M (1984b) Perineal nerve and transcutaneous spinal stimulation: new methods for investigation of the urethral striated sphincter musculature. Br J Urol 56: 406-409

Tanagho EA, Schmidt RA (1986) Controlled voiding with neurostimuator. J Urol 135: 262A

Thüroff JW, Jonas U, Frohneberg D, Hohenfellner R (1980) Telemetric urodynamic investigations in normal males. Urol Int 35: 427-434

Toguri AG, Uchida T, Bee DE (1982) Pediatric uroflow rate nomograms. J Urol 127: 727-731

Turner-Warwick R (1984) Bladder outflow obstruction in the male. In: Mundy AR, Stephenson TP, Wein AJ (eds) Urodynamics. Principles, practice and application. Churchill Livingstone, Edinburgh London Melbourne New York, pp. 183-204

Valcke AAP, van Waalwijk van Doorn ESC, Kimmich HP, Debruyne FMj (1984) L'examen urodynamique télémetrique de la vessie. Acta Urol Belg 52: 220-221

Venema PL, Kramer AEJL (1985) Kontinuierliche Urethra-Druckmessung: Therapeutische Konsequenzen. In: Harzmann R, Jacobi GH, Weißbach L (eds) Experimentelle Urologie. Springer Verlag, Berlin Heidelberg New York Tokyo, pp. 114-119

Venema PL, Kramer AEJL (1986) Treatment of female incontinence with or without urethral instability. World J Urol 4: 27-31

Vereecken RL, Das J (1985) Urethral instability: related to stress and/or urge incontinence? J Urol 134: 698-701

Vereecken RL, de Meirsman J, Puers B, van Mulders J (1982) Electrophysiological exploration of the sacral conus. J Neurol 227: 135-144

Vodusek DB, Light JK (1983) The motor nerve supply of the external urethral sphincter muscles: an electrophysiologic study. Neurourol Urodyn 2: 193-200

Wart F, Roose G (1984) Le biofeedback (auto-relaxation contrôlée) en complément de la gymnastique périneále dans le traitment médicale de l'incontinence urinaire de la femme. Acta Urol Belg 52: 261-268

Wheeler JS, Siroky MB, Pavlakis AJ, Goldstein I, Krane RJ (1983) The changing neurourologic pattern of multiple sclerosis . J Urol 130: 1123-1125

Yalla SV, Sharma GVRK, Barsamian EM (1980) Micturition static urethral pressure profile: method of recording urethral pressure profile during voiding and implications. J Urol 124: 649-656

Anhang 1

Berichte der International Continence Society (ICS) zur Standardisierung der Terminologie der Funktion des unteren Harntrakts.

Berichte 1–4

Die Funktion der unteren Harnwege
Standardisierung der Terminologie von Inkontinenz, Zystometrie, Urethradruckprofil und Maßeinheiten
P. Bates, W.E. Bradley, E. Glen, H. Melchior, D. Rowan, A. Sterling und T. Hald (Chairman).
Urologe A 15, 93–96 (1976)

Standardisierungskommission
Die Funktion des unteren Harntraktes
2. Bericht zur Standardisierung der Terminologie
Zusammengestellt vom Standardisierungskomitee der International Continence Society (Mitglieder: P. Bates, D. Rowan, E. Glen, A. Sterling, D. Griffiths, N. Zinner, H. Melchior und T. Hald).
Urologe A 19, 189–191 (1980)

Standardisierungskommission
3. Bericht zur Standardisierung der Terminologie
Verfahren zur Miktionsanalyse, Druck-Fluß-Beziehungen, Restharn
Zusammengestellt vom Komitee zur Standardisierung der Terminologie der International Continence Society in Nottingham (England) im Februar 1977, überarbeitet aufgrund der Diskussion während der Mitgliederversammlung der International Continence Society in Portoroz (Jugoslawien) im September 1977
P. Bates, W.E. Bradley, E. Glen, D. Griffiths, H. Melchior, D. Rowan, A. Sterling und T. Hald (Vorsitzender)
Urologe A 19, 315–317 (1980)

Standardisierungskommission
Die Funktion des unteren Harntraktes
4. Bericht zur Standardisierung der Terminologie: Neuromuskuläre Dysfunktionen
P. Bates, W.E. Bradley, E. Glen, H. Melchior, D. Rowan, A.M. Sterling, T. Sundin, D. Thomas, M. Torrens, R. Turner–Warwick, N.R. Zinner und T. Hald.
Urologe A 21, 171–173 (1982)

Bericht 5: z.Zt. nicht in endgültiger Form vorliegend.

6. Die Funktion der unteren Harntraktes
Bericht zur Standardisierung der Terminologie der neurophysiologischen Untersuchungen: Elektromyographie, Nervenleitungsgeschwindigkeit, Reflex–Latenzen, evozierte Potentiale und Sensibilitätstestung.
P. Abrams, J.G. Blaivas, S.L. Stanton, J. Andersen (Vorsitzender).
Übersetzt von: U. Jonas, H. Madersbacher, H. Melchior, H. Palmtag, B. Schönberger, K.F. Stockamp.

Die Funktion der unteren Harnwege

Standardisierung der Terminologie von Inkontinenz, Zystometrie, Urethra-Druckprofil und Maßeinheiten[1]

P. Bates, W. E. Bradley, E. Glen, H. Melchior, D. Rowan, A. Sterling und T. Hald (Chairman)

Aufgrund der Diskussion anläßlich der 4. Jahrestagung der International Continence Society (ICS) 1974 in Mainz hat das Standardisierungskomitee der ICS die Aufgabe erhalten, Empfehlungen für eine einheitliche Terminologie zur Funktion der unteren Harnwege zu erarbeiten. Der vorliegende Bericht enthält speziell Vorschläge zu Harninkontinenz und deren Funktionsdiagnostik sowie die wichtigsten Maßeinheiten.

Harninkontinenz

Harninkontinenz ist eine Krankheit, bei welcher der unwillkürliche Urinabgang ein soziales oder hygienisches Problem darstellt: der unwillkürliche Urinabgang muß objektivierbar sein. Urinabgang durch andere Kanäle als die Urethra bezeichnet man als extraurethrale Inkontinenz.

Unter *Streßinkontinenz* versteht man
1. ein Symptom.
2. ein klinisches Zeichen.
3. eine Kondition.

Das *Symptom* „Streßkontinenz" bezieht sich auf die Angaben des Patienten, welcher über unwillkürlichen Urinabgang bei körperlicher Arbeit (im weitesten Sinne des Wortes) klagt.

Das *klinische Zeichen* der „Streßinkontinenz" ist die Beobachtung des unwillkürlichen Urinabganges aus der Urethra bei intraabdominaler Druckerhöhung.

Die *Konditionen* der „genuinen Streßinkontinenz" sind erfüllt, wenn der unwillkürliche Urinabgang als Folge eines intravesikalen Druckanstiegs über den maximalen Urethraverschlußdruck bei fehlender Detrusoraktivität auftritt.

Urge Incontinence nennt man den unwillkürlichen Urinabgang bei imperativem Harndrang. Die motorische Urge Incontinence beruht auf nicht beeinflußbaren Detrusorkontraktionen, bei der sensorischen Urge Incontinence fehlt eine unkontrollierte Detrusoraktivität.

Die *Reflexinkontinenz* ist die Folge eines anomalen spinalen Reflexes, der ohne das subjektive Gefühl des Harndranges ausgelöst wird.

[1] Dies ist der 1. Bericht des Standardisierungskomitees der International Continence Society (Aachen, im Februar 1975)

Ursache der *Überlaufinkontinenz* ist ein Anstieg des intravesikalen Druckes über das Druckmaximum in der Harnröhre als Folge passiver Überdehnung der Blasenwand; bei der „Überlaufinkontinenz" ist keine Detrusoraktivität nachweisbar.

Untersuchungen zur Harnspeicherung

1. Zystometrie

Mit der Zystometrie wird die Abhängigkeit des intravesikalen Druckes von der Blasenfüllung gemessen (Druck-Volumen-Korrelation). Der hydrostatische Nullpunkt wird in Höhe der Symphysenoberkante angenommen.

Wichtig sind die Angaben über

Zugang:	1. transurethral, 2. perkutan;
Medium:	1. Flüssigkeit, 2. Gas;
Temperatur:	Grad Celsius;
Position des Patienten:	1. liegend, 2. sitzend, 3. stehend;
Blasenfüllung:	1. kontinuierlich, 2. stufenweise.

Die Füllungsgeschwindigkeit sollte genau angegeben werden[2], bei stufenweiser Blasenfüllung die einzelnen Füllungsvolumina.

Technik:

1. Einfach-, Doppellumenkatheter oder mehrere Katheter.
2. Kathetertyp (Hersteller);
3. Kathertergröße (Charr.);
4. Apparative Ausrüstung.

---

[2] Für die allgemeine Diskussion können folgende Füllungsgeschwindigkeiten zugrunde gelegt werden:
1. bis 10 ml min: „slow fill cystometry";
2. 10–100 ml min: „medium fill cystometry";
3. über 100 ml min: „rapid cystometry".

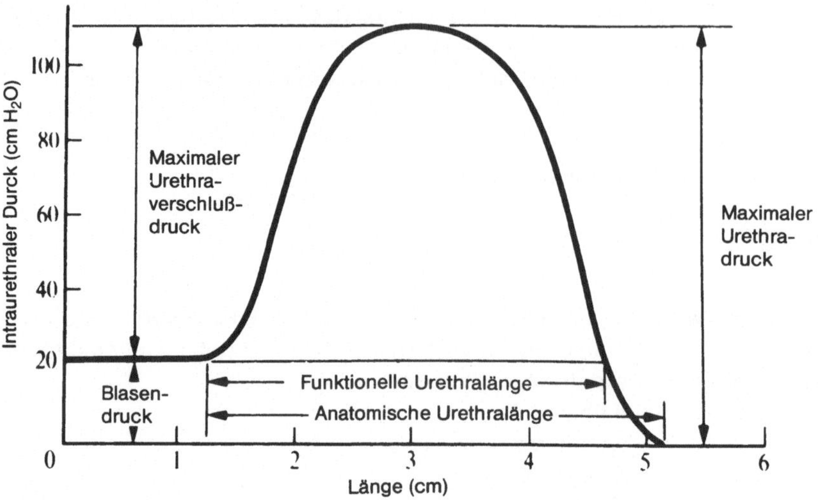

Abb. A.1. Urethradruckprofil, Definition der Untersuchungsdaten

Ergebnisse

Vor jeder zystometrischen Untersuchung sollte der Restharn bestimmt werden.

Intravesikale Druckwellen mit einer Amplitude von mehr als 15 cm H_2O, die der Patient nicht unterdrücken kann, sind charakteristisch für eine „uninhibited bladder". Druckerhöhungen von weniger als 15 cm H_2O müssen vom klinischen Befund her interpretiert werden.

Das Füllungsvolumen, bei welchem der erste Harndrang einsetzt, sollte stets angegeben werden.

Die *„maximale Blasenkapazität"* ist das Füllungsvolumen, bei dem der Patient einen starken Harndrang verspürt.

Die *„effektive Blasenkapazität"* ist die maximale Blasenkapazität minus Restharn.

Der *Detrusorkoeffizient* (Compliance) setzt Blasendruck und Blasenfüllung miteinander in Beziehung. Er ist definiert als

$$C = \frac{\Delta V}{\Delta p}$$

(ΔV ist die Volumenänderung und Δp die Änderung des intravesikalen Druckes in Abhängigkeit vom Blasenvolumen.)

Die Fähigkeit, willkürlich Detrusorkontraktionen zu induzieren, ist typisch für eine intakte Nervenbahn von der Großhirnrinde zum Detrusor vesicae. Ihr Fehlen erfordert jedoch weitere diagnostische Maßnahmen bevor eine Diagnose gestellt werden kann.

Bei einer normalen Zystometrie muß der Patient wach sein, er darf nicht sediert werden; andernfalls muß dies erwähnt werden.

2. Urethradruckprofil

Urethradruckprofil nennt man den intraluminalen Druck entlang der Harnröhre während der Ruhe- oder Speicherphase der Blase. Der hydrostatische Nullpunkt wird in Höhe der Symphysenoberkante angenommen. Es ist sinnvoll, den Blasendruck simultan mitzumessen.

Wichtig sind die Angaben über
1. Kathetertyp und -größe;
2. Meßtechnik;
3. Perfusionsgeschwindigkeit;

Tabelle A.1. SI-Maßeinheiten der Urodynamik

Größe	Einheit	Symbol
Volumen	Milliliter	ml
Zeit	Sekunden	s
Durchfluß	Milliliter Sekunde	ml s^{-1}
Druck	Zentimeter Wassersäule[a]	cm H_2O
Länge	Meter oder Untereinheiten	m, cm, mm
Geschwindigkeit	Meter pro Sekunde oder Untereinheiten	m s^{-1}, cm s^{-1}
Temperatur	Grad Celsius[b]	C

[a] Die SI-Einheit ist Pascal; gegenwärtig ist es aber nur parktikabel, die urodynamischen Meßgeräte in cm H_2O zu eichen. Ein Zentimeter Wassersäule entspricht etwa 100 Pascal (1 cm H_2O = 98.07 Pa). Wenn man jedoch andere Parameter berechnet, die eine Funktion des Druckes sind (z.B. Detrusorkoeffizient), dann muß man Pascal verwenden, um Mißverständnissen vorzubeugen. Meßergebnisse, die in Millimeter Quecksilbersäule (mm Hg) angegeben werden, können nicht mehr akzeptiert werden.

[b] Die SI-Einheit ist Grad Kelvin. Die Temperaturskala nach Kelvin ist praktisch identisch mit der nach Celsius, nur beginnt die Kelvin-Skala am absoluten Nullpunkt (–273,16 C), was für die medizinische Praxis unpraktisch erscheint. Daher sollte weiterhin die Celsius-Skala bevorzugt werden.

Tabelle A.2. Grundeinheiten des SI-Maßsystems

Größe	Einheit	Symbol
Masse	Kilogramm	kg
Länge	Meter	m
Zeit	Sekunde	s
Temperatur	Kelvin	K
elektrischer Strom	Ampère	A
Helligkeit	Candela	cd
Menge eines Stoffes	Mol	mol

4. Kontinuierlicher oder schrittweiser Durchzug;
5. Durchzugsgeschwindigkeit;
6. Blasenfüllung;

7. Position des Patienten:
   a) liegend,
   b) sitzend,
   c) stehend.

Ergebnisse (Abb. A.1)

Der *maximale Harnröhrendruck* entspricht dem maximal gemessenen Druck in der Harnröhre.

Der *maximale Harnröhrenverschlußdruck* ist die Differenz zwischen maximalen Harnröhrendruck und Blasendruck.

Die *funktionelle Harnröhrenlänge* entspricht dem Harnröhrensegment, in welchem der Harnröhrendruck höher ist als der Blasendruck.

(Die *totale Harnröhrenlänge* ist im allgemeinen klinisch nicht relevant.)

Maßeinheiten

In der gängigen urodynamischen Literatur gibt es keine einheitlichen Maßeinheiten. Der intravesikale Druck wird beispielsweise einmal in mm Hg, einmal in cm H_2O angegeben. Wird der Tonus der Blasenwand nach dem Laplace-Gesetz berechnet, so findet man oft dyn cm^{-2}. Da die verschiedenen verwendeten Systeme nicht übereinstimmen, muß es zu Mißverständnissen kommen, insbesondere wenn man andere Parameter wie den Detrusorkoeffizienten oder den Miktionswiderstand berechnen will. Allein aus diesen Beispielen wird deutlich, daß eine Standardisierung der Maßeinheiten eine Conditio sine qua non für eine sinnvolle Diskussion ist. Einige wissenschaftliche Zeitschriften fordern daher, daß sämtliche Meßergebnisse in *SI-Einheiten* angegeben werden.

Tabelle A.3. Abgeleitete SI-Maßeinheiten

Fläche	= (Länge)^2	= m^2	= Quadratmeter
Volumen	= (Länge)^3	= m^3	= Kubikmeter[a]
Durchfluß	= Volumen pro Zeiteinheit	= $m^3 s^{-1}$	= Kubikmeter pro Sekunde[b]
Dichte	= Masse pro Volumeneinheit	= $kg\, m^{-3}$	= Kilogramm pro Kubikmeter
Geschwindigkeit	= Strecke pro Zeiteinheit	= $m\, s^{-1}$	= Meter pro Sekunde
Beschleunigung	= Geschwindigkeitszunahme pro Zeiteinheit	= $m\, s^{-2}$	= Meter pro Sekunde pro Sekunde
Kraft	= Masse x Beschleunigung	= $kg\, m\, s^{-2}$	= Newton (N)*
Arbeit	= Kraft x Weg	= N m	= Joule (J)*
Leistung	= Arbeit pro Zeiteinheit	= $N\, m\, s^{-1}$	= Watt (W)*
Druck	= Kraft pro Flächeneinheit	= $N\, m^{-2}$	= Pascal (Pa)*
Zug	= Kraft pro Flächeneinheit	= $N\, m^{-2}$	= Pascal (Pa)*
Spannung	= Kraft pro Längeneinheit	= $N\, m^1$	= Newton pro Meter
Impuls	= Masse x Geschwindigkeit	= $kg\, m\, s^{-1}$	= Kilogramm Meter pro Sekunde
elektrische Ladung	= elektrischer Strom x Zeit	= As	= Coulomb (C)
Potentialdifferenz (elektrische Spannung)	= Arbeit, um 1 Coulomb zu bewegen	= Joule pro Coulomb	= Volt (V)
elektrischer Widerstand	= Potentialdifferenz für 1 Ampère	= Volt pro Ampère	= Ohm (Ω)

[a] Grundsätzlich anerkannt ist auch Liter = dm^3.
[b] Grundsätzlich anerkannt wird auch Liter pro Sekunde = $dm^3 s^{-1}$.
* (s. Text).

Tabelle A.4. Vielfache der SI-Maßeinheiten

Vorsilbe	Symbol	Multiplikator	Bemerkungen
tera	T	10^{12}	
giga	G	10^9	
mega	M	10^6	
kilo	k	10^3	
hecto	h	10^2	1
deca	da	10^1	1
deci	d	10^{-1}	1, 2
centi	c	10^{-2}	1, 3
milli	m	10^{-3}	
micro	u	10^{-6}	
nano	n	10^{-9}	
pico	p	10^{-12}	

Bemerkungen:
1. Man ist bemüht, eine unnötig feine Unterteilung durch die grundsätzliche, oft verwirrende Anwendung von Exponenten zu reduzieren (a = +2, +1, -1, -2).
2. Die Vorsilbe „deci“ wird häufig gebraucht, um ein Volumen von 10^{-3} m^3 = 1 dm^3 zu beschreiben, da 1 dm^3 per definitionem 1 Liter entspricht.
3. Ebenso ist „centi“ eine grundsätzlich ungünstige Vorsilbe, aber sie ist zu fest im Sprachgebrauch verwurzelt, als daß sie zum gegenwärtigen Zeitpunkt eliminiert werden könnte.

Le Système International d'Unités (SI-Einheiten)

Anläßllich der Conférence Générale des Poids et Mesures (CGPM) 1960 in Paris hat man sich international geeinigt, das SI-System der Maßeinheiten (die Abkürzung SI wird in allen Sprachen benutzt) für alle wissenschaftlichen und technischen Arbeiten zugrunde zu legen. Es entspricht in Umfang und Aufbau dem traditionellen metrischen System; es ist rational, kohärent und umfassend. Daher erscheint es nur logisch, daß dieses System auch in der Urodynamik verwendet werden sollte (Tabelle A.1).

Es gibt sieben Grundeinheiten (Tabelle A.2), alle anderen Einheiten werden von diesen abgeleitet. Die drei mechanischen Grundeinheiten sind Masse, Länge und Zeit.

Abgeleitete SI-Einheiten

Diese Einheiten sind durch eine Kombination von Grundeinheiten zusammengesetzt, einige von ihnen haben Eigennamen (*) erhalten (Tabelle A.3).

Anwendung der SI-Einheiten und ihrer Vielfachen

Wie im metrischen System kann die Einheit mit einem Zusatz versehen werden, welcher anzeigt, daß ein Multiplikator in Form von 10^a verwandt worden ist (Tabelle A.4)

Das Symbol einer Vorsilbe ist eingeführt worden, um durch Kombination mit dem Einheitssymbol eine neue Einheit zu bilden, welche die ursprüngliche Einheit in positiver oder negativer Richtung verändert.

Beispiel: $1\,cm^3 = (10^{-2} m)^3 = 10^{-6} m^3$,
$1\,kN\,m^{-2} = 10^3\,N\,m^{-2}$.

Wenn eine Menge durch eine numerische Zahl und eine bestimmte Einheit ausgedrückt wird, dann ist man übereingekommen, solche Einheiten zu verwenden, daß Zahlenwerte zwischen 0,1 und 1000 resultieren.

Beispiel: 14300 N = 14,3 kN,
0,00564 m = 5,64 mm

Standardisierungskommission

Die Funktion der unteren Harntraktes[1]

2. Bericht zur Standardisierung der Terminologie

Zusammengestellt vom Standardisierungskomitee der Internationalen Continence Society
(Mitglieder: P. Bates, D. Rowan, E. Glen, A. Sterling, D. Griffiths, N. Zinner, H. Melchior und T. Hald)

[1] Die Erstellung dieses Berichtes wurde unterstützt durch Zuschüsse des Dänischen Forschungsrates und der P. Carl Petersen's Stiftung.

Zusammenfassung

Der 2. Bericht des Standardisierungs-Komitees der International Continence Society legt die Terminologie von Untersuchungsmethoden zur differential-diagnostischen Abklärung von Miktionsstörungen, inbesondere die der Harnflußmessung (Uroflowmetrie) sowie der Druckmessungen während der Miktion, fest.

Einleitung

Der 2. Bericht des Standardisierungskomitees der International Continence Society befaßt sich mit der Terminologie von Funktionsstörungen des unteren Harntraktes. Er beschäftigt sich speziell mit der Miktion und empfiehlt die Anwendung einheitlicher Symbole. Diese Empfehlungen waren anläßlich des 5. Jahrestreffens der International Continence Society im September 1975 in Glasgow (Schottland) Gegenstand der Diskussion.

Die Standardisierung der Terminologie hat das Ziel, den Vergleich urodynamischer Untersuchungsergebnisse verschiedener Arbeitsgruppen untereinander zu erleichtern. Es wird empfohlen, auf die Anwendung dieser Terminologie in schriftlichen Publikationen durch eine Fußnote zum Kapitel „Methodik" hinzuweisen:

„Methoden, Definitionen und Einheiten entsprechen den Empfehlungen der International Continence Society mit Ausnahme der besonders aufgeführten."

Die Urodynamik ist eine Arbeitsrichtung, welche sich mit den morphologischen, physiologischen, biomechanischen und hydrodynamischen Problemen des Harntransportes befaßt. Der vorliegende Bericht umfaßt speziell die Urodynamik des unteren Harntraktes.

Untersuchungsmethoden zur Diagnostik von Miktionsstörungen

Harnfluß

Der Harnfluß ist definiert als das Flüssigkeitsvolumen, welches pro Zeiteinheit via Urethra ausgeschieden wird; er wird in ml/s angegeben.

Wichtig sind die Hinweise auf

1. Untersuchungsbedingungen und Position des Patienten: liegend, sitzend oder stehend;
2. Blasenfüllung: spontane oder forcierte Diurese (Angabe des Pharmakon) oder über Katheter (transurethral oder suprapubisch); Füllungsgeschwindigkeit;
3. Flüssigkeit (Angabe über Temperatur).

Untersuchungstechnik:

1. Meßeinrichtung (apparative Ausrüstung), 2. Einzeluntersuchung oder kombiniert mit anderen Messungen.

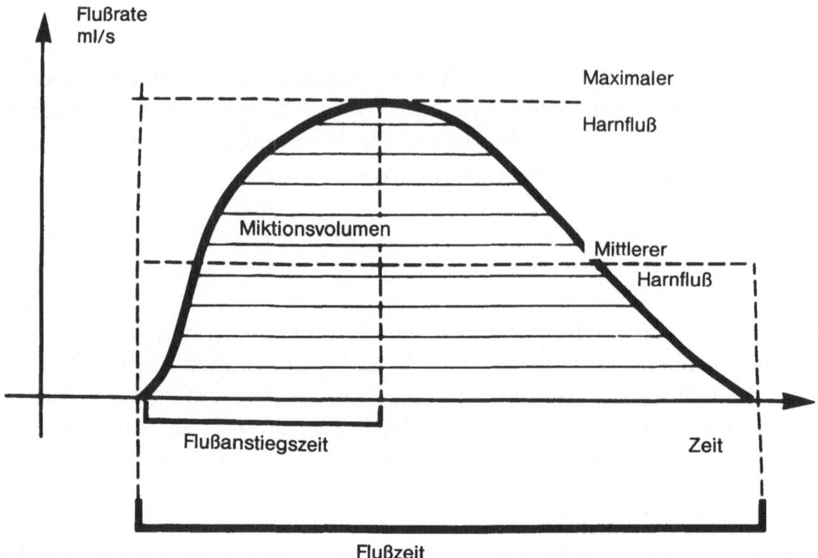

Abb. A.2. Schema einer Harnflußkurve (kontinuierlicher Harnfluß)

Definitionen:

a) kontinuierlicher Harnfluß (Abb. A.2)

Harnflußzeit ist die Zeit, während der ein meßbarer Harnfluß registriert wird;

die *Flußanstiegszeit* wird vom Beginn des Harnflusses bis zum Erreichen des maximalen Harnflusses gemessen;

maximalen Harnfluß nennt man den höchsten gemessenen Harnflußwert;

das *Miktionsvolumen* ist die gesamte Harnmenge, welche durch die Urethra ausgeschieden wird;

der *mittlere Harnfluß* ist definiert als das Miktionsvolumen dividiert durch die Miktionszeit;

b) intermittierender Harnfluß oder kontinuierlicher Harnfluß mit meßbarem Nachträufeln (Abb. A.3). Für den intermittierenden Harnfluß bzw. den kontinuierlichen Harnfluß mit Nachträufeln können die gleichen Parameter angewandt werden

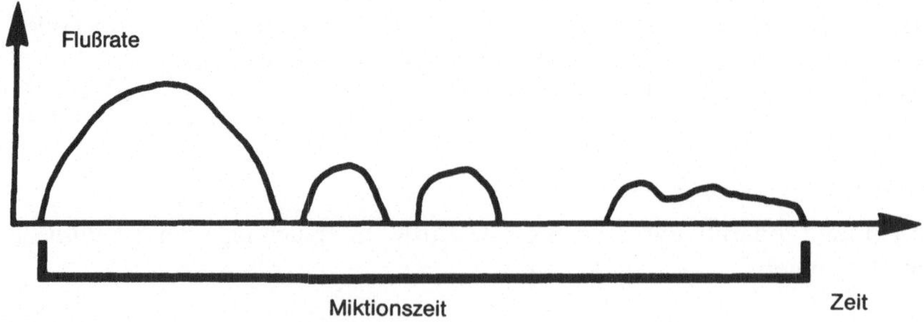

Abb. A.3. Schema einer Harnflußkurve (intermittierender Harnfluß)

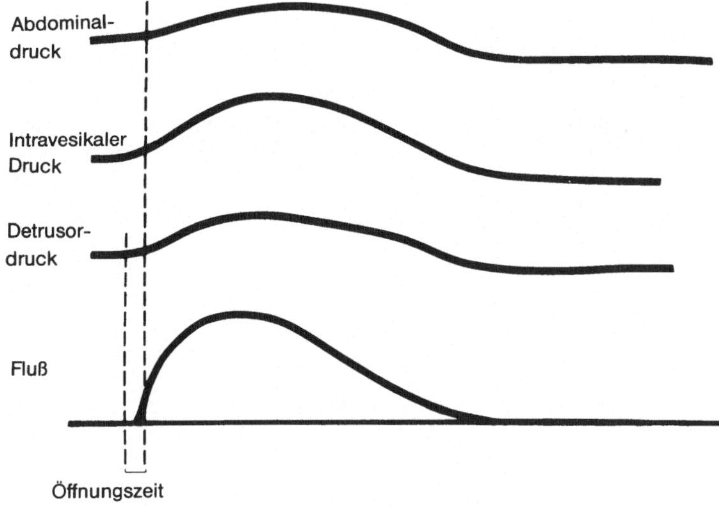

Abb. A.4. Schema kombinierter Druck-Fluß-Messungen

wie für den kontinuerlichen Harnfluß; es muß jedoch unterschieden werden zwischen Miktionszeit und Harnflußzeit. Bei der Bestimmung der *Harnflußzeit* dürfen die Pausen zwischen den einzelnen Miktionsintervallen nicht einbezogen werden; auch die Zeit eines terminalen Harnträufelns bleibt unberücksichtigt. Die *Miktionszeit* ist dagegen definiert als die gesamte Dauer der Miktion einschließlich der Unterbrechungen. Nur bei kontinuierlicher Miktion ist die Miktionszeit identisch mit der Harnflußzeit.

Tabelle A.5. Druckparameter der Miktion

	Druckkurven:		
	intravesikal	abdominal	Detrusor
Prämiktionsdruck	intravesikaler Prämiktionsdruck	abdominaler Prämiktionsdruck	Detrusor-Prämiktions-druck
Öffnungsdruck	intravesikaler Öffnungsdruck	abdominaler Öffnungsdruck	Detrusor-Öffnungsdruck
maximaler Druck	maximaler intra-vesikaler Druck	maximaler abdo-minaler Druck	maximaler Detrusordruck
Druck bei maxi-malem Harnfluß	intravesikaler Druck bei maximalem Harnfluß	abdominaler Druck bei maximalem Harnfluß	Detrusordruck bei maximalem Harnfluß
Kontraktionsdruck bei maximalem Harnfluß	intravesikaler Kontraktionsdruck bei Harnfluß	abdominaler Kontraktionsdruck bei maximalem Harnfluß	Detrusor-Kontrak-tionsdruck bei maxi-malem Hanfluß

Tabelle A.6. Technische Symbole

Basissymbole		spezielle urologische Symbole		Werte	
Druck	p	Blase	ves	Maximum	max
Volumen	v	Urethra	ura	Minimum	min
Fluß	Q	Ureter	ure	Mittel	ave
Geschwindigkeit	v	Detrusor	det		
Zeit	t	Abdomen	abd		
Temperatur	T				
Länge	l				
Fläche	A				
Durchmesser	d				
Kraft	F				
Energie	E				
Leistung	P				
Dehnung	C				
Arbeit	W				

Beispiel: $p_{ves\,max}$ = maximaler intravesikaler Druck

Harnflußbild:

Das Harnflußbild muß speziell beschrieben werden. Zum gegenwärtigen Zeitpunkt können noch keine zwingenden Definitionen gegeben werden; Illustrationen sind vorzuziehen.

Anmerkung:

Harnflußmessungen sind grundsätzlich als Screening-Untersuchungen bei Verdacht auf funktionelle oder obstruktive Blasenentleerungsstörung sowie zur Dokumentation von Behandlungsergebnissen und zur Verlaufskontrolle progredienter Erkrankungen geeignet. Die Aussagekraft der Harnflußmessung als isolierte Untersuchungsmethode ist jedoch begrenzt. Sie wird wesentlich erweitert, wenn man die Harnflußmessung in Beziehung zu Blasendruck, Blasenfüllung und Restharn sowie zu Alter und Geschlecht des Patienten setzt.

Druckmessung während der Miktion

Hydrodynamischer Nullpunkt für alle Druckmessungen des unteren Harntraktes ist die Ebene der Symphysen-Oberkante. Druckwerte werden stets in cm H_2O angegeben. Bei intravesikalen Druckmessungen sollte stets angegeben werden, ob die Untersuchung transurethral, suprapubisch-perkutan oder telemetrisch erfolgt; der intraabdominale Druck kann transrektal, über den Magen oder intraperitoneal gemessen werden. Die Lage des Patienten ist stets anzugeben: liegend, sitzend oder stehend.

Seitens der Meßtechnik müssen Kathetertyp und -größe sowie die apparative Ausrüstung angegeben werden.

Definition (Abb. A.4):

Transvesikalen Druck nennt man den in der Blase gemessenen Druck.

Der *Abdominaldruck* ist das Maß für den von außen auf die Blase wirkenden Druck; in der Praxis wird der Abdominaldruck im Rektum, im Magen oder intraperitoneal gemessen.

Der *Detrusordruck* ist definiert als der Anteil des intravesikalen Druckes, welcher durch die Kontraktionskraft der Blasenwand (aktiv oder passiv) aufgebracht wird; er wird bestimmt durch Subtraktion des Abdominaldruckes vom intravesikalen Druck.

Als *Öffnungszeit* bezeichnet man die Zeit vom Beginn des Detrusor-Druckanstiegs bis zum Einsetzen des Harnflusses; dies ist die initiale, isovolumetrische Kontraktionsphase der Miktion; das Zeitintervall sollte quantitativ angegeben werden.

Die folgenden Parameter können für die Auswertung sowohl des intravesikalen Druckes als auch des Abdominal- und Detrusordruckes angewandt werden (Tabelle A.5).

Prämiktionsdruck nennt man den Druck, welcher unmittelbar vor Einsetzen der initialen, isovolumetrischen Kontraktion gemessen wird.

Öffnungsdruck ist der Druck, welcher bei Einsetzen eines meßbaren Harnflusses registriert wird.

Druck bei maximalen Harnfluß ist der Druck, welcher während des maximalen Harnflusses bestimmt wird.

Der *Kontraktionsdruck bei maximalem Harnfluß* ist die Differenz zwischen dem Druck bei maximalen Harnfluß und dem Prämiktionsdruck.

Die Interpretation der postmiktionellen Meßdaten ist zum gegenwärtigen Zeitpunkt noch unsicher, so daß noch keine Definitionen gegeben werden können.

In der Praxis wird immer wieder versucht, Druck und Fluß in eine quantitative Beziehung zu setzen und einen „Miktionswiderstand" zu bestimmen. Bei der Determinierung eines derartigen „Miktionswiderstandes" und seiner Interpretation sollte man jedoch vorsichtig sein. Die Problematik des Widerstandfaktors wird in einem späteren Bericht diskutiert.

Symbole

Im allgemeinen ist es nützlich, in Publikationen gleiche Symbole und Abkürzungen zu verwenden. Daher wird ein System von Symbolen für den Code der Urodynamik empfohlen. Das vorgeschlagene System beruht auf den physikalischen Grundeinheiten, welche mit gezielten Fußnoten versehen werden. Die Basissymbole stimmen weitgehend mit den international üblichen überein. Durch die Fußnoten werden die Basissymbole in Relation zu den üblichen urodynamischen Parametern gesetzt (Tabelle A.6).

Wenn alle Parameter durch eigene Standardsymbole repräsentiert würden, wäre das Gesamtsystem zu unübersichtlich. Daher sollten weitere erforderliche Größen diesem System angepaßt und definiert werden.

Standardisierungskommission

Die Funktion des unteren Harntraktes

3. Bericht zur Standardisierung der Terminologie: Verfahren zur Miktionsanalyse, Druck-Fluß-Beziehungen, Restharn

Zusammengestellt vom Komitee zur Standardisierung der Terminologie der „International Continence Society“ in Nottingham (England) im Februar 1977, überarbeitet auf Grund der Diskussion während der Mitgliederversammlung der „International Continence Society“ in Portoroz (Jugoslawien) im September 1977

P. Bates, W. E. Bradley, E. Glen, D. Griffiths, H. Melchior und D. Rowan, A. Sterling und T. Hald (Vorsitzender)

Zusammenfassung

Der 3. Bericht des Standardisierungskomitees der ICS umfaßt die Terminologie der Verfahren zur Miktionsanalyse, der Druck-Fluß-Beziehungen während der Miktion sowie des Restharns.

Einleitung

Dieser Bericht setzt die Reihe der Empfehlungen zur Standardisierung von Methodik und Terminologie der Untersuchungsverfahren fort, welche auf eine qualitative und quantitative Miktionsanalyse zielen (vergl. „Die Funktionen des unteren Harntraktes“, 2. Bericht zur Standardisierung der Terminologie, Kopenhagen 1976); er schließt die Druck-Fluß-Beziehungen und den Restharn ein. Die vorliegenden Empfehlungen wurden anläßlich des 7. Jahreskongresses der „International Continence Society“ in Portoroz (Jugoslawien) im September 1977 diskutiert.

Die Standardisierung von Methodik und Terminologie hat das Ziel, den Vergleich von Ergebnissen der Arbeitsgruppen zu erleichtern, die urodynamische Untersuchungsmethoden anwenden. Es wird empfohlen, auf die Anwendung dieser standardisierten Terminologie in Publikationen durch eine Fußnote im Kapitel „Material und Methodik“ hinzuweisen.

Methoden, Definitionen und Maßeinheiten entsprechen den Empfehlungen der „International Continence Society“ mit Ausnahme der speziell hervorgehobenen.

Druck-Fluß-Beziehungen

Um eine Blasenentleerung zu erreichen, ist ein Austreibungsdruck erforderlich. Der Austreibungsdruck für die Miktion ist der Druck in der Blase. Dieser Druck kann allein durch eine Detrusor-Kontraktion (p_{det}), durch Bauchpresse (p_{abd}) oder durch eine Kombination beider Teilfunktionen ($p_{ves} = p_{det} + P_{abd}$) aufgebaut werden. Die Urethra ist ein unregelmäßiger, dehnbarer Schlauch, dessen Wand und Umgebung mit ihren aktiven und passiven Strukturen die Urinpassage beeinflussen. Blase und Urethra haben individuelle Eigenschaften; erst die Summe sämtlicher Eigenschaften determiniert die Druck-Fluß-Beziehung der Miktion. Die Druck-Fluß-Beziehung ändert sich nicht nur im Laufe einer Miktion, sondern auch von einer Miktion zur anderen beim gleichen Individuum. Auf Grund zahlreicher Miktionsanalysen wurde versucht, aus den Druck-Fluß-Beziehungen einen „Harnröhren-Widerstandsfaktor“ zu ermitteln, um normale Miktionsverhältnisse von pathologischen unterscheiden zu können; zahlreiche mathematische Gleichungen wurden aufgestellt und temporär klinisch angewandt:

1) p_{ves}/Q
2) p_{ves}/Q^2
3) p_{ves}/Q
4) p_{det}/Q
5) p_{det}/Q^2
6) $(p_{ves}-E_{str})/Q$
7) $(p_{ves}-E_{str})/Q^2$
8) $(p_{ves}-E_{str})/p_{ves}$
9) $d_{ura.eff} = \frac{32O + 1\,Q^2}{\Delta pg\tau^2}$

(E_{str} ist die kinetische Energie pro Volumeneinheit im äußeren Harnstrahl, häufig auch – unglücklicherweise – „Austrittsdruck“ = „exit pressure“ genannt; $d_{ura.eff}$ ist der rechnerisch ermittelte „effektive Harnröhrendurchmesser“; = Dichte der Flüssigkeit, f = Fanning-Reibungsfaktor, 1 = Harnröhrenlänge, Δ p = Reibungsverlust, g = Erdbeschleunigung, Q = Harnflußrate)

Es wäre schön, wenn man aus der Reihe der aufgestellten Gleichungen die beste auswählen und für den allgemeinen Gebrauch empfehlen könnte. Leider wurden sämtliche Gleichungen von den Strömungsgesetzen in starren Rohren hergeleitet. Die Harnröhre ist jedoch kein starres Rohr. Aus diesem Grunde ändern sich die Strömungsverhältnisse nicht nur im Laufe einer Miktion, sondern auch von der einen Blasenentleerung zur anderen. Daher sind die aus den Strömungsgesetzen in starren Rohren hergeleiteten Harnröhren–Widerstandsfaktoren nicht für den interindividuellen Vergleich von Untersuchungsergebnissen verschiedener Patienten geeignet. Sie sind eher irreführend.

Druck–Fluß-Messungen sind jedoch von großem Wert, da sie die gleichzeitige Beobachtung verschiedener Charakteristika während der Untersuchung ermöglichen:

a) ein niedriger Harnfluß bei hohem Miktionsdruck ist charakteristisch für eine Blasenauslaßobstruktion;

b) ein kräftiger Harnfluß trotz niedrigem Miktionsdruck schließt eine subvesikale Obstruktion aus;

c) ein intermittierender Harnfluß in Verbindung mit Bauchpresse bei fehlender Detrusor–Aktivität spricht für eine Schädigung der motorischen Detrusor–Innervation;

d) intermittierende Unterbrechungen oder Reduzierungen des Harnflusses ohne Bauchpresse, jedoch mit gleichzeitigem Anstieg des intravesikalen Druckes sprechen für eine intermittierende Kontraktion der urethralen und/oder periurethralen, quergestreiften Muskulatur.

In jedem Falle sollten die urodynamischen Untersuchungsbefunde nur in Verbindung mit den Ergebnissen der allgemeinen urologischen Diagnostik interpretiert werden.

Darstellung von Druck-Fluß-Beziehungen

Es scheint wesentlich sinnvoller zu sein, sowohl den gemessenen Harnflußwert als auch den zugehörigen intravesikalen bzw. Detrusordruck (p_{ves}, p_{det}) anzugeben, als nur einen ‚Harnröhren-Widerstandsfaktor'. Im allgemeinen wird der maximale Harnfluß in Beziehung zum Druck bei maximalem Harnfluß gesetzt; es ist aber auch möglich, jeden Zeitpunkt des Miktionsablaufes in analoger Weise auszuwerten.

Bei der graphischen Darstellung urodynamischer Untersuchungsbefunde von mehreren Patienten sollten die Druck–Fluß-Beziehungen nach dem in Abb. A.5 dargelegten Schema aufgetragen werden. Diese Form der graphischen Darstellung gestattet die Eintragung von Demarkationslinien, um die Untersuchungsergebnisse in Abhängigkeit von der Fragestellung gegeneinander abgrenzen zu können. Die in Abbildung A 5 eingetragenen Meßpunkte sind rein illustrativer Art, um aufzeigen zu können, wie solche Meßdaten möglicherweise in Gruppen zusammenfallen. Die Gruppe nicht eindeutiger Befunde kann sowohl Ergebnisse von untypischen Miktionen bei obstruktivem oder nicht obstruktivem Blasenauslaß als auch solche bei Detrusor–Insuffizienz mit oder ohne Blasenauslaßobstruktion enthalten. Gerade diese Gruppe der nicht eindeutigen Befunde spricht gegen Definition und Anwendung eines „Harnröhren–Widerstandsfaktors".

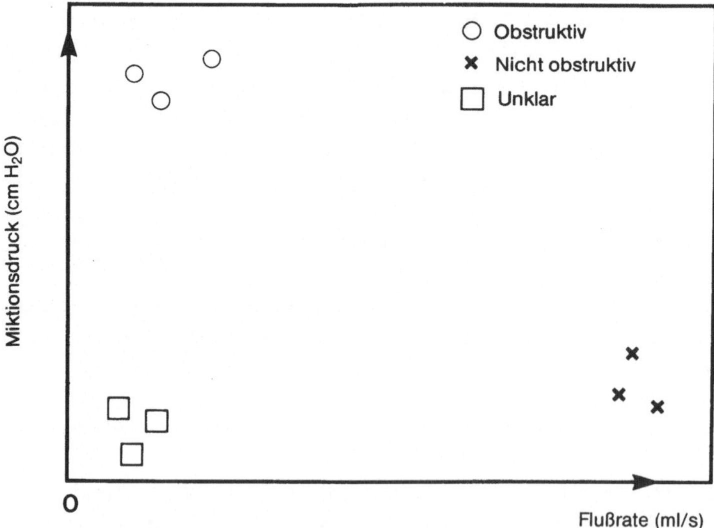

Abb. A.5 Darstellungsschema von Druck-Fluß-Beziehungen (Empfehlung). Die abgebildeten Meßpunkte sind rein illustrativ; sie sollen zeigen, wie die Meßdaten in Gruppen zusammenfallen können.

Restharn

„Restharn" ist als das Flüssigkeitsvolumen definiert, welches unmittelbar nach Abschluß einer Miktion in der Blase zurückbleibt. Die Bestimmung des Restharns ist ein wesentlicher Teil aller Miktionsuntersuchungen. Der Restharn wird normalerweise durch folgende Untersuchungsverfahren bestimmt:

1. Palpation	
2. Katheter oder Zystoskop	2.1 transurethral 2.2 suprapubisch
3. röntgenologisch	3.1 Ausscheidungsurographie 3.2 Miktionszysto-urethrographie
4. sonographisch	4.1 A-scan 4.2 B-scan
5. Radio–Isotopen	5.1 Clearance 5.2 Gamma-Kamera

Befunde

Restharn kann verschiedene Ursachen haben: Detrusor–Insuffizienz, Blasenauslaßobstruktion oder psychische Hemmung. Beim vesiko–ureteralen Reflux kann der Urin nach der Miktion in die Blase zurückfließen und fälschlicherweise als „Restharn" interpretiert werden. Der in einem Blasendivertikel nach der Miktion verbleibende Urin stellt ein besonderes Interpretationsproblem dar, da ein Divertikel sowohl als Teil des Blasenlumens als auch von der eigentlichen Harnblase funktionell getrennt angesehen werden kann.

Die oben erwähnten Untersuchungsmethoden haben bei den verschiedenen Funktionsstörungen, welche mit Restharn einhergehen, hinsichtlich ihrer Anwendbarkeit und Genauigkeit mehr oder weniger scharfe Grenzen. Es ist daher erforderlich, für jede klinische Fragestellung eine individuell geeignete Untersuchungstechnik auszuwählen.

Die restharnfreie Blasenentleerung ist ein klinischer Befund von bestimmtem Wert. Allerdings erfordert der einmalige Restharnbefund eine Kontrolle, bevor er als sicher gelten kann. Das Fehlen von Restharn schließt eine Blasenfunktionsstörung oder eine infravesikale Obstruktion nicht aus.

Speziell bei infravesikalen Obstruktionen gibt es sehr verschiedene und nur schwer verständliche Beziehungen zwischen Restharn und Veränderung in der Druck–Fluß-Beziehung. Im Studium dieser Zusammenhänge kann ein fruchtbares Feld für weitere Forschungen liegen, um sowohl ihre Bewertung als auch ihre Verknüpfungsmechanismen aufzudecken.

Standardisierungskommission

Die Funktion des unteren Harntraktes

4. Bericht zur Standardisierung der Terminologie: Neuromuskuläre Dysfunktionen[1]

P. Bates, W. E. Bradley, E. Glen, H. Melchior, D. Rowan, A. M. Sterling, T. Sundin, D. Thomas, M. Torrens, R. Turner-Warwick, N. R. Zinner und T. Hald

Zusammenfassung

Der 4. Bericht des Standardisierungskomitees der ‚International Continence Society' behandelt die Terminologie der neuromuskulären Dysfunktionen unter besonderer Berücksichtigung der Klassifikation der neuropathischen Blase.

Einleitung

Der 4. Bericht zur Standardisierung der Terminologie der Funktion des unteren Harntraktes enthält Empfehlungen bezüglich der neuromuskulären Dysfunktionen unter besonderer Berücksichtigung der Klassifikation der neuropathischen Blase.

Die Standardisierung der Terminologie hat das Ziel, den Vergleich von Untersuchungs- und Behandlungsergebnissen der Arbeitsgruppen zu erleichtern, welche sich mit urodynamischen Untersuchungsmethoden beschäftigen. Es wird empfohlen, auf die Anwendung dieser standardisierten Terminologie in Publikationen durch eine Fußnote im Kapitel „Material und Methoden" hinzuweisen:

„Methoden, Definitionen und Maßeinheiten entsprechen den Empfehlungen der ‚International Continence Society' mit Ausnahme der speziell hervorgehobenen."

Dysfunktionen des unteren Harntraktes können hervorgerufen werden durch

1. Störungen der versorgenden Nerven oder des psychologischen Kontrollsystems,
2. Veränderungen der muskulären Funktion,
3. strukturelle Anomalien.

Der Terminus „neuromuskuläre Dysfunktion" umfaßt sowohl die neurologischen und psychologischen als auch die muskulären Störungen.

Klassifikationen, welche auf dem Ursachen-Prinzip der Dysfunktion basieren, speziell auf der Lokalisation einer neurologischen Läsion, können verwirren. Eine Läsion ist häufig schwierig mit Sicherheit zu lokalisieren; außerdem können verschiedene Erkrankungen identische funktionelle Reaktionen am unteren Harntrakt hervorrufen.

[1] Zusammenstellung vom Standardisierungskomitee der ‚International Continence Society' nach vorausgegangener Diskussion anläßlich der ICS-Jahrestagungen in Manchester 1978 und Rom 1979

Daher gibt eine solche Klassifikation auch nur wenig Ansatzpunkte, wenn man sich Gedanken über die Behandlung einer Funktionsstörung des Endorgans macht. Ohne objektive Informationen über die Funktion ist es unmöglich, Behandlungsergebnisse verschiedener Zentren miteinander zu vergleichen. Die zugrundeliegende neurologische Erkrankung ist natürlich von entscheidender Bedeutung für prognostische, therapeutische und beratende Gesichtspunkte, so daß sie stets mit berücksichtigt werden muß.

Die zunehmende Anwendung urodynamischer Untersuchungsmethoden hat es möglich gemacht, Störungen der Detrusorfunktion und des urethralen Verschlußmechanismus mit einer gewissen Genauigkeit zu klassifizieren. Jedoch kann die Gesamtheit von Blasen- und Harnröhrenfunktionsstörungen zum gegenwärtigen Zeitpunkt noch nicht vollständig definiert werden. Daher enthält der vorliegende Bericht nur eine Basisklassifikation der Funktion. Es wurden nur neuromuskuläre Funktionen berücksichtigt; strukturelle Organveränderungen und komplizierende Faktoren wurden ausgelassen.

Der untere Harntrakt besteht aus Blase und Urethra. Diese bilden eine funktionelle Einheit und ihr Zusammenspiel darf nicht unberücksichtigt bleiben. Beide haben zwei Funktionen: Die Blase, zu speichern und zu entleeren, die Harnröhre, zu verschließen und den Urin passieren zu lassen. Wenn man von der hydrodynamischen Funktion oder der gesamten anatomischen Einheit als Speicherorgan, der Vesica urinaria, spricht, dann ist die korrekte Bezeichnung „Blase". Wenn man jedoch über die spezifische, glattmuskuläre Struktur des M. detrusor urinae diskutiert, dann ist die korrekte Bezeichnung „Detrusor".

Der Einfachheit halber werden Blase/Detrusor und Urethra getrennt abgehandelt, so daß eine Klassifikation erreicht wird, welche auf einer Kombination funktioneller Anomalien basiert. Es wurde kein Versuch gemacht, quantitative Definitionen zu geben oder die Effektivität zu berücksichtigen. Die Sensibilität kann nicht exakt gemessen, sondern muß abgeschätzt werden. Diese Klassifikation hängt von den Ergebnissen verschiedener objektiver, urodynamischer Untersuchungen ab. Die Zahl der spezifischen Untersuchungen kann von Patient zu Patient variieren. Grundsätzlich sind jedoch Untersuchungen sowohl der Füllungs- als auch der Entleerungsphase erforderlich.

Die Termini technici sollten objektiv definierbar und im Idealfall für eine möglichst große Zahl von Funktionsstörungen anwendbar sein. Wenn Autoren nicht mit der vorgelegten Klassifikation übereinstimmen oder Bezeichnungen gebrauchen, welche hier nicht definiert wurden, sollten sie deren Bedeutung klar beschreiben.

Detrusorfunktion

Die Detrusorfunktion kann „normal", „hyperaktiv" oder „hypoaktiv" sein. Aktivität in diesem Sinne bezieht sich auf Detrusorkontraktionen, welche von intravesikalen (p_{ves}) oder Detrusor-(p_{det}) Druckschwankungen interpretiert werden. Der Bezug auf den Detrusordruck ist vorzuziehen. Die Bewertung der Aktivität muß sowohl während der Füllungs- als auch während der Entleerungsphase erfolgen; die Klassifikation kann in beiden Phasen verschieden sein.

Normale Detrusorfunktion

Während der Füllungsphase steigt das Blasenvolumen ohne signifikanten Druckanstieg (Akkomodation). Es treten keine unwillkürlichen Detrusorkontraktionen auf, auch nicht unter Provokationsbedingungen. Eine normale Entleerung wird durch eine willkürlich ausgelöste Detrusorkontraktion erreicht, welche während der Entleerungsphase anhält und willkürlich unterdrückt werden kann. Ein so als „normal" definierter Detrusor kann als „stabil" bezeichnet werden.

Hyperaktive Detrusorfunktion

Eine hyperaktive Detrusorfunktion liegt vor, wenn während der Füllungsphase unwillkürliche Detrusorkontraktionen auftreten, welche spontan oder durch Provokation ausgelöst werden können und die der Patient nicht unterdrücken kann. Provokationsbedingungen schließen eine rasche Blasenfüllung, Lagewechsel, Husten, Laufen, Springen oder andere ‚Trigger'-Funktionen ein. Die Blasenentleerung kann durch eine unwillkürliche Detrusorkontraktion erfolgen oder durch eine willkürlich ausgelöste Kontraktion in Gang gesetzt werden, welche der Patient nicht unterdrücken kann. Es haben sich verschiedene Bezeichnungen eingebürgert, welche diesen Zustand beschreiben. Ein „instabiler" Detrusor liegt vor, wenn er sich nachweislich während der Füllungsphase kontrahiert – spontan oder nach Provokation –, während der Patient versucht, eine Blasenentleerung zu unterdrücken. Ein instabiler Detrusor kann asymptomatisch sein und beweist nicht notwendigerweise eine neurologische Störung.

Die „Detrusorhyperreflexie" ist definiert als eine Hyperaktivität infolge einer Störung im nervösen Kontrollmechanismus. Ob der instabile Detrusor identisch ist mit der Detrusorhyperreflexie, ist zum gegenwärtigen Zeitpunkt unbekannt. Bis diese Kontroverse ausdiskutiert ist, sollte die Detrusorhyperreflexie nur bei objektivem Nachweis einer neurologischen Störung angenommen werden.

Die Anwendung hypothetischer und nicht definierter Bezeichnungen wie „hyperton", „systolisch", ,,ungehemmt", „spastisch" oder „automatisch" sollte vermieden werden. Wenn über Druck-Volumen-Beziehungen in der Blase mit einem hohen Druckanstieg gesprochen wird, dann ist die korrekte Bezeichnung: eine „vermindert dehnbare" Blase (,,low compliance bladder"), z.B. eine Schrumpfblase nach Radiotherapie.

Hypoaktive Detrusorfunktion

Der hypoaktive Detrusor entwickelt während der Blasenfüllung keinerlei Kontraktionen; während der Entleerung kann eine Kontraktion völlig fehlen oder inadäquat sein. Ein „nicht–kontraktiler" Detrusor kontrahiert sich unter keinen Umständen. Eine „Detrusorareflexie" besteht, wenn die Hypoaktivität in Verbindung mit einer Erkrankung des Zentralnervensystems auftritt und als Zeichen einer kompletten Absenz jeder zentral koordinierten Kontraktion besteht. Bei einer Detrusorareflexie als Folge einer Läsion des Conus medullaris oder der sakralen Nervenbahnen sollte der Detrusor als „dezentralisiert" und nicht als ,,denerviert" charakterisiert werden, da die peripheren Neuronen erhalten bleiben. Die Blasenfunktion kann als „autonom" beschrieben werden. Bei solchen Blasen können kleinamplitudige Druckschwankungen auftreten.

Bezeichnungen wie „aton", „hypoton" oder „schlaff" sollten vermieden werden. Die Volumen-Druck-Beziehung der Blase bei einem großen Volumen mit geringem intravesikalen Druckanstieg wird als „vermehrt dehnbare" Blase („high compliance bladder") bezeichnet.

Harnröhrenfunktion

Der urethrale Verschlußmechanismus kann „normal", „hyperaktiv" oder „insuffizient" sein.

Normaler urethraler Verschlußmechanismus

Der normale urethrale Verschlußmechanismus hält einen positiven urethralen Druck während der Blasenfüllung – auch bei Auftreten erhöhter intraabdomineller Drucke – aufrecht. Er kann durch eine Detrusorhyperaktivität überwunden werden. Während der Miktion fällt der normale Verschlußdruck und erlaubt die Urinpassage. Der normale Verschlußmechanismus ist in der Lage, eine Blasenentleerung willkürlich zu unterbrechen.

Hyperaktiver urethraler Verschlußmechanismus

Ein hyperaktiver urethraler Verschlußmechanismus kontrahiert sich unwillkürlich gegen eine Detrusorkontraktion oder relaxiert nicht beim Miktionsversuch. Synchrone Detrusor- und Harnröhrenkontraktionen werden „Detrusor-Urethra-Dyssynergie" genannt. Diese Diagnose sollte jedoch durch Lokalisation und Art der beteiligten urethralen Muskulatur (quergestreift oder glatt) genauer bezeichnet werden:

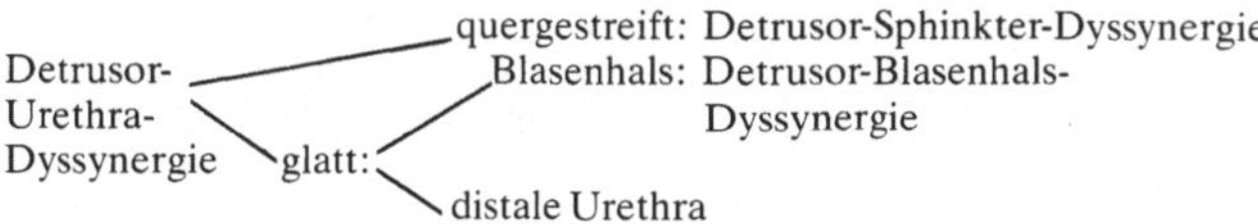

Ungeachtet der Konfusion, die den Begriff „Sphinkter" umgibt, ist die Anwendung einiger Bezeichnungen bereits so weit verbreitet, daß sie beibehalten und hier definiert werden. Die Bezeichnung „Detrusor-Sphinkter-Dyssynergie" beschreibt eine Detrusorkontraktion, welche mit einer anomalen Kontraktion der urethralen und/oder periurethralen, quergestreiften Muskulatur gleichzeitig auftritt. Bei Fehlen anderer neurologischer Zeichen sollte der Wert dieser Diagnose in Frage gestellt werden. Die Bezeichnung „Detrusor-Blasenhals-Dyssynergie" wird benutzt, um eine Detrusorkontraktion zu beschreiben, welche mit einer objektiv nachweisbaren, unzureichenden Öffnung des Blasenhalses einhergeht. Eine analoge Bezeichnung für eine mögliche Dyssynergie von Detrusor und distaler Harnröhre (glatte Muskulatur) konnte bisher nicht erarbeitet werden.

Insuffizienter urethraler Verschlußmechanismus

Ein insuffizienter urethraler Verschlußmechanismus gestattet den unwillkürlichen Urinabgang. Der negative urethrale Verschlußdruck kann permanent (dauernde Inkontinenz), bei Anstieg des Abdominaldruckes (eigentliche Streßinkontinenz) oder durch einen unwillkürlichen Abfall des intraurethralen Druckes bei fehlender Detrusoraktivität (instabile Urethra) auftreten. Eine Detrusorhyperaktivität ist häufiger durch eine Harninkontinenz kompliziert, wenn sie mit einem unwillkürlichen Abfall des urethralen Druckes einhergeht.

Sensibilität

Die Sensibilität ist äußerst schwierig auszuwerten, da sie eine rein subjektive Empfindung ist. Sie wird üblicherweise durch Befragen des Patienten in Abhängigkeit von der Blasenfüllung – entweder während der Erhebung der klinischen Anamnese oder während einer Zystometrie – ermittelt. Es gibt zwei verschiedene Sensibilitätsarten: Die „Propriozeption" informiert über Spannung und Kontraktion, die „Exterozeption" über Schmerz, Berührung und Temperatur. Die Sensibilität kann im allgemeinen als „normal", „hypersensibel" oder „hyposensibel" klassifiziert werden.

Literatur

(1976, 1980) Berichte des Standardisierungskomitees International Continence Society
Urologe [A] 15:93–96, 19:189–191, 19:315–317
Z Urol Nephrol 69:421–426, 73:763–768, 73:768–772

5. Bericht z. Z. nicht in endgültiger Form vorliegend.

Die Funktion des unteren Harntraktes

6. Bericht zur Standardisierung der Terminologie der neurophysiologischen Untersuchungen: Elektromyographie, Nervenleitungsgeschwindigkeit, Reflexlatenzen, evozierte Potentiale und Sensibilitätstestung.[1]

I.C.S. (International Continence Society): Komitee zur Standardisierung der Terminologie, New York, Mai 1985.[2]
Übersetzt von:
U. Jonas, H. Madersbacher, H. Melchior, H. Palmtag, B. Schönberger und K.F. Stockamp

Einleitung

Dieser Bericht beinhaltet die Empfehlungen zur Terminologie neurophysiologischer Untersuchungen des unteren Harntraktes mit Schwerpunkt auf Elektromyographie, Studien der Nervenbahnen und Sensibilitätsprüfungen.

Diese Standardwerte sollen den Vergleich der einzelnen Untersuchungen, die durch verschiedene Untersucher vorgenommen wurden, erleichtern. Es wird empfohlen, diese Standardwerte in Publikationen durch eine Fußnote im Teil „Material und Methode" oder einen entsprechenden Absatz folgendermaßen zu vermerken: „Methoden, Definitionen und Einheiten entsprechen den Empfehlungen der International Continence Society, wenn nicht anders vermerkt."

Elektromyographie

Die Elektromyographie (EMG) ist eine Untersuchung der elektrischen Potentiale, die durch die Muskeldepolarisation hervorgerufen werden. Das Folgende gilt für das EMG der quergestreiften Muskulatur. Die funktionelle Einheit im EMG ist die motorische Einheit. Diese besteht aus einem einzelnen Motorneuron und den Muskelfasern, die es innerviert. Das Aktionspotential einer motorischen Einheit ist die aufgezeichnete Depolarisation von Muskelfasern, die durch die Aktivierung einer einzelnen Vordernhornzelle entsteht. Muskelaktionspotentiale können entweder durch Nadelelektroden oder über Oberflächenelektroden aufgezeichnet werden. Die Nadelelektroden werden direkt in die Muskelmasse eingestochen und erlauben die Darstellung von Aktionspotentialen einzelner motorischer Einheiten. Oberflächenelektroden werden auf die epitheliale Oberfläche, möglichst nahe am zu untersuchenden Muskel angebracht. Oberflächenelektroden zeichnen die Aktionspotentiale von Gruppen- oder benachbarten motorischen Einheiten auf, die unter der Meßoberfläche liegen.

---

1. Überarbeitet entsprechend der Diskussion während der ICS Geschäftsitzung. London, September 1985.
2. Mitglieder: Paul Abrams, Jerry G. Blaivas, Stuart L. Stanton, Jens Andersen (Vorsitzender). Ad-hoc Mitglieder: Clare J. Fowler, Thomas Gerstenberg, Keith Murray.

Die EMG–Potentiale können am Oszilloskop sichtbar gemacht bzw. durch akustische Verstärkung wiedergegeben werden. Eine permanente Aufzeichnung von EMG–Potentialen kann nur mit Schreibern hoher Frequenzantwort (im Bereich von 10 MHz) dargestellt werden. Das EMG sollte immer im Zusammenhang mit den Symptomen des Patienten, der klinischen Untersuchung und den urologischen sowie urodynamischen Ergebnissen interpretiert werden.

Wichtig sind Hinweise auf

1. EMG als Einzeluntersuchung oder als Teil einer urodynamischen oder anderen elektrophysiologischen Untersuchung,
2. Patientenposition (auf dem Rücken liegend, stehend, sitzend oder anders),
3. Elektrodenposition.

a) Untersuchungsort (quergestreifte Urethramuskulatur, periurethrale quergestreifte Muskulatur, M. bulbocavernosus, M. sphincter ani ext., M. pubococcygeus oder andere). Es muß festgelegt werden, ob an einer oder mehreren Stellen, unilateral oder bilateral untersucht wird. Darüberhinaus muß die Anzahl der Messungen pro Untersuchungsort festgelegt werden.

b) Ableitelektroden: Es muß die genaue anatomische Lokalisation der Elektroden beschrieben werden. Bei der Nadelelektrode ist dies der Ort des Nadeleintritts, der Winkel und die Tiefe der Nadel. Bei vaginalen oder urethralen Oberflächenelektroden muß die Methode der Lagebestimmung der Elektroden festgelegt sein.

Beachte: Es darf keine elektrische Interferenz mit einem anderen Apparat (z.B. mit einem Röntgengerät) existieren.

Bezüglich der Meßtechnik sind folgende Angaben notwendig:

1. Elektroden
   Nadelelektroden
   - Typ (konzentrisch, bipolar, monopolar, Einzelfaser, andere)
   - Abmessungen (Länge, Durchmesser, Meßoberfläche)
   - Elektrodenmaterial (z.B. Platin)

   Oberflächenelektroden
   - Typ (Haut, Stöpsel (Plug), Katheter, andere)
   - Größe und Form
   - elektrisches Material
   - Art der Fixation der Elektrode an der zu messenden Oberfläche
   - Leitmedium (z.B. Kochsalz, Elektrodengel)

Position der Referenzelektroden.

2. Verstärker (Hersteller und Spezifikationen)
3. Signalverarbeitung (Daten: ungereinigt, „Hüllkurve" = gemittelte Kurve (Averager), integriert oder andere)
4. Aufzeichnungseinrichtungen (Hersteller und Spezifikation einschließlich folgender Parameter: Methode der Kalibrierung, Zeiteinheit, komplette Ausschlagbreite (in Mikrovolt) und Polarität).
   - Oszilloskop
   - Papierschreiber
   - Lautsprecher
   - andere

5. Speicherung (Hersteller und Spezifikation)
   - Papier
   - Magnetbandspeicher
   - Mikroprozessor
   - andere
6. „Hard copy“ Aufzeichnung (Hersteller und Spezifikation)
   - Papierschreiber
   - fotographische/videographische Reproduktion des Oszilloskopbildes
   - andere

EMG–Ergebnisse

1. Individuelle Aktionspotentiale der motorischen Einheiten (motor units): Die normalen motorischen Einheiten haben eine charakteristische Konfiguration, Amplitude und Dauer. Abweichungen der motorischen Einheit können als Anstieg von Amplitude, Dauer und Komplexität der Potentialformen (polyphasisch) erscheinen. Ein polyphasisches Potential ist durch das Auftreten von mehr als 5 Deflektionen definiert. EMG–Erscheinungsformen wie Fibrillationen, positive steile Wellen und spontane bizarre Potentiale hoher Frequenz werden als anormal angesehen.
2. Typische Erscheinungsformen: Im Normalfall zeigt sich ein gradueller Anstieg der Beckenboden- und Sphinkter-EMG-Aktivitäten während der Blasenfüllung. Bei Beginn der Miktion findet sich eine komplette Aktivitätsstille. Jede Sphinkter-EMG-Aktivität während der Entleerung ist als unnormal anzusehen, es sei denn, der Patient versucht die Miktion zu hemmen. Das Auftreten einer erhöhten Sphinkter-EMG-Aktivität während der Entleerung, die durch simultane Druckerhöhung und Flowschwankungen charakterisiert ist, wird als Detrusor-Sphinkter-Dyssynergie beschrieben. Dabei zeigt sich eine Detrusorkontraktion simultan mit einer unerwünschten Kontraktion der urethralen oder periurethralen quergestreiften Muskulatur.

Untersuchungen der Nervenleitungsgeschwindigkeit

Studien über die Nervenleitungsgeschwindigkeit sind – nach Stimulation des zu untersuchenden peripheren Nerven – die Aufzeichnungen der Zeit, die ein Muskel braucht, um zu reagieren. Die Zeit, die zwischen der Nervenstimulation und der muskulären Antwort liegt, wird *Latenzzeit* genannt. Die motorische Latenzzeit ist die Zeit, die die schnellsten motorischen Fasern im Nerven brauchen, um Impulse zum Muskel weiterzuleiten. Sie hängt von der Leitungsentfernung und -geschwindigkeit der schnellsten Fasern ab.

Die notwendigen Umschreibungen der Untersuchungstechnik sind gleichermaßen auch für die Ermittlung der Reflexlatenzen und evozierten Potentiale anwendbar (s.u.).

1. Untersuchungstyp
   - Nervenleitungsstudien (z.B. Nervus pudendus)
   - Festlegung der Reflexlatenz (z.B. M. bulbocavernosus)
   - spinal evozierte Potentiale

- kortikal evozierte Potentiale
- andere

2. Ist die Studie eine Einzeluntersuchung oder Teil einer urodynamischen bzw. neurophysiologischen Untersuchung?
3. Patientenposition und Temperatur der Umgebung, Geräuschniveau und Beleuchtung.
4. Elektrodenposition: Festlegung der Elektrodenposition in exakter anatomischer Beschreibung. Der genaue Interelektrodenabstand ist zur Errechnung der Nervenleitungsgeschwindigkeit erforderlich.
   - Stimulationsort (Penis, Klitoris, Urethra, Blasenhals, Blase oder andere)
   - Ableitort (Sphincter ani externus, quergestreifte periurethrale Muskulatur, M. bulbocavernosus, Rückenmark, Cortex cerebri oder andere)
   - Werden die spinalen evozierten Reaktionen gemessen, sollten die Positionen der Meßelektroden entsprechend dem internationalen System – 10 x 20 – System spezifiziert werden (Jasper, 1958). Die Ableittechnik muß genau ersichtlich sein: Elektroden einzeln oder multipel, unilateral oder bilateral, ipsilateral oder kontralateral oder andere)
   - Position der Referenzelektroden
   - Lage der Erdungselektrode: diese wird im Idealfall zwischen dem Platz von Stimulation und Messung sein, um einen Stimulationsartefakt zu verhindern.

An technischen Details, die auch bei der Ermittlung von Reflexlatenzen und evozierten Potentialen anwendbar sind, müssen folgende Informationen gegeben werden:

1. Elektroden: (Hersteller und Spezifikationen). Es sollten die Stimulations- und Ableitelektroden *getrennt* beschrieben werden (s.u.).
   - Form (z.B. Nadel, Platte, Ring und Formgebung von Anode und Kathode, (im Falle ihrer Anwendung)
   - Masse
   - elektrisches Material (z.B. Platin)
   - Kontaktmedium
2. Stimulator (Hersteller und Spezifikationen)
   - Stimulationsparameter (Impulsdauer, Frequenz, Form, Stromdichte, Elektrodenwiderstand in Kilo-
   - Definition außerdem in Begriffen des Schwellenwertes z.B. im Fall der supramaximalen Stimulation)
3. Verstärker (Hersteller und Spezifikationen)
   - Empfindlichkeit (mV-μV)
   - Filter – low pass (Hz/t) oder high pass (Hz/t)
   - Meßzeiteinheit (ms)
4. „Averager“ (Hersteller und Spezifikationen)
   - Anzahl der aufgezeichneten Stimulationen
5. Aufzeichnungsgerät (Hersteller und Spezifikationen einschließlich der Kalibrierungsmethode, der Zeiteinheit sowie des kompletten Kurvenausschlages, gemessen in Mikrovolt und Angabe der Polarität).
   - Oszilloskop
6. Speicher (Hersteller und Spezifikationen)
   - Papier
   - magnetische Bandaufzeichnung

  - Mikroprozessor
  - andere
7. „Hard Copy" Registrierung (Hersteller und Spezifikationen)
  - Papierkurvenregistrierung
  - fotographische/videographische Reproduktion des Oszilloskopschirms
  - XY Rekorder
  - andere

Beschreibung der Untersuchungen der Nervenleitungsgeschwindigkeit

Die Nervenleitungsgeschwindigkeit wird bestimmt, indem die Reaktionslatenz des Muskels gemessen wird. Als Latenz wird die Zeit bis zum Beginn der frühesten erkennbaren Antwort definiert.

1. Um sicherzustellen, daß die Latenz genau gemessen wird, sollte die Empfindlichkeit erhöht werden. Voraussetzung dafür ist eine klar definierte 0–Linie ($\geq$ 100 μV/div) div: Skalenausschlag unter Verwendung einer Kurzzeitbasis (ca 1–2 ms/div).
2. Bei Verwendung von Oberflächenelektroden zur Messung der Summenmuskelpotentiale kann durch die Bestimmung der Amplitude eine zusätzliche Information gewonnen werden, wenn man die Nervenleitungsgeschwindigkeit mißt. Die Empfindlichkeit muß so weit reduziert werden, daß die komplette Reizantwort darstellbar ist; dabei ist auch eine Spreizung der Kurve zu empfehlen (z.B. 1 mV/div und 5 ms/div).
   Da die Amplitude proportional zur Anzahl der Potentiale der motorischen Einheiten, die in Nachbarschaft der Meßelektroden liegen, ist, zeigt eine Amplitudenverringerung den Verlust von motorischen Einheiten und daher eine Denervation an. (Beachte: Eine Verlängerung der Latenz ist für eine Denervation nicht beweisend).
3. Zur Bestimmung von Reflexlatenzen ist erforderlich, daß eine sensible Region stimuliert und die Reflexantwort am Muskel gemessen wird. Die Messung solcher muskulären Reaktionen dient als Test für eine ungestörte Funktion sowohl der afferenten als auch der efferenten Schenkel eines Reflexbogens einschließlich seiner Synapse(n) im ZNS. Dabei ist die Reflexlatenz ein Maß für die Nervenleitungsgeschwindigkeit im Reflexbogen. Eine erhöhte Reflexlatenz kann durch eine verlangsamte afferente bzw. efferente Nervenleitung oder eine Verzögerung innerhalb des ZNS verursacht sein. Zu den technischen und auch allgemeinen Details siehe Seite 225 und 226.
   Die Reflexlatenzmessungen werden am Muskel durchgeführt; es wird die Latenz zur Muskelreaktion gemessen. Die Latenz ist die Zeit von Beginn der Stimulation bis zur ersten Antwort.
   Um die Reaktionszeit genau messen zu können, sollte die Empfindlichkeit vergrößert werden ($\geq$ 100 μV/div bei einer Kurzzeitbasis von ca 1–2 ms/div), um einen klar definierten Abgang von der Grundlinie zu bekommen.
4. Evozierte Reizantworten (Responsen) sind Potentialwechsel der ZNS-Neurone, die – mit Hüllkurventechniken gemessen – i.allg. nach elektrischen Stimulationen auftreten. Die evozierten Reizantworten können dazu benutzt werden, die Integrität des peripheren, spinalen und zentralen Nervensystems zu testen. Wie bei allen Nervenleitungsstudien kann die Fortleitungszeit (Latenz) gemessen werden. Ampli-

tude und Konfiguration dieser Reizantworten können zusätzliche Informationen liefern.

Allgemeine und technische Informationen wurden bereits eingangs gegeben: s. 225 und 226. Auftreten bzw. Fehlen der durch Stimulation evozierten Reizantworten und ihre Konfiguration müssen beschrieben werden.

Des weiteren müssen folgende Angaben gemacht werden:

1. Mono- oder polyphasische Reizantwort.
2. Beginn der Reizantwort ist definiert als Beginn des ersten reproduzierbaren Potentials. Da der Beginn der Reizantwort oft schwierig genau festzulegen ist, müssen die folgenden Kriterien dokumentiert werden.
3. Latenz bis Beginn ist definiert als Zeit (ms) von Beginn des Stimulus bis zu Beginn der Reizantwort. Die zentrale Leitungszeit bezieht sich auf die kortikal evozierten Potentiale und ist als Differenz zwischen den Latenzen der kortikal und spinal evozierten Potentiale definiert. Dieser Parameter kann dazu verwendet werden, die Integrität der spino-kortikulären Verbindungen zu testen.
4. Latenzen bis zum Gipfel einer positiven bzw. negativen Ablenkung bei multiphasischen Reizantworten (Abb. A.6). P beschreibt die positive, N die negative Deflektion. Bei multiphasischen Reizantworten werden die Gipfel konsekutiv numeriert (z.B. P1, N1, P2, N2 ...) oder entsprechend ihrer Latenzzeit bis zum Gipfel in msec (z.B. P44, N52, P66....) bezeichnet.
5. Die Amplitude der Reizantworten wird in μV gemessen.

Sensibilitätstests

Eine begrenzte Information – von mehr subjektiver Art – kann während der Zystometrie durch das Aufzeichnen verschiedener Parameter gewonnen werden: z.B. erster Harndrang, imperativer Harndrang oder Schmerz. Die sensiblen Funktionen des unteren Harntraktes können auch durch semiobjektive Tests, wie die Messung der urethralen und/oder vesikalen sensiblen Reizwelle auf einen Standardstimulus (z.B. Elektrostimulation), gemessen werden.

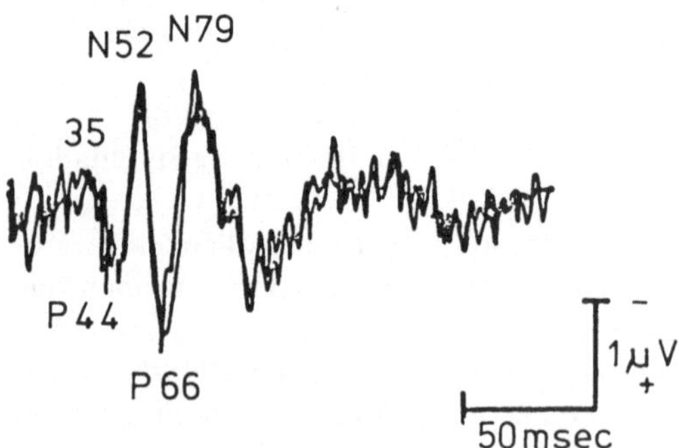

Abb. A.6. Polyphasisch evozierte Potentiale. Nach Stimulation an der Dorsalseite des Penis am zerebralen Kortex gemessen

Notwendige Umschreibung der Untersuchungsbedingungen:

1. Patientenposition (liegend, sitzend, stehend, andere).
2. Blasenvolumen bei Testung.
3. Stimulationsort (intravesikal, intraurethral).
4. Anzahl der gesetzten Stimuli und ihre Reizantworten.
   Beschreibung der Sensationen bei Stimulation (z.B. erstes Dranggefühl bzw. Gefühl einer Pulsation).
5. Stimulationstyp.
   a) elektrischer Strom: i. allg. wird bei der Messung der urethralen Sensorik ein Gleichstromstimulator verwendet.
   - Definition der Elektrodencharakteristika und des Stimulationsortes (s. Kap. „EMG").
   - Definition der Elektrodenkontaktoberfläche und des Elektrodenabstandes (wenn erforderlich).
   - Definition der System-Widerstandscharakteristik (Impedanz).
   - Definition des Kontaktmediums, das für die epithelialen Kontakte der Elektroden verwendet wird.
     Oberflächenanästhesie sollte nicht verwendet werden
   - Stimulatorhersteller und Spezifikationen.
   - Stimulationsparameter (Impulsdauer, -frequenz, -form, Stimulationsdauer, Stromstärke).

   b) andere – z.B. mechanisch, chemisch.

Definition der sensiblen Reizschwelle

Die vesikale bzw. urethrale sensible Reizschwelle wird durch die Stromstärke definiert, die ausreicht, um reproduzierbar eine Reaktion am Untersuchungsort hervorzurufen. Die absoluten Werte schwanken jedoch. Für jede Methode sollten Normalwerte erstellt werden.

Anhang 2

Planung neuer urodynamischer Meßplätze

1. Einrichtung eines neuen urodynamischen Meßplatzes

Viele der größeren Kliniken an Universitäten und Lehr- bzw. Versorgungskrankenhäusern werden bereits urodynamische Meßplätze besitzen. Im Rahmen von Umstrukturierungen, bestimmten Forschungsvorhaben oder vermehrten Überweisungen aus kleinen Einrichtungen können aber neue Meßeinrichtungen erforderlich werden. Sowohl bei Neueinrichtung als auch bei Erweiterung eines Funktionslabors sollten vorher Überlegungen bezüglich der räumlichen und apparativen Ausstattung aber auch der personellen Besetzung angestellt werden. Es genügt nicht, eine teure Einrichtung anzuschaffen, wenn nicht räumliche und personelle Voraussetzungen vorhanden sind. Man muß sich auch Gedanken über Auslastung und Effektivität solcher Meßplätze machen.

In der „Urodynamischen Forschungseinheit Bristol", die ein Gebiet mit etwa 800.000 Einwohnern zu versorgen hat, werden monatlich 70 Patienten untersucht. 82% dieser überwiesenen Patienten stammen aus dem Versorgungsbereich um Bristol. 35% der Überweisungen sind von Urologen und Gynäkologen, der Rest ist von Neurologen, Geriatern und Orthopäden. 75% der Patienten kommen ambulant, 25% werden zum Zeitpunkt der Untersuchung aus stationären Einrichtungen überwiesen.

Es zeigt sich also, daß in Bristol in jedem Monat 1 : 10.000 urodynamisch untersucht wird. Somit ist es gerechtfertigt eine urodynamische Meßeinrichtung für 250.000 Einwohner zu planen. Jeder Kliniker hat zu entscheiden, wie groß der apparative Aufwand anzusetzen ist. Der Umfang eines Meßplatzes kann 3 verschiedenen Stufen zugeordnet werden:

1. Einfacher Meßplatz für Screeningsuntersuchungen
   Uroflowmeßplatz (Abb. A.7)
   Dreikanalmeßplatz
2. Erweiteter Meßplatz für Routineuntersuchungen
   Drei-, Vierkanalschreiber
   mit 2 Druckwandlern
   einem Uroflowmeter
   und einem EMG-Verstärker
   oder Differenzdruckanzeige
   (Abb. A.8)
3. Urodynamisches Funktionslabor
   Sechs-; Achtkanalschreiber
   mit 3 Druckwandlern
   Uroflowmeter mit Volumen- und
   Flußanzeige

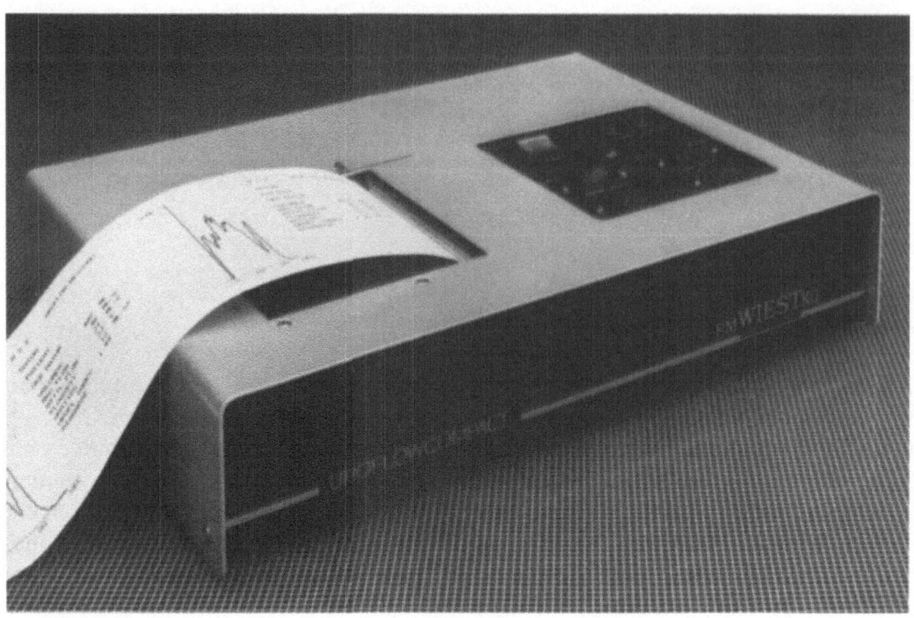

Abb. A7. Einfacher Meßplatz zum Screening: Uroflow-kompakt zur Messung und Auswertung des Harnflusses mit integrierter Mikroprozessortechnik (F.M. Wiest K.G.)

2–3 EMG-Verstärker
und Differenzdruckanzeige
Möglichkeit einer synchronen Videographie
oder Anschaffung von sonstigen Bausteinen für spezielle
Forschungsfragestellungen
(Abb. A.9 und A.10).

An die Räumlichkeiten für urodynamische Untersuchungen sind grundsätzlich folgende Forderungen zu stellen:

- Unterbringung in einem separaten Gebäude (Bristol) oder einem separaten Gebäudeteil außerhalb der täglichen klinischen oder ambulanten Hektik
- Vermeidung von Geräuschbelästigung oder sonstige Störung durch andere Aktivitäten
- Vermittlung einer intimen Atmosphäre (für Uroflowmetrie – Toilette ohne Beobachtung von außen)
- Einrichtung eines Interviewraumes für ungestörte Gespräche mit dem Patienten.

Einfache Screeninguntersuchungen

Ein Uroflowmeter ist für jeden Urologen empfehlenswert. Bestimmte Formen der Zystometrie sind sowohl für Urologen als auch für Gynäkologen sinnvoll. Kliniker, die ein einfaches Screeningsystem anschaffen möchten, sollten ein 4-Kanal-Gerät (2 mal Druck, Diff.-Druck und Flow) auswählen.

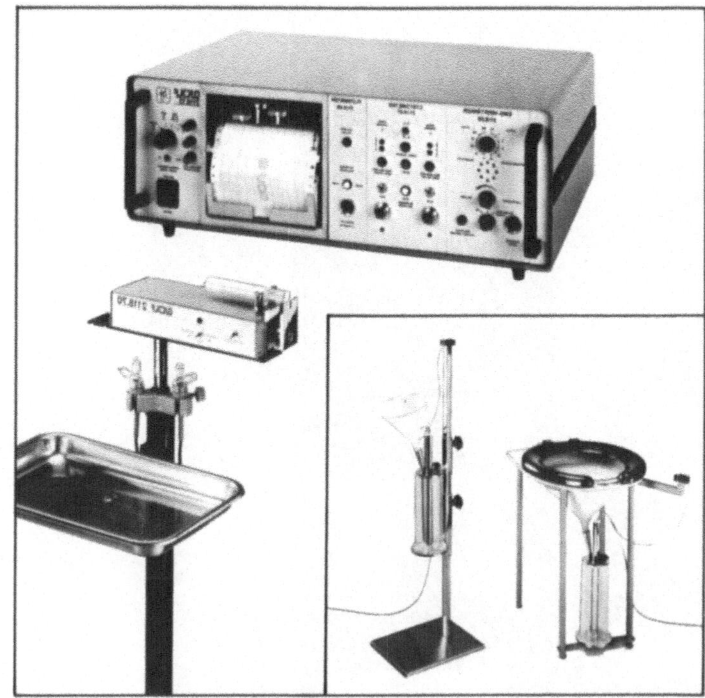

Abb. A8. Erweiterter Meßplatz zur Routineuntersuchung: Dreikanal-Zystometer mit drei Druckmeßventilen, Differenzdruckbildung, Flowmeter, EMG-Verstärker sowie eine Perfusions- und Rückzugseinheit zur Streßprofilmessung (R. Wolf)

Urodynamische Routineuntersuchungen

Um für ein größeres Einzugsgebiet einen urodynamischen Service aufbauen zu können (5–10 überweisende Kliniker bzw. 250.000 – 500.000 Einwohner) bedarf es eines erweiterten urodynamischen Arbeitsplatzes. Es sollten folgende Meßmöglichkeiten geschaffen werden:
- Uroflowmetrie im Stehen und Sitzen
- Simultane Erfassung von 2 Drücken (p_{ves}, p_{abd}) sowie Erfassung des Subtraktionsdruckes (p_{det}). Simultane Aufzeichnung von 4 Parametern.

Als zusätzliche Geräte sind einzuplanen:
- Eine Infusionspumpe für die Auffüllzystometrie
- ein motorisierter Perfusor für die Urethradruckprofilometrie sowie ein Katheterrückzugssystem.

Für die Befundübermittlung sollte ein standardisiertes Protokoll erarbeitet werden (z.B.: J.W. Thüroff (1983) Akt. Urol. 14, 258–261)

Abb. A9. Urodynamisches Funktionslabor: Uro-Video-Anlage – Urokompaktsystem 6000: Mehrkanalregistrierung von Druck, Harnfluß und EMG mit Videokontrolle und Kopplung an einer Rechnereinheit (F.M. Wiest). Dies ermöglicht Meßdatenaufnahme, Datenanalyse und Datenverwaltung

Urodynamische Forschungseinheit

Solche Einrichtungen existieren bereits in zahlreichen Ländern. Da hier Aufwand und Kosten am größten sind, ist vorher der Besuch von etablierten Forschungseinrichtungen zu empfehlen. Gerade bei der Erfüllung dieser Aufgabe bedarf es eines geschulten Personals, dem neben Forschungsassistenten und Schwestern auch Biophysiker, Techniker oder Ingenieure angehören sollten. Für elektrophysiologische Fragestellungen ist der enge Kontakt zu Physiologen und Neurologen notwendig.

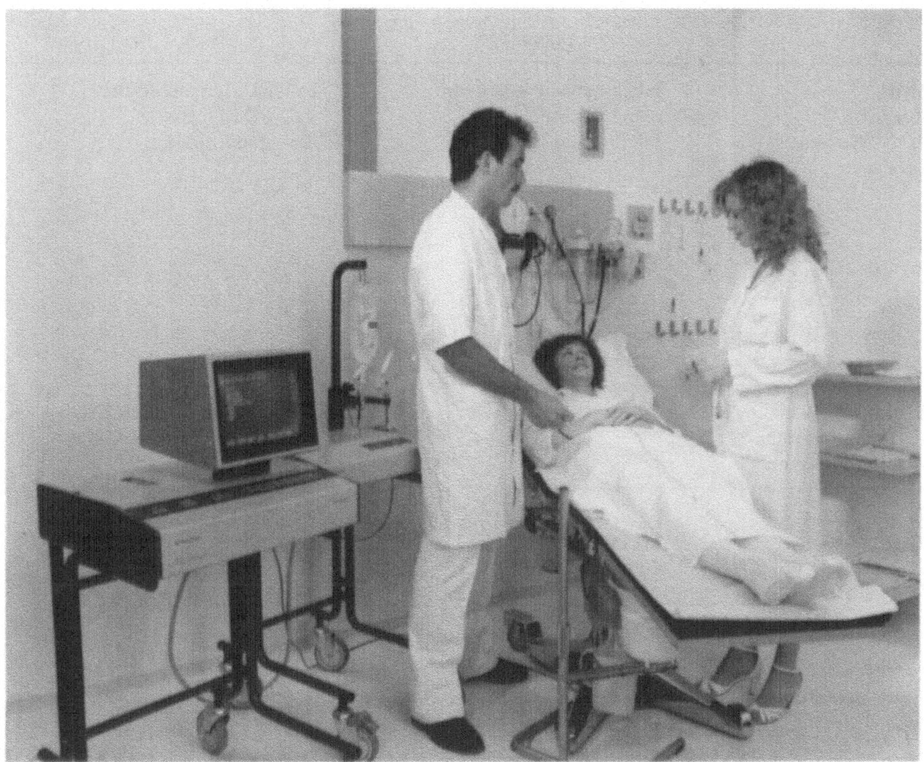

Abb. A10. Urodynamisches Funktionslabor – Urodyn 5000 (Dantec): Diese Untersuchungseinheit enthält Druckelemente, Pumpen und Vorverstärker. Die Kontrolleinheit besteht aus einem „Menue operated" monitor, einer Tastatur sowie einem alphanumerischen Drucker

2. Hersteller urodynamischer Untersuchungsgeräte

Wir haben uns bemüht, eine Liste von Firmen aufzuführen, die urodynamische Untersuchungsgeräte herstellen. Es soll damit nicht eine vollständige Aufzählung der zur Verfügung stehenden Apparaturen gegeben werden. Trotzdem glauben wir, daß das Buch eine adäquate Information enthalten soll, um dem Kliniker die optimale Entscheidung für seine benötigte Einrichtung zu erlauben. Die Schreiber funktionieren entweder als Hitzeschreiber auf photosensiblem Papier oder als Tintenstrahlschreiber, es sei denn, es ist anders festgelegt. Zur Zystometrie liefern die Firmen Druckelemente. Es ist daher empfehlenswert, daß der potentielle Kunde folgende Fragen stellt: „Kann die neue Einrichtung an eine evtl. bereits bestehende Apparatur adaptiert werden, oder sind elektronische Zusatzapparate erforderlich"? „Sind urodynamische Untersuchungen mit dieser Apparatur möglich oder müssen zusätzlich weitere Apparate angeschafft werden"?

Nach unserer Meinung sollte sich ein Kunde durch einen erfahrenen Urodynamiker detailliert informieren lassen, welches Instrumentarium geeignet ist. Es ist auch empfehlenswert, daß dieser Kollege ihm beim Firmenkontakt bzw. beim Kauf behilflich ist. Es ist sicher wichtig, daß vor dem Kauf eine praktische Demonstration der Einrichtung arrangiert wird und daß die Einheit von der Firma in einem Zustand abgeliefert wird, der eine „life"–Untersuchung sofort erlaubt. Bei dieser Demonstrationsuntersuchung sollte, wenn möglich, ein Biophysiker anwesend sein.

Hersteller	*Deutsche Vetretung (wenn vorhanden)*	*Produkt*
AME Postfach 83 N-3191 Horten Norwegen	Beckmann & Sademann Am Bahnhof 8 3220 Alfeld/Leine M.Gruber GmbH & Co K.G. Geyerspergstr. 25 Postfach 210448 8000 München 21 Heika GmbH Raesfelderstr. 4230 Wesel	AME Druckmeßfühler AE 840 Externer Druckmeßfühler
B. Braun Melsungen A.G. Med.Lab. Instrumente D 3508 Melsungen		Spritzenpumpe zur Messung des Urethradruckprofils mit konstanter Perfusion
Browne Medical 1035 Cindy Lane Carpinteria California 93013 USA	M.Gruber GmbH & Co K.G. Geyerspergstr. 25 Postfach 210448 8000 München 21	1-, 2-, 6-Kanal-Schreibsysteme Gas- und Wasser-Zystometer UDP-Rückzugsapparatur Katheter zur Diagnostik Uroflowmeter EMG
Dantec Electronik Mileparken 22 DK-2740 Skovlunde Dänemark	Dantec Elektronische Meßgeräte GmbH Schinnrainstr. 9 7500 Karlsruhe 41	1-2-4-, 6-Kanal-Schreibsysteme Gas- und Wasser-Zystometer UDP-Rückzugsapparatur Uroflowmeter EMG (Oberflächen-, Nadel-, Katheterelektroden) Uro-Video-System System zur Auszeichnung evozierter Potentiale Computer interface
N.H.Eastwood & Son Ltd 70 Nursery Road London N14 5QH UK		Urilos Urinmeß-System „Electronic Nappy“
Elcomatic Ltd. Kirktonfield Rd. Druckelemente Neilston, Glasgow G78 3PL UK.		1-, 2-4-Kanal-Schreibsysteme Wasser-Zystometer Uroflowmeter
Ely Science Systems Ltd Henry Crabb Road Littleport, Ely Cambridgeshire CB6 1 SE, UK		Uroflowmeter 1- bis 4-Kanal-Schreibsysteme Wasser-Zystometer Computerisierte Systeme

Hersteller	*Deutsche Vertretung (wenn vorhanden)*	*Produkt*
Gaeltec Research Ltd Bridgend Industrial Estate Dingwall Ross-shire IVI5 9QF UK		Computerisierte 2- und 8-Kanal-Registrier- und Analysesysteme Computerprogramme zur Urodynamik Uroflowmeter Druckelemente
Henlys Medical Supplies Ltd. Alexandra Works Clarendon Road Hornseam London N8 ODL UK		Katheter zur Diagnostik
Hewlett Packard Inc 1501 Page Mill Road Palo Alto California 94304 USA		2- und 4-Kanal-Registriergeräte Druckelemente
Lectromed Ltd Rue Foudon St.Peter Jersey Kanalinseln. UK	Beckmann & Sademann Am Bahnhof 8 3220 Alfeld	2-,4-,6- und 8-Kanal-Schreibsysteme UIS 5000, 5-Kanal-System Einkanal-Uroflowmeter UDP-Rückzugsapparatur Comput. Uro-Video-System Druckelemente, Katheter Zubehör für EMG, Uroflow- und Zystometrie
Life-Tech Intern. Box 36221 Houston Texas 77036 USA	M.Gruber GmbH & Co KG Geyerspergerstr. 25 Postfach 210448 8000 München 21	1-, bis 6 Kanal-Registriergeräte mikroprozessorgesteuerte, digitale Schreibeinheit Uro-Video-Systeme Gas- und Wasser-Zystometer UDP-Rückzugseinheit diagnostische Katheter Uroflowmeter EMG (Nadel-, Katheter-elektroden) System zur Aufzeichnung evozierter Potentiale
Medelec Ltd Manor Way Old Woking, Surrey GU229JU UK		EMG 4-Kanal UV-Schreiber Druckelemente System zur Aufzeichnung evozierter Potentiale
Millar Instruments Inc PO Box 18227 6001 Gulf Freeway Houston Texas 77023 USA	G.W.A. Schubart Hasengartenstr. 36 6200 Wiesbaden	Tip-Transducer-Katheter

Hersteller	*Deutsche Vertretung (wenn vorhanden)*	*Produkt*
Polman &c.S.p.A. Via Commenda 21 40068 S.Lazzaro di Savena Italien		6-Kanal-Systeme Computerankoppelungen
Porges Société Porges Quai Anatole-France 75007 Paris Frankreich	BRD-Zentrallager c/o Spielhagenstr. 20 3000 Hanover 1	UDP-Katheter Doppellumenkatheter
Portex Ltd Hythe Kent UK	Medimex Holfeld & Co Königsreihe 22 Postfach 701260 2000 Hamburg 70	Katheter zur Diagnostik 1-, 2-, 3 lumige UDP-Katheter
Promedica	H.P. Medica Bahnhofstraße 30 8900 Augsburg 1	Computer-Uro-Video-System
Siemens-Elema AB Medicinsk Teknik Solna Sweden	Siemens, Medizintechnik Erlangen	2- bis 8-Kanal-Registriergeräte Uroflowmeter EMG Wasser-Zystometer Uro-Video-System
Watson Marlow Ltd Falmouth, Cornwall TR11 4RU UK	Verder Deutschland GmbH Himmelgeisterstr. 60 4000 Düsseldorf 1	Peristaltische Pumpen zur Urodynamik
F.M.Wiest KG & Co Fasanenstr. 70 D-8025 Unterhaching		1- bis 6-Kanal-Thermoschreiber vierfarbiger Graphikdrucker Gas- oder Wasser-Zystometer UDP Einschub mit Rückzugsapparatur EMG (Oberflächen-, Nadel- und Analplugelektroden) Uro-Video-System Uroflowmeter mit automatischem Anlauf und Stopp Uroflowcomputer mit alphanumerischem Ausdruck System zur Aufzeichnung evozierter Potentiale
Richard Wolf D-7184 Knittlingen		2- und 3-Kanal-Schreiber Gas- und Wasser-Zystometer EMG UDP Rückzugsapparatur Uroflowmeter diagnostische Katheter

Literaturanhang

Allgemeine Literatur

Blaivas JG (1984) Multichannel urodynamic studies. Urology 23: 421-438
Drach GW, Gleason DM, Bottacini MR (1979) New techniques for the evaluation of bladder function. Urol Clin North Am 6: 541-554
Evans AT, Felker JR, Shank RA, Sugarman SR (1979) Pitfalls of urodynamics. J Urol 122: 220-222
Jonas U, Thüroff JW (1982) Urodynamische Untersuchungen. In: Hohenfellner R, Zingg EJ (eds) Urologie in Klinik und Praxis. Georg Thieme Verlag, Stuttgart New York
Katz GP, Blaivas JG (1983) A diagnostic dilemma: when urodynamic findings differ from the clinical impression. J Urol 129: 1170-1174
Stanton SL (1983) What is the place of urodynamic investigations in a District General Hospital? Br J Obstet Gynaecol 90: 97-98
Thon W, Altwein JE (1984) Voiding dysfunctions. Urology 23: 323-330
Thüroff JW (1983) Klassifikation von Blasenfunktionsstörungen. Aktuel Urol 14: 258-262
Wein AJ (1981) Guest editorial. Urodynamics: promises, promises, promises. J Urol 126: 218
Zinner NR (1980) Guest editorial. Progress in urodynamics. J Urol 124: 683
Zinner NR, Ritter RC, Sterling AM, Donker PJ (1977) The physical basis of some urodynamic measurements. J Urol 117: 682-689

Bücher

Allert M-L, Dollfus P (1972) Neurogene Blasenstörungen. Georg Thieme Verlag, Stuttgart
Barrett DM, Wein AJ (1984) Controversies in neurourology. Churchill Livingstone, New York Edinburgh London Melbourne
Beck L (1969) Morphologie und Funktion der weiblichen Harnröhre. Ferdinand Enke Verlag, Stuttgart
Böhlau V (1985) Inkontinenz. 17. Bad Sodener Geriatrisches Gespräch 3. Mai 1985. Schattauer, Stuttgart New York
Bors E, Comarr AE (1971) Neurological Urology. Karger, Basel
Boyarski S (1967) The neurogenic bladder. Williams & Wilkins, Baltimore
Caine M (1984) The pharmacology of the urinary tract. Springer Verlag, Berlin Heidelberg New York
George NJR, Gosling JA (1986) Sensory disorders of the bladder and urethra. Springer Verlag, Berlin Heidelberg New York
Gil Vernet S (1968) Morphology and function of Vesico–Prostato–Urethral Musculature. Edizione Canova, Treviso
Gosling JA, Dixon JS, Humpherson JR (1977) Functional anatomy of the lower urinary tract. Churchill Livingstone, Edinburgh London New York
Griffiths DJ (1980) Urodynamics, the mechanics and hydrodynamics of the lower urinary tract. Hilger, Medical Physics Handbooks 4, Bristol
Hald T, Bradley WE (1982) The urinary bladder. Neurology and dynamics. Williams & Wilkins, Baltimore London
Hinman F (1967) Hydrodynamics of micturition. Thomas, Springfield
Hinman F (1983) Benign Prostatic Hypertrophy. Springer Verlag, New York Heidelberg Berlin
Hutch JA (1972) Anatomy and physiology of the bladder, trigone and urethra. Butterworths Appleton Century Crofts, New York
Innes Williams D, Chisholm GD (1982) Scientific Foundations of Urology. Second edition. Heinemann, London
Jonas U, Heidler H, Thüroff J (1980) Urodynamik. Diagnostik der Funktionsstörungen des unteren Harntraktes. Ferdinand Enke Verlag, Stuttgart
Kiesswetter H (1981) Harninkontinenz, Reizblase, Miktionsstörungen. Praktische gynäkologisch–urologische Aspekte. Edition Medizin, Weinheim Deerfield–Beach Basel
Krane RJ, Siroky MB (1979) Clinical neurourology. Little Brown, Boston

Kuffer F (1982) Die neurogenen Störungen der Blase und des Rektums im Kindesalter. Verlag Hans Huber, Bern Stuttgart Wien

Lutzeyer W, Melchior H (1973) Urodynamics. Upper and lower urinary tract. Springer Verlag, Berlin Heidelberg New York

Lutzeyer W, Hannappel J (1985) Urodynamics II. Upper and lower urinary tract. Springer Verlag, Berlin Heidelberg New York

McGuire EJ (1981) Urinary incontinence. Grune & Stratton, New York

McGuire EJ (1984) Clinical evaluation and treatment of neurogenic vesical dysfunction. Williams & Wilkins, International perspectives in urology 11, Baltimore London

Melchior H (1981) Urologische Funktionsdiagnostik. Lehrbuch und Atlas der Urodynamik. Georg Thieme Verlag, Stuttgart New York

Mundy AR, Stephenson TP, Wein AJ (1984) Urodynamics. Principles, practice and application. Churchill Livingstone, Edinburgh London Melbourne New York

O'Reilly PH (1986) Obstructive uropathy. Springer Verlag, Berlin Heidelberg New York Tokyo

Palmtag H (1977) Praktische Urodynamik (Unterer Harntrakt). Gustav Fischer Verlag, Stuttgart New York

Petri E (1983) Gynäkologische Urologie. Georg Thieme Verlag, Stuttgart

Petri E (1985) Urodynamische Untersuchungen: Grenzen und Möglichkeiten. Thieme Copythek, Georg Thieme Verlag, Stuttgart

Stockamp, K. (1976) Alpha-Rezeptorenblocker und Harnblasendysfunktion. Schattauer, Stuttgart New York

Stanton SL (1983) Clinical gynecological urology. Mosby, St. Louis

Seifert, J. (1976) Das Spina-bifida-Kind unter besonderer Berücksichtigung der urologischen Krankheitsbilder. Schattauer, Stuttgart New York

Weber W, Jonas D (1981) Die post–operative Harninkontinenz des Mannes. Georg Thieme Verlag, Stuttgart

Zinner NR, Sterling AM (1981) Female incontinence. Alan R Liss, Progress in clinical and biological research 78, New York

Zeitschriften – themabezogen

Acta Chirurgica Scandinavica Suppl. 276 (1961) Enhörning G: Simultaneous recording of intravesical and intraurethral pressure. A study on urethral closure in normal and stress incontinent women

Acta Urologica Belgica (1979) 47: 104-186. L'emploi des stimulateurs électroniques en urologie

Acta Urologica Belgica (1983) 51:2. Kaeckenbeeck D, Hublet D: L'incontinence urinaire de la femme

Acta Urologica Belgica (1984) 52:1. de Leval J: Contribution à l'étude du sphincter strié de l'urètre chez l'homme

Acta Urologica Belgica (1984) 52:2. L'incontinence urinaire de la femme

Clinics in developmental medicine (1973) 48/49: Bladder control and enuresis

Neurourology and urodynamics (1985) 4:4. Spontanteous detrusor activity in the collection phase

Scandinavian Journal of Urology and Nephrology (1970) 4: Suppl. 5. Gierup J: Micturition studies in infants and children

Scandinavian Journal of Urology and Nephrology (1971) 5: Suppl. 6. Sundblad R: Urinary bladder dynamics in women

Scandinavian Journal of Urology and Nephrology (1977) 11: Suppl. 36. Norlén L: The autonomic bladder

Scandinavian Journal of Urology and Nephrology (1977) 11: Suppl. 37. Hjälmas K: Micturition in infants and children with normal urinary tract. A urodynamic study

Scandinavian Journal of Urology and Nephrology (1977) 11: Suppl. 39. Nyman CR: Urodynamics in urethral stricture

Scandinavian Journal of Urology and Nephrology (1978) 12: Suppl. 44. Erlandson BE, Fall M: Intravaginal electrical stimulation in urinary incontinence

Scandinavian Journal of Urology and Nephrology (1978) 12: Suppl. 45. Ek A: Innervation and receptor functions of the human urethra

Scandinavian Journal of Urology and Nephrology (1981) 15: Suppl. 58. Sillén U: Central neurotransmitter mechanisms involved in the control of urinary bladder

Scandinavian Journal of Urology and Nephrology (1985) 19: Suppl. 87. Andersson K–E, Ulmsten U: Terodiline
Der Urologe A (1986) 25:2. Psychosomatische Aspekte urologischer Erkrankungen
Der Urologe B (1984) 24:2. Harninkontinenz
Der Urologe B (1986) 26:2. Neurogene Blasenentleerungsstörung
Urological clinics of North America (1978) 5:2. Male incontinence
Urological clinics of North America (1979) 6:1. Clinical urodynamics
Urological clinics of North America (1985) 12:2. Female urology
World Journal of Urology (1984) 2:3. Urodynamics

Urodynamische Literatur 1980-1985

Anatomie – Morphologie

Booth CM, Shah PJR, Milroy EJG, Thompson SA, Gosling JA (1983) The structure of the bladder neck in male bladder neck obstruction. Br J Urol 55: 279-282
Cortivo R, Pagano F, Passerini G, Abatangelo G, Castellani I (1981) Elastin and collagen in the normal and obstructed urinary bladder. Br J Urol 53: 134-137
Dixon JS, Gilpin S–A, Gilpin CJ, Gosling JA (1983) Intramural ganglia of the human urinary bladder. Br J Urol 55: 195-198
Donker PJ (1986) A study of the myelinated fibres in the branches of the pelvic plexus. Neurourol Urodyn 5: 185-202
Elbadawi A (1982) Neuromorphologic basis of vesicourethral function. I. Histochemistry, ultrastructure, and function of intrinsic nerves of the bladder and urethra. Neurourol Urodyn 1: 3-50
Eldrup J, Thorup J, Nielsen SL, Hald T, Hainau B (1983) Permeability and ultrastructure of human bladder epithelium. Br J Urol 55: 488-492
Gilpin SA, Gosling JA, Barnard RJ (1985) Morphological and morphometric studies of the human obstructed, trabeculated urinary bladder. Br J Urol 57: 525-529
Gosling JA, Dixon JS, Critchley HOD, Thompson SA (1981) A comparative study of the human external sphincter and levator ani muscles. Br J Urol 53: 35-41
Hickey DS, Phillips JI, Hukins DWL (1982) Arrangements of collagen fibrils and muscle fibres in the female urethra and their implications for the control of micturition. Br J Urol 54: 556-561
Kaneko S, Minami K, Yachiku S, Kurita T (1980) Bladder neck dysfunction. The effect of alpha-adrenergic blocking agent phentolamine and a fluorescent histochemical study of bladder neck smooth muscle. Invest Urol 18: 212-218
Kirby RS, Fowler C, Gilpin S–A, Holly E, Milroy EJG, Gosling JA, Bannister R, Turner–Warwick R (1983) Non–obstructive detrusor failure. A urodynamic, electromyographic, neurohistochemical and autonomic study. Br J Urol 55: 652-659
Klück P (1980) The autonomic innervation of the human urinary bladder, bladder neck and urethra: a histochemical study. Anat Rec 198: 439-447
Marchant DJ (1984) Clinical evaluation of urinary incontinence and abnormal anatomy and pathophysiology. Clin Obstet Gynecol 27: 434-444
Matsuno T, Tokunaka S, Koyanagi T (1984) Muscular development in the urinary tract. J Urol 132: 148-152
Mitolo–Chieppa D, Schonauer S, Grasso G, Cicinelli E, Carratu M (1983) Ontogenesis of autonomic receptors in detrusor muscle and bladder sphincter in human fetus. Urology 21: 599-603
Mundy AR (1982) An anatomical explanation for bladder dysfunction following rectal and uterine surgery. Br J Urol 54: 501-504
Neal DE, Bogue PR, Williams RE (1982) Histological appearances of the nerves of the bladder in patients with denervation of the bladder after excision of the rectum. Br J Urol 54: 658-666
Nordling J, Christensen B, Gosling JA (1980) Noradrenergic innervation of the human bladder in neurogenic dysfunction. Urol Int 35: 188-193
Splatt AJ, Weedon D (1981) The urethral syndrome: Morphological studies. Br J Urol 53: 263-265
Staskin DR, Parsons KF, Levin RM, Wein AJ (1981) Bladder transsection – a functional, neurophysiological, neuropharmacological and neuroanatomical study. Br J Urol 53: 552-557

Thüroff JW (1986) Funktionsstörungen des unteren Harntraktes. Anatomie und Physiologie. In: Hohenfellner R, Thüroff JW, Schulte-Wissermann H (eds) Kinderurologie in Klinik und Praxis. Georg Thieme Verlag, Stuttgart New York

Wilson PD, Dixon JS, Brown ADG, Gosling JA (1983) Posterior pubo-urethral ligaments in normal and genuine stress incontinent women. J Urol 130: 802-805

Physiologie

Anderson RS (1983) Increased motor unit fibre density in the external anal sphincter in genuine stress incontinence: a single-fibre EMG study. Neurourol Urodyn 2: 45-50

Anderson GF, Skender JG, Navarro SP (1985) Quantitation and stability of cholinergic receptors in human bladder tissue from post-surgical and post-mortem sources. J Urol 133: 897-899

Berger RM, Maizels M, Moran GC, Conway JJ, Firlit CF (1983) Bladder capacity (ounces) equals age (years) plus 2 predicts normal bladder capacity and aids in diagnosis of abnormal voiding patterns. J Urol 129: 347-349

Bergman A, Bhatia NN, Hasen J (1984) Effect of thyroid-releasing hormone on bladder and urethral pressures. Br J Urol 56: 397-400

Bissada NK, Finkbeiner AE (1980) Concept of pharmacodynamics of urinary storage and micturition. Urology 16: 118-120

Blaivas JG (1982) Neurophysiology of micturition: clinical study of 550 patients. J Urol 127: 958-964

Blaivas JG (1983) Sphincter electromyography. Neurourol Urodyn 2: 269-288

Constantinou CE, Djurhuus JC, Silverman DE, Towns AB, Wong L, Govan DE (1984) Isometric detrusor pressure during bladder filling and its dependency on bladder volume and interruption to flow in control subjects. J Urol 131: 86-90

Elbadawi A (1982) Neuromorphologic basis of vesicourethral function. I. Histochemistry, ulstrastructure, and function of intrinsic nerves of the bladder and urethra. Neurourol Urodyn 1: 3-50

Eldrup J, Thorup J, Nielsen SL, Hald T, Hainau B (1983) Permeability and ultrastructure of human bladder epithelium. Br J Urol 55: 488-492

Faysal MH, Constantinou CE, Rother LF, Govan DE (1981) The impact of bladder neck suspension on the resting and stress urethral pressure profile: a prospective study comparing controls with incontinent patients preoperatively and postoperatively. J Urol 125: 55-60

Forney JP (1980) The effect of radical hysterectomy on bladder physiology. Am J Obstet Gynecol 138: 374-382

Furuya S, Kumamoto Y, Yokoyama E, Tsukamoto T, Izumi T, Abiko Y (1982) Alpha-adrenergic activity and urethral pressure in prostatic zone in benign prostatic hypertrophy. J Urol 128: 836-839

van Geelen JM, Doesburg WH, Martin CB (1984) Female urethral pressure profile. Reproducibility, axial variation and effects of low dose oral contraceptives. J Urol 131: 394-398

van Geelen JM, Doesburg WH, Thomas CMG, Martin CB (1981) Urodynamic studies in the normal menstrual cycle: the relationship between hormonal changes during the menstrual cycle and the urethral pressure profile. Am J Obstet Gynecol 141: 384-392

Godec J (1980) Detrusor hyperreflexia inhibited by anal dilatation. Urology 15: 321-324

Godec CJ, Cass AS (1980) Cystometric variations during postural changes and functional electrical stimulation of the pelvic floor muscles. J Urol 123: 722-725

Goellner MH, Ziegler EE, Fomon SJ (1981) Urination during the first three years of life. Nephron 28: 174-178

Griffiths DJ, van Mastrigt R (1985) The routine assessment of detrusor contraction strength. Neurourol Urodyn 4: 77-87

Gu J, Blank MA, Huang WM, Islam KN, McGregor GP, Christofides N, Allen JM, Bloom S, Polak JM (1984) Peptide-containing nerves in human urinary bladder. Urology 24: 353-357

Gu J, Restorick JM, Blank MA, Huang WM, Polak JM, Bloom SR, Mundy AR (1983) Vasoactive intestinal polypeptide in the normal and unstable bladder. Br J Urol 55: 645-647

Haldeman S, Bradley WE, Bhatia NN (1982) Evoked responses from the pudendal nerve. J Urol 128: 974-980

Hebert DB, Francis LN, Ostergard DR (1982) Significance of urethral vascular pulsations in genuine stress urinary incontinence. Am J Obstet Gynecol 144: 828-835

Hickey DS, Phillips JI, Hukins DWL (1982) Arrangements of collagen fibrils and muscle fibres in the female urethra and their implications for the control of micturition. Br J Urol 54: 556-561

Hilton P (1982) The urethral pressure profile at rest: an analysis of variance. Neurourol Urodyn 1: 303-311

Iosif CS, Batra S, Ek A, Astedt B (1981) Estrogen receptors in the human female lower urinary tract. Am J Obstet Gynecol 141: 817-820

Jensen Jr D (1981) Pharmacological studies of the uninhibited neurogenic bladder. 1. The influence of repeated filling and various filling rates on the cystometrogram of neurological patients with normal and uninhibited neurogenic bladder. Acta Neurol Scand 64: 145-174

Jonas U, Heidler H (1982) Physiologie und Pathophysiologie der Harnblase. In: Hohenfellner R, Zingg EJ (eds) Urologie in Klinik und Praxis. Georg Thieme Verlag, Stuttgart New York

Khalaf IM, Rioux F, Quirion R, Elhilali MM (1980) Intravesical prostaglandin: release and effect of bladder instillation on some micturition parameters. Br J Urol 52: 351-356

Kinder RB, Restorick JM, Mundy AR (1985) Vasoactive intestinal polypeptide in the hyperreflexic neuropathic bladder. Br J Urol 57: 289-291

Kirby RS, Fowler C, Gilpin S–A, Holly E, Milroy EJG, Gosling JA, Bannister R, Turner–Warwick R (1983) Non–obstructive detrusor failure. A urodynamic, electromyographic, neurohistochemical and autonomic study. Br J Urol 55: 652-659

Klarskov P, Gerstenberg T, Hald T (1984) Vasoactive intestinal polypeptide influence on lower urinary tract smooth muscle from human and pig. J Urol 131: 1000-1004

Klarskov P, Gerstenberg T, Ramirez D, Hald T (1983) Non–cholinergic, non–adrenergic mediated relaxation of trigone, bladder neck and smooth urethral muscle. J Urol 129: 848-850

Koyanagi T (1980) Studies on the sphincteric system located distally in the urethra: The external urethral sphincter revisited. J Urol 124: 400-406

Koyanagi T, Arikado K, Takamatsu T, Tsuji I (1982) Relevance of sympathetic dyssynergia in the region of external urethral sphincter: possible mechanism of voiding dysfunction in the absence of (somatic) sphincter dyssynergia. J Urol 127: 277-282

Koyanagi T, Takamatsu T, Taniguchi K (1984) Further characterization of the external urethral sphincter in spinal cord injury: study during spinal shock and evolution of responsiveness to alpha–adrenergic stimulation. J Urol 131: 1122-1126

Kunisawa Y, Kawabe K, Niijima T, Honda K, Takanake T (1985) A pharmacological study of alpha adrenergic receptor subtypes in smooth muscle of human urinary bladder base and prostatic urethra. J Urol 134: 396-398

Laval KU, Lutzeyer W (1980) Spontaneous phasic activity of the detrusor. A cause of uninhibited contractions in unstable bladders. Urol Int 35: 182-187

Levin RM, Einstein R, Wein AJ (1982) Phosphodiesterase activity of the lower urinary tract. J Urol 128: 615-617

Lindstrom S, Fall M, Carlsson C–A, Erlandsson B–E (1983) The neurophysiological basis of bladder inhibition in response to intravaginal electrical stimulation. J Urol 129: 405-410

Low AJ, Donovan WD (1981) The use and mechanism of anal sphincter stretch in the reflex bladder. Br J Urol 53: 430-432

Machin DG, Gardner BP, Woolfenden KA, Desmond AD, Parsons KF (1985) A physiological approach to the investigation of chronic urinary retention. Br J Urol 57: 141-144

Mahony DT, Laferte RO, Blais DJ (1980) Incontinence of urine due to instability of micturition reflexes. Part I. Detrusor reflex instability. Urology 15: 229-239

Mahony DT, Laferte RO, Blais DJ (1981) Study of enuresis. IX. Evidence of mild form of compensated detrusor hyperreflexia in enuretic children. J Urol 126: 520-524

Marchant DJ (1984) Clinical evaluation of urinary incontinence and abnormal anatomy and pathophysiology. Clin Obstet Gynecol 27: 434-444

van Mastrigt R (1983) Determination of the contractility of children's bladders from isometric contractions. Urol Int 38: 354-362

Mattiasson A, Andersson K–E, Sjögren C (1984) Urethral sensitivity to alpha–adrenoceptor stimulation and blockade in patients with parasympathetically decentralized lower urinary tract and in healthy volunteers. Neurourol Urodyn 3: 223-233

Mattiasson A, Andersson K–E, Sjögren C (1984) Adrenoceptors and cholinoceptors controlling noradrenaline release from adrenergic nerves in the urethra of rabbit and man. J Urol 131: 1190-1195

Mattiasson A, Andersson K–E, Sjögren C (1985) Adrenergic and non–adrenergic contraction of isolated urethral muscle from rabbit and man. J. Urol. 133: 298-303

Mayo ME, Ansell JS (1980) The effect of bladder function on the dynamics of the urethrovesical junction. J Urol 123: 229-231

McGuire EJ (1984) Mechanisms of urethral continence and their clinical application. World J Urol 2: 272-279

Meyhoff HH, Nordling J (1981) Different cystometric types of deficient micturition reflex control in female urinary incontinence with special reference to the effect of parasympatholytic treatment. Br J Urol 53: 129-133

Millard RJ (1984) The clinical significance of bladder speed. Br J Urol 56: 165-171

Morita M, Okamoto M, Ochi K, Takeuchi M (1985) Isometric detrusor pressure in the male patient: a comparison between voluntary urethral sphincter contraction and forced penile compression techniques. J Urol 134: 1161-1165

Murray K (1982) Urethral sensitivity – an integral component of the storage phase of the micturition cycle. Neurourol Urodyn 1: 193-197

Murray KHA, Feneley RCL (1982) Endorphins – a role in lower urinary tract function? The effects of opioid blockade on the detrusor and urethral sphincter mechanisms. Br J Urol 54: 638-640

Nergardh A (1981) Neuromuscular transmission in the corpus–fundus of the urinary bladder. Scand J Urol Nephrol 15: 103-108

Nergardh A, Kinn A–C (1983) Neurotransmission in activation of the contractile response in the human urinary bladder. Scand J Urol Nephrol 17: 153-157

Nilvebrant L, Andersson K–E, Mattiasson A (1985) Characterization of the muscarinic cholinoreceptors in the human detrusor. J Urol 134: 418-423

Nordling J (1983) Influence of the sympathetic nervous system on lower urinary tract in man. Neurourol Urodyn 2: 3-26

Nordling J, Meyhoff HH, Christensen NJ (1981) Influence of sympathetic tonus and plasma noradrenaline on urethral pressure. Scand J Urol Nephrol 15: 1-6

Nordling J, Meyhoff HH, Hald T (1981) Neuromuscular dysfunction of the lower urinary tract with special reference to the influence of the sympathetic nervous system. Scand J Urol Nephrol 15: 7-19

Nordling J, Meyhoff HH, Hald T (1981) Sympatholytic effect on striated urethral sphincter. A peripheral or central nervous system effect? Scand J Urol Nephrol 15: 173-180

Nordling J, Meyhoff HH, Hald T, Gerstenberg T, Walter S, Christensen NJ (1981) Urethral denervation supersensitivity to noradrenaline after radical hysterectomy. Scand J Urol Nephrol 15: 21-24

Nørgaard JP, Pedersen EB, Djurhuus JC (1985) Diurnal anti–diuretic-hormone levels in enuretics. J Urol 134: 1029-1031

Norlen LJ (1982) Influence of the sympathetic nervous system on the lower urinary tract and its clinical implications. Neurourol Urodyn 1: 129-148

Osborn DE, George NJR, Rao PD, Barnard RJ, Reading C, Marklow C, Blacklock NJ (1981) Prostatodynia – Physiological characteristics and rational management with muscle relaxants. Br J Urol 53: 621-623

Pavlakis AJ, Siroky MB, Lesley CA, Krane RJ (1983) Prostaglandins in the lower urinary tract. Neurourol Urodyn 2: 105-116

Philp T, Smith JC, Hills W (1982) Cooling: a new approach to bladder denervation. Br J Urol 54: 667-671

Powell PH, Yeates WK (1982) The clinical value of bladder capacity measurement at physiological pressure under anesthesia. Br J Urol 54: 650-652

Rao MS, Bapna BC, Sharma PL, Chary KSN, Vaidyanathan S (1980) Clinical importance of beta–adrenergic activity in the proximal urethra. J Urol 124: 254-255

Rossier AB, Fam BA, DiBenedetto M, Sakarati M (1980) Urethro–vesical function during spinal shock. Urol Res 8: 53-65

Rud T (1980) The effects of estrogens and gestagens on the urethral pressure profile in urinary continent and stress incontinent women. Acta Obstet Gynecol Scand 59: 265-270

Rud T, Andersson KE, Asmussen M, Hunting A, Ulmsten U (1980) Factors maintaining the intra–urethral pressure in women. Invest Urol 17: 343-347

Sjögren C, Andersson K–E, Mattiasson A (1985) Effects of vasoactive intestinal polypeptide on isolated urethral and urinary bladder smooth muscle from rabbit and man. J Urol 133: 136-140

Snooks SJ, Badenoch DF, Tiptaft RC, Swash M (1985) Perineal nerve damage in genuine stress urinary incontinence. An electrophysiological study. Br J Urol 57: 422-426

Staskin DR, Parsons KF, Levin RM, Wein AJ (1981) Bladder transection – a functional, neurophysiological, neuropharmacological and neuroanatomical study. Br J Urol 53: 552-557

Thüroff JW (1986) Funktionsstörungen des unteren Harntraktes. Anatomie und Physiologie. In: Hohenfellner R, Thüroff JW, Schulte-Wissermann H (eds) Kinderurologie in Klinik und Praxis. Georg Thieme Verlag, Stuttgart New York

Ueda S, Yoshida M, Yanao S, Mutoh S, Ikegami K, Sakanashi M (1985) Comparison of effects of primary prostaglandins on isolated human urinary bladder. J Urol 133: 114-116

Vaidyanathan S, Rao MS, Bapna BC, Chary KSN, Palaniswamy R (1980) Beta-adrenergic activity in human proximal urethra: a study with terbutaline. J Urol 124: 869-871

Vereecken RL, de Meirsman J, Puers B, van Mulders J (1982) Electrophysiological exploration of the sacral conus. J Neurol 227: 135-144

Visser GHA, Goodman JDS, Levine DH, Dawes GS (1981) Micturition and the heart period cycle in the human fetus. Br J Obstet Gynaecol 88: 803-805

Vodusek DB, Keith Light J (1983) The motor nerve supply of the external urethral sphincter muscles: an electrophysiologic study. Neurourol Urodyn 2: 193-200

Waltzer WC (1981) The urinary tract in pregnancy. J Urol 125: 271-276

Ward GH, Hosker GL (1985) The anisotropic nature of urethral occlusive forces. Br J Obstet Gynaecol 92: 1279-1285

Williams ME, Pannill FC (1982) Urinary incontinence in the elderly: physiology, pathophysiology, diagnosis and treatment. Ann Intern Med 97: 895-907

Wilson PD, Barker G, Barnard RJ, Siddle NC (1984) Steroid hormone receptors in female lower urinary tract. Urol Int 39: 5-8

Pharmakologie

Aagaard J, Reuther K, Stimpel H (1983) A comparison between emepromium bromide/flavoxate and emepromium bromide in the treatment of detrusor instability. Urol Int 38: 191-192

Abrams PH, Shah PJR, Stone R, Choa RG (1982) Bladder outflow obstruction treated with phenoxybenzamine. Br J Urol 54: 527-530

Anderson GF, Skender JG, Navarro SP (1985) Quantitation and stability of cholinergic receptors in human bladder tissue from post-surgical and post-mortem sources. J Urol 133: 897-899

Andersson K-E, Ek A, Hedlund H, Mattiasson A (1981) Effects of prazosin on isolated human urethra and in patients with lower motor neuron lesions. Invest Urol 19: 39-42

Andersson K-E, Ekman G, Henriksson L, Ulmsten U (1983) The effect of midodrine and its active metabolite ST1059 on the human urethra in vitro and in vivo. Scand J Urol Nephrol 17: 261-265

Appell RA, England HR, Hussell AR, McGuire EJ (1980) The effects of epidural anesthesia on the urethral closure pressure profile in patients with prostatic enlargement. J Urol 124: 410-411

Applebaum SM (1980) Pharmacologic agents in micturitional disorders. Urology 16: 555-568

Awad SA, McGinnis RH, Downie JW (1984) The effectiveness of bethanechol chloride in lower motor neuron lesions: the importance of mode of administration. Neurourol Urodyn 3: 173-178

Barrett DM (1981) The effect of oral bethanechol chloride on voiding in female patients with excessive residual urine: a randomized double-blind study. J Urol 126: 640-642

Bagger PV, Fischer-Rasmussen W, Hansen R (1985) Emepromium carrageenate: clinical effects and urinary excretion in treatment of female incontinence. Scand J Urol Nephrol 19: 31-35

Batra SC, Iosif CS (1983) Female urethra: a target for estrogen action. J Urol 129: 418-420

Beisland HO, Fossberg E, Moer A, Sander S (1984) Urethral sphincteric insufficiency in postmenopausal females: treatment with phenylpropanolamine and estriol separately and in combination. A urodynamic and clinical evaluation. Urol Int 39: 211-216

Bergman A, Bhatia NN, Hasen J (1984) Effect of thyroid-releasing hormone on bladder and urethral pressures. Br J Urol 56: 397-400

Bissada NK, Finkbeiner AE (1980) Concept of pharmacodynamics of urinary storage and micturition. Urology 16: 118-120

Blaivas JG, Labib KB, Michalik SJ, Zayed AAH (1980) Failure of bethanechol denervation supersensitivity as a diagnostic aid. J Urol 123: 199-201
Blaivas JG, Labib KB, Michalik SJ, Zayed AAH (1980) Cystometric response to propantheline in detrusor hyperreflexia: therapeutic implications. J Urol 124: 259-262
Borzyskowski M, Mundy AR, Neville BGR, Park L, Kinder CH, Joyce MRL, Chantler JC, Haycock GB (1982) Neuropathic vesicourethral dysfunction in children. A trial comparing clean intermittent catheterisation with manual expression combined with drug treatment. Br J Urol 54: 641-644
Briggs RS, Castleden CM, Asher MJ (1980) The effect of flavoxate on uninhibited detrusor contractions and urinary incontinence in the elderly. J Urol 123: 665-666
Brooks ME, Braf ZF (1981) Effect of 17–alpha–hydroxyprogesterone 17–N-caproate on urine flow. Urology 17: 488-491
Caine M, Perlberg S, Shapiro A (1981) Phenoxybenzamine for benign prostatic obstruction. Review of 200 cases. Urology 17: 542-546
Cardozo LD, Stanton SL (1980) A comparison between bromocriptine and indomethacin in the treatment of detrusor instability. J Urol 123: 399-401
Cardozo LD, Stanton SL (1980) Genuine stress incontinence and detrusor instability – A review of 200 patients. Br J Obstet Gynaecol 87: 184-190
Castleden CM, Duffin HM, Briggs RS, Ogden BM (1982) Clinical and urodynamic effects of ephedrine in elderly incontinent patients. J Urol 128: 1250-1252
Castleden CM, George CF, Renwick AG, Asher MJ (1981) Imipramine – a possible alternative to current therapy for incontinence in the elderly. J Urol 125: 318-320
Delaere KPJ, Debruyne FM, Moonen WA (1981) The use of indomethacin in the treatment of idiopathic bladder instability. Urol Int 36: 124-127
Delaere KPJ, Thomas CMG, Moonen WA, Debruyne FM (1981) The value of intravesical prostaglandin E2 and F2alpha in women with abnormalities of bladder emptying. Br J Urol 53: 306-309
Desmond AD, Bultitude MI, Hills NH, Shuttleworth KED (1980) Clinical experience with intravesical prostaglandin E2. A prospective study of 36 patients. Br J Urol 52: 357-366
Downie JW (1984) Bethanechol chloride in urology – A discussion of issues. Neurourol Urodyn 3: 211-222
Essenhigh DM, Ryan DW (1982) An appraisal of S3 blocks in the management of incontinence. Br J Urol 54: 697-699
Ewing R, Bultitude M, Shuttleworth KED (1982) Subtrigonal phenol injection for urge incontinence secondary to detrusor instability in females. Br J Urol 54: 689-692
Fantl JA, Hurt WG, Dunn LJ (1981) Detrusor instability syndrome – the use of bladder retraining with and without anticholinergics. Am J Obstet Gynecol 140: 885-890
Ferrie BG, Macfarlane J, Glen ES (1984) DDAVP in young enuretic patients: a double–blind trial. Br J Urol 56: 376-378
Finkbeiner AE (1985) Is bethanechol chloride clinically effective in promoting bladder emptying? Literature review. J Urol 134: 443-449
Finkbeiner AE, Bissada NK (1980) Drug therapy for lower urinary tract dysfunction. Urol Clin North Am 7: 157-160
Fossberg E, Beisland HO, Lundgren RA (1981) Stress incontinence in females: treatment with phenylpropanolamine. A urodynamic and pharmacological evaluation. Urol Int 38: 293-299
Fossberg E, Beisland HO, Sander S (1981) Sensory urgency in females: treatment with phenylpropanolamine. Eur Urol 7: 157-160
Furuya S, Kumamoto Y, Yokoyama E, Tsukamoto T, Izumi T, Abiko Y (1982) Alpha–adrenergic activity and urethral pressure in prostatic zone in benign prostatic hypertrophy. J Urol 128: 836-839
Gaudenz R, Weil A (1980) Motor urge incontinence: diagnosis and treatment. Urol Int 35: 1-12
van Geelen JM, Doesburg WH, Martin CB (1984) Female urethral pressure profile. Reproducibility, axial variation and effects of low dose oral contraceptives. J Urol 131: 394-398
van Geelen JM, Doesburg WH, Thomas CMG, Martin CB (1981) Urodynamic studies in the normal menstrual cycle: the relationship between hormonal changes during the menstrual cycle and the urethral pressure profile. Am J Obstet Gynecol 141: 384-392
Gerstenberg T, Blaaberg J, Nielsen ML, Clausen S (1980) Phenoxybenzamine reduces bladder outlet obstruction in benign prostatic hyperplasia. A urodynamic investigation. Invest Urol 18: 29-31
Gerstenberg TC, Lykkegaard NM, Lindenberg J (1983) Spastic striated external sphincter syndrome imitating recurrent urinary tract infection in females. Effect of long–term alpha–adrenergic blockade with phenoxybenzamine. Eur Urol 9: 87-92

Giesy JD, Hatch TR (1983) Micturition neuropharmacology. Am J Surg 145: 558-561
Gilja I, Radej M, Kovacic M, Parazajder J (1984) Conservative treatment of female stress incontinence with imipramine. J Urol 132: 909-911
Grüneberger A (1984) Treatment of motor urge incontinence with clenbuterol and flavoxate hydrochloride. Br J Obstet Gynaecol 91: 275-278
Gu J, Blank MA, Huang WM, Islam KN, McGregor GP, Christofides N, Allen JM, Bloom S, Polak JM (1984) Peptide–containing nerves in human urinary bladder. Urology 24: 353-357
Gu J, Restorick JM, Blank MA, Huang WM, Polak JM, Bloom SR, Mundy AR (1983) Vasoactive intestinal polypeptide in the normal and unstable bladder. Br J Urol 55: 645-647
Hackler RH, Broeker BH, Klein FA, Brady SM (1980) A clinical experience with dantrolene sodium for external urethral sphincter hypertonicity in spinal cord injured patients. J Urol 124: 78-81
Hedlund H, Andersson K–E, Ek A (1983) Effects of prazosin in patients with benign prostatic obstruction. J Urol 130: 275-278
Hehir M, Fitzpatrick JM (1985) Oxybutinin and the prevention of urinary incontinence in spina bifida. Eur Urol 11: 254-256
Hilton P, Stanton SL (1982) The use of desmopressin (DDAVP) in nocturnal urinary frequency in the female. Br J Urol 54: 252-255
Hilton P, Stanton SL (1983) The use of intravaginal oestrogen cream in genuine stress incontinence. Br J Obstet Gynecol 90: 940-944
Hørby–Petersen J, Schmidt PF, Meyhoff HH, Frimodt–Møller C, Mathiesen FR (1985) The effects of a new serotonin receptor antagonist (ketanserin) on lower urinary tract function in patients with prostatism. J Urol 133: 1095-1098
Iosif CS, Batra S, Ek A, Astedt B (1981) Estrogen receptors in the human female lower urinary tract. Am J Obstet Gynecol 141: 817-820
Jarvis GJ (1981) A controlled trial of bladder drill and drug therapy in the management of detrusor instability. Br J Urol 53: 565-566
Jensen D (1981) Uninhibited neurogenic bladder treated with prazosin. Scand J Urol Nephrol 15: 229-233
Jensen Jr D (1981) Pharmacological studies of the uninhibited neurogenic bladder. 2. The influence of cholinergic excitatory and inhibitory drugs on the cystometrogram of neurological patients with normal and uninhibited neurogenic bladder. Acta Neurol Scand 64: 175-195
Jensen Jr D (1981) Pharmacological studies of the uninhibited neurogenic bladder. 3. The influence of adrenergic excitatory and inhibitory drugs on the cystometrogram of neurological patients with normal and uninhibited neurogenic bladder. Acta Neurol Scand 64: 401-426
Kaneko S, Minami K, Yachiku S, Kurita T (1980) Bladder neck dysfunction. The effect of alpha–adrenergic blocking agent phentolamine and a fluorescent histochemical study of bladder neck smooth muscle. Invest Urol 18: 212-218
Karol JB, Anderson RU (1980) Neuropharmacologic evaluation in spinal cord injury patients using membrane catheter cystosphincterometry. J Urol 124: 263-265
Kass EJ, Kumar S, Koff SA (1982) Bethanechol denervation supersensitivity testing in children. J Urol 127: 75-77
Khalaf IM, Ghoneim MA, Elhilali MM (1981) The effect of exogeneous prostaglandins F2alpha and E2 and indomethacin on micturition. Br J Urol 53: 21-28
Khalaf IM, Rioux F, Quirion R, Elhilali MM (1980) Intravesical prostaglandin: release and effect of bladder instillation on some micturition parameters. Br J Urol 52: 351-356
Kiesswetter H, Hennrich F, English M (1983) Clinical and urodynamic assessment of pharmacologic therapy of stress incontinence. Urol Int 38: 58-63
Kinder RB, Mundy AR (1985) Atropine blockade of nerve–mediated stimulation of the human detrusor. Br J Urol 57: 418-421
Klarskov P, Gerstenberg T, Hald T (1984) Vasoactive intestinal polypeptide influence on lower urinary tract smooth muscle from human and pig. J Urol 131: 1000-1004
Klarskov P, Gerstenberg T, Ramirez D, Hald T (1983) Non–cholinergic, non–adrenergic mediated relaxation of trigone, bladder neck and smooth urethral muscle. J Urol 129: 848-850
Kondo A, Kobayashi M, Otani T, Takita T, Narita H (1980) Supersensitivity to prostaglandin in chronic neurogenic bladders. Br J Urol 52: 290-294
Kondo A, Kobayashi M, Takita T, Narita H (1983) Effect of prostaglandin on urethral resistance and micturition. Urol Res 11: 19-22

Koyanagi T (1980) Studies on the sphincteric system located distally in the urethra: The external urethral sphincter revisited. J Urol 124: 400-406

Koyanagi T, Takamatsu T, Taniguchi K (1984) Further characterization of the external urethral sphincter in spinal cord injury: study during spinal shock and evolution of responsiveness to alpha–adrenergic stimulation. J Urol 131: 1122-1126

Kunisawa Y, Kawabe K, Niijima T, Honda K, Takanake T (1985) A pharmacological study of alpha adrenergic receptor subtypes in smooth muscle of human urinary bladder base and prostatic urethra. J Urol 134: 396-398

Laval KU, Lutzeyer W (1980) Spontaneous phasic activity of the detrusor. A cause of uninhibited contractions in unstable bladders. Urol Int 35: 182-187

Levin RM, Einstein R, Wein AJ (1982) Phosphodiesterase activity of the lower urinary tract. J Urol 128: 615-617

Levin RM, Staskin DR, Wein AJ (1982) The muscarinic cholinergic binding kinetics of the human urinary bladder. Neurourol Urodyn 1: 221-226

Leyson JFJ, Martin BF, Sporer A (1980) Baclofen in the treatment of detrusor–sphincter dyssynergia in spinal cord injury patients. J Urol 124: 82-84

Light JK, Scott FB (1982) Bethanechol chloride and the traumatic cord bladder. J Urol 128: 85-87

Lose G, Lindholm P (1985) Clinical and urodynamic effects of norfenefrine in women with stress incontinence. Urol Int 39: 298-302

Martin MR, Schiff AA (1984) Fluphazine/nortriptyline in the irritable bladder syndrome. A double–blind placebo controlled study. Br J Urol 56: 178-179

Matos–Fereira A, Reis–Santos JM (1982) Influence of indomethacin and aspirin on the vesico–sphincteric dynamics of prostatectomised patients. Eur Urol 8: 163-172

Mattiasson A, Andersson K–E, Sjögren C (1984) Urethral sensitivity to alpha–adrenoceptor stimulation and blockade in patients with parasympathetically decentralized lower urinary tract and in healthy volunteers. Neurourol Urodyn 3: 223-233

Mattiasson A, Andersson K–E, Sjögren C (1984) Adrenoceptors and cholinoceptors controlling noradrenaline release from adrenergic nerves in the urethra of rabbit and man. J Urol 131: 1190-1195

Mattiasson A, Andersson K–E, Sjögren C (1985) Adrenergic and non–adrenergic contraction of isolated urethral muscle from rabbit and man. J Urol 133: 298-303

McGuire EJ, Rossier AB (1983) Treatment of acute autonomic dysreflexia. J Urol 129: 1185-1186

Meyhoff HH, Gerstenberg TC, Nordling J (1983) Placebo – The drug of choice in female motor urge incontinence? Br J Urol 55: 34-37

Meyhoff HH, Nordling J (1981) Different cystometric types of deficient micturition reflex control in female urinary incontinence with special reference to the effect of parasympatholytic treatment. Br J Urol 53: 129-133

Mitchell WC, Venable DD (1985) Effects of metoclopramide on detrusor function. J Urol 134: 791-794

Murray KHA (1983) Effect of nalaxone–induced opioid blockade on idiopathic detrusor instability. Urology 22: 329-331

Moisey CU, Stephenson TP, Brendler CB (1980) The urodynamic and subjective results of treatment of detrusor instability with oxybutinin chloride. Br J Urol 52: 472-475

Murray KHA, Feneley RCL (1982) Endorphins – a role in lower urinary tract function? The effects of opioid blockade on the detrusor and urethral sphincter mechanisms. Br J Urol 54: 638-640

Murray KHA, Feneley RCL (1983) Effect of opioid analgesia and opioid blockade on urethral mucosal sensory threshold. Urology 22: 332-334

Naglo A–S (1982) Continence training of children with neurogenic bladder and detrusor hyperactivity: effect of atropine. Scand J Urol Nephrol 16: 211-215

Naglo A–S, Nergardh A, Boreus LO (1981) Influence of atropine and isoprenaline on detrusor hyperactivity in children with neurogenic bladder. Scand J Urol Nephrol 15: 97-102

Nergardh A (1981) Neuromuscular transmission in the corpus–fundus of the urinary bladder. Scand J Urol Nephrol 15: 103-108

Nergardh A, Kinn A–C (1983) Neurotransmission in activation of the contractile response in the human urinary bladder. Scand J Urol Nephrol 17: 153-157

Nilvebrant L, Andersson K–E, Mattiasson A (1985) Characterization of the muscarinic cholinoreceptors in the human detrusor. J Urol 134: 418-423

Nordling J (1983) Influence of the sympathetic nervous system on lower urinary tract in man. Neurourol Urodyn 2: 3-26

Nordling J, Meyhoff HH, Christensen NJ (1981) Influence of sympathetic tonus and plasma noradrenaline on urethral pressure. Scand J Urol Nephrol 15: 1-6

Nordling J, Meyhoff HH, HaldT(1981) Neuromuscular dysfunction of the lower urinary tract with special reference to the influenc of the sympathetic nervous system. Scand J Urol Nephrol 15: 7-19

Nordling J, Meyhoff HH, Hald T (1981) Sympatholytic effect on striated urethral sphincter. A peripheral or central nervous system effect? Scand J Urol Nephrol 15: 173-180

Nordling J, Meyhoff HH, HaldT, GerstenbergT, Walter S, Christensen NJ (1981) Urethral denervation supersensitivity to noradrenaline after radical hysterectomy. Scand J Urol Nephrol 15: 21-24

Norlen LJ (1982) Influence of the sympathetic nervous system on the lower urinary tract and its clinical implications. Neurourol Urodyn 1: 129-148

Nyman CR (1980) Urodynamic effects of intravenous benzilonium bromide in healthy subjects. Urol Int 35: 363-368

Nyman CR (1981) Urodynamic effects of oral benzilonium bromide in healthy subjects. Urol Int 36: 67-72

Osborn DE, George NJR, Rao PD, Barnard RJ, Reading C, Marklow C, Blacklock NJ (1981) Prostatodynia – Physiological characteristics and rational management with muscle relaxants. Br J Urol 53: 621-623

Parsons KF, Turton MB (1980) Urethral supersensitivity and occult urethral neuropathy. Br J Urol 52: 131-137

Pavlakis A, Siroky MB, Krane RJ (1983) Neurogenic detrusor areflexia: correlation of perineal electromyography and bethanechol supersensitivity testing. J Urol 129: 1182-1184

Pavlakis AJ, Siroky MB, Lesley CA, Krane RJ (1983) Prostaglandins in the lower urinary tract. Neurourol Urodyn 2: 105-116

Pedersen PS, Hejl M, Kjoller SS (1985) Desamino–D-arginine vasopressin in childhood nocturnal enuresis. J Urol 133: 65-66

Perera GLS, Ritch AES, Hall MRP (1982) The lack of effect of intramuscular emepromium bromide for urinary incontinence. Br J Urol 54: 259-260

Perlberg S, Caine M (1982) Adrenergic response of bladder muscle in prostatic obstruction: its relation to detrusor instability. Urology 20: 524-527

Philp NH, Thomas DG (1980) The effect of distigmine bromide on voiding in male paraplegic patients with reflex micturition. Br J Urol 52: 492-496

Philp NH, Thomas DG, Clarke SJ (1980) Drug effects on the voiding cystometrogram: a comparison of oral bethanechol and carbachol. Br J Urol 52: 484-487

Rao MS, Bapna BC, Sharma PL, Chary KSN, Vaidyanathan S (1980) Clinical importance of beta–adrenergic activity in the proximal urethra. J Urol 124: 254-255

Rao MS, Bapna BC, Vaidyanathan S, Chary KS (1980) Use of clonidine in patients with neurogenic bladder dysfunction. Eur Urol 6: 261-264

Rees DLP, Ransley PG (1980) Eskornade in the treatment of diurnal incontinence in children. Br J Urol 52: 476-479

Reuther K, Aagaard J (1984) Acute retention of urine due to benign prostatic obstruction treated with alpha–adrenergic blockers. Urol Int 39: 114-115

Reuther K, Aagaard J (1984) Alpha–adrenergic blockade in the diagnosis of detrusor instability secondary to infravesical obstruction. Urol Int 39: 312-313

Reuther K, Aagaard J, Jensen KS (1983) Lignocaine test and detrusor instability. Br J Urol 55: 493-494

Ronchi F, Margonato A, Ceccardi R, Rigatti P, Rossini BM (1982) Symptomatic treatment of benign prostatic obstruction with nicergoline: a placebo controlled trial and urodynamic evaluation. Urol Res 10: 131-134

RudT(1980)The effects of estrogens and gestagens on the urethral pressure profile in urinary continent and stress incontinent women. Acta Obstet Gynecol Scand 59: 265-270

Shah PJR, Abrams PH, Choa RG, Ashken MH, Gaches CGC, Green NA (1983) Distigmine bromide and post–prostatectomy voiding. Br J Urol 55: 229-232

Sjögren C, Andersson K–E, Mattiasson A (1985) Effects of vasoactive intestinal polypeptide on isolated urethral and urinary bladder smooth muscle from rabbit and man. J Urol 133: 136-140

Smey P, King LR, Firlit CF (1980) Dysfunctional voiding in children secondary to internal sphincter dyssynergia: treatment with phenoxybenzamine. Urol Clin North Am 7: 337-347

Staskin DR, Parsons KF, Levin RM, Wein AJ (1981) Bladder transection – a functional, neurophysiological, neuropharmacological and neuroanatomical study. Br J Urol 53: 552-557

Terho P, Kekomaki M (1984) Management of nocturnal enuresis with a vasopressin analogue. J Urol 131: 925-927

Tiptaft RC, Woodhouse CRJ, Badenoch DF (1984) Mazindol for nocturnal enuresis. Br J Urol 56: 641-643

Ueda S, Yoshida M, Yanao S, Mutoh S, Ikegami K, Sakanashi M (1985) Comparison of effects of primary prostaglandins on isolated human urinary bladder. J Urol 133: 114-116

Ulmsten U (1983) Prostaglandins and the urinary tract. Acta Obstet Gynecol Scand Suppl. 113: 55-58

Ulmsten U, Ekman G, Andersson K–E (1985) The effect of terodiline treatment in women with motor urge incontinence. Am J Obstet Gynaecol 153: 619-622

Vaidyanathan S, Rao MS, Bapna BC, Chary KSN, Palaniswamy R (1980) Beta–adrenergic activity in human proximal urethra: a study with terbutaline. J Urol 124: 869-871

Vaidyanathan S, Rao MS, Mapa MK, Bapna BC, Chary KSN, Swamy RP (1981) Study of intravesical instillation of 15(S)-15 methyl prostaglandin F2–alpha in patients with neurogenic bladder dysfunction. J Urol 126: 81-85

Vaidyanathan S, Rao MS, Sharma PL, Chary KSN, Swamy RP (1983) Possible use of indoramin in patients with chronic neurogenic bladder dysfunction. J Urol 129: 96-101

Vereecken RL, van Poppel H, Boeckx G, Leruitte A (1983) Long–term alpha-adrenergic–blocking therapy in detrusor–urethral dyssynergia. Eur Urol 9: 167-169

Walter S, Hansen J, Hansen L, Maegaard E, Meyhoff HH, Nordling J (1982) Urinary incontinence in old age. A controlled clinical trial of emepromium bromide. Br J Urol 54: 249-251

Walter S, Meyhoff HH, Gerstenberg T, Nordling J, Hald T (1984) Urinary incontinence in the female. A long–term study of the effect of anticholinergics on overactive detrusor function. Acta Obstet Gynecol Scand 63: 159-162

Wein AJ (1980) Pharmacology of bladder and urethra. In: Stanton SL, Tanagho EA (eds) Surgery of female incontinence. Springer Verlag, Berlin Heidelberg New York

Wein AJ, Malloy TR, Shofer F, Raezer DM (1980) The effects of bethanechol chloride on urodynamic parameters in normal women and women with significant residual urine volumes. J Urol 124: 397-399

Wein AJ, Raezer DM, Malloy TR (1980) Failure of bethanechol supersensitivity test to predict improved voiding after subcutaneous bethanechol administration. J Urol 123: 202-203

Wilson PD, Barker G, Barnard RJ, Siddle NC (1984) Steroid hormone receptors in female lower urinary tract. Urol Int 39: 5-8

Woodhouse CRJ, Tiptaft RC (1983) Mazindol in the control of micturition. Br J Urol 55: 636-638

Zanollo A, Catanzaro F (1980) Urodynamic response of unstable bladder to flavoxate. Urol Int 35: 176-181

Zystometrie

Aagaard J, Reuther K, Stimpel H (1983) A comparison between emepromium bromide/flavoxate and emepromium bromide in the treatment of detrusor instability. Urol Int 38: 191-192

Andersen JT, Nordling J (1980) Prostatism. II. The correlation between cystourethroscopic, cystometric and urodynamic findings. Scand J Urol Nephrol 14: 23-27

Andersen JT (1982) Prostatism. III. Detrusor hyperreflexia and residual urine. Clinical and urodynamic aspects and influence of surgery of the prostate. Scand J Urol Nephrol 16: 25-30

Andersen JT (1982) Prostatism: Clinical, radiological and urodynamic aspects. Neurourol Urodyn 1: 241-293

Arnold EP, Fukui J, Anthony A, Utley WLF (1984) Bladder function following spinal injury: a urodynamic analysis of the outcome. Br J Urol 56: 172-177

Awad SA, McGinnis RH (1983) Factors that influence the incidence of detrusor instability in women. J Urol 130: 114-115

Barbalias GA, Klaubert GT, Blaivas JG (1983) Critical evaluation of the Crede maneuver: a urodynamic study of 207 patients. J Urol 130: 720-723

Barkin M, Dolfin D, Herschorn S, Bharatwal N, Comisarow R (1983) The urologic care of the spinal cord injury patient. J Urol 129: 335-339

Bauer SB, Colodny AH, Hallet M, Khosbin S, Retik AB (1980) Urinary undiversion in myeolodysplasia: criteria for selection and predictive value of urodynamics. J Urol 124: 89-93

Bauer SB, Retik AB, Colodny AH, Hallett M, Khoshbin S, Dyro FM (1980) The unstable bladder in childhood. Urol Clin North Am 7: 321-336

Beck RP, Warren KG, Whitman P (1981) Urodynamic studies in female patients with multiple sclerosis. Am J Obstet Gynecol 139: 273-276

Beisland HO, Fossberg E, Moer A, Sander S (1984) Urethral sphincteric insufficiency in post-menopausal females: treatment with phenylpropanolamine and estriol separately and in combination. A urodynamic and clinical evaluation. Urol Int 39: 211-216

Bergman A, Bhatia NN, Hasen J (1984) Effect of thyroid-releasing hormone on bladder and urethral pressures. Br J Urol 56: 397-400

Bergman A, McCarthy TA (1983) Urodynamic changes after successful operation for stress urinary incontinence. Am J Obstet Gynecol 147: 325-326

Bhatia NN, Bradley WE, Haldeman S (1982) Urodynamics: continuous monitoring. J Urol 128: 963-968

Bhatia NN, Bradley WE, Haldeman S, Johnson BK (1982) Continuous ambulatory urodynamic monitoring. Br J Urol 54: 357-359

Bhatia NN, Ostergard DR (1981) Urodynamic effects of retropubic urethropexy in genuine stress incontinence. Am J Obstet Gynecol 140: 936-941

Bissada NK, Finkbeiner AE (1980) Concept of pharmacodynamics of urinary storage and micturition. Urology 16: 118-120

Blaivas JG, Labib KB, Michalik SJ, Zayed AAH (1980) Failure of bethanechol denervation supersensitivity as a diagnostic aid. J Urol 123: 199-201

Blaivas JG, Labib KB, Michalik SJ, Zayed AAH (1980) Cystometric response to propantheline in detrusor hyperreflexia: therapeutic implications. J Urol 124: 259-262

Blok C, van Riel MPJM, van Venrooij GEPM, Coolsaet BLRA (1985) Artificial sphincter pressure versus detrusor leakage pressure. J Urol 133: 117-120

Briggs RS, Castleden CM, Asher MJ (1980) The effect of flavoxate on uninhibited detrusor contractions and urinary incontinence in the elderly. J Urol 123: 665-666

Cardozo LD, Stanton SL (1980) A comparison between bromocriptine and indomethacin in the treatment of detrusor instability. J Urol 123: 399-401

Cardozo LD, Stanton SL (1980) Genuine stress incontinence and detrusor instability. A review of 200 patients. Br J Obstet Gynaecol 87: 184-190

Castleden CM, Duffin HM, Briggs RS, Ogden BM (1982) Clinical and urodynamic effects of ephedrine in elderly incontinent patients. J Urol 128: 1250-1252

Chalfin SA, Bradley WE (1982) The history of detrusor hyperreflexia in patients with infravesical obstruction. J Urol 127: 938-942

Choudhury A, Mittra S (1980) Transection denervation of the urinary bladder. Br J Urol 52: 193-195

Colstrup H, Andersen JT, Walter S (1982) Detrusor reflex instability in male infravesical obstruction: fact or artefact? Neurourol Urodyn 1: 183-186

Constantinou CE, Govan DE (1980) Urodynamic analysis of urethral, vesical and perivesical pressure distribution in the healthy female. Urol Int 35: 63-72

Delaere KPJ, Debruyne FM, Michiels HGE, Moonen WA (1980) Prolonged bladder distension in the management of the unstable bladder. J Urol 124: 334-337

Delaere KPJ, Debruyne FM, Moonen WA (1981) The use of indomethacin in the treatment of idiopathic bladder instability. Urol Int 36: 124-127

Delaere KPJ, Thomas CMG, Moonen WA, Debruyne FM (1981) The value of intravesical prostaglandin E2 and F2alpha in women with abnormalities of bladder emptying. Br J Urol 53: 306-309

Desmond AD, Bultitude MI, Hills NH, Shuttleworth KED (1980) Clinical experience with intravesical prostaglandin E2. A prospective study of 36 patients. Br J Urol 52: 357-366

Desmond AD, Ramaya GR, Cowell TK (1985) The fluid bridge test applied to urethral sphincter function with special reference to the male urethra. Br J Urol 57: 737-741

Drutz HP, Darling A, Unger FW (1981) Carbon dioxide gas retrograde urethro-cystometry versus catheter-fill gas cystometry in assessing bladder capacity. Am J Obstet Gynecol 140: 570-572

Ek A, Bradley WE (1983) History of cystometry. Urology 22: 335-350

Elder DD, Stephenson TP (1980) An assessment of the Frewen regime in the treatment of detrusor dysfunction in females. Br J Urol 52: 467-471

Ewing R, Bultitude M, Shuttleworth KED (1982) Subtrigonal phenol injection for urge incontinence secondary to detrusor instability in females. Br J Urol 54: 689-692

Fall M (1984) Does electrostimulation cure urinary incontinence? J Urol 131: 664-667

Fall M (1985) Electrical pelvic floor stimulation for the control of detrusor instability. Neurourol Urodyn 4: 329-335

Fantl JA, Hurt WG, Dunn LJ (1981) Detrusor instability syndrome – the use of bladder retraining with and without anticholinergics. Am J Obstet Gynecol 140: 885-890

Fantl JA, Hurt WG, Dunn LJ (1983) Urinary incontinence due to unconscious abdominal contraction. Am J Obstet Gynecol 147: 137-139

Forney JP (1980) The effect of radical hysterectomy on bladder physiology. Am J Obstet Gynecol 138: 374-382

Fossberg E, Beisland HO, Lundgren RA (1981) Stress incontinence in females: treatment with phenylpropanolamine. A urodynamic and pharmacological evaluation. Urol Int 38: 293-299

Freeman RM, McPherson FM, Baxby K (1985) Psychological features of women with idiopathic detrusor instability. Urol Int 40: 257-259

Gaudenz R, Weil A (1980) Motor urge incontinence: diagnosis and treatment. Urol Int 35: 1-12

George NJR, O'Reilly PH, Barnard RJ, Blacklock NJ (1984) Practical management of patients with dilated upper tracts and chronic retention of urine. Br J Urol 56: 9-12

Godec CJ (1980) Detrusor hyperreflexia inhibited by anal dilatation. Urology 15: 321-324

Godec CJ, Cass AS (1980) Comparison of pressure measurements in the lower urinary and lower fecal pathways. J Urol 123: 58-60

Godec CJ, Cass AS (1980) Cystometric variations during postural changes and functional stimulation of the pelvic floor muscles. J Urol 123: 722-725

Godec CJ, Esho J, Cass AS (1980) Correlation among cystometry, urethral pressure profilometry and pelvic floor electromyography in evaluation of female patients with voiding dysfunction symptoms. J Urol 124: 678-682

Gonor SE, Carroll DJ, Metcalfe JB (1985) Vesical dysfunction in multiple sclerosis. Urology 25: 429-431

Griffiths DJ, Scholtmeyer RJ (1982) Detrusor instability in children. Neurourol Urodyn 1: 187-192

Gu J, Restorick JM, Blank MA, Huang WM, Polak JM, Bloom SR, Mundy AR (1983) Vasoactive intestinal polypeptide in the normal and unstable bladder. Br J Urol 55: 645-647

Hafner RJ (1981) Biofeedback treatment of intermittent urinary retention. Br J Urol 53: 125-128

Hilton P, Stanton SL (1983) The use of intravaginal oestrogen cream in genuine stress incontinence. Br J Obstet Gynecol 90: 940-944

Hindmarsh JR, Byrne PO (1980) Adult enuresis – a symptomatic and urodynamic assessment. Br J Urol 52: 88-91

Hindmarsh JR, Byrne PO (1980) Is the enuretic female bladder without instability normal? Urol Res 9: 133-135

Hindmarsh JR, Gosling PT, Deane AM (1983) Bladder instability. Is the primary defect in the urethra? Br J Urol 55: 648-651

Hulecki SJ, Hackler RH (1984) Closure of the bladder neck in spinal cord injury patients with urethral sphincteric incompetence and irreparable urethral pathological conditions. J Urol 131: 1119-1121

Iosif S, Henriksson L, Ulmsten U (1980) Postpartum incontinence. Urol Int 36: 53-58

Iosif S, Ingemarsson I, Ulmsten U (1980) Urodynamic studies in normal pregnancy and puerperium. Am J Obstet Gynecol 137: 696-700

Iosif S, Ulmsten U (1981) Comparative urodynamic studies of continent and stress incontinent women in pregnancy and the puerperium. Am J Obstet Gynecol 140: 645-650

Iversen P, Jensen KM-E, Bruskewitz RC, Madsen PO (1983) Modified J nephrostomy catheter for intravesical pressure measurement in urodynamics. Urology 21: 550-552

Jarvis GJ (1981) A controlled trial of bladder drill and drug therapy in the management of detrusor instability. Br J Urol 53: 565-566

Jarvis GJ (1982) The management of urinary incontinence due to primary vesical sensory urgency by bladder drill. Br J Urol 54: 374-376

Jensen D (1981) Uninhibited neurogenic bladder treated with prazosin. Scand J Urol Nephrol 15: 229-233

Jensen Jr D (1981) Pharmacological studies of the uninhibited neurogenic bladder. 1. The influence of repeated filling and various filling rates on the cystometrogram of neurological patients with normal and uninhibited neurogenic bladder. Acta Neurol Scand 64: 145-174

Jensen Jr D (1981) Pharmacological studies of the uninhibited neurogenic bladder. 2. The influence of cholinergic excitatory and inhibitory drugs on the cystometrogram of neurological patients with normal and uninhibited neurogenic bladder. Acta Neurol Scand 64: 175-195

Jensen Jr D (1981) Pharmacological studies of the uninhibited neurogenic bladder. 3. The influence of adrenergic excitatory and inhibitory drugs on the cystometrogram of neurological patients with normal and uninhibited neurogenic bladder. Acta Neurol Scand 64: 401-426

Jones KW, Schoenberg HW (1985) Comparison of the incidence of bladder hyperreflexia in patients with benign prostatic hypertrophy and age-matched female controls. J Urol 133: 425-426

Jorgensen L, Mortensen SO, Colstrup H, Andersen JT (1985) Bladder distension in the management of detrusor instability. Scand J Urol Nephrol 19: 101-104

Karol JB, Anderson RU (1980) Neuropharmacologic evaluation in spinal cord injury patients using membrane catheter cystosphincterometry. J Urol 124: 263-265

Kass EJ, Kumar S, Koff SA (1982) Bethanechol denervation supersensitivity testing in children. J Urol 127: 75-77

Kaupilla A, Alavaikko P, Kujansuu E (1982) Detrusor instability score in the evaluation of stress urinary incontinence. Acta Obstet Gynecol Scand 61: 137-141

Kimche D, Saar M, Lask D (1985) Evoked response studies in detrusor hyperreflexia due to infravesical obstruction in neurological patients. J Urol 133: 641-643

Kinder RB, Mundy AR (1985) Atropine blockade of nerve-mediated stimulation of the human detrusor. Br J Urol 57: 418-421

Kinn A-C, Nergardh A, Sidén A (1985) Bladder and urethral pressures during bladder filling in patients with multiple sclerosis and urge incontinence. Neurourol Urodyn 4: 107-116

Klevmark B (1980) Hyperactive neurogenic bladder studied with physiological filling rates. Scand J Urol Nephrol Suppl. 60: 55-56

Koff SA, Solomon MH, Lane GA, Lieding KG (1980) Urodynamic studies in anesthetized children. J Urol 126: 61-63

Kogan BA, Solomon MH, Lane GA, Diokno AC (1981) Urinary retention secondary to Landry-Guillain-Barre syndrome. J Urol 126: 643-644

Kondo A, Kato K, Takita T, Otani T (1985) Holding postures characteristic of unstable bladder. J Urol 134: 702-704

Kondo A, Kobayashi M, Otani T, Takita T, Narita H (1980) Supersensitivity to prostaglandin in chronic neurogenic bladders. Br J Urol 52: 290-294

Kondo A, Otani T, Takita T (1982) Suppression of bladder instability by penile squeeze. Br J Urol 54: 360-362

van der Kooi JB, van Wanroy PJA, de Jonge MC, Kornelis JA (1984) Time separation between cough pulses in bladder, rectum and urethra in women. J Urol 132: 1275-1278

Krauss DJ, Paletsky SH, Lilien OM (1980) Urodynamics of post-radical perineal prostatectomy incontinence. J Urol 124: 623-625

Kuzmarov IW (1984) Urodynamic assessment and chain cystogram in women with stress urinary incontinence. Urology 24: 236-238

Kvarstein B, Aase O, Hansen T-E, Dobloug P (1983) A new method with fiberoptic transducers for simultaneous recording of intravesical and intraurethral pressure during physiological filling and voiding phases. J Urol 130: 504-506

Laval KU, Lutzeyer W (1980) Spontaneous phasic activity of the detrusor. A cause of uninhibited contractions in unstable bladders. Urol Int 35: 182-187

Leach CE, Farsaii A, Raz S (1982) New dual-channel microtip transducer for urethral pressure profilometry and cystometry. Urology 20: 555-557

Light JK, Faganel J, Roth DR, Dimitrijevic MR (1984) Meningomyelocele: a clinical, urodynamic and neurophysiological evaluation. J Urol 131: 717-721

Lindstrom S, Fall M, Carlsson C-A, Erlandsson B-E (1983) The neurophysiological basis of bladder inhibition in response to intravaginal electrical stimulation. J Urol 129: 405-410

Low JA, Mauger GM, Carmichael JA (1981) The effect of Wertheim hysterectomy upon bladder and urethral function. Am J Obstet Gynecol 139: 826-834

Mahady IW, Begg BM (1981) Long-term symptomatic and cystometric cure of the urge incontinence syndrome using a technique of bladder re-education. Br J Obstet Gynaecol 88: 1038-1043

Mahony DT, Laferte RO, Blais DJ (1981) Study of enuresis. IX. Evidence of mild form of compensated detrusor hyperreflexia in enuretic children. J Urol 126: 520-524

Martin MR, Schiff AA (1984) Fluphazine/nortriptyline in the irritable bladder syndrome. A double-blind placebo controlled study. Br J Urol 56: 178-179

Matos-Fereira A, Reis-Santos JM (1982) Influence of indomethacin and aspirin on the vesicosphincteric dynamics of prostatectomised patients. Eur Urol 8: 163-172

Mayo ME, Ansell JS (1980) The effect of bladder function on the dynamics of the urethrovesical junction. J Urol 123: 229-231

Mayo ME, Kiviat MED (1980) Increased residual urine in patients with bladder neuropathy secondary to suprasacral spinal cord lesions. J Urol 123: 726-728

McGuire EJ, Lytton B, Kohorn KI, Pepe V (1980) The value of urodynamic testing in stress urinary incontinence. J Urol 124: 256-258

McGuire EJ, Savastano JA (1984) Urodynamic findings and clinical status following vesical denervation procedures for control of incontinence. J Urol 132: 87-88

McGuire EJ, Savastano JA (1984) Urodynamic studies in enuresis and the non-neurogenic neurogenic bladder. J Urol 132: 299-302

McGuire EJ, Savastano JA (1984) Urodynamic findings and long-term outcome management of patients with multiple sclerosis-induced lower urinary tract dysfunction. J Urol 132: 713-715

McGuire EJ, Shi-Chun Z, Horwinski ER, Lytton B (1983) Treatment of motor and sensory detrusor instability by electrical stimulation. J Urol 129: 78-79

McGuire EJ, Woodside JR, Borden TA, Weiss RM (1981) Prognostic value of urodynamic testing in myelodysplastic patients. J Urol 126: 205-209

Meyhoff HH, Gerstenberg TC, Nordling J (1983) Placebo – The drug of choice in female motor urge incontinence? Br J Urol 55: 34-37

Meyhoff HH, Griffiths DJ, Nordling J, Hald T (1980) Clinical applications of momentum flux measurements with special reference to detrusor hyperreflexia and meatal stenosis. Urol Res 8: 71-75

Meyhoff HH, Nordling J (1981) Different cystometric types of deficient micturition reflex control in female urinary incontinence with special reference to the effect of parasympatholytic treatment. Br J Urol 53: 129-133

Millard RJ, Oldenburg BF (1983) The symptomatic, urodynamic and psychodynamic results of bladder re-education programs. J Urol 130: 715-719

Mitchell WC, Venable DD (1985) Effects of metoclopramide on detrusor function. J Urol 134: 791-794

Moisey CU, Stephenson TP, Brendler CB (1980) The urodynamic and subjective results of treatment of detrusor instability with oxybutinin chloride. Br J Urol 52: 472-475

Mundy AR, Shah PJR, Borzyskowski M, Saxton HM (1985) Sphincter behaviour in myelomeningocele. Br J Urol 57: 647-651

Murray KHA (1983) Effect of nalaxone-induced opioid blockade on idiopathic detrusor instability. Urology 22: 329-331

Murray KHA, Feneley RCL (1982) Endorphins – a role in lower urinary tract function? The effects of opioid blockade on the detrusor and urethral sphincter mechanisms. Br J Urol 54: 638-640

Naglo A-S (1982) Continence training of children with neurogenic bladder and detrusor hyperactivity: effect of atropine. Scand J Urol Nephrol 16: 211-215

Naglo A-S, Nergardh A (1981) Diagnosis of detrusor hyperactivity in children with neurogenic bladder. Scand J Urol Nephrol 15: 91-96

Naglo A-S, Nergardh A, Boreus LO (1981) Influence of atropine and isoprenaline on detrusor hyperactivity in children with neurogenic bladder. Scand J Urol Nephrol 15: 97-102

Nakamura M, Sakurai T (1984) Bladder inhibition by penile electrical stimulation. Br J Urol 56: 413-415

Nanninga JB, Wu Y, Hamilton B (1982) Long-term intermittent catheterization in the spinal cord injury patient. J Urol 128: 760-763

Nergardh A, Naglo A-S (1982) Observations on the internal sphincter mechanism during the filling phase in children with hyperactive neurogenic bladder. Scand J Urol Nephrol 16: 205-209

Nielsen JB, Nørgaard JP, Sørensen SS, Jørgensen TM, Djurhuus JC (1984) Continuous overnight monitoring of bladder activity in vesicouureteral reflux patients: II. Bladder activity types. Neurourol Urodyn 3: 7-21

Nørgaard JP, Djurhuus JC (1984) Detrusor activity at rest in patients with idiopathic detrusor instability. Urol Res 12: 209-212

Nørgaard JP, Hansen JH, Nielsen JB, Petersen BS, Knudsen N, Djurhuus JC (1984) Simultaneous registration of sleep-stages and bladder activity in enuresis. Urology 26: 316-319

Nyman CR, Sjöberg B (1981) Clinical experiences of direct transmural measurement of the detrusor pressure. Scand J Urol Nephrol 15: 223-227

Opsomer RJ, Klarskov P, Holm-Bentzen M, Hald T (1984) Long-term results of superselective sacral nerve resection for motor urge incontinence. Scand J Urol Nephrol 18: 101-105

Osborn DE, George NJR, Rao PD, Barnard RJ, Reading C, Marklow C, Blacklock NJ (1981) Prostatodynia – Physiological characteristics and rational management with muscle relaxants. Br J Urol 53: 621-623

Park YC, Kaneko S, Yachiku S, Kurita T (1985) Accurate diagnosis of detrusor areflexia using combined uroflowmetry and abdominal wall electromyography. Urology 26: 423-425

Pavlakis A, Siroky MB, Krane RJ (1983) Neurogenic detrusor areflexia: correlation of perineal electromyography and bethanechol supersensitivity testing. J Urol 129: 1182-1184

Penders L, de Leval J (1985) Simultaneous urethrocystometry and hyperactive bladders: a manometric differential diagnosis. Neurourol Urodyn 4: 89-98

Pengelly AW, Booth CM (1980) A prospective trial of bladder training as treatment for detrusor instability. Br J Urol 52: 463-466

Perkash I (1980) Problems of decatheterization in long-term spinal cord injury patients. J Urol 124: 249-253

Perlberg S, Caine M (1982) Adrenergic response of bladder muscle in prostatic obstruction: its relation to detrusor instability. Urology 20: 524-527

Perlow DL, Diokno AC (1980) Cystometry and perineal electromyography in spinal cord-injured patients. Urology 15: 432-434

Philp NH, Thomas DG, Clarke SJ (1980) Drug effects on the voiding cystometrogram: a comparison of oral bethanechol and carbachol. Br J Urol 52: 484-487

van Poppel H, Ketelaer P, van Deweerd A (1985) Interferential therapy for detrusor hyperreflexia in multiple sclerosis. Urology 25: 607-612

Powell PH, Smith PJB, Feneley RCL (1980) The identification of patients at risk from acute retention. Br J Urol 52: 520-522

Powell PH, Yeates WK (1982) The clinical value of bladder capacity measurement at physiological pressure under anesthesia. Br. J Urol 54: 650-652

Preminger GM, Steinhardt GF, Mandell J, Fried FA, Landes RR (1983) Acute urinary retention in female patients: diagnosis and treatment. J Urol 130: 112-113

Price DA, Ramsden PD, Stobbart D (1980) The unstable bladder and prostatectomy. Br J Urol 52: 529-531

Rao MS, Bapna BC, Vaidyanathan S, Chary KS (1980) Use of clonidine in patients with neurogenic bladder dysfunction. Eur Urol 6: 261-264

Reuther K, Aagaard J (1984) Alpha-adrenergic blockade in the diagnosis of detrusor instability secondary to infravesical obstruction. Urol Int 39: 312-313

Reuther K, Aagaard J, Jensen KS (1983) Lignocaine test and detrusor instability. Br J Urol 55: 493-494

Richardson DA, Bent AE, Ostergard DR (1983) The effect of uterovaginal prolapse on urethrovesical pressure dynamics. Am J Obstet Gynecol 146: 901-905

Rossier AB, Fam BA, DiBenedetto M, Sakarati M (1980) Urethro-vesical function during spinal shock. Urol Res 8: 53-65

Rudy DC, Woodside JR, Crawford ED (1984) Urodynamic evaluation of incontinence in patients undergoing modified Campbell radical retropubic prostatectomy. A prospective study. J Urol 132: 708-712

Schoenberg HW, Gutrich JM (1980) Management of vesical dysfunction in multiple sclerosis. Urology 16: 444-448

Smith PJB, Powell PH, George NJR, Kirk D (1981) Urethrolysis in the management of females with recurrent frequency and dysuria. Br J Urol 52: 138-142

Sonda III LP, Kogan BA, Koff SA, Diokno AC (1983) Neurological disease masquerading as genitourinary abnormality – the role of urodynamics in diagnosis. J Urol 129: 1175-1178

Sørensen SS, Nielsen JB, Nørgaard JP, Knudsen LH, Djurhuus JC (1984) Changes in bladder volumes with repetition of water cystometry. Urol Res 12: 205-208

Staskin DR, Parsons KF, Levin RM, Wein AJ (1981) Bladder transection – a functional, neurophysiological, neuropharmacological and neuroanatomical study. Br J Urol 53: 552-557

Stimpel H, Aagaard J, Reuther K (1984) Repeated bladder distension by the Cystomat in the treatment of detrusor instability. Br J Urol 56: 285-288

Susset JG, Ghoniem GM (1984) Rapid cystometry and sacral-evoked response in the diagnosis of peripheral bladder and sphincter denervation. J Urol 132: 704-707

Susset JG, Ghoniem GM, Regnier CH (1982) Rapid cystometry in males. Neurourol Urodyn 1: 319-327

Sutherst J, Brown M (1980) Detection of urethral incompetence in women using fluid-bridge test. Br J Urol 52: 138-142

Sutherst J, Brown M (1983) The fluid bridge test for urethral incompetence. Acta Obstet Gynecol Scand 62: 271-274

Takaiwa M, Shiraiwa Y (1984) A new technique of vesical electromyogram with cystometrogram and urethral electromyogram. Urol Int 39: 217-221

Taylor CM, Corkery JJ, White RHR (1982) Micturition symptoms and unstable bladder activity in girls with primary vesicoureteral reflux. Br J Urol 54: 494-498

Thüroff JW, Jonas U, Frohneberg D, Hohenfellner R (1980) Telemetric urodynamic investigations in normal males. Urol Int 35: 427-434

Vaidyanathan S, Rao MS, Mapa MK, Bapna BC, Chary KSN, Swamy RP (1981) Study of intravesical instillation of 15(S)-15 methyl prostaglandin F2-alpha in patients with neurogenic bladder dysfunction. J Urol 126: 81-85

Vereecken RL, Cornelissen H, Das J, Grisar P (1985) Urethral and perineal instability. Urol Int 40: 325-330

Vereecken RL, Das J (1985) Urethral instability: related to stress and/or urge incontinence? J Urol 134: 698-701

Vereecken RL, Das J, Grisar P (1984) Electrical sphincter stimulation in the treatment of detrusor hyperreflexia of paraplegics. Neurourol Urodyn 3: 145-154

Vereecken RL, Puers B, Das J (1983) Continuous monitoring of bladder function. Urol Res 11: 15-18

Wake CR (1980) The immediate effect of abdominal hysterectomy on intravesical pressure and detrusor activity. Br J Obstet Gynaecol 87: 901-902

Walter S, Olesen KP, Nordling J, Andersen JT, Meyhoff HH, Hald T (1980) Neurogenic bladder. Acta Obstet Gynecol Scand 59: 337-347

Webster GD, Koefoot RB, Zakrzewski CJ, Todd S (1983) The after-contraction in urodynamic micturition studies. Neurourol Urodyn 2: 213-218

Webster GD, Older RA (1980) Value of subtracted bladder pressure measurement in routine urodynamics. Urology 16: 656-660

Wein AJ, Raezer DM, Malloy TR (1980) Failure of bethanechol supersensitivity test to predict improved voiding after subcutaneous bethanechol administration. J Urol 123: 202-203

Weprin SA, Zuspan FP (1980) The standing cystometrogram. Am J Obstet Gynecol 138: 369-373

Wheeler Jr JS, Siroky MB, Pavlakis A, Goldstein I, Krane RJ (1984) The changing neurological pattern of multiple sclerosis. J Urol 130: 1123-1126

Wheeler Jr JS, Siroky MB, Pavlakis A, Krane RJ (1984) The urodynamic aspects of the Guillain-Barre syndrome. J Urol 131: 917-919

Woodside JR, Borden TA (1982) Determination of true intravesical filling pressure in patients with vesicoureteral reflux by Fogarty catheter occlusion of ureters. J Urol 127: 1149-1152

Wyndaele JJ, de Sy WA (1985) Correlation between the findings of a clinical neurological examination and the urodynamic dysfunction in children with myelodysplasia. J Urol 133: 638-640

Yalla SV, Andriole GL (1984) Vesicourethral dysfunction after pelvic visceral ablative surgery. J Urol 132: 503-509

Yalla SV, Blute R, Waters WD, Snyder H, Fraser L (1981) Urodynamic evaluation of prostatic enlargements with micturitional vesicourethral static pressure profile. J Urol 125: 685-689

Yalla SV, Fraser L (1982) Total and static pressure measurements of the male lower urinary tract. Neurourol Urodyn 1: 159-171

Yalla SV, Karsh L, Kearny G, Fraser L, Finn D, DeFelippo N, Dyro FM (1982) Postprostatectomy urinary incontinence: urodynamic assessment. Neurourol Urodyn 1: 77-87

Yalla SV, Waters WD, Snyder H, Varady S, Blute R (1981) Urodynamic localisation of isolated bladder neck obstruction in men: studies with micturitional vesicourethral static pressure profile. J Urol 125: 677-684

Zanollo A, Catanzaro F (1980) Urodynamic response of unstable bladder to flavoxate. Urol Int 35: 176-181

Urethrometrie

Anderson RS, Feneley RCL (1983) Diagnosis of genuine stress incontinence – A comparison of the fluid bridge (flow) test and a pressure test. Neurourol Urodyn 2: 51-54

Anderson RS Shepherd AM, Feneley RCL (1983) Microtransducer urethral profile methodology: variations caused by transducer orientation. J Urol 130: 727-728

Andersson K-E, Ek A, Hedlund H, Mattiasson A (1981) Effects of prazosin on isolated human urethra and in patients with lower motor neuron lesions. Invest Urol 19: 39-42

Andersson K-E, Ekman G, Henriksson L, Ulmsten U (1983) The effect of midodrine and its active metabolite ST1059 on the human urethra in vitro and in vivo. Scand J Urol Nephrol 17: 261-265

Appell RA, England HR, Hussell AR, McGuire EJ (1980) The effects of epidural anesthesia on the urethral closure pressure profile in patients with prostatic enlargement. J Urol 124: 410-411

Asklin B, Erlandson B-E, Johansson G, Pettersson S (1984) The micturitional urethral pressure profile. Scand J Urol Nephrol 18: 269-276

Awad SA, McGinnis RH (1983) Factors that influence the incidence of detrusor instability in women. J Urol 130: 114-115

Barbalias GA, Klaubert GT, Blaivas JG (1983) Critical evaluation of the Crede maneuver: a urodynamic study of 207 patients. J Urol 130: 720-723

Barbalias GA, Meares Jr EM (1984) Female urethral syndrome: clinical and urodynamic perspectives. Urology 23: 208-212

Barkin M, Dolfin D, Herschorn S, Bharatwal N, Comisarow R (1983) The urologic care of the spinal cord injury patient. J Urol 129: 335-339

Bary PR, Day G, Lewis P, Chawla J, Evans C, Stephenson TP (1982) Dynamic urethral function in the assessment of spinal injury patients. Br J Urol 54: 39-44

Batra SC, Iosif CS (1983) Female urethra: a target for estrogen action. J Urol 129: 418-420

Bauer SB, Colodny AH, Hallet M, Khosbin S, Retik AB (1980) Urinary undiversion in myeolodysplasia: criteria for selection and predictive value of urodynamics. J Urol 124: 89-93

Beck RP, Warren KG, Whitman P (1981) Urodynamic studies in female patients with multiple sclerosis. Am J Obstet Gynecol 139: 273-276

Beisland HO, Fossberg E, Moer A, Sander S (1984) Urethral sphincteric insufficiency in postmenopausal females: treatment with phenylpropanolamine and estriol separately and in combination. A urodynamic and clinical evaluation. Urol Int 39: 211-216

Bergman A, Bhatia NN, Hasen J (1984) Effect of thyroid-releasing hormone on bladder and urethral pressures. Br J Urol 56: 397-400

Bergman A, McCarthy TA (1983) Urodynamic changes after successful operation for stress urinary incontinence. Am J Obstet Gynecol 147: 325-326

Bhatia NN, Bradley WE, Haldeman S (1982) Urodynamics: continuous monitoring. J Urol 128: 963-968

Bhatia NN, Bradley WE, Haldeman S, Johnson BK (1982) Continuous ambulatory urodynamic monitoring. Br J Urol 54: 357-359

Bhatia NN, Ostergard DR (1981) Urodynamic effects of retropubic urethropexy in genuine stress incontinence. Am J Obstet Gynecol 140: 936-941

Bissada NK, Finkbeiner AE (1980) Concept of pharmacodynamics of urinary storage and micturition. Urology 16: 118-120

Clarke SJ, Thomas DG (1981) Characteristics of the urethral pressure profile in flaccid male paraplegics. Br J Urol 53: 157-161

Colstrup H (1984) Rigidity of the resting female urethra. Part I. Static measurements. J Urol 132: 78-81

Colstrup H (1985) Voluntary contractions in the female urethra. J Urol 134: 902-906

Colstrup H, Mortensen SO, Kristensen JK (1983) A probe for measurements of related values of cross-sectional area and pressure in the resting female urethra. Urol Res 11: 139-143

Colstrup H, Mortensen SO, Kristensen JK (1983) A new method for the investigation of the closure function of the resting female urethra. J Urol 130: 507-511

Constantinou CE, Govan DE (1980) Urodynamic analysis of urethral, vesical and perivesical pressure distribution in the healthy female. Urol Int 35: 63-72

Constantinou CE, Govan DE (1982) Spatial distribution and timing of transmitted and reflexly generated urethral pressures in healthy women. J Urol 127: 964-969

Desmond AD, Ramaya GR, Cowell TK (1985) The fluid bridge test applied to urethral sphincter function with special reference to the male urethra. Br J Urol 57: 737-741

Fantl JA, Hurt WG, Dunn LJ (1981) Detrusor instability syndrome – the use of bladder retraining with and without anticholinergics. Am J Obstet Gynecol 140: 885-890

Fantl JA, Hurt WG, Dunn LJ (1983) Urinary incontinence due to unconscious abdominal contraction. Am J Obstet Gynecol 147: 137-139

Faysal MH, Constantinou CE, Rother LF, Govan DE (1981) The impact of bladder neck suspension on the resting and stress urethral pressure profile: a prospective study comparing controls with incontinent patients preoperatively and postoperatively. J Urol 125: 55-60

Feneley RCL (1983) The management of female incontinence by suprapubic catheterisation, with and without urethral closure. Br J Urol 55: 203-207

Fianu S, Kjaeldgaard A, Larsson B (1985) Preoperative screening for latent stress incontinence in women with cystocele. Neurourol Urodyn 4: 3-7

Forney JP (1980) The effect of radical hysterectomy on bladder physiology. Am J Obstet Gynecol 138: 374-382

Fossberg E, Beisland HO (1982) Incompetent urethral closure mechanism in females. Experimental and clinical studies with special reference to diagnosis and classification. Urol Int 37: 34-41

Fossberg E, Beisland HO, Lundgren RA (1981) Stress incontinence in females: treatment with phenylpropanolamine. A urodynamic and pharmacological evaluation. Urol Int 38: 293-299

Fossberg E, Beisland HO, Sander S (1981) Sensory urgency in females: treatment with phenylpropanolamine. Eur Urol 7: 157-160

Furuya S, Kumamoto Y, Yokoyama E, Tsukamoto T, Izumi T, Abiko Y (1982) Alpha-adrenergic activity and urethral pressure in prostatic zone in benign prostatic hypertrophy. J Urol 128: 836-839

Galloway NTM (1983) Urethral sphincter abnormalities in Parkinsonism. Br J Urol 55: 691-693

Gaudenz R, Weil A (1980) Motor urge incontinence: diagnosis and treatment. Urol Int 35: 1-12

van Geelen JM, Doesburg WH, Martin CB (1984) Female urethral pressure profile. Reproducibility, axial variation and effects of low dose oral contraceptives. J Urol 131: 394-398

van Geelen JM, Doesburg WH, Thomas CMG, Martin CB (1981) Urodynamic studies in the normal menstrual cycle: the relationship between hormonal changes during the menstrual cycle and the urethral pressure profile. Am J Obstet Gynecol 141: 384-392

van Geelen JM, Lemmens WAJG, Eskes TKAB, Martin CB (1982) The urethral pressure profile in pregnancy and after delivery in healthy nulliparous women. Am J Obstet Gynecol 144: 636-649

Godec CJ, Cass AS (1980) Comparison of pressure measurements in the lower urinary and lower fecal pathways. J Urol 123: 58-60

Godec CJ, Esho J, Cass AS (1980) Correlation among cystometry, urethral pressure profilometry and pelvic floor electromyography in evaluation of female patients with voiding dysfunction symptoms. J Urol 124: 678-682

Golji H (1980) Urethral sphincterotomy for chronic spinal cord injury. J Urol 123: 204-207

Hackler RH, Broeker BH, Klein FA, Brady SM (1980) A clinical experience with dantrolene sodium for external urethral sphincter hypertonicity in spinal cord injured patients. J Urol 124: 78-81

Hebert DB, Francis LN, Ostergard DR (1982) Significance of urethral vascular pulsations in genuine stress urinary incontinence. Am J Obstet Gynecol 144: 828-835

Hilton P (1982) The urethral pressure profile at rest: an analysis of variance. Neurourol Urodyn 1: 303-311

Hilton P (1983) The urethral pressure profile under stress: a comparison of profiles on coughing and straining. Neurourol Urodyn 2: 55-62

Hilton P, Stanton SL (1983) Urethral pressure measurement by microtransducer: the results in symptom-free women and those with genuine stress incontinence. Br J Obstet Gynecol 90: 919-933

Hilton P, Stanton SL (1983) The use of intravaginal oestrogen cream in genuine stress incontinence. Br J Obstet Gynecol 90: 940-944

Hindmarsh JR, Gosling PT, Deane AM (1983) Bladder instability. Is the primary defect in the urethra? Br J Urol 55: 648-651

Hulecki SJ, Hackler RH (1984) Closure of the bladder neck in spinal cord injury patients with urethral sphincteric incompetence and irreparable urethral pathological conditions. J Urol 131: 1119-1121

Iosif S, Henriksson L, Ulmsten U (1980) Postpartum incontinence. Urol Int 36: 53-58

Iosif S, Ingemarsson I, Ulmsten U (1980) Urodynamic studies in normal pregnancy and puerperium. Am J Obstet Gynecol 137: 696-700

Iosif S, Ulmsten U (1981) Comparative urodynamic studies of continent and stress incontinent women in pregnancy and the puerperium. Am J Obstet Gynecol 140: 645-650

Iwatsubo E (1981) Bladder recovery in patients with traumatic cervical cord injury evaluated by voiding synchronous cystosphincterometry with uroflowmetry. J Urol 126: 503-508

Kaplan WE, Firlit CF, Schoenberg HW (1980) The female urethral syndrome: external sphincter spasm as etiology. J Urol 124: 48-49

Karol JB, Anderson RU (1980) Evaluation of synchronous water cystosphincterometry with membrane catheter in spinal cord injury. J Urol 123: 907-911

Karol JB, Anderson RU (1980) Neuropharmacologic evaluation in spinal cord injury patients using membrane catheter cystosphincterometry. J Urol 124: 263-265

Kinn A-C, Nergardh A, Sidén A (1985) Bladder and urethral pressures during bladder filling in patients with multiple sclerosis and urge incontinence. Neurourol Urodyn 4: 107-116

Kiruluta HG, Downie JW, Awad SA (1981) The continence mechanisms: The effect of bladder filling on the urethra. Invest Urol 18: 460-465

Kitada S, Ishizawa N (1981) Urethral pressure profilometry in the preoperative assessment for prostatectomy. J Urol 126: 89-91

Kondo A, Kobayashi M, Takita T, Narita H (1983) Effecct of prostaglandin on urethral resistance and micturition. Urol Res 11: 19-22

van der Kooi JB, van Wanroy PJA, de Jonge HC, Kornelis JA (1984) Time separation between cough pulses in bladder, rectum and urethra in women. J Urol 132: 1275-1278

Koyanagi T (1980) Studies on the sphincteric system located distally in the urethra: The external urethral sphincter revisited. J Urol 124: 400-406

Krauss DJ, Paletsky SH, Lilien OM (1980) Urodynamics of post-radical perineal prostatectomy incontinence. J Urol 124: 623-625

Kvarstein B, Aase O, Hansen T-E, Dobloug P (1983) A new method with fiberoptic transducers for simultaneous recording of intravesical and intraurethral pressure during physiological filling and voiding phases. J Urol 130: 504-506

Kulseng-Hanssen S (1983) Prevalence and pattern of unstable urethral pressure in one hundred seventy-four gynecologic patients referred for urodynamic investigation. Am J Obstet Gynaecol 146: 895-900

Kujansuu E, Kaupilla A, Lahde S (1983) Correlation between urethrovesical anatomy and urethral closure function in female stress urinary incontinence before and after operation: urethrocystographic and urethrocystometric evaluation. Urol Int 38: 19-24

Kuzmarov IW (1984) Urodynamic assessment and chain cystogram in women with stress urinary incontinence. Urology 24: 236-238

Leach CE, Farsaii A, Raz S (1982) New dual-channel microtip transducer for urethral pressure profilometry and cystometry. Urology 20: 555-557

Leach GE, Raz S (1983) Perfusion sphincterometry. Urology 21: 312-314

Low JA, Mauger GM, Carmichael JA (1981) The effect of Wertheim hysterectomy upon bladder and urethral function. Am J Obstet Gynecol 139: 826-834

Matos-Fereira A, Reis-Santos JM (1982) Influence of indomethacin and aspirin on the vesicosphincteric dynamics of prostatectomised patients. Eur Urol 8: 163-172

Mattiasson A, Andersson K-E, Sjögren C (1984) Urethral sensitivity to α-adrenoceptor stimulation and blockade patients with parasympathetically decentralized lower urinary tract and in healthy volunteers. Neurourol Urodyn 3: 223-233

Mayo ME, Ansell JS (1980) The effect of bladder function on the dynamics of the urethrovesical junction. J Urol 123: 229-231

Mayo ME, Kiviat MED (1980) Increased residual urine in patients with bladder neuropathy secondary to suprasacral spinal cord lesions. J Urol 123: 726-728

McGuire EJ (1984) Mechanisms of urethral continence and their clinical application. World J Urol 2: 272-279

McGuire EJ, Lytton B, Kohorn KI, Pepe V (1980) The value of urodynamic testing in stress urinary incontinence. J Urol 124: 256-258

McGuire EJ, Savastano JA (1984) Urodynamic findings and clinical status following vesical denervation procedures for control of incontinence. J Urol 132: 87-88

McGuire EJ, Savastano JA (1984) Urodynamic studies in enuresis and the non-neurogenic neurogenic bladder. J Urol 132: 299-302

McGuire EJ, Savastano JA (1984) Urodynamic findings and long-term outcome management of patients with multiple sclerosis-induced lower urinary tract dysfunction. J Urol 132: 713-715

McGuire EJ, Woodside JR, Borden TA, Weiss RM (1981) Prognostic value of urodynamic testing in myelodysplastic patients. J Urol 126: 205-209

Meyhoff HH, Ingemann L, Nordling J, Hald T (1981) Accuracy in preoperative estimation of prostatic size. A comparative evaluation of rectal palpation, intravenous pyelography, urethral pressure profile and cystourethroscopy. Scand J Urol Nephrol 15: 45-51

Millard RJ, Oldenburg BF (1983) The symptomatic, urodynamic and psychodynamic results of bladder re-education programs. J Urol 130: 715-719

Miyagawa I (1984) Assessment of urethral resistance at external sphincter zone during voiding by static withdrawal urethrometrogram. Urol Int 39: 327-331

Morita T, Tsuchida S (1984) Stereographic urethral pressure profile. Urol Int 39: 199-206

Mortensen S, Kierulff S, Frimodt-Møller C, Djurhuus JC (1982) A planimetric study on the female urethral closure pressure profile. Urol Int 37: 134-138

Mundy AR, Shah PJR, Borzyskowski M, Saxton HM (1985) Sphincter behaviour in myelomeningocele. Br J Urol 57: 647-651

Murray KHA, Feneley RCL (1982) Endorphins – a role in lower urinary tract function? The effects of opioid blockade on the detrusor and urethral sphincter mechanisms. Br J Urol 54: 638-640

Nergardh A, Naglo A-S (1982) Observations on the internal sphincter mechanism during the filling phase in children with hyperactive neurogenic bladder. Scand J Urol Nephrol 16: 205-209

Nordling J, Meyhoff HH, Christensen NJ (1981) Influence of sympathetic tonus and plasma noradrenaline on urethral pressure. Scand J Urol Nephrol 15: 1-6

Nordling J, Meyhoff HH, Hald T, Gerstenberg T, Walter S, Christensen NJ (1981) Urethral denervation supersensitivity to noradrenaline after radical hysterectomy. Scand J Urol Nephrol 15: 21-24

Nørgaard JP, Schwartz-Sørensen S, Djurhuus JC (1984) Functional bladder neck obstruction in women. Urol Int 39: 207-210

Osborn DE, George NJR, Rao PD, Barnard RJ, Reading C, Marklow C, Blacklock NJ (1981) Prostatodynia – Physiological characteristics and rational management with muscle relaxants. Br J Urol 53: 621-623

Parsons KF, Turton MB (1980) Urethral supersensitivity and occult urethral neuropathy. Br J Urol 52: 131-137

Penders L, de Leval J (1985) Simultaneous urethrocystometry and hyperactive bladders: a manometric differential diagnosis. Neurourol Urodyn 4: 89-98

Penders L, de Leval J, Petit R (1984) Enuresis and urethral instability. Eur Urol 10: 317-322

Perkash I (1980) Problems of decatheterization in long-term spinal cord injury patients. J Urol 124: 249-253

Plante P, Susset J (1980) Studies of female urethral pressure profile. Part I. The normal urethral pressure profile. J Urol 123: 64-69

Plevnik S, Brown M, Sutherst JR, Vrtacnik P (1983) Tracking of fluid in urethra by simultaneous electric impedance measurement at three sites. Urol Int 35: 29-32

Plevnik S, Janez J (1983) Pressure-distension relation in male obstructed urethra. Urology 17: 393-397

Plevnik S, Janez J (1983) Urethral pressure variations. Urology 21: 207-209

Plevnik S, Janez J, Vrtacnik P, Brown M (1985) Directional differences in urethral pressure recordings: contributions from the stiffness and the weight of the recording catheter. Neurourol Urodyn 4: 117-128

Plevnik S, Janez J, Vrtacnik P (1985) Superimposition of urethral closure pressure profiles using electrical conductance measurements. Neurourol Urodyn 4: 129-134

Rao MS, Bapna BC, Sharma PL, Chary KSN, Vaidyanathan S (1980) Clinical importance of beta-adrenergic activity in the proximal urethra. J Urol 124: 254-255

Regnier CH, Susset JG, Ghoniem GM, Biancani P (1983) A new catheter to measure urethral compliance in females: normal values. J Urol 129: 1060-1062

Reid RE, Laor E, Tolia BM, Donner K, Freed SZ (1985) Intraoperative profilometry. J Urol 133: 203-204

Richardson DA, Bent AE, Ostergard DR (1983) The effect of uterovaginal prolapse on urethrovesical pressure dynamics. Am J Obstet Gynecol 146: 901-905

Rossier AB, Fam BA, DiBenedetto M, Sakarati M (1980) Urethro-vesical function during spinal shock. Urol Res 8: 53-65

Rud T (1980) The effects of estrogens and gestagens on the urethral pressure profile in urinary continent and stress incontinent women. Acta Obstet Gynecol Scand 59: 265-270

Rud T (1980) Urethral pressure profile in continent women from childhood to old age. Acta Obstet Gynecol Scand 59: 331-335

Rud T, Andersson KE, Asmussen M, Hunting A, Ulmsten U (1980) Factors maintaining the intraurethral pressure in women. Invest Urol 17: 343-347

Rudy DC, Woodside JR, Crawford ED (1984) Urodynamic evaluation of incontinence in patients undergoing modified Campbell radical retropubic prostatectomy. A prospective study. J Urol 132: 708-712

Shawer M, Brown M, Sutherst JR (1983) Comparative examination of female urethral pressure profiles measured by CO2 and H2O infusion techniques. Br J Urol 55: 326-331

Smith PJB, Powell PH, George NJR, Kirk D (1981) Urethrolysis in the management of females with recurrent frequency and dysuria. Br J Urol 52: 138-142

Sørensen S, Kirkeby HJ, Stødkilde-Jørgensen H, Djurhuus JC (1986) Continuous recording of urethral activity in healthy female volunteers. Neurourol Urodyn 5: 5-16

Staskin DR, Parsons KF, Levin RM, Wein AJ (1981) Bladder transection – a functional, neurophysiological, neuropharmacological and neuroanatomical study. Br J Urol 53: 552-557

Susset JG, Ghoniem GM, Regnier CH (1983) Abnormal urethral compliance in females. Diagnosis, results and treatment. J Urol 129: 1063-1065

Susset J, Plante P (1980) Studies of female urethral pressure profile. Part II. Urethral pressure profile in female incontinence. J Urol 123: 64-69

Sutherst J, Brown M (1980) Detection of urethral incompetence in women using fluid-bridge test. Br J Urol 52: 138-142

Sutherst J, Brown M (1983) The fluid bridge test for urethral incompetence. Acta Obstet Gynecol Scand 62: 271-274

Thüroff JW, Hutschenreiter G, Rumpelt HJ, Hohenfellner R (1983) Neourethra: a new two-stage procedure for reconstruction of the functional urethra. J Urol 130: 1228-1230

Toguri AG, Whorton EB, Bee DE, Churchill BM, Shillinger JF (1980) Parameters of gas urethral pressure profiles: part II. J Urol 123: 729-731

Toguri AG, Pee DE, Bunce H (1980) Variability of water urethral closure pressure profiles. J Urol 124: 407-409

Tsuchida S, Koinuma N, Nishizawa O, Moriya I, Satoh S, Noto H, Harada T, Satoh K (1983) Urethral response to nerve stimulation measured by strain gauge force transducer. Urol Int 38: 300-306

Ulmsten U, Henriksson L, Iosif S (1982) The unstable urethra. Am J Obstet Gynecol 144: 93-97

Vaidyanathan S, Rao MS, Bapna BC, Chary KSN, Palaniswamy R (1980) Beta-adrenergic activity in human proximal urethra: a study with terbutaline. J Urol 124: 869-871

Vardi Y, Ginesin Y, Levin DR (1985) Preoperative evaluation of prostatic size by urethral pressure profilometry. Eur Urol 11: 257-259

Venema PL, Kramer AEJL (1985) Kontinuierliche Urethra-Druckmessung: Therapeutische Konsequenzen. In: Harzmann R, Jacobi GH, Weissbach L (eds) Experimentelle Urologie. Springer Verlag, Berlin Heidelberg New York Tokyo

van Venrooij GEPM, Blok C, van Riel MPJM, Coolsaet BLRA (1985) Relative urethral leakage pressure versus maximum urethral closure pressure. The reliability of the measurement of urethral competence with the new tube-foil sleeve catheter in patients. J Urol 134: 592-595

Vereecken RL, Cornelissen M, Das J, Grisar P (1985) Urethral and perineal instability. Urol Int 40: 325-330

Vereecken RL, Das J (1985) Urethral instability: related to stress and/or urge incontinence? J Urol 134: 698-701
Vereecken RL, Das J, Cornelissen M (1985) Rotational differences in urethral pressure in incontinent women. Urol Int 40: 201-205
Ward GH, Hosker GL (1985)The anisotropic nature of urethral occlusive forces. Br J Obstet Gynaecol 92: 1279-1285
Webster GD, Sihelnik SA, Stone AR (1984) Female urinary incontinence: the incidence, identification and characteristics of detrusor instability. Neurourol Urodyn 3: 235-242
Weil A, Reyes H, Bischoff P, Rottenberg RD, Krauer F (1983) Clinical relevance of urethral stress profile using microtransducers after surgery for stress incontinence in females. Urol Int 38: 363-367
Weil A, Reyes H, Bischoff P, Rottenberg RD, Krauer F (1984) Modifications of the urethral rest and stress profiles after different types of surgery for urinary stress incontinence. Br J Obstet Gynaecol 91: 46-55
Westby M, Asmussen M, Ulmsten U (1982) Location of maximum intraurethral pressure related to urogenital diaphragm in the female subject as studied by urethrocystometry and voiding cystourethrography. Am J Obstet Gynecol 144: 408-412
Woodside JR (1980) Urodynamic evaluation of dysfunctional bladder neck obstruction in men. J Urol 124: 673-677
Woodside JR (1982) Micturitional static urethral pressure profilometry in women. Neurourol Urodyn 1: 149-158
Woodside JR, Borden TA (1983) Central nervous system lesion causing urethral instability and urinary incontinence. J Urol 130: 136-137
Woodside JR, Crawford ED (1980) Urodynamic features of pelvic plexus injury. J Urol 124: 657-658
Woodside JR, McGuire EJ (1982) Technique for detection of detrusor hypotonia in the presence of urethral sphincteric incompetence. J Urol 127: 740-743
Wyndaele JJ, de Sy WA (1985) Correlation between the findings of a clinical neurological examination and the urodynamic dysfunction in children with myelodysplasia. J Urol 133: 638-640
Yalla SV, Andriole GL (1984) Vesicourethral dysfunction after pelvic visceral ablative surgery. J Urol 132: 503-509
Yalla SV, Blute R, Waters WD, Snyder H, Fraser L (1981) Urodynamic evaluation of prostatic enlargements with micturitional vesicourethral static pressure profile. J Urol 125: 685-689
Yalla SV, Fraser L (1982) Total and static pressure measurements of the male lower urinary tract. Neurourol Urodyn 1: 159-171
Yalla SV, Karsh L, Kearny G, Fraser L, Finn D, DeFelippo N, Dyro FM (1952) Postprostatectomy urinary incontinence: urodynamic assessment. Neurourol Urodyn 1: 77-87
Yalla SV, Karsh L, Kearny G, Fraser L, Finn D, DeFelippo N, Dyro FM (1982) Postprostatectomy urinary incontinence: urodynamic assessment. Neurourol Urodyn 1: 77-87
Yalla SV, Loughlin K (1982) Urodynamic assessment of anterior urethral constrictions. Urology 19: 106-113
Yalla SV, Sharma GVRK, Barsamian EM (1980) Micturition static urethral pressure profile: method of recording urethral pressure profile during voiding and implications. J Urol 124: 649-656
Yalla SV, Waters WD, Snyder H, Varady S, Blute R (1981) Urodynamic localisation of isolated bladder neck obstruction in men: studies with micturitional vesicourethral static pressure profile. J Urol 125: 677-684
Yalla SV, Yap W, Fam BA (1982) Detrusor urethral sphincter dyssynergia: micturitional vesicourethral pressure profile patterns. J Urol 128: 969-973
Zinner NR, Sterling AM, Ritter RC (1980) Role of inner urethral softness in urinary continence. Urology 16: 115-117
Zinner NR, Susset JG, Coolsaet BLRA, Griffiths DJ, Jonas U, Sterling AM, Blaivas JG, Krane RJ (1983) THE GREAT DEBATE. Resolved: The urethral closure pressure profile should be used for diagnosis and measurement of female stress incontinence. Neurourol Urodyn 2: 81-99

Uroflowmetrie und Inkontinenzdiagnostik

Andersen JT Nordling J (1980) Prostatism. II. The correlation between cystourethroscopic, cystometric and urodynamic findings. Scand J Urol Nephrol 14: 23-27
Ball AJ (1982) The peakometer: an evaluation. Urol Int 37: 42-44

Ball AJ, Smith PJB (1982) The long-term effects of prostatectomy: a uroflowmetric analysis. J Urol 128: 538-540

Barkin M, Dolfin D, Herschorn S, Comisarow R, Fisher R (1983) Voiding dysfunction in institutionalized elderly men: the influence of previous prostatectomy. J Urol 130: 258-259

Barrett DM (1981) The effect of oral bethanechol chloride on voiding in female patients with excessive residual urine: a randomized double-blind study. J Urol 126: 640-642

Barrett DM, Wein AJ (1981) Flow evaluation and simultaneous external sphincter electromyography in clinical urodynamics. J Urol 125: 538-541

Belen J, Weingarden S, Ferguson JD, Jarboe D, Turney SZ (1985) Improved aid in management of neurogenic bladder. Urology 25: 188-189

Bergman A, Bhatia NN (1984) Uroflowmetry: spontaneous versus instrumented. Am J Obstet Gynecol 150: 788-789

Bergman A, Bhatia NN (1985) Uroflowmetry for predicting postoperative voiding difficulties in women with stress incontinence. Br J Obstet Gynaecol 92: 835-838

Bissada NK, Finkbeiner AE (1980) Concept of pharmacodynamics of urinary storage and micturition. Urology 16: 118-120

Brooks ME, Braf ZF (1981) Effect of 17-alpha-hydroxyprogesterone 17-N-caproate on urine flow. Urology 17: 488-491

Caine M, Perlberg S, Shapiro A (1981) Phenoxybenzamine for benign prostatic obstruction. Review of 200 cases. Urology 17: 542-546

Christensen SJ, Colstrup H, Hertz JB, Lenstrup C, Frimodt-Møller C (1986) Inter- and intradepartmental variations of the perineal pad weighing test. Neurourol Urodyn 5: 23-28

Desmond AD, Evans CM, Jameson RM, Woolfenden KA, Gibbon NOK (1981) Critical evaluation of direct vision urethrotomy by urine flow measurement. Br J Urol 53: 630-633

Dijkhuis T, Klopper PJ, Grimbergen CA (1983) Microcomputer-based approach to the automation of flow rate measurement: a fully automatic mictiometer. Med Biol Eng Comput 21: 768-770

Drach GW, Layton T, Bottacini MR (1982) A method of adjustment of male peak urinary flow rate for varying age and volume voided. J Urol 128: 960-962

Eadie AS, Glen GS, Rowan D (1983) The urilos recording nappy system. Br J Urol 55: 301-303

Fantl JA, Smith PJ, Schneider V, Hurt WG, Dunn LJ (1983) Fluid weight uroflowmetry in women. Am J Obstet Gynecol 145: 1017-1024

Finnerty RU, Belville WD, Buck AS (1984) Evaluation and treatment of dyssynergic bladder neck obstruction. Urology 24: 410-413

Firlit CF, Smey P, King LR (1978) Micturition urodynamic flow studies in children. J Urol 119: 250-253

Gleason DM, Bottacini MR (1984) The effect of a fine urethral pressure measuring catheter on urinary flow in females. Neurourol Urodyn 3: 161-172

Godec CJ, Cass AS (1981) Psychosocial aspects of micturition. Urology 17: 332-334

Griffiths DJ, Scholtmeyer R (1983) Detrusor/sphincter dyssynergia in neurologically normal children. Neurourol Urodyn 2: 27-37

Griffiths DJ, Scholtmeyer R (1984) Place of the free flow curve in the urodynamic investigation of children. Br J Urol 56: 474-477

Jacobs SC Sebern MA, Donnell R, Lawson PK (1984) Computer-assisted urodynamics. J Urol 132: 716-717

Jensen KM-E, Bruskewitz RC, Iversen P, Madsen PO (1984) Spontaneous uroflowmetry in prostatism. Urology 24: 403-409

Jensen KM-E, Jørgensen JB, Mogensen P (1985) Reproducibility of uroflowmetry variables in elderly males. Urol Res 13: 237-240

Jensen KM-E, Nielsen KK, Jensen H, Pedersen OS, Krarup T (1983) Urinary flow studies in normal kindergarten- and schoolchildren. Scand J Urol Nephrol 17: 11-21

Jensen KM-E, Nielsen KK, Kristensen ES, Dalsgaard J, Qvist N, Krarup T (1985) Uroflowmetry in neurologically normal children with voiding disorders. Scand J Urol Nephrol 19: 81-84

Khalaf IM, Ghoneim MA, Elhilali MM (1981) The effect of exogeneous prostaglandins F2alpha and E2 and indomethacin on micturition. Br J Urol 53: 21-28

Khalaf IM, Rioux F, Quirion R, Elhilali MM (1980) Intravesical prostaglandin: release and effect of bladder instillation on some micturition parameters. Br J Urol 52: 351-356

Klarskov P, Hald T (1984) Reproducibility and reliability of urinary incontinence assessment with a 60 min. test. Scand J Urol Nephrol 18: 293-298
Kondo A, Kobayashi M, Takita T, Narita H (1983) Effect of prostaglandin on urethral resistance and micturition. Urol Res 11: 19-22
Layton TN, Drach GW (1981) Selectivity of peak versus average male flow rates. J Urol 125: 839-841
Lief M, Khan Z, Leiter E, Melman A (1984) Possible errors in uroflowmetry. Neurourol Urodyn 3: 179-183
Lose G, Gammelgaard J, Jørgensen TJ (1986) The one-hour pad weighing test: reproducibility and correlation between the test result, the start volume in the bladder and the diuresis. Neurourol Urodyn 5: 17-21
Lose G, Thunedborg P, Jørgensen L, Colstrup H (1986) A comparison of spontaneous and intubated urinary flow in female patients. Neurourol Urodyn 5: 1-4
Marshall VR, Ryall RL, Austin ML, Sinclair GR (1983) The use of urinary flow rates obtained from voided volumes less than 150 ml in the assessment of voiding ability. Br J Urol 55: 28-33
Palmtag H, Riedasch G (1980) Psychogenic voiding patterns. Urol Int 35: 321-327
Park YC, Kaneko S, Yachiku S, Kurita T (1985) Accurate diagnosis of detrusor areflexia using combined uroflowmetry and abdominal wall electromyography. Urology 26: 423-425
Pauer, W. und Madersbacher, H.: Giggle Incontinence (Enuresis risoria) – Diagnose und Differentialdiagnose Urologe B 21 (1981) 280-282
Robinson H, Stanton SL (1981) Detection of urinary incontinence. Br J Obstet Gynaecol 88: 59-61
Rollema HJ, Kramer AEJL, Jonas U (1985) Computer-based brodynamics: on-line decision-making in uroflowmetry and construction of permanent data files. J Urol 133: 263A
Ryall RL, Marshall VR (1982) Normal peak urinary flow rates obtained from small voided volumes can provide a reliable assessment of bladder function. J Urol 127: 484-488
Ryall RL, Marshall VR (1982) The effect of a urethral catheter on the measurement of maximum urinary flow rate. J Urol 128: 429-432
Ryall RL, Marshall VR (1983) Measurement of urinary flow rate. Urology 22: 556-564
Shah PJR, Abrams PH, Choa RG, Ashken MH, Gaches CGC, Green NA (1983) Distigmine bromide and post-prostatectomy voiding. Br J Urol 55: 229-232
Siroky MB Olsson CA Krane RJ (1980) The flow rate nomogram. II. Clinical correlation. J Urol 123: 208-210
Thüroff JW, Petri E, Jonas U (1980) Male stress incontinence. Diagnostic work-up and therapeutic considerations. Urol Int 35: 356-362
Toguri AG, Uchida T, Bee DE (1982) Pediatric uroflow rate nomograms. J Urol 127: 727-731
Toguri AG, Bee DE, Uchida T (1982) Normal pediatric uroflow rates in a nonclinical setting. J Urol 127: 732-735
Tripathi VNP, Sridhar M (1983) Urodiagrams: a new method of uroflow pattern analysis. J Urol 130: 309-311
Visser GHA, Goodman JDS, Levine DH, Dawes GS (1981) Micturition and the heart period cycle in the human fetus. Br J Obstet Gynaecol 88: 803-805
Wein AJ, Raezer DM, Malloy TR (1980) Failure of bethanechol supersensitivity test to predict improved voiding after subcutaneous bethanechol administration. J Urol 123: 202-203
Wilson PD, al Sammarai MT, Brown ADG (1980) Quantifying female incontinence with particular reference to the Urilos system. Urol Int 35: 298-302
Woodhouse CRJ, Tiptaft RC (1983) Mazindol in the control of micturition. Br J Urol 55: 636-638

Druck-Fluß-Studie und Urethrawiderstand

Abdel-Hakim A, Shoukry I, Fam A, Safwat M, Elhilali MM (1984) Urodynamic evaluation of the bilharzial bladder. Neurourol Urodyn 3: 79-91
Abrams PH (1980) Investigations of post prostatectomy problems. Urology 1980: 15: 209-212
Abrams PH, Shah PJ, Feneley RCL (1981) Voiding disorders in young male adult. Urology 18: 107-111
Abrams PH, Skidmore R, Poole AC, Follett D (1983) The concept and measurement of bladder work. A review after 6 years. Br J Urol 55: 199
Andersen JT (1982) Prostatism: Clinical, radiological and urodynamic aspects. Neurourol Urodyn 1: 241-293

Andersen JT, Nordling J, Meyhoff HH, Jacobsen O, Hald T (1980) Functional bladder neck obstruction. Late results after bladder neck incision. Scand J Urol Nephrol 14: 17-22

Anderson RU (1983) Urodynamic patterns after acute spinal cord injury: association with bladder trabeculation in male patients. J Urol 129: 777-779

Ball AJ, Feneley RCL, Abrams PH (1981) The natural history of untreated 'prostatism'. Br J Urol 53: 613-616

Barbalias GA, Blaivas JG (1983) Neurologic implications of the pathologically open bladder neck. J Urol 129: 780-782

Barbalias GA, Meares Jr EM (1984) Female urethral syndrome: clinical and urodynamic perspectives. Urology 23: 208-212

Barbalias GA, Meares Jr EM, Sant GR (1983) Prostatodynia: clinical and urodynamic characteristics. J Urol 130: 514-517

Barnes JC, Harrison G, Murray K (1985) Low pressure/low flow voiding in younger men: psychological aspects. Br J Urol 57: 414-417

Bhatia NN, Bergman A, Gunning JE (1983) Urodynamic effects of a vaginal pessary in women with stress urinary incontinence. Am J Obstet Gynecol 147: 876-884

Blaivas JG, Barbalias GA (1983) Characteristics of neural injury after abdomino-perineal resection. J Urol 129: 84-87

Blaivas JG, Barbalias GA (1984) Detrusor-external sphincter dyssynergia in men with multiple sclerosis: an ominous urological condition. J Urol 131: 91-94

Booth CM, Whiteside CG, Turner-Warwick R (1981) A long-term study of the persistence of the urodynamic characteristics of the unstable bladder. Br J Urol 53: 310-314

Bottacini MR, Gleason DM (1980) Urodynamic norms in women: I. Normals versus stress incontinents. J Urol 124: 659-662

Brüggemann VC, Ringert R-H, Hartung R, Olbing H (1985) Stellenwert der anatomischen und funktionellen Obstruktion der Urethra des Mädchens bei Enuresis, rezidivierenden Harnwegsinfekten und Reflux. Urologe A 24: 75-79

Bruskewitz R, Jensen KM-E, Iversen P, Madsen PO (1983) The relevance of minimum urethral resistance in prostatism. J Urol 129: 769-771

Cantor TJ, Bates CP (1980) A comparative study of symptoms and objective urodynamic findings of 214 incontinent women. Br J Obstet Gynaecol 87: 889-892

Chang PL, Fan HA (1983) Urodynamic studies before and after abdominoperineal resection of the rectum for carcinoma. J Urol 130: 948-951

Constantinou CE, Djurhuus JC, Silverman DE, Towns AB, Wong L, Govan DE (1984) Isometric detrusor pressure during bladder filling and its dependency on bladder volume and interruption to flow in control subjects. J Urol 131: 86-90

Cote RJ, Burke H, Schoenberg HW (1981) Prediction of unusual post-operative results by urodynamic testing in benign prostatic hyperplasia. J Urol 125: 690-692

Diokno AC, Hollander JB, Bennett CJ (1984) Bladder neck obstruction in women: a real entity. J Urol 132: 294-298

Dorflinger T, Frimodt-Møller C, Bruskewitz RC, Jensen KM-E, Iversen P, Madsen PO (1985) The significance of uninhibited detrusor contractions in prostatism. J Urol 133: 819-821

Fernie GR, Jewett MAS, Halsall P, Zorzitto ML (1983) Urodynamic characterization of incontinence in the elderly by bladder volume. J Urol 129: 772-774

Fitzmaurice H, Fowler CJ, Rickards D, Kirby S, Quinn NP, Marsden CD, Milroy EJG, Turner-Warwick RT (1985) Micturition disturbance in Parkinson's disease. Br J Urol 57: 652-656

Fukui J, Kakizaki T (1980) Urodynamic evaluation of tethered cord syndrome including tight filium terminale. Urology 16: 539-552

Galloway NTM (1983) Urethral sphincter abnormalities in Parkinsonism. Br J Urol 55: 691-693

Gerstenberg TC, Andersen JT, Klarskov P, Ramirez D, Hald T (1982) High flow infravesical obstruction in men: symptomatology, urodynamics and results of surgery. J Urol 127: 943-945

Gerstenberg T, Blaaberg J, Nielsen ML, Clausen S (1980) Phenoxybenzamine reduces bladder outlet obstruction in benign prostatic hyperplasia. A urodynamic investigation. Invest Urol 18: 29-31

Gleason DM, Bottacini MR (1982) Urodynamic norms in female voiding. II. The flow modulation zone and voiding dysfunction. J Urol 127: 495-500

Gleason DM, Bottacini MR (1982) Urinary flow velocity as an index of male voiding function. J Urol 128: 1363-1367

Griffiths DJ (1983) Residual urine, underactive detrusor function and the nature of detrusor/sphincter dyssynergia. Neurourol Urodyn 2: 289-294

Griffiths DJ, van Mastrigt R (1985) The routine assessment of detrusor contraction strength. Neurourol Urodyn 4: 77-87

Griffiths DJ, Scholtmeyer R (1982) Precise urodynamic assessment of meatal and distal urethral stenosis in girls. Neurourol Urodyn 1: 89-95

Griffiths DJ, Scholtmeyer R (1982) Precise urodynamic assessment of anatomic urethral obstruction in boys. Neurourol Urodyn 1: 97-104

Griffiths DJ, Scholtmeyer R (1982) Momentum flux measurement in boys: a clinical evaluation. Neurourol Urodyn 1: 173-182

Griffiths DJ, Scholtmeyer R (1983) Detrusor/sphincter dyssynergia in neurologically normal children. Neurourol Urodyn 2: 27-37

Hanna MK (1980) Review of fundamental urodynamics in children. Urology 15: 630-638

Hanna MK, Di Scipio W, Suh KK, Kogan SJ, Levitt SB, Donner K (1981) Urodynamics in children. Part I. Methodology. J Urol 125: 530-533

Hanna MK, Di Scipio W, Suh KK, Kogan SJ, Levitt SB, Donner K (1981) Urodynamics in children. Part II. The pseudoneurogenic bladder. J Urol 125: 534-537

Hasegawa N, Kitagawa Y, Takasaki N, Miyazaki S (1983) The effect of abdominal pressure on urinary flow rate. J Urol 130: 107-111

Hassouna M, Lebel M, Elhilali M (1984) Neurourologic correlation in multiple sclerosis. Neurourol Urodyn 3: 73-77

von Hedenberg C, Gierup J (1981) Urodynamic studies in boys with disorders of the lower urinary tract. V. Posterior urethral folds. A pre- and postoperative study. Scand J Urol Nephrol 15: 215-221

Holmes DM, Stone AR, Bary PR, Richards CJ, Stephenson TP (1983) Bladder training- 3 years on. Br J Urol 55: 660-664

Iwatsubo E (1981) Bladder recovery in patients with traumatic cervical cord injury evaluated by voiding synchronous cystosphincterometry with uroflowmetry. J Urol 126: 503-508

Jakobsen H, Holm-Bentzen M, Hald T (1985) Neurogenic bladder dysfunction in sacral agenesis and dysgenesis. Neurourol Urodyn 4: 99-105

James ED (1983) The bladder during physical activity: further view on natural-filling urodynamic investigations. Br J Urol 55: 570

Jarvis GJ, Hall S, Stamp S, Millar DR, Johnson A (1980) An assessment of urodynamic examination in incontinent women. Br J Obstet Gynaecol 87: 893-896

Jensen KM-E, Bruskewitz RC, Madsen PO (1984) Urodynamic findings in elderly men without prostatic complaints. Urology 24: 211-213

Jensen KM-E, Bruskewitz RC, Iversen P, Madsen PO (1983) Predictive value of voiding pressures in benign prostatic hyperplasia. Neurourol Urodyn 2: 117-125

Jorgensen TM, Djurhuus JC, Schroder HD (1982) Idiopathic detrusor sphincter dyssynergia in neurologically normal patients with voiding abnormalities. Eur Urol 8: 107-110

Kaneko S, Minami K, Yachiku S, Kurita T (1980) Bladder neck dysfunction. The effect of alpha-adrenergic blocking agent phentolamine and a fluorescent histochemical study of bladder neck smooth muscle. Invest Urol 18: 212-218

Karol JB, Anderson RU (1980) Evaluation of synchronous water cystosphincterometry with membrane catheter in spinal cord injury. J Urol 123: 907-911

Khan Z, Hertanu J, Yang WC, Melman A, Leiter E (1981) Predictive correlation of urodynamic dysfunction and brain injury after cerebrovascular accident. J Urol 126: 86-88

Kirby RS, Fowler C, Gilpin S-A, Holly E, Milroy EJG, Gosling JA, Bannister R, Turner-Warwick R (1983) Non-obstructive detrusor failure. A urodynamic, electromyographic, neurohistochemical and autonomic study. Br J Urol 55: 652-659

Koff SA (1982) Bladder-sphincter dysfunction in childhood. Urology 19: 457-461

Koyanagi T, Arikado K, Takamatsu T, Tsuji I (1982) Relevance of sympathetic dyssynergia in the region of external urethral sphincter: possible mechanism of voiding dysfunction in the absence of (somatic) sphincter dyssynergia. J Urol 127: 277-282

Koyanagi T, Arikado K, Tsuji I (1981) Radical transurethral resection of the prostate for neurogenic dysfunction in male paraplegics. J Urol 125: 521-527

Leach GE, Farsaii A, Kark P, Raz S (1982) Urodynamic manifestations of cerebellar ataxia. J Urol 128: 348-350

Leyson JFJ, Martin BF, Sporer A (1980) Baclofen in the treatment of detrusor-sphincter dyssynergia in spinal cord injury patients. J Urol 124: 82-84

Light JK, Scott FB (1982) Bethanechol chloride and the traumatic cord bladder. J Urol 128: 85-87

Lockhart JL, Tirado A, Morillo G, Politano VA (1982) Vesicourethral dysfunction following cystourethropexy. J Urol 128: 943-945

Lockhart JL, Shessel F, Weinstein D, Politano VA (1982) Urodynamics in women with stress and urge incontinence. Urology 20: 333-336

Machin DG, Gardner BP, Hoolfenden KA, Desmond AD, Parsons KF (1985) A physiological approach to the investigation of chronic urinary retention. Br J Urol 57: 141-144

Mahony DT, Laferte RO, Blais DJ (1980) Incontinence of urine due to instability of micturition reflexes. Part II. Pudendal nucleus instability. Urology 15: 379-388

Mayo ME (1982) Primary bladder neck obstruction in men: variation in detrusor response. J Urol 128: 957-959

McGuire EJ, Savastano JA (1983) Long-term follow up of spinal cord injury patients managed by intermittent catheterization. J Urol 129: 775-776

McGuire EJ, Woodside JR, Borden TA, Weiss RM (1981) Prognostic value of urodynamic testing in myelodysplastic patients. J Urol 126: 205-209

Meyhoff HH, Griffiths DJ, Nordling J, Hald T (1980) Accuracy and interpretation of results from the Disa momentum flux meter. Urol Res 8: 37-41

Meyhoff HH, Griffiths DJ, Nordling J, Hald T (1980) Momentum flux values at maximum flow rates in normal males. Urol Res 8: 67-70

Meyhoff HH, Griffiths DJ, Nordling J, Hald T (1980) Clinical applications of momentum flux measurements with special reference to detrusor hyperreflexia and meatal stenosis. Urol Res 8: 71-75

Millard RJ (1984) The clinical significance of bladder speed. Br J Urol 56: 165-171

Mollard P, Meunier P (1982) Urodynamics of neurogenic bladder. A comparative study with clinical and radiological conclusions. Br J Urol 54: 239-248

Morita M, Okamoto M, Ochi K, Takeuchi M (1985) Isometric detrusor pressure in the male patient: a comparison between voluntary urethral sphincter contraction and forced penile compression techniques. J Urol 134: 1161-1165

Murnaghan GF, Millard RJ (1984) Urodynamic evaluation of bladder neck obstruction in chronic prostatitis. Br J Urol 56: 713-716

Murray K, Massey A, Feneley RCL (1984) Acute urinary retention – a urodynamic assessment. Br J Urol 56: 468-473

Neal DE, Williams NS, Johnson D (1981) A prospective study of bladder function before and after sphincter-saving resections for low carcinoma of the rectum. Br J Urol 53: 558-564

Neilsen B, de Nully M, Schmidt K, Hansen RI (1980) A urodynamic study of cauda equina syndrome due to lumbar disc herniation. Urol Int 35: 167-170

Nordling J, Meyhoff HH, Hald T (1981) Neuromuscular dysfunction of the lower urinary tract with special reference to the influence of the sympathetic nervous system. Scand J Urol Nephrol 15: 7-19

Nørgaard JP, Schwartz-Sørensen S, Djurhuus JC (1984) Functional bladder neck obstruction in women. Urol Int 39: 207-210

Nyman CR (1980) Urodynamic effects of intravenous benzilonium bromide in healthy subjects. Urol Int 35: 363-368

Nyman CR (1981) Urodynamic effects of oral benzilonium bromide in healthy subjects. Urol Int 36: 67-72

Nyman CR, Sjöberg B (1981) Direct transmural measurement of the detrusor pressure. A technique of detrusor pressure recording in micturition with intravesical and perivesical suprapubic catheters compared with recordings using rectal balloon and rectal open-ended catheters. Invest Urol 18: 392-395

Osborn DE, George NJR, Rao PD, Barnard RJ, Reading C, Marklow C, Blacklock NJ (1981) Prostatodynia – Physiological characteristics and rational management with muscle relaxants. Br J Urol 53: 621-623

Ostergard DR, McCarthy TA (1980) Diagnostic procedures in female urology. Am J Obstet Gynecol 137: 401-411

Pavlakis A, Wheeler Jr JS, Krane RJ, Siroky MB (1986) Functional voiding disorders in females. Neurourol Urodyn 5: 145-151

PhilpT, Read DJ, Higson RH (1981) The urodynamic characteristics of multiple sclerosis. Br J Urol 53: 672-675

Philp NH, Thomas DG (1980) The effect of distigmine bromide on voiding in male paraplegic patients with reflex micturition. Br J Urol 52: 492-496

Powell PH, Ball AJ (1982) Voiding characteristics of patients with outflow obstruction. J Urol 128: 536-537

Ronchi F, Margonato A, Ceccardi R, Rigatti P, Rossini BM (1982) Symptomatic treatment of benign prostatic obstruction with nicergoline: a placebo controlled trial and urodynamic evaluation. Urol Res 10: 131-134

Rudy DC, Woodside JR (1983) Familial juvenile type III spinal cord arteriovenous malformation: urodynamic findings. J Urol 130: 946-947

Schäfer W (1985) Urethral resistance? Urodynamic concepts of physiological and pathological bladder outlet function during voiding. Neurourol Urodyn 4: 161-201

Shulman Y, Brown J (1982) Pressure-flow analysis of micturition: a reappraisal. Urology 19: 450-452

Siroky MB, Goldstein I, Krane RJ (1981) Functional voiding disorders in men. J Urol 126: 200-204

Siroky MB, Krane RJ (1982) Neurologic aspects of detrusor hyperreflexia with reference to the guarding reflex. J Urol 127: 953-957

Siroky MB, Willisher MK, Krane RJ (1980) The measurement of fluid energy loss during flow. Invest Urol 17: 514-517

Sjöberg B, Nyman C (1981) Hydrodynamics of micturition in healthy females: pressure and flow at different micturition volumes. Urol Int 36: 23-34

Sjöberg B, Nyman C (1982) Hydrodynamics of micturition in stress-incontinent women. Comparisons of pressure and flow at different micturition volumes in stress-incontinent and continent women. Scand J Urol Nephrol 16: 1-9

Smey P, King LR, Firlit CF (1980) Dysfunctional voiding in children secondary to internal sphincter dyssynergia: treatment with phenoxybenzamine. Urol Clin North Am 7: 337-347

Sugar EC, Firlit CF (1982) Urodynamic feedback: a new therapeutic approach for childhood incontinence/infection. (Vesical voluntary sphincter dyssynergia). J Urol 128: 1253-1258

Susset GG, Brissot RB, Regnier CH (1982) The stop-flow technique: a way to measure detrusor strength. J Urol 127: 489-494

Thüroff JN, Petri E, Jonas U (1980) Male stress incontinence. Diagnostic work-up and therapeutic considerations. Urol Int 35: 356-362

Tsuchida S, Noto H, Yamaguchi O, Itoh M (1983) Urodynamic studies on hemiplegic patients after cerebrovascular accident. Urology 21: 315-318

Vereecken RL, Cornelissen M, Das J, Grisar P (1985) Urethral and perineal instability. Urol Int 40: 325-330

Walter S, Olesen KP (1982) Urinary incontinence and genital prolapse in the female: clinical, urodynamic and radiological examinations. Br J Obstet Gynaecol 89: 393-401

Webster GD, Sihelnik SA, Stone AR (1984) Female urinary incontinence: the incidence, identification and characteristics of detrusor instability. Neurourol Urodyn 3: 235-242

Webster GD, Koefoot TB, Sihelnik SA (1984) Urodynamic abnormalities in neurologically normal children with micturition dysfunction. J Urol 132: 74-77

Webster GD, Lockhart JL, Older RA (1980) The evaluation of bladder neck dysfunction. J Urol 123: 196-198

Wein AJ, Malloy TR, Shofer F, Raezer DM (1980) The effects of bethanechol chloride on urodynamic parameters in normal women and women with significant residual urine volumes. J Urol 124: 397-399

Woodside JR (1980) Urodynamic evaluation of dysfunctional bladder neck obstruction in men. J Urol 124: 673-677

Woodside JR, Crawford ED (1980) Urodynamic features of pelvic plexus injury. J Urol 124: 657-658

Yip C-M, Leach GE, Tosenfeld DS, Zimmern P, Raz S (1985) Delayed diagnosis of voiding dysfunction: occult spinal dysraphism. J Urol 134: 694-697

Video-Urodynamik

Andersen JT (1982) Prostatism: Clinical, radiological and urodynamic aspects. Neurourol Urodyn 1: 241-293

Blaivas JG, Fischer DM (1981) Combined radiographic and urodynamic monitoring: advances in technique. J Urol 125: 693-694

Blaivas JG, Salinas JM, Katz GP (1985) The role of urodynamic testing in the evaluation of subtle neurologic lesions. Neurourol Urodyn 4: 211-218

Barbalias GA, Meares Jr EM (1984) Female urethral syndrome: clinical and urodynamic perspectives. Urology 23: 208-212

Blaivas JG, Fisher DM (1981) Combined radiographic and urodynamic monitoring: advances in technique. J Urol 125: 693-694

Brown MC, Sutherst JR, Murray A, Richmond DH (1985) Potential use of ultrasound in place of X-ray fluoroscopy in urodynamics. Br J Urol 57: 88-90

Cantor TJ, Bates CP (1980) A comparative study of symptoms and objective urodynamic findings in 214 incontinent women. Br J Obstet Gynaecol 87: 889-892

Cardozo LD, Stanton SL (1980) Genuine stress incontinence and detrusor instability – A review of 200 patients. Br J Obstet Gynaecol 87: 184-190

Koefoot RB, Webster GD (1983) Urodynamic evaluation in women with frequency, urgency symptoms. Urology 21: 648-651

McGuire EJ, Woodside JR (1981) Diagnostic advantages of fluoroscopic monitoring during urodynamic evaluation. J Urol 125: 830-834

Nishizawa O, Moriya I, Satoh S, Harada T, Tsuchida S (1982) A new video urodynamics: combined ultrasonotomographic and urodynamic monitoring. Neurourol Urodyn 1: 295-301

Nishizawa O, Tsuchida S, Harada T, Morita T, Moriya I, Satoh S, Ohya A, Nakamura H, Fukuda T, Kin N (1983) Improved technique of combined ultrasonotomographic and urodynamic monitoring: simultaneous displaying and videotaping of ultrasonotomography and urodynamic data in color. Neurourol Urodyn 2: 201-204

Pavlakis A, Siroky MB, Wheeler Jr JS, Krane RJ (1983) Supplementation of cystometrography with simultaneous perineal floor and rectus abdominis electromyography. J Urol 129: 1179-1181

Rickwood AMK, Thomas DG, Philp NH, Spicer RD (1982) A system of management of the congenital neuropathic bladder based upon combined urodynamic and radiological assessment. Br J Urol 54: 507-511

Rickwood AMK, Thomas DG, Philp NH, Spicer RD (1982) Assessment of congenital neurovesical dysfunction by combined urodynamic and radiological studies. Br J Urol 54: 512-518

Shah PJR, Whiteside CG, Milroy EJG, Turner-Warwick R (1981) Radiological trabeculation of the male bladder – a clinical and urodynamic assessment. Br J Urol 53: 567-570

Webster GD, Older RA (1980) Video urodynamics. Urology 16: 106-114

Westby M, Ulmsten U, Asmussen M (1983) Dynamic urethrocystography in women. Urol Int 38: 329-336

Elektromyographie – Nervenableitungen

Abdel-Rahman M, Coulombe A, Abdel-Hakim A, Galeano C, Elhilai M (1982) Vesicourethral elet-romyography: facts or artefacts? Br J Urol 54: 381-386

Abe S, Kawabe K, Niijima T, Shimada Y (1984) Electromyography of the external sphincter in patients with prostatic hyperplasia. J Urol 132: 510-512

Anderson RS (1983) Increased motor unit fibre density in the external anal sphincter in genuine stress incontinonce: a single-fibre EMG study. Neurourol Urodyn 2: 45-50

Anderson RS (1984) A neurogenic element to urinary genuine stress incontinence. Br J Obstet Gynaecol 91: 41-45

Badr GG, Fall M, Carlsson C-A, Lindstrom L, Friberg S, Ohlsson B (1984) Cortical evoked potentials obtained after stimulation of the lower urinary tract. J Urol 131: 306-309

Barbalias GA, Meares Jr EM (1984) Female urethral syndrome: clinical and urodynamic perspectives. Urology 23: 208-212

Barrett DM (1980) Disposable (infant) surface electrocardiogram electrodes in urodynamics: simultaneous comparative study of electrodes. J Urol 124: 663-665

Barrett DM, Wein AJ (1981) Flow evaluation and simultaneous external sphincter electromyography in clinical urodynamics. J Urol 125: 538-541

Bilky WJ, Awad EA, Smith AD (1983) Clinical application of sacral reflex latency. J Urol 129: 1187-1189

Blaivas JG (1983) Sphincter electromyography. Neurourol Urodyn 2: 269-288

Blaivas JG, Barbalias GA (1984) Detrusor-external sphincter dyssynergia in men with multiple sclerosis: an ominous urological condition. J Urol 131: 91-94

Blaivas JG, Hirendra PS, Zayed AAH, Labib KB (1981) Detrusor-external sphincter dyssynergia. J Urol 125: 542-544

Blaivas JG, Salinas JM, Katz GP (1985) The role of urodynamic testing in the evaluation of subtle neurologic lesions. Neurourol Urodyn 4: 211-218

Blaivas JG, Sinha HP, Zayed AAH, Labib KB (1981) Detrusor-external sphincter dyssynergia: a detailed electromyographic study. J Urol 125: 545-548

Blaivas JG, Zayed AAH, Labib KB (1981) The bulbocavernosus reflex in urology: a prospective study of 299 patients. J Urol 126: 197-199

Booth CM, Harrison MJG, Green JF (1984) Evaluation of screening tests for detecting sacral autonomic neuropathy in diabetes mellitus. Br J Urol 56: 31-34

Colstrup H, Jørgensen L, Lose G, Kristensen JK, Andersen JT (1985) Urethral sphincter EMG activity registered with surface electrodes in the vagina. Neurourol Urodyn 4: 15-21

Dyro FM, Bauer SB, Halett M, Khoshbin S (1983) Complex repetitive discharges in the external urethral sphincter in a pediatric population. Neurourol Urodyn 2: 39-44

Ewing R, Choa B, Shuttleworth KED (1983) Pelvic evoked responses. Br J Urol 55: 639-641

Fidas A, Galloway NTM, McInnes A, Chisholm GD (1985) Neurophysiologic measurements in primary adult enuresis. Br J Urol 57: 635-640

Fitzmaurice H, Fowler CJ, Rickards D, Kirby S, Quinn NP, Marsden CD, Milroy EJG, Turner-Warwick RT (1985) Micturition disturbance in Parkinson's disease. Br J Urol 57: 652-656

Fowler CJ, Kirby RS (1985) Abnormal electromyographic activity (decelerating burst and complex repetitive discharges) in the striated muscle of the urethral sphincter in 5 women with persisting urinary retention. Br J Urol 57: 67-70

Galloway NTM, Chisholm GD, McInnes A (1985) Patterns and significance of the sacral evoked response (The urologist's knee jerk) Br J Urol 57: 145-147

Galloway NTM, Chisholm GD, McInnes A (1985) Minor defects of the sacrum and neurogenic bladder dysfunction. Br J Urol 57: 154-155

Godec CJ, Esho J, Cass AS (1980) Correlation among cystometry, urethral pressure profilometry and pelvic floor electromyography in evaluation of female patients with voiding dysfunction symptoms. J Urol 124: 678-682

Goldstein I, Siroky MB, Sax DS, Krane RJ (1982) Neurourologic abnormalities in multiple sclerosis. J Urol 128: 541-545

Haldeman S, Bradley WE, Bhatia NN (1982) Evoked responses from the pudendal nerve. J Urol 128: 974-980

Haldeman S, Bradley WE, Bhatia NN, Johnson BK (1982) Cortical evoked potentials on stimulation of the pudendal nerve in women. Urology 21: 590-593

Hassouna M, Lebel M, Elhilali M (1984) Neurourologic correlation in multiple sclerosis. Neurourol Urodyn 3: 73-77

Jakobsen H, Holm-Bentzen M, Hald T (1985) Neurogenic bladder dysfunction in sacral agenesis and dysgenesis. Neurourol Urodyn 4: 99-105

Kaplan WE, Firlit CF, Schoenberg HW (1980) The female urethral syndrome: external sphincter spasm as etiology. J Urol 124: 48-49

Kimche D, Saar M, Lask D (1985) Evoked response studies in detrusor hyperreflexia due to infravesical obstruction in neurological patients. J Urol 133: 641-643

King DG, Teague CT (1980) Choice of electrode in electromyography of the external urethral and anal sphincters. J Urol 124: 75-77

Kirby RS, Fowler C, Gilpin S-A, Holly E, Milroy EJG, Gosling JA, Bannister R, Turner-Warwick R (1983) Non-obstructive detrusor failure. A urodynamic, electromyographic, neurohistochemical and autonomic study. Br J Urol 55: 652-659

Koff AS (1982) Abdominal wall electromyography: a noninvasive technique to improve pediatric urodynamic accuracy. J Urol 127: 736-739

Koraitim M (1982) Catheter as a source of error in urodynamic study. Urology 20: 223-225

Koyanagi T, Arikada K, Takamatsu T, Tsuji I (1982) Experience with electromyography of the external urethral sphincter in spinal cord injury patients. J Urol 127: 272-276

Koyanagi T, Takamatsu T, Taniguchi K (1984) Further characterization of the external urethral sphincter in spinal cord injury: study during spinal shock and evolution of responsiveness to alpha-adrenergic stimulation. J Urol 131: 1122-1126

Krane RJ, Siroky MB (1980) Studies on sacral-evoked potentials. J Urol 124: 872-876

de Leval J, Piscart R (1981) Transurethral electromyography of the striated sphincter of the urethra. In: Schulman CC (ed) Advances in diagnostic urology. Springer Verlag, Berlin Heidelberg New York Tokyo

Light JK, Faganel J, Beric A (1985) Detrusor areflexia in suprasacral spinal cord injuries. J Urol 134: 295-297

Light JK, Faganel J, Roth DR, Dimitrijevic MR (1984) Meningomyelocele: a clinical, urodynamic and neurophysiological evaluation. J Urol 131: 717-721

Lose G, Andersen JT, Kristensen JK (1985) Urethral sphincter electromyography with vaginal surface electrodes: a comparison with sphincter electromyography recorded via periurethral coaxial, anal sphincter needle and perianal surface electrodes. J Urol 133: 815-818

Low AJ, Donovan WD (1981) The use and mechanism of anal sphincter stretch in the reflex bladder. Br J Urol 53: 430-432

Maizels M, Kaplan WE, King LR, Firlit CF (1983) The vesical sphincter electromyogram in children with normal and abnormal voiding patterns. J Urol 129: 92-95

McGuire EJ, Woodside JR, Borden TA, Weiss RM (1981) Prognostic value of urodynamic testing in myelodysplastic patients. J Urol 126: 205-209

Murray K (1982) Urethral sensitivity – an integral component of the storage phase of the micturition cycle. Neurourol Urodyn 1: 193-197

Murray KHA, Feneley RCL (1983) Effect of opioid analgesia and opioid blockade on urethral mucosal sensory threshold. Urology 22: 332-334

Nanninga JB, Meyer P (1980) Urethral sphincter activity following acute spinal cord injury. J Urol 123: 528-530

Nielsen KK, Kristensen ES, Qvist N, Jensen KM-E, Dalsgard J, Krarup T, Pedersen D (1985) A comparative study of various electrodes in electromyography of the striated urethral and anal sphincter in children. Br J Urol 57: 557-559

Nordling J, Meyhoff HH, Hald T (1981) Sympatholytic effect on striated urethral sphincter. A peripheral or central nervous system effect? Scand J Urol Nephrol 15: 173-180

Park YC, Kaneko S, Yachiku S, Kurita T (1985) Accurate diagnosis of detrusor areflexia using combined uroflowmetry and abdominal wall electromyography. Urology 26: 423-425

Pavlakis A, Siroky SIB, Goldstein I, Krane RJ (1983) Neurologic findings in Parkinson's disease. J Urol 129: 80-83

Pavlakis A, Siroky MB, Krane RJ (1983) Neurogenic detrusor areflexia: correlation of perineal electromyography and bethanechol supersensitivity testing. J Urol 129: 1182-1184

Pavlakis A, Siroky MB, Wheeler Jr JS, Krane RJ (1983) Supplementation of cystometrography with simultaneous perineal floor and rectus abdominis electromyography. J Urol 129: 1179-1181

Pavlakis A, Wheeler Jr JS, Krane RJ, Siroky MB (1986) Functional voiding disorders in females. Neurourol Urodyn 5: 145-151

Perlow DL, Diokno AC (1980) Cystometry and perineal electromyography in spinal cord-injured patients. Urology 15: 432-434

Potenzoni D, Juvarra G, Bettoni L, Stagni G (1983) Pseudomyotonia of the striated urethral sphincter. J Urol 130: 512-513

Powell PH, Feneley RCL (1980) The role of urethral sensation in clinical urology. Br J Urol 52: 539-541

Schoenberg HW, Gutrich JM (1980) Management of vesical dysfunction in multiple sclerosis. Urology 16: 444-448

Siroky MB, Goldstein I, Krane RJ (1981) Functional voiding disorders in men. J Urol 126: 200-204

Siroky MB, Krane RJ (1982) Neurologic aspects of detrusor hyperreflexia with reference to the guarding reflex. J Urol 127: 953-957

Snooks SJ, Badenoch DF, Tiptaft RC, Swash M (1985) Perineal nerve damage in genuine stress urinary incontinence. An electrophysiological study. Br J Urol 57: 422-426

Snooks SJ, Swash M (1984a) Abnormalities of the innervation of the urethral striated sphincter musculature in incontinence. Br J Urol 56: 401-405

Snooks SJ, Swash M (1984b) Perineal nerve and transcutaneous spinal stimulation: new methods for investigation of the urethral striated sphincter musculature. Br J Urol 56: 406-409

Sugar EC, Firlit CF (1982) Urodynamic feedback: a new therapeutic approach for childhood incontinence/infection. (Vesical voluntary sphincter dyssynergia). J Urol 128: 1253-1258

Susset JG, Ghoniem GM (1984) Rapid cystometry and sacral-evoked response in the diagnosis of peripheral bladder and sphincter denervation. J Urol 132: 704-707

Takaiwa M, Shiraiwa Y (1984) A new technique of vesical electromyogram with cystometrogram and urethral electromyogram. Urol Int 39: 217-221

Takaiwa M, Shiraiwa Y, Katahira K, Tsukahara S (1983) The new urinary bladder electromyogram technique. Urol Int 38: 1-4

Vereecken RL, Cornelissen M, Das J, Grisar P (1985) Urethral and perineal instability. Urol Int 40: 325-330

Vereecken RL, de Meirsman J, Puers B (1981) Sphincter electromyography in female incontinence. In: Schulman CC (ed) Advances in diagnostic urology. Springer Verlag, Berlin Heidelberg New York Tokyo

Vereecken RL, de Meirsman J, Puers B, van Mulders J (1982) Electrophysiological exploration of the sacral conus. J Neurol 227: 135-144

Vereecken RL, van Mulders J (1982) Techniques and value of sphincter electromyography in urological problems. Urol Int 37: 152-159

Vereecken RL, van Poppel H, Boeckx G, Leruitte A (1983) Long-term alpha adrenergic-blocking therapy in detrusor-urethral dyssynergia. Eur Urol 9: 167-169

Vodusek DB, Keith Light J (1983) The motor nerve supply of the external urethral sphincter muscles: an electrophysiologic study. Neurourol Urodyn 2: 193-200

Webster GD, Sihelnik SA, Stone AR (1984) Female urinary incontinence: the incidence, identification and characteristics of detrusor instability. Neurourol Urodyn 3: 235-242

Webster GD, Koefoot RB, Sihelnik SA (1984) Urodynamic abnormalities in neurologically normal children with micturition dysfunction. J Urol 132: 74-77

Wein A, Barrett DM (1982) Etiologic possibilities for increased pelvic floor electromyographic activity during cystometry. J Urol 127: 949-952

Wheeler JS, Sax DS, Krane RJ, Siroky MB (1985) Vesico-urethral function in Huntington's chorea. Br J Urol 57: 63-66

Wyndaele JJ, de Sy WA (1985) Correlation between the findings of a clinical neurological examination and the urodynamic dysfunction in children with myelodysplasia. J Urol 133: 638-640

Yip C-M, Leach GE, Rosenfeld DS, Zimmern P, Raz S (1985) Delayed diagnosis of voiding dysfunction: occult spinal dysraphism. J Urol 134: 694-697

Urodynamische Normwerte

Anderson RS (1983) Increased motor unit fibre density in the external anal sphincter in genuine stress incontinence: a single-fibre EMG study. Neurourol Urodyn 2: 45-50

Anderson RS, Feneley RCL (1983) Diagnosis of genuine stress incontinence – A comparison of the fluid bridge (flow) test and a pressure test. Neurourol Urodyn 2: 51-54

Bottacini MR, Gleason DM (1980) Urodynamic norms in women: I. Normals versus stress incontinents. J Urol 124: 659-662

Constantinou CE, Djurhuus JC, Silverman DE, Towns AB, Wong L, Govan DE (1984) Isometric detrusor pressure during bladder filling and its dependency on bladder volume and interruption to flow in control subjects. J Urol 131: 86-90

Constantinou CE, Govan DE (1980) Urodynamic analysis of urethral, vesical and perivesical pressure distribution in the healthy female. Urol Int 35: 63-72

Constantinou CE, Govan DE (1982) Spatial distribution and timing of transmitted and reflexly generated urethral pressures in healthy women. J Urol 127: 964-969

Cortivo R, Pagano F, Passerini G, Abatangelo G, Castellani I (1981) Elastin and collagen in the normal and obstructed urinary bladder. Br J Urol 53: 134-137

Faysal MH, Constantinou CE, Rother LF, Govan DE (1981) The impact of bladder neck suspension on the resting and stress urethral pressure profile: a prospective study comparing controls with incontinent patients preoperatively and postoperatively. J Urol 125: 55-60

Gallandat Huet RCG, Kramer AEJL, Sterling AM, Donker PJ (1980) The variability of normal male voiding patterns measured by drop spectrometry. Br J Urol 52: 196-203

van Geelen JM, Doesburg WH, Martin CB (1984) Female urethral pressure profile. Reproducibility, axial variation and effects of low dose oral contraceptives. J Urol 131: 394-398

van Geelen JM, Doesburg WH, Thomas CMG, Martin CB (1981) Urodynamic studies in the normal menstrual cycle: the relationship between hormonal changes during the menstrual cycle and the urethral pressure profile. Am J Obstet Gynecol 141: 384-392

van Geelen JM, Lemmens WAJG, Eskes TKAB, Martin CB (1982) The urethral pressure profile in pregnancy and after delivery in healthy nulliparous women. Am J Obstet Gynecol 144: 636-649

Gleason DM, Bottacini MR (1982) Urodynamic norms in female voiding. II. The flow modulation zone and voiding dysfunction. J Urol 127: 495-500

Gleason DM, Bottacini MR (1984) The effect of a fine urethral pressure measuring catheter on urinary flow in females. Neurourol Urodyn 3: 163-171

Goellner MH, Ziegler EE, Fomon SJ (1981) Urination during the first three years of life. Nephron 28: 174-178

Hilton P, Stanton SL (1983) Urethral pressure measurement by microtransducer: the results in symptom-free women and those with genuine stress incontinence. Br J Obstet Gynecol 90: 919-933

Iosif S, Ingemarsson I, Ulmsten U (1980) Urodynamic studies in normal pregnancy and puerperium. Am J Obstet Gynecol 137: 696-700

Iosif S, Ulmsten U (1981) Comparative urodynamic studies of continent and stress incontinent women in pregnancy and the puerperium. Am J Obstet Gynecol 140: 645-650

Jensen KM-E, Bruskewitz RC, Madsen PO (1984) Urodynamic findings in elderly men without prostatic complaints. Urology 24: 211-213

Jensen KM-E, Jørgensen JB, Mogensen P (1985) Reproducibility of uroflowmetry variables in elderly males. Urol Res 13: 237-240

Jensen KM-E, Nielsen KK, Jensen H, Pedersen OS, Krarup T (1983) Urinary flow studies in normal kindergarten- and schoolchildren. Scand J Urol Nephrol 17: 11-21

Jones KW, Schoenberg WN (1985) Comparison of the incidence of bladder hyperreflexia in patients with benign prostatic hypertrophy and age-matched female controls. J Urol 133: 425-426

Mattiasson A, Andersson K-E, Sjögren C (1984) Urethral sensitivity to alpha-adrenoceptor stimulation and blockade patients with parasympathetically decentralized lower urinary tract and in healthy volunteers. Neurourol Urodyn 3: 223-233

Meyhoff HH, Griffiths DJ, Nordling J, Hald T (1980) Momentum flux values at maximum flow rates in normal males. Urol Res 8: 67-70

Murray K (1982) Urethral sensitivity – an integral component of the storage phase of the micturition cycle. Neurourol Urodyn 1: 193-197

Nyman CR (1980) Urodynamic effects of intravenous benzilonium bromide in healthy subjects. Urol Int 35: 363-368

Nyman CR (1981) Urodynamic effects of oral benzilonium bromide in healthy subjects. Urol Int 36: 67-72

Nyman CR, Sjöberg B (1981) Direct transmural measurement of the detrusor pressure. Invest Urol 18: 392-395

Plante P, Susset J (1980) Studies of female urethral pressure profile. Part I. The normal urethral pressure profile. J Urol 123: 64-69

Regnier CH, Susset JG, Ghoniem GM, Biancani P (1983) A new catheter to measure urethral compliance in females: normal values. J Urol 129: 1060-1062

Rud T (1980) The effects of estrogens and gestagens on the urethral pressure profile in urinary continent and stress incontinent women. Acta Obstet Gynecol Scand 59: 265-270

Rud T (1980) Urethral pressure profile in continent women from childhood to old age. Acta Obstet Gynecol Scand 59: 331-335

Sjöberg B, Nyman C (1981) Hydrodynamics of micturition in healthy females: pressure and flow at different micturition volumes. Urol Int 36: 23-34

Sjöberg B, Nyman C (1982) Hydrodynamics of micturition in stress incontinent women. Comparisons of pressure and flow at different micturition volumes in stress-incontinent and continent women. Scand J Urol Nephrol 16: 1-9

Sørensen S, Kirkeby HJ, Stødkilde-Jørgensen H, Djurhuus JC (1986) Continuous recording of urethral activity in healthy female volunteers. Neurourol Urodyn 5: 5-16

Stanton SL, Kerr-Wilson R, Harris VG (1980) The incidence of urological symptoms in normal pregnancy. Br J Obster Gynaecol 87: 897-900

Thüroff JW, Jonas U, Frohneberg D, Hohenfellner R (1980) Telemetric urodynamic investigations in normal males. Urol Int 35: 427-434

Toguri AG, Uchida T, Bee DE (1982) Pediatric uroflow rate nomograms. J Urol 127: 727-731

Toguri AG, Bee DE, Uchida T (1982) Normal pediatric uroflow rates in a nonclinical setting. J Urol 127: 732-735

Waltzer WC (1981) The urinary tract in pregnancy. J Urol 125: 271-276

Wein AJ, Malloy TR, Shofer F, Raezer DM (1980) The effects of bethanechol chloride on urodynamic parameters in normal women and women with significant residual urine volumes. J Urol 124: 397-399

Wilson PD, Dixon JS, Brown ADG, Gosling JA (1983) Posterior pubo-urethral ligaments in normal and genuine stress incontinent women. J Urol 130: 802-805

Inkontinenz (allgemein)

Andersen JT (1982) Prostatism: Clinical, radiological and urodynamic aspects. Neurourol Urodyn 1: 241-293

Awad SA, McGinnis RH (1983) Factors that influence the incidence of detrusor instability in women. J Urol 130: 114-115

Bagger PV, Fischer-Rasmussen W, Hansen R (1985) Emepromium carrageenate: clinical effects and urinary excretion in treatment of female incontinence. Scand J Urol Nephrol 19: 31-35

Barrett DM, Furlow WL (1984) Incontinence, intermittent self-catheterization and the artificial genitourinary sphincter. J Urol 132: 268-269

Briggs RS, Castleden CM, Asher MJ (1980) The effect of flavoxate on uninhibited detrusor contractions and urinary incontinence in the elderly. J Urol 123: 665-666

Brocklehurst JC, Andrews K, Richards B, Laycock PJ (1985) Incidence and correlates of incontinence in stroke patients. J Am Geriatr Soc 33: 540-542

Campbell AJ, Reinkin J, McCosh L (1985) Incontinence in the elderly: prevalence and prognosis. Age Ageing 14: 65-70

Cantor TJ, Bates CP (1980) A comparative study of symptoms and objective urodynamic findings in 214 incontinent women. Br J Obstet Gynaecol 87: 889-892

Castleden CM, Duffin HM, Asher MJ, Yeomanson CW (1985) Factors influencing outcome in elderly patients with urinary incontinence and detrusor instability. Age Ageing 14: 303-307

Castleden CM, Duffin HM, Briggs RS, Ogden BM (1982) Clinical and urodynamic effects of ephedrine in elderly incontinent patients. J Urol 128: 1250-1252

Castleden CM, George CF, Renwick AG, Asher MJ (1981) Imipramine – a possible alternative to current therapy for incontinence in the elderly. J Urol 125: 318-320

Christensen SJ, Colstrup H, Hertz JB, Lenstrup C, Frimodt-Møller C (1986) Inter- and intradepartmental variations of the perineal pad weighing test. Neurourol Urodyn 5: 23-28

Eastwood HD, Warrell R (1984) Urinary incontinence in the elderly female: prediction in diagnosis and outcome of management. Age Ageing 13: 230-234

Eastwood HD, Smart CJ (1985) Urinary incontinence in the disabled elderly male. Age Ageing 14: 235-239

Elder DD, Stephenson TP (1980) An assessment of the Frewen regime in the treatment of detrusor dysfunction in females. Br J Urol 52: 467-471

Essenhigh DM, Ryan DW (1982) An appraisal of S3 blocks in the management of incontinence. Br J Urol 54: 697-699

Ewing R, Bultitude M, Shuttleworth KED (1982) Subtrigonal phenol injection for urge incontinence secondary to detrusor instability in females. Br J Urol 54: 689-692

Fall M (1984) Does electrostimulation cure urinary incontinence? J Urol 131: 664-667

Fantl JA, Hurt WG, Dunn LJ (1983) Urinary incontinence due to unconscious abdominal contraction. Am J Obstet Gynecol 147: 137-139

Faysal MH, Constantinou CE, Rother LF, Govan DE (1981) The impact of bladder neck suspension on the resting and stress urethral pressure profile: a prospective study comparing controls with incontinent patients preoperatively and postoperatively. J Urol 125: 55-60

Feneley RCL (1983) The management of female incontinence by suprapubic catheterisation, with and without urethral closure. Br J Urol 55: 203-207

Fernie GR, Jewett MAS, Halsall P, Zorzitto ML (1983) Urodynamic characterization of incontinence in the elderly by bladder volume. J Urol 129: 772-774

Fischer W (1984) Physiotherapeutic aspects of urine incontinence. Acta Obstet Gynecol Scand 62: 579-584

Fossberg E, Beisland HO, Sander S (1981) Sensory urgency in females: treatment with phenylpropanolamine. Eur Urol 7: 157-160

Fossberg E, Beisland HO, Sander S (1982) Urinary incontinence in old age. Ann Chir Gynaecol 71: 228-231

Frewen WK (1980) The management of urgency and frequency of micturition. Br J Urol 52: 367-369

Frewen WK (1984) The significance of the psychosomatic factor in urge incontinence. Br J Urol 56: 330

Furlow WL, Barrett DM (1985) Recurrent or persistent urinary incontinence in patients with the artificial urinary sphincter: diagnostic considerations. J Urol 133: 792-795

Gaudenz R, Weil A (1980) Motor urge incontinence: diagnosis and treatment. Urol Int 35: 1-12

Gillon G, Stanton SL (1984) Long-term follow-up of surgery for urinary incontinence in elderly women. Br J Urol 56: 478-481

Gleason DM, Bottacini MR (1984) The effect of a fine urethral pressure measuring catheter on urinary flow in females. Neurourol Urodyn 3: 163-171

Godec CJ (1983) Clinical application of Pavlov reflexes in treatment of urinary incontinence. Urology 22: 397-400

Godec CJ (1984) "Timed voiding" – a useful tool in the treatment of urinary incontinence. Urology 23: 97-100

Godec CJ, Esho J, Cass AS (1980) Correlation among cystometry, urethral pressure profilometry and pelvic floor electromyography in evaluation of female patients with voiding dysfunction symptoms. J Urol 124: 678-682

Godec CJ, Fravel R, Cass AS (1981) Optimal parameters of electrical stimulation in the treatment of urinary incontinence. Invest Urol 18: 239-241

Grüneberger A (1984) Treatment of motor urge incontinence with clenbuterol and flavoxate hydrochloride. Br J Obstet Gynaecol 91: 275-278

Hehir M, Fitzpatrick JM (1985) Oxybutinin and the prevention of urinary incontinence in spina bifida. Eur Urol 11: 254-256

Iosif S, Henriksson L, Ulmsten U (1980) Postpartum incontinence. Urol Int 36: 53-58

James ED (1983) The bladder during physical activity: further view on natural-filling urodynamic investigations. Br J Urol 55: 570

Jarvis GJ (1982) The management of urinary incontinence due to primary vesical sensory urgency by bladder drill. Br J Urol 54: 374-376

Jarvis GJ, Hall S, Stamp S, Millar DR, Johnson A (1980) An assessment of urodynamic examination in incontinent women. Br J Obstet Gynaecol 87: 893-896

Kaufman M, Lockhart JL, Silverstein MJ, Politano VA (1984) Transurethral polytetrafluorethylene injection for post-prostatectomy urinary incontinence. J Urol 132: 463-464

Kaye K, van Blerk JP (1981) Urinary incontinence in children with neurogenic bladder. Br J Urol 53: 241-245

Kirshen AJ, Cape RD (1984) A history of urinary incontinence: or, 400 years of incontinence – are we any dryer? J Am Geriatr Soc 32: 686-688

Klarskov P, Hald T (1984) Reproducibility and reliability of urinary incontinence assessment with a 60 min. test. Scand J Urol Nephrol 18: 293-298

Koefoot RB, Webster GD (1983) Urodynamic evaluation in women with frequency, urgency symptoms. Urology 21: 648-651

Krauss DJ, Paletsky SH, Lilien OM (1980) Urodynamics of post-radical perineal prostatectomy incontinence. J Urol 124: 623-625

Lewis RI, Lockhart JL, Politano VA (1984) Periurethral polytetrafluorethylene injections in incontinent female subjects with neurogenic bladder disease. J Urol 131: 459-462

Light JK, Hawila M, Scott FB (1983) Treatment of urinary incontinence in children: the artificial sphincter versus other methods. J Urol 130: 518-521

Light JK, Scott FB (1985) Management of urinary incontinence in women with the artificial sphincter. J Urol 134: 476-478

Lim KB, Ball AJ, Feneley RCL (1983) Periurethral teflon injection: a simple treatment for urinary incontinence. Br J Urol 55: 208-210

Lockhart JL, Shessel F, Weinstein D, Politano VA (1982) Urodynamics in women with stress and urge incontinence. Urology 20: 333-336

Lose G, Gammelgaard J, JørgensenTJ (1986)The one-hour pad weighing test: reproducibility and correlation between the test result, the start volume in the bladder and the diuresis. Neurourol Urodyn 5: 17-21

Lose G, Thunedborg P, Jørgensen L, Colstrup H (1986) A comparison of spontaneous and intubated urinary flow in female patients. Neurourol Urodyn 5: 1-4

Mahady IW, Begg BM (1981) Long-term symptomatic and cystometric cure of the urge incontinence syndrome using a technique of bladder re-education. Br J Obstet Gynaecol 88: 1038-1043

Masterton G (1982) Incontinence in the social services'residential homes for the elderly. Int Rehabil Med 4: 33-35

Meyhoff HH, GerstenbergTC, Nordling J (1983) Placebo –The drug of choice in female motor urge incontinence? Br J Urol 55: 34-37

Meyhoff HH, Nordling J (1981) Different cystometric types of deficient micturition reflex control in female urinary incontinence with special reference to the effect of parasympatholytic treatment. Br J Urol 53: 129-133

Minamisawa H (1980) Characteristics of urinary incontinence in bedridden geriatric patients. Gerontology 26: 290-297

Mundy AR (1983) Long-term results of bladder transection for urge incontinence. Br J Urol 55: 642-644

Opsomer RJ, Klarskov P, Holm-Bentzen M, HaldT(1984) Long-term results of superselective sacral nerve resection for motor urge incontinence. Scand J Urol Nephrol 18: 101-105

Overstall PW, Rounce K, Palmer JH (1980) Experience with an incontinence clinic. J Am Geriatr Soc 28: 535-538

Ouslander JG, Kane RL, Abrass IB (1982) Urinary incontinence in elderly nursing home patients. JAMA 248: 1194-1198

Pavlakis A, Wheeler Jr JS, Krane RJ, Siroky MB (1986) Functional voiding disorders in females. Neurourol Urodyn 5: 145-151

Penders L, de Leval J (1985) Simultaneous urethrocystometry and hyperactive bladders: a manometric differential diagnosis. Neurourol Urodyn 4: 89-98

Perera GLS, Ritch AES, Hall MRP (1982)The lack of effect of intramuscular emepromium bromide for urinary incontinence. Br J Urol 54: 259-260

Plevnik S, Brown M, Sutherst JR, Vrtacnik P (1983)Tracking of fluid in urethra by simultaneous electric impedance measurement at three sites. Urol Int 38: 29-32

Portnoi VA (1981) Urinary incontinence in the elderly. Am Fam Physician 23: 151-154

Reid GF, Fitzpatrick JM, Worth PHL (1980)The treatment of patients with urinary incontinence after prostatectomy. Br J Urol 52: 532-534

Resnick NM, Yalla SV(1985) Management of urinary incontinence in the elderly. N Engl J Med 313: 800-805

Riemenschneider HW, Moon SW(1983) Private practice experience with AMS 791/792 urinary sphincter in male incontinence. Urology 21: 470-473

Ribeiro BJ, Smith SR (1985) Evaluation of urinary catheterization and urinary incontinence in a general nursing home population. J Am Geriatr Soc 33: 479-482

Robinson H, Stanton SL (1981) Detection of urinary incontinence. Br J Obstet Gynaecol 88: 59-61

Rudy DC, Woodside JR, Crawford ED (1984) Urodynamic evaluation of incontinence in patients undergoing modified Campbell radical retropubic prostatectomy. A prospective study. J Urol 132: 708-712

Schulman CC, Simon J, Wespe E, Germeau F (1983) Endoscopic injection of teflon for female urinary incontinence. Eur Urol 9: 246-247

Shepherd AM, Tribe E, Bainton D (1984) Maximum perineal stimulation. A controlled study. Br J Urol 56: 644-646

Snooks SJ, Swash M (1984) Abnormalities of the innervation of the urethral striated sphincter musculature in incontinence. Br J Urol 56: 401-405

Sugar EC, Firlit CF (1982) Urodynamic feedback: a new therapeutic approach for childhood incontinence/infection. (Vesical voluntary sphincter dyssynergia). J Urol 128: 1253-1258

Sullivan DH, Lindsay RW (1984) Urinary incontinence in the geriatric population of an acute care hospital. J Am Geriatr Soc 32: 646-650

Thomas DG, Davies-Jones GAB, Clarke SJ (1980) Urinary incontinence and mininal pyramidal disease. Br J Urol 52: 460-462

Ulmsten U, Ekman G, Andersson K-E (1985) The effect of terodiline treatment in women with motor urge incontinence. Am J Obstet Gynaecol 153: 619-622

Vehkalathi I, Kivela SL (1985) Urinary incontinence and its correlates in very old age. Gerontology 31: 391-396

Venema PL, Kramer AEJL (1985) Kontinuierliche Urethra-Druckmessung: Therapeutische Konsequenzen. In: Harzmann R, Jacobi GH, Weissbach L (eds) Experimentelle Urologie. Springer Verlag, Berlin Heidelberg New York Tokyo

van Venrooij GEPM, Blok C, van Riel MPJM, Coolsaet BLRA (1985) Relative urethral leakage pressure versus maximum urethral closure pressure. The reliability of the measurement of urethral competence with the new tube-foil sleeve catheter in patients. J Urol 134: 592-595

Vereecken RL, Cornelissen M, Das J, Grisar P (1985) Urethral and perineal instability. Urol Int 40: 325-330

Vereecken RL, Das J (1985) Urethral instability: related to stress and/or urge incontinence? J Urol 134: 698-701

Vereecken RL, Das J, Cornelissen M (1985) Rotational differences in urethral pressure in incontinent women. Urol Int 40: 201-205

Vereecken RL, de Meirsman J, Puers B (1981) Sphincter electromyography in female incontinence. In: Schulman CC (ed) Advances in diagnostic urology. Springer Verlag, Berlin Heidelberg New York Tokyo

Vetter NJ, Jones DA, Victor CR (1981) Urinary incontinence in the elderly at home. Lancet II: 1275-1277

Walter S, Hansen J, Hansen L, Maegaard E, Meyhoff HH, Nordling J (1982) Urinary incontinence in old age. A controlled clinical trial of emepromium bromide. Br J Urol 54: 249-251

Walter S, Meyhoff HH, Gerstenberg T, Nordling J, Hald T (1984) Urinary incontinence in the female. A long-term study of the effect of anticholinergics on overactive detrusor function. Acta Obstet Gynecol Scand 63: 159-162

Walter S, Olesen KP (1982) Urinary incontinence and genital prolapse in the female: clinical, urodynamic and radiological examinations. Br J Obstet Gynaecol 89: 393-401

Walter S, Pedersen PH (1983) Follow-up of female patients complaining of urinary incontinence. Scand J Urol Nephrol 17: 23-25

Webster GD, Sihelnik SA, Stone AR (1984) Female urinary incontinence: the incidence, identification and characteristics of detrusor instability. Neurourol Urodyn 3: 235-242

Williams ME, Pannill FC (1982) Urinary incontinence in the elderly: physiology, pathophysiology, diagnosis and treatment. Ann Intern Med 97: 895-907

Willington FL (1980) Urinary incontinence – a practical approach. Geriatrics 35: 41-48

Wilson PD, al Sammarai MT, Brown ADG (1980) Quantifying female incontinence with particular reference to the Urilos system. Urol Int 35: 298-302

Wise GJ, Gerstenfeld JN, Brunnen N, Grob D (1982) Urinary incontinence following prostatectomy in patients with myasthenia gravis. Br J Urol 54: 369-371

Woodside JR, Borden TA (1983) Central nervous system lesion causing urethral instability and urinary incontinence. J Urol 130: 136-137

Yalla SV, Karsh L, Kearny G, Fraser L, Finn D, DeFelippo N, Dyro FM (1982) Postprostatectomy urinary incontinence: urodynamic assessment. Neurourol Urodyn 1: 77-87

Pädiatrische Urodynamik

Bauer SB, Retik AB, Colodny AH, Hallett M, Khoshbin S, Dyro FM (1980) The unstable bladder in childhood. Urol Clin North Am 7: 321-336

Berger RM, Maizels M, Moran GC, Conway JJ, Firlit CF (1983) Bladder capacity (ounces) equals age (years) plus 2 predicts normal bladder capacity and aids in diagnosis of abnormal voiding patterns. J Urol 129: 347-349

Borzyskowski M, Mundy AR, Neville BGR, Park L, Kinder CH, Joyce MRL, Chantler JC, Haycock GB (1982) Neuropathic vesicourethral dysfunction in children. A trial comparing clean intermittent catheterisation with manual expression combined with drug treatment. Br J Urol 54: 641-644

Brüggemann VC, Ringert R-H, Hartung R, Olbing H (1985) Stellenwert der anatomischen und funktionellen Obstruktion der Urethra des Mädchens bei Enuresis, rezidivierenden Harnwegsinfekten und Reflux. Urologe A 24: 75-79

Cass AS, Luxenburg M, Gleich P, Johnson CF, Hagen S (1984) Clean intermittent catheterization in the management of the neurogenic bladder in children. J Urol 132: 526-528

Cass AS, Luxenburg M, Johnson CF, Gleich P (1984) Management of the neurogenic bladder in 413 children. J Urol 132: 526-528

Dyro FM, Bauer SB, Halett M, Khoshbin S (1983) Complex repetitive discharges in the external urethral sphincter in a pediatric population. Neurourol Urodyn 2: 39-44

Ermert JA, Jonas U (1982) Neurogene Blasenentleerungsstörungen im Kindesalter. In: Hohenfellner R, Zingg EJ (eds) Urologie in Klinik und Praxis. Georg Thieme Verlag, Stuttgart New York

Ferrie BG, Macfarlane J, Glen ES (1984) DDAVP in young enuretic patients: a double-blind trial. Br J Urol 56: 376-378

Goellner MH, Ziegler EE, Fomon SJ (1981) Urination during the first three years of life. Nephron 28: 174-178

Griffiths DJ (1983) Residual urine, underactive detrusor function and the nature of detrusor/sphincter dyssynergia. Neurourol Urodyn 2: 289-294

Griffiths DJ, Scholtmeyer R (1982) Precise urodynamic assessment of meatal and distal urethral stenosis in girls. Neurourol Urodyn 1: 89-95

Griffiths DJ, Scholtmeyer R (1982) Precise urodynamic assessment of anatomic urethral obstruction in boys. Neurourol Urodyn 1: 97-104

Griffiths DJ, Scholtmeyer R (1982) Momentum flux measurement in boys: a clinical evaluation. Neurourol Urodyn 1: 173-182

Griffiths DJ, Scholtmeyer RJ (1982) Detrusor instability in children. Neurourol Urodyn 1: 187-192

Griffiths DJ, Scholtmeyer R (1983) Detrusor/sphincter dyssynergia in neurologically normal children. Neurourol Urodyn 2: 27-37

Griffiths DJ, Scholtmeyer R (1984) Place of the free flow curve in the urodynamic investigation of children. Br J Urol 56: 474-477

Hanna MK (1980) Review of fundamental urodynamics in children. Urology 15: 630-638

Hanna MK, Di Scipio N, Suh KK, Kogan SJ, Levitt SB, Donner K (1981) Urodynamics in children. Part I. Methodology. J Urol 125: 530-533

Hanna MK, Di Scipio N, Suh KK, Kogan SJ, Levitt SB, Donner K (1981) Urodynamics in children. Part II. The pseudoneurogenic bladder. J Urol 125: 534-537

von Hedenberg C, Gierup J (1981) Urodynamic studies in boys with disorders of the lower urinary tract. V. Posterior urethral folds. A pre- and postoperative study. Scand J Urol Nephrol 15: 215-221

Jensen KM-E, Nielsen KK, Jensen H, Pedersen OS, Krarup T (1983) Urinary flow studies in normal kindergarten- and schoolchildren. Scand J Urol Nephrol 17: 11-21

Jensen KM-E, Nielsen KK, Kristensen ES, Dalsgaard J, Qvist N, Krarup T (1985) Uroflowmetry in neurologically normal children with voiding disorders. Scand J Urol Nephrol 19: 81-84

Kass EJ, Kumar S, Koff SA (1982) Bethanechol denervation supersensitivity testing in children. J Urol 127: 75-77

Kaye K, van Blerk JP (1981) Urinary incontinence in children with neurogenic bladder. Br J Urol 53: 241-245

Koff SA (1982) Bladder-sphincter dysfunction in childhood. Urology 19: 457-461

Koff SA (1983) Estimating bladder capacity in children. Urology 21: 248

Koff AS (1982) Abdominal wall electromyography: a noninvasive technique to improve pediatric urodynamic accuracy. J Urol 127: 736-739

Koff SA, Solomon MH, Lane GA, Lieding KG (1980) Urodynamic studies in anesthetized children. J Urol 126: 61-63

Light JK, Hawila M, Scott FB (1983) Treatment of urinary incontinence in children: the artificial sphincter versus other methods. J Urol 130: 518-521

Maizels M, Kaplan WE, King LR, Firlit CF (1983) The vesical sphincter electromyogram in children with normal and abnormal voiding patterns. J Urol 129: 92-95

van Mastrigt R (1983) Determination of the contractility of children's bladders from isometric contractions. Urol Int 38: 354-362

Naglo A-S (1982) Continence training of children with neurogenic bladder and detrusor hyperactivity: effect of atropine. Scand J Urol Nephrol 16: 211-215

Naglo A-S, Nergardh A (1981) Diagnosis of detrusor hyperactivity in children with neurogonic bladder. Scand J Urol Nephrol 15: 91-96

Naglo A-S, Nergardh A, Boreus LO (1981) Influence of atropine and isoprenaline on detrusor hyperactivity in children with neurogenic bladder. Scand J Urol Nephrol 15: 97-102

Nasrallah PF, Simon JW (1984) Reflux and voiding abnormalities in children. Urology 24: 243-245

Nergardh A, Naglo A-S (1982) Observations on the internal sphincter mechanism during the filling phase in children with hyperactive neurogenic bladder. Scand J Urol Nephrol 16: 205-209

Nielsen KK, Kristensen ES, Qvist N, Jensen KM-E, Dalsgard J, Krarup T, Pedersen D (1985) A comparative study of various electrodes in electromyography of the striated urethral and anal sphincter in children. Br J Urol 57: 557-559

Nielsen JB, Nørgaard JP, Sørensen SS, Jørgensen TM, Djurhuus JC (1984) Continuous overnight monitoring of bladder activity in vesicourethral reflux patients: II. Bladder activity types. Neurourol Urodyn 3: 7-21

Pedersen PS, Hejl M, Kjoller SS (1985) Desamino-D-arginine vasopressin in childhood nocturnal enuresis. J Urol 133: 65-66

Rees DLP, Ransley PG (1980) Eskornade in the treatment of diurnal incontinence in children. Br J Urol 52: 476-479

Rickwood AMK, Thomas DG, Philp NH, Spicer RD (1982) Assessment of congenital neurovesical dysfunction by combined urodynamic and radiological studies. Br J Urol 54: 512-518

Rud T (1980) Urethral pressure profile in continent women from childhood to old age. Acta Obstet Gynecol Scand 59: 331-335

Smey P, King LR, Firlit CF (1980) Dysfunctional voiding in children secondary to internal sphincter dyssynergia: treatment with phenoxybenzamine. Urol Clin North Am 7: 337-347

Sugar EC, Firlit CF (1982) Urodynamic feedback: a new therapeutic approach for childhood incontinence/infection. (Vesical voluntary sphincter dyssynergia). J Urol 123: 1253-1258

Taylor CM, Corkery JJ, White RHR (1982) Micturition symptoms and unstable bladder activity in girls with primary vesicoureteral reflux. Br J Urol 494-498

Toguri AG, Uchida T, Bee DE (1982) Pediatric uroflow rate nomograms J Urol 127: 727-731

Toguri AG, Bee DE, Uchida T (1982) Normal pediatric uroflow rates in a nonclinical setting. J Urol 127: 732-735

Visser GHA, Goodman JDS, Levine DH, Dawes GS (1981) Micturition and the heart period cycle in the human fetus. Br J Obstet Gynaecol 88: 803-805

Webster GD, Koefoot RB, Sihelnik SA (1984) Urodynamic abnormalities in neurologically normal children with micturition dysfunction. J Urol 132: 74-77

Wheatley JK, Woodard JR, Parrott TS (1982) Electronic bladder stimulation in the management of children with myelomenigocele. J Urol 127: 283-285

Wyndaele JJ, de Sy WA (1985) Correlation between the findings of a clinical neurological examination and the urodynamic dysfunction in children with myelodysplasia. J Urol 133: 638-640

Geriatrische Urodynamik

Anderson GT, Nordling J (1980) Prostatism. II. The correlation between cystourethroscopic, cystometric and urodynamic findings. Scand J Urol Nephrol 14: 23-27

Andersen JT (1982) Prostatism. III. Detrusor hyperreflexia and residual urine Clinical and urodynamic aspects and influence of surgery of the prostate. Scand J Urol Nephrol 16: 25-30

Andersen JT (1982) Prostatism: Clinical, radiological and urodynamic aspects. Neurourol Urodyn 1: 241-293

Barkin M, Dolfin D, Herschorn S, Comisarow R, Fisher R (1983) Voiding dysfunction in institutionalized elderly men: the influence of previous prostatectomy. J Urol 130: 258-259

Briggs RS, Castleden CM, Asher MJ (1980) The effect of flavoxate on uninhibited detrusor contractions and urinary incontinence in the elderly. J Urol 123: 665-666

Brocklehurst JC, Andrews K, Richards B, Laycock PJ (1985) Incidence and correlates of incontinence in stroke patients. J Am Geriatr Soc 33: 540-542

Campbell AJ, Reinkin J, McCosh L (1985) Incontinence in the elderly: prevalence and prognosis. Age Ageing 14: 65-70

Castleden CM, Duffin HM, Asher MJ, Yeomanson WN (1985) Factors influencing outcome in elderly patients with urinary incontinence and detrusor instability. Age Ageing 14: 303-307

Castleden CM, Duffin HM, Briggs RS, Ogden BM (1982) Clinical and urodynamic effects of ephedrine in elderly incontinent patients. J Urol 128: 1250-1252

Castleden CM, Duffin HM, Mitchell EP (1984) The effect of physiotherapy on stress incontinence. Age Ageing 13: 235-237

Castleden CM, George CF, Renwick AG, Asher MJ (1981) Imipramine – a possible alternative to current therapy for incontinence in the elderly. J Urol 125: 318-320

Eastwood HD, Warrell R (1984) Urinary incontinence in the elderly female: prediction in diagnosis and outcome of management. Age Ageing 13: 230-234

Eastwood HD, Smart CJ (1985) Urinary incontinence in the disabled elderly male. Age Ageing 14: 235-239

Fernie GR, Jewett MAS, Halsall P, Zorzitto ML (1983) Urodynamic characterization of incontinence in the elderly by bladder volume. J Urol 129: 772-774

Fossberg E, Beisland HO, Sander S (1982) Urinary incontinence in old age. Ann Chir Gynaecol 71: 228-231

Gillon G, Stanton SL (1984) Long-term follow-up of surgery for urinary incontinence in elderly women. Br J Urol 56: 478-481

Jensen KM-E, Bruskewitz RC, Madsen PO (1984) Urodynamic findings in elderly men without prostatic complaints. Urology 24: 211-213

Jensen KM-E, Jørgensen JB, Mogensen P (1985) Reproducibility of uroflowmetry variables in elderly males. Urol Res 13: 237-240

Jewett MA, Fernie GR, Holliday PJ, Pim ME (1981) Urinary dysfunction in a geriatric long-term care population: prevalence and patterns. J Am Geriatr Soc 29: 211-214

Kirshen AJ, Cape RD (1984) A history of urinary incontinence: or, 400 years of incontinence – are we any dryer? J Am Geriatr Soc 32: 686-688

Masterton G (1982) Incontinence in the social services' residential homes for the elderly. Int Rehabil Med 4: 33-35

Minamisawa H (1980) Characteristics of urinary incontinence in bedridden geriatric patients. Gerontology 26: 290-297

Ouslander JG, Kane RL, Abrass IB (1982) Urinary incontinence in elderly nursing home patients. JAMA 248: 1194-1198

Overstall PN, Rounce K, Palmer JH (1980) Experience with an incontinence clinic. J Am Geriatr Soc 28: 535-538

Portnoi VA (1981) Urinary incontinence in the elderly. Am Fam Physician 23: 151-154

Resnick NM, Yalla SV (1985) Management of urinary incontinence in the elderly. N Engl J Med 313: 800-805

Ribeiro BJ, Smith SR (1985) Evaluation of urinary catheterization and urinary incontinence in a general nursing home population. J Am Geriatr Soc 33: 479-482

Rud T (1980) Urethral pressure profile in continent women from childhood to old age. Acta Obstet Gynecol Scand 59: 331-335

Sullivan DH, Lindsay RW (1984) Urinary incontinence in the geriatric population of an acute care hospital. J Am Geriatr Soc 32: 646-650

Susset J, Plante P (1980) Studies of female urethral pressure profile. Part II. Urethral pressure profile in female incontinence. J Urol 123: 64-69

Vehkalathi I, Kivela SL (1985) Urinary incontinence and its correlates in very old age. Gerontology 31: 391-396

Vetter NJ, Jones DA, Victor CR (1981) Urinary incontinence in the elderly at home. Lancet II: 1275-1277

Walter S, Hansen J, Hansen L, Maegaard B, Meyhoff HH, Nordling J (1982) Urinary incontinence in old age. A controlled clinical trial of emepromium bromide. Br J Urol 54: 249-251

Williams ME, Pannill FC (1982) Urinary incontinence in the elderly: physiology, pathophysiology, diagnosis and treatment. Ann Intern Med 97: 895-907

Willington FL (1980) Urinary incontinence – a practical approach. Geriatrics 35: 41-48

Infravesikale Obstruktion

Abe S, Kawabe K, Niijima T, Shimada Y (1984) Electromyography of the external sphincter in patients with prostatic hyperplasia. J Urol 132: 510-512

Abrams PH, Shah PJR, Stone R, Choa RG (1982) Bladder outflow obstruction treated with phenoxybenzamine. Br J Urol 54: 527-530

Andersen JT (1982) Prostatism: Clinical, radiological and urodynamic aspects. Neurourol Urodyn 1: 241-293

Andersen JT, Nordling J, Meyhoff HH, Jacobsen O, Hald T (1980) Functional bladder neck obstruction. Late results after endoscopic bladder neck incision. Scand J Urol Nephrol 14: 17-22

Andersen JT, Nordling J (1980) Prostatism. II. The correlation between cystourethroscopic, cystometric and urodynamic findings. Scand J Urol Nephrol 14: 23-27

Andersen JT (1982) Prostatism. III. Detrusor hyperreflexia and residual urine. Clinical and urodynamic aspects and influence of surgery of the prostate. Scand J Urol Nephrol 16: 25-30

Appell RA, England HR, Hussell AR, McGuire EJ (1980) The effects of epidural anesthesia on the urethral closure pressure profile in patients with prostatic enlargement. J Urol 124: 410-411

Ball AJ, Feneley RCL, Abrams PH (1981) The natural history of untreated 'prostatism'. Br J Urol 53: 613-616

Ball AJ, Smith PJB (1982) The long-term effects of prostatectomy: a uroflowmetric analysis. J Urol 128: 538-540

Barbalias GA, Meares Jr EM, Sant GR (1983) Prostatodynia: clinical and urodynamic characteristics. J Urol 130: 514-517

Blaivas JG, Barbalias GA (1984) Detrusor-external sphincter dyssynergia in men with multiple sclerosis: an ominous urological condition. J Urol 131: 91-94

Blaivas JG, Hirendra PS, Zayed AAH, Labib KB (1981) Detrusor-external sphincter dyssynergia. J Urol 125: 542-544

Blaivas JG, Sinha HP, Zayed AAH, Labib KB (1981) Detrusor-external sphincter dyssynergia: a detailed electromyographic study. J Urol 125: 545-548

Booth CM, Shah PJR, Milroy EJG, Thompson SA, Gosling JA (1983) The structure of the bladder neck in male bladder neck obstruction. Br J Urol 55: 279-282

Breum L, Klarskov P, Munck LK, Nielsen TH, Nordestgaard AG (1982) Siginificance of acute urinary retention due to infravesical obstruction. Scand J Urol Nephrol 16: 21-24

Brüggemann VC, Ringert R-H, Hartung R, Olbing H (1985) Stellenwert der anatomischen und funktionellen Obstruktion der Urethra des Mädchens bei Enuresis, rezidivierenden Harnwegsinfekten und Reflux. Urologe A 24: 75-79

Bruskewitz R, Jensen KM-E, Iversen P, Madsen PO (1983) The relevance of minimum urethral resistance in prostatism. J Urol 129: 769-771

Caine M, Perlberg S, Shapiro A (1981) Phenoxybenzamine for benign prostatic obstruction. Review of 200 cases. Urology 17: 542-546

Chaflin SA, Bradley WE (1982) The etiology of detrusor hyperreflexia in patients with infravesical obstruction. J Urol 127: 938-943

Colstrup H, Andersen JT, Walter S (1982) Detrusor reflex instability in male infravesical obstruction: fact or artefact? Neurourol Urodyn 1: 183-186

Cortivo R, Pagano F, Passerini G, Abatangelo G, Castellani I (1981) Elastin and collagen in the normal and obstructed urinary bladder. Br J Urol 53: 134-137

Cote RJ, Burke H, Schoenberg HW (1981) Prediction of unusual post-operative results by urodynamic testing in benign prostatic hyperplasia. J Urol 125: 690-692

Diokno AC, Hollander JB, Bennett CJ (1984) Bladder neck obstruction in women: a real entity. J Urol 132: 294-298

Dorflinger T, Frimodt-Møller C, Bruskewitz RC, Jensen KM-E, Iversen P, Madsen PO (1985) The significance of uninhibited detrusor contractions in prostatism. J Urol 133: 819-821

Finnerty RU, Belville WD, Buck AS (1984) Evaluation and treatment of dyssynergic bladder neck obstruction. Urology 24: 410-413

Furuya S, Kumamoto Y, Yokoyama E, Tsukamoto T, Izumi T, Abiko Y (1982) Alpha-adrenergic activity and urethral pressure in prostatic zone in benign prostatic hypertrophy. J Urol 128: 836-839

Gerstenberg TC, Andersen JT, Klarskov P, Ramirez D, Hald T (1982) High flow infravesical obstruction in men: symptomatology, urodynamics and results of surgery. J Urol 127: 943-945

Gerstenberg T, Blaaberg J, Nielsen ML, Clausen S (1980) Phenoxybenzamine reduces bladder outlet obstruction in benign prostatic hyperplasia. A urodynamic investigation. Invest Urol 18: 29-31

Gilpin SA, Gosling JA, Barnard RJ (1985) Morphological and morphometric studies of the human obstructed, trabeculated urinary bladder. Br J Urol 57: 525-529

Griffiths DJ (1983) Residual urine, underactive detrusor function and the nature of detrusor/sphincter dyssynergia. Neurourol Urodyn 2: 289-294

Griffiths DJ, Scholtmeyer R (1982) Precise urodynamic assessment of meatal and distal urethral stenosis in girls. Neurourol Urodyn 1: 89-95

Griffiths DJ, Scholtmeyer R (1982) Precise urodynamic assessment of anatomic urethral obstruction in boys. Neurourol Urodyn 1: 97-104

Griffiths DJ, Scholtmeyer R (1983) Detrusor/sphincter dyssynergia in neurologically normal children. Neurourol Urodyn 2: 27-37

von Hedenberg C, Gierup J (1981) Urodynamic studies in boys with disorders of the lower urinary tract. V. Posterior urethral folds. A pre- and postoperative study. Scand J Urol Nephrol 15: 215-221

Hedlund H, Andersson K-E, Ek A (1983) Effects of prazosin in patients with benign prostatic obstruction. J Urol 130: 275-278

Hørby-Petersen J, Schmidt PF, Meyhoff HH, Frimodt-Møller C, Mathiesen FR (1985) The effects of a new serotonin receptor antagonist (ketanserin) on lower urinary tract function in patients with prostatism. J Urol 133: 1095-1098

Jensen KM-E, Bruskewitz RC, Iversen P, Madsen PO (1983) Predictive value of voiding pressures in benign prostatic hyperplasia. Neurourol Urodyn 2: 117-125

Jensen KM-E, Bruskewitz RC, Iversen P, Madsen PO (1984) Spontaneous uroflowmetry in prostatism. Urology 24: 403-409

Jones KW, Schoenberg HW (1985) Comparison of the incidence of bladder hyperreflexia in patients with benign prostatic hypertrophy and age-matched female controls. J Urol 133: 425-426

Jorgensen TM, Djurhuus JC, Schroder HD (1982) Idiopathic detrusor sphincter dyssynergia in neurologically normal patients with voiding abnormalities. Eur Urol 8: 107-110

Kimche D, Saar M, Lask D (1985) Evoked response studies in detrusor hyperreflexia due to infravesical obstruction in neurological patients. J Urol 133: 641-643

Kinder RB, Restorick JM, Mundy AR (1985) Vasoactive intestinal polypeptide in the hyperreflexic neuropathic bladder. Br J Urol 57: 289-291

Kitada S, Ishizawa N (1981) Urethral pressure profilometry in the preoperative assessment for prostatectomy. J Urol 126: 89-91

Koyanagi T, Arikado K, Takamatsu T, Tsuji I (1982) Relevance of sympathetic dyssynergia in the region of external urethral sphincter: possible mechanism of voiding dysfunction in the absence of (somatic) sphincter dyssynergia. J Urol 127: 277-282

Leyson JFJ, Martin BF, Sporer A (1980) Baclofen in the treatment of detrusor-sphincter dyssynergia in spinal cord injury patients. J Urol 124: 82-84

Mayo ME (1982) Primary bladder neck obstruction in men: variation in detrusor response. J Urol 128: 957-959

Meyhoff HH, Griffiths DJ, Nordling J, Hald T (1980) Clinical applications of momentum flux measurements with special reference to detrusor hyperreflexia and meatal stenosis. Urol Res 8: 71-75

Meyhoff HH, Ingemann L, Nordling J, Hald T (1981) Accuracy in preoperative estimation of prostatic size. A comparative evaluation of rectal palpation, intravenous pyelography, urethral pressure profile and cystourethroscopy. Scand J Urol Nephrol 15: 45-51

Murnaghan GF, Millard RJ (1984) Urodynamic evaluation of bladder neck obstruction in chronic prostatitis. Br J Urol 56: 713-716

Murray K (1982) Urethral sensitivity – an integral component of the storage phase of the micturition cycle. Neurourol Urodyn 1: 193-197

Nørgaard JP, Djurhuus JC (1982) Treatment of detrusor-sphincter dyssynergia by biofeedback. Urol Int 37: 236-239

Nørgaard JP, Schwartz-Sørensen S, Djurhuus JC (1984) Functional bladder neck obstruction in women. Urol Int 39: 207-210

Osborn DE, George NJR, Rao PD, Barnard RJ, Reading C, Marklow C, Blacklock NJ (1981) Prostatodynia – Physiological characteristics and rational management with muscle relaxants. Br J Urol 53: 621-623

Pavlakis A, Wheeler Jr JS, Krane RJ, Siroky MB (1986) Functional voiding disorders in females. Neurourol Urodyn 5: 145-151

Perlberg S, Caine M (1982) Adrenergic response of bladder muscle in prostatic obstruction: its relation to detrusor instability. Urology 20: 524-527

Plevnik S, Janez J (1983) Pressure-distension relation in male obstructed urethra. Urology 17: 393-397

Powell PH, Ball AJ (1982) Voiding characteristics of patients with outflow obstruction. J Urol 128: 536-537

Price DA, Ramsden PD, Stobbart D (1980) The unstable bladder and prostatectomy. Br J Urol 52: 529-531

Reuther K, Aagaard J (1984) Acute retention of urine due to benign prostatic obstruction treated with alpha-adrenergic blockers. Urol Int 39: 114-115

Reuther K, Aagaard J (1984) Alpha-adrenergic blockade in the diagnosis of detrusor instability secondary to infravesical obstruction. Urol Int 39: 312-313

Ronchi F, Margonato A, Ceccardi R, Rigatti P, Rossini BM (1982) Symptomatic treatment of benign prostatic obstruction with nicergoline: a placebo controlled trial and urodynamic evaluation. Urol Res 10: 131-134

Rudy DC, Woodside JR, Crawford ED (1984) Urodynamic evaluation of incontinence in patients undergoing modified Campbell radical retropubic prostatectomy. A prospective study. J Urol 132: 708-712

Schäfer W (1985) Urethral resistance? Urodynamic concepts of physiological and pathological bladder outlet function during voiding. Neurourol Urodyn 4: 161-201

Siroky MB, Olsson CA, Krane RJ (1980) The flow rate nomogram. II. Clinical correlation. J Urol 123: 208-210

Smey P, King LR, Firlit CF (1980) Dysfunctional voiding in children secondary to internal sphincter dyssynergia: treatment with phenoxybenzamine. Urol Clin North Am 7: 337-347

Sugar EC, Firlit CF (1982) Urodynamic feedback: a new therapeutic approach for childhood incontinence/infection. (Vesical voluntary sphincter dyssynergia). J Urol 128: 1253-1258

Susset JG, Ghoniem GM, Regnier CH (1982) Rapid cystometry in males. Neurourol Urodyn 1: 319-327

Vardi Y, Ginesin Y, Levin DR (1985) Preoperative evaluation of prostatic size by urethral pressure profilometry. Eur Urol 11: 257-259

Vereecken RL, van Poppel H, Boeckx G, Leruitte A (1983) Long-term alpha adrenergic-blocking therapy in detrusor-urethral dyssynergia. Eur Urol 9: 167-169

Yalla SV, Blute R, Waters WD, Snyder H, Fraser L (1981) Urodynamic evaluation of prostatic enlargements with micturitional vesicourethral static pressure profile. J Urol 125: 685-689

Yalla SV, Loughlin K (1982) Urodynamic assessment of anterior urethral constrictions. Urology 19: 106-113

Yalla SV, Waters WD, Snyder H, Varady S, Blute R (1981) Urodynamic localisation of isolated bladder neck obstruction in men: studies with micturitional vesicourethral static pressure profile. J Urol 125: 677-684

Yalla SV, Yap W, Fam BA (1982) Detrusor urethral sphincter dyssynergia: micturitional vesicourethral pressure profile patterns. J Urol 128: 969-973

Neurogene Dysfunktion

Anderson RU (1983) Urodynamic patterns after acute spinal cord injury: association with bladder trabeculation in male patients. J Urol 129: 777-779

Andersson K-E, Ek A, Hedlund H, Mattiasson A (1981) Effects of prazosin on isolated human urethra and in patients with lower motor neuron lesions. Invest Urol 19: 39-42

Arnold EP, Fukui J, Anthony A, Utley WLF (1984) Bladder function following spinal injury: a urodynamic analysis of the outcome. Br J Urol 56: 172-177

Awad SA, Gajewski JB, Sogbein SK, Murray TJ, Field CA (1984) Relationship between neurological and urological status in patients with multiple sclerosis. J Urol 132: 499-502

Awad SA, McGinnis RH, Downie JW (1984) The effectiveness of bethanechol chloride in lower motor neuron lesions: the importance of mode of administration. Neurourol Urodyn 3: 173-178

Barbalias GA, Blaivas JG (1983) Neurologic implications of the pathologically open bladder neck. J Urol 129: 780-782

Barbalias GA, Klaubert GT, Blaivas JG (1983) Critical evaluation of the Crede maneuver: a urodynamic study of 207 patients. J Urol 130: 720-723

Barkin M, Dolfin D, Herschorn S, Bharatwal N, Comisarow R (1983) The urologic care of the spinal cord injury patient. J Urol 129: 335-339

Bary PR, Day G, Lewis P, Chawla J, Evans C, Stephenson TP (1982) Dynamic urethral function in the assessment of spinal injury patients. Br J Urol 54: 39-44

Bauer SB, Colodny AH, Hallet M, Khosbin S, Retik AB (1980) Urinary undiversion in myeolodysplasia: criteria for selection and predictive value of urodynamics. J Urol 124: 89-93

Beck RP, Warren KG, Whitman P (1981) Urodynamic studies in female patients with multiple sclerosis. Am J Obstet Gynecol 139: 273-276

Belen J, Weingarden S, Ferguson JD, Jarboe D, Turney SZ (1985) Improved aid in management of neurogenic bladder. Urology 25: 188-189

Bilky WJ, Awad EA, Smith AD (1983) Clinical application of sacral reflex latency. J Urol 129: 1187-1189

Blaivas JG (1982) Neurophysiology of micturition: clinical study of 550 patients. J Urol 127: 958-964

Blaivas JG, Barbalias GA (1984) Detrusor-external sphincter dyssynergia in men with multiple sclerosis: an ominous urological condition. J Urol 131: 91-94

Blaivas JG, Barbalias GA (1983) Characteristics of neural injury after abdomino-perineal resection. J Urol 129: 84-87

Blaivas JG, Labib KB, Michalik SJ, Zayed AAH (1980) Failure of bethanechol denervation supersensitivity as a diagnostic aid. J Urol 123: 199-201

Blaivas JG, Salinas JM, Katz GP (1985) The role of urodynamic testing in the evaluation of subtle neurologic lesions. Neurourol Urodyn 4: 211-218

Booth CM, Harrison MJG, Green JF (1984) Evaluation of screening tests for detecting sacral autonomic neuropathy in diabetes mellitus. Br J Urol 56: 31-34

Borzyskowski M, Mundy AR, Neville BGR, Park L, Kinder CH, Joyce MRL, Chantler JC, Haycock GB (1982) Neuropathic vesicourethral dysfunction in children. A trial comparing clean intermittent catheterisation with manual expression combined with drug treatment. Br J Urol 54: 641-644

Cass AS, Luxenburg M, Gleich P, Johnson CF, Hagen S (1984) Clean intermittent catheterization in the management of the neurogenic bladder in children. J Urol 132: 526-528

Cass AS, Luxenburg M, Johnson CF, Gleich P (1984) Management of the neurogenic bladder in 413 children. J Urol 132: 526-528

Chang PL, Fan HA (1983) Urodynamic studies before and after abdominoperineal resection of the rectum for carcinoma. J Urol 130: 948-951

Choudhury A, Mittra S (1980) Transection denervation of the urinary bladder. Br J Urol 52: 193-195

Clarke SJ, Thomas DG (1981) Characteristics of the urethral pressure profile in flaccid male paraplegics. Br J Urol 53: 157-161

Dyro FM, Bauer SB, Halett M, Khoshbin S (1983) Complex repetitive discharges in the external urethral sphincter in a pediatric population. Neurourol Urodyn 2: 39-44

Ermert JA, Jonas U (1982) Neurogene Blasenentleerungsstörungen im Kindesalter. In: Hohenfellner R, Zingg EJ (eds) Urologie in Klinik und Praxis. Georg Thieme Verlag, Stuttgart New York

Ewing R, Bultitude M, Shuttleworth KED (1982) Subtrigonal phenol injection for urge incontinence secondary to detrusor instability in females. Br J Urol 54: 689-692

Fitzmaurice H, Fowler CJ, Rickards D, Kirby S, Quinn NP, Marsden CD, Milroy EJG, Turner-Warwick RT (1985) Micturition disturbance in Parkinson's disease. Br J Urol 57: 652-656

Forney JP (1980) The effect of radical hysterectomy on bladder physiology. Am J Obstet Gynecol 138: 374-382

Fukui J, Kakizaki T (1980) Urodynamic evaluation of tethered cord syndrome including tight filium terminale. Urology 16: 539-552

Galloway NTM (1983) Urethral sphincter abnormalities in Parkinsonism. Br J Urol 55: 691-693

Galloway NTM, Chisholm GD, McInnes A (1985) Minor defects of the sacrum and neurogenic bladder dysfunction. Br J Urol 57: 154-155

Goldstein I, Siroky MB, Sax DS, Krane RJ (1982) Neurourologic abnormalities in multiple sclerosis. J Urol 128: 541-545

Gonor SE, Carroll DJ, Metcalfe JB (1985) Vesical dysfunction in multiple sclerosis. Urology 25: 429-431

Hackler RH, Broeker BH, Klein FA, Brady SM (1980) A clinical experience with dantrolene sodium for external urethral sphincter hypertonicity in spinal cord injured patients. J Urol 124: 78-81

Hanna MK, Di Scipio W, Suh KK, Kogan SJ, Levitt SB, Donner K (1981) Urodynamics in children. Part II. The pseudoneurogenic bladder. J Urol 125: 534-537

Hassouna M, Lebel M, Elhilali M (1984) Neurourologic correlation in multiple sclerosis. Neurourol Urodyn 3: 73-77

Hehir M, Fitzpatrick JM (1985) Oxybutinin and the prevention of urinary incontinence in spina bifida. Eur Urol 11: 254-256

Hulecki SJ, Hackler RH (1984) Closure of the bladder neck in spinal cord injury patients with urethral sphincteric incompetence and irreparable urethral pathological conditions. J Urol 131: 1119-1121

Ioanid CP, Hoica N, Pop T (1980) Incidence and diagnostic aspects of bladder disorders in diabetics. Eur Urol 7: 211-214

Iwatsubo E (1981) Bladder recovery in patients with traumatic cervical cord injury evaluated by voiding synchronous cystosphincterometry with uroflowmetry. J Urol 126: 503-508

Jakobsen H, Holm-Bentzen M, Hald T (1985) Neurogenic bladder dysfunction in sacral agenesis and dysgenesis. Neurourol Urodyn 4: 99-105

Jensen D (1981) Uninhibited neurogenic bladder treated with prazosin. Scand J Urol Nephrol 15: 229-233

Jensen Jr D (1981) Pharmacological studies of the uninhibited neurogenic bladder. 1. The influence of repeated filling and various filling rates on the cystometrogram of neurological patients with normal and uninhibited neurogenic bladder. Acta Neurol Scand 64: 145-174

Jensen Jr D (1981) Pharmacological studies of the uninhibited neurogenic bladder. 2. The influence of cholinergic excitatory and inhibitory drugs on the cystometrogram of neurological patients with normal and uninhibited neurogenic bladder. Acta Neurol Scand 64: 175-195

Jensen Jr D (1981) Pharmacological studies of the uninhibited neurogenic bladder. 3. The influence of adrenergic excitatory and inhibitory drugs on the cystometrogram of neurological patients with normal and uninhibited neurogenic bladder. Acta Neurol Scand 64: 401-426

Karol JB, Anderson RU (1980) Evaluation of synchronous water cystosphincterometry with membrane catheter in spinal cord injury. J Urol 123: 907-911

Karol JB, Anderson RU (1980) Neuropharmacologic evaluation in spinal cord injury patients using membrane catheter cystosphincterometry. J Urol 124: 263-265

Kass EJ, Kumar S, Koff SA (1982) Bethanechol denervation supersensitivity testing in children. J Urol 127: 75-77

Kaye K, van Blerk JP (1981) Urinary incontinence in children with neurogenic bladder. Br J Urol 53: 241-245

Khan Z, Hertanu J, Yang WC, Melman A, Leiter E (1981) Predictive correlation of urodynamic dysfunction and brain injury after cerebrovascular accident. J Urol 126: 86-88

Kimche D, Saar M, Lask D (1985) Evoked response studies in detrusor hyperreflexia due to intravesical obstruction in neurological patients. J Urol 133: 641-643

Kinn A-C, Nergardh A, Sidén A (1985) Bladder and urethral pressures during bladder filling in patients with multiple sclerosis and urge incontinence. Neurourol Urodyn 4: 107-116

Klevmark B (1980) Hyperactive neurogenic bladder studied with physiological filling rates. Scand J Urol Nephrol Suppl. 60: 55-56

Kogan BA, Solomon MH, Lane GA, Diokno AC (1981) Urinary retention secondary to Landry-Guillain-Barre syndrome. J Urol 126: 643-644
Kondo A, Kobayashi M, Otani T, Takita T, Narita H (1980) Supersensitivity to prostaglandin in chronic neurogenic bladders. Br J Urol 52: 290-294
Koyanagi T, Arikada K, Takamatsu T, Tsuji I (1982) Experience with electromyography of the external urethral sphincter in spinal cord injury patients. J Urol 127: 272-276
Koyanagi T, Arikada K, Tsuji I (1981) Radical transurethral resection of the prostate for neurogenic dysfunction in male paraplegics. J Urol 125: 521-527
Koyanagi T, Takamatsu T, Taniguchi K (1984) Further characterization of the external urethral sphincter in spinal cord injury: study during spinal shock and evolution of responsiveness to alpha-adrenergic stimulation. J Urol 131: 1122-1126
Leach GE, Farsaii A, Kark P, Raz S (1982) Urodynamic manifestations of cerebellar ataxia. J Urol 128: 348-350
Leyson JFJ, Martin BF, Sporer A (1980) Baclofen in the treatment of detrusor-sphincter dyssynergia in spinal cord injury patients. J Urol 124: 82-84
Light JK, Faganel J, Beric A (1985) Detrusor areflexia in suprasacral spinal cord injuries. J Urol 134: 295-297
Light JK, Faganel J, Roth DR, Dimitrijevic MR (1984) Meningomyelocele: a clinical, urodynamic and neurophysiological evaluation. J Urol 131: 717-721
Light JK, Scott FB (1982) Bethanechol chloride and the traumatic cord bladder. J Urol 128: 85-87
Light JK, Scott FB (1983) Use of the artificial urinary sphincter in spinal cord injury patients. J Urol 130: 1127-1129
Lockhart JL, Tirado A, Morillo G, Politano VA (1982) Vesicourethral dysfunction following cystourethropexy. J Urol 128: 943-945
Low AJ, Donovan WD (1981) The use and mechanism of anal sphincter stretch in the reflex bladder. Br J Urol 53: 430-432
Madersbacher H, Pauer W, Reiner E, Hetzel H, Spanudakis S (1982) Rehabilitation of micturition in patients with incomplete spinal cord lesions by transurethral electrostimulation of the bladder. Eur Urol 8: 111-116
Mahony DT, Laferte RO, Blais DJ (1980) Incontinence of urine due to instability of micturition reflexes. Part II. Pudendal nucleus instability. Urology 15: 379-388
Mattiasson A, Andersson K-E, Sjögren C (1984) Urethral sensitivity to α-adrenoceptor stimulation and blockade patients with parasympathetically decentralized lower urinary tract and in healthy volunteers. Neurourol Urodyn 3: 223-233
Mayo ME, Kiviat MED (1980) Increased residual urine in patients with bladder neuropathy secondary to suprasacral spinal cord lesions. J Urol 123: 726-728
McGuire EJ, Rossier AB (1933) Treatment of acute autonomic dysreflexia. J Urol 129: 1185-1186
McGuire EJ, Savastano JA (1983) Long-term follow up of spinal cord injury patients managed by intermittent catheterization. J Urol 129: 775-776
McGuire EJ, Savastano JA (1984) Urodynamic findings and clinical status following vesical denervation procedures for control of incontinence. J Urol 132: 87-88
McGuire EJ, Savastano JA (1984) Urodynamic studies in enuresis and the non-neurogenic neurogenic bladder. J Urol 132: 299-302
McGuire EJ, Savastano JA (1984) Urodynamic findings and long-term outcome management of patients with multiple sclerosis-induced lower urinary tract dysfunction. J Urol 132: 713-715
McGuire EJ, Woodside JR, Borden TA, Weiss RM (1981) Prognostic value of urodynamic testing in myelodysplastic patients. J Urol 126: 205-209
Mollard P, Meunier P (1982) Urodynamics of neurogenic bladder. A comparative study with clinical and radiological conclusions. Br J Urol 54: 239-248
Mundy AR (1982) An anatomical explanation for bladder dysfunction following rectal and uterine surgery. Br J Urol 54: 501-504
Mundy AR, Borzykowski M, Saxton HM (1982) Vesicourodynamic evaluation of neuropathic vesicourethral dysfunction in children. Br J Urol 54: 645-649
Mundy AR, Shah PJR, Borzyskowski M, Saxton HM (1985) Sphincter behaviour in myelomeningocele. Br J Urol 57: 647-651
Naglo A-S (1982) Continence training of children with neurogenic bladder and detrusor hyperactivity: effect of atropine. Scand J Urol Nephrol 16: 211-215

Naglo A-S, Nergardh A (1981) Diagnosis of detrusor hyperactivity in children with neurogenic bladder. Scand J Urol Nephrol 15: 91-96

Naglo A-S, Nergardh A, Boreus LO (1981) Influence of atropine and isoprenaline on detrusor hyperactivity in children with neurogenic bladder. Scand J Urol Nephrol 15: 97-102

Nanninga JB, Meyer P (1980) Urethral sphincter activity following acute spinal cord injury. J Urol 123: 528-530

Nanninga JB, Wu Y, Hamilton B (1982) Long-term intermittent catheterization in the spinal cord injury patient. J Urol 128: 760-763

Neal DE, Bogue PR, Williams RE (1982) Histological appearances of the nerves of the bladder in patients with denervation of the bladder after excision of the rectum. Br J Urol 54: 658-666

Neal DE, Williams NS, Johnson D (1981) A prospective study of bladder function before and after sphincter-saving resections for low carcinoma of the rectum. Br J Urol 53: 558-564

Neilsen B, de Nully M, Schmidt K, Hansen RI (1980) A urodynamic study of cauda equina syndrome due to lumbar disc herniation. Urol Int 35: 167-170

Nergardh A, Naglo A-S (1982) Observations on the internal sphincter mechanism during the filling phase in children with hyperactive neurogenic bladder. Scand J Urol Nephrol 16: 205-209

Nordling J, Meyhoff HH, Christensen NJ (1981) Influence of sympathetic tonus and plasma noradrenaline on urethral pressure. Scand J Urol Nephrol 15: 1-6

Nordling J, Meyhoff HH, Hald T (1981) Neuromuscular dysfunction of the lower urinary tract with special reference to the influence of the sympathetic nervous system. Scand J Urol Nephrol 15: 7-19

Nordling J, Meyhoff HH, Hald T, Gerstenberg T, Walter S, Christensen NJ (1981) Urethral denervation supersensitivity to noradrenaline after radical hysterectomy. Scand J Urol Nephrol 15: 21-24

Palmtag H, Riedasch G (1980) Psychogenic voiding patterns. Urol Int 35: 321-327

Parsons KF, Turton MB (1980) Urethral supersensitivity and occult urethral neuropathy. Br J Urol 52: 131-137

Pavlakis A, Siroky MB, Goldstein I, Krane RJ (1983) Neurologic findings in Parkinson's disease. J Urol 129: 80-83

Pavlakis A, Siroky MB, Krane RJ (1983) Neurogenic detrusor areflexia: correlation of perineal electromyography and bethanechol supersensitivity testing. J Urol 129: 1182-1184

Penders L, de Leval J (1985) Simultaneous urethrocystometry and hyperactive bladders: a manometric differential diagnosis. Neurourol Urodyn 4: 89-98

Perkash I (1980) Problems of decatheterization in long-term spinal cord injury patients. J Urol 124: 249-253

Perlow DL, Diokno AC (1980) Cystometry and perineal electromyography in spinal cord-injured patients. Urology 15: 432-434

Perlow DL, Diokno AC (1981) Predicting lower urinary tract dysfunctions in patients with spinal cord injury. Urology 18: 531-535

Philp T, Read DJ, Higson RH (1981) The urodynamic characteristics of multiple sclerosis. Br J Urol 53: 672-675

Philp T, Smith JC, Hills W (1982) Cooling: a new approach to bladder denervation. Br J Urol 54: 667-671

Philp NH, Thomas DG (1980) The effect of distigmine bromide on voiding in male paraplegic patients with reflex micturition. Br J Urol 52: 492-496

van Poppel H, Ketelaer P, van Deweerd A (1985) Interferential therapy for detrusor hyperreflexia in multiple sclerosis. Urology 25: 607-612

Rao MS, Bapna BC, Vaidyanathan S, Chary KS (1980) Use of clonidine in patients with neurogenic bladder dysfunction. Eur Urol 6: 261-264

Rickwood AMK, Thomas DG, Philp NH, Spicer RD (1982) A system of management of the congenital neuropathic bladder based upon combined urodynamic and radiological assessment. Br J Urol 54: 507-511

Rickwood AMK, Thomas DG, Philp NH, Spicer RD (1982) Assessment of congenital neurovesical dysfunction by combined urodynamic and radiological studies. Br J Urol 54: 512-518

Rossier AB, Fam BA, DiBenedetto M, Sakarati M (1980) Urethro-vesical function during spinal shock. Urol Res 8: 53-65

Rudy DC, Woodside JR (1983) Familial juvenile type III spinal cord arteriovenous malformation: urodynamic findings. J Urol 130: 946-947

Schoenberg HW Gutrich JM (1980) Management of vesical dysfunction in multiple sclerosis. Urology 16: 444-448

Siroky MB, Krane RJ (1982) Neurologic aspects of detrusor hyperreflexia with reference to the guarding reflex. J Urol 127: 953-957

Smith PJB, Powell PH, George NJR, Kirk D (1981) Urethrolysis in the management of females with recurrent frequency and dysuria. Br J Urol 52: 138-142

Snooks SJ, Badenoch DF, Tiptaft RC, Swash M (1985) Perineal nerve damage in genuine stress urinary incontinence. An clectrophysiological study. Br J Urol 57: 422-426

Sonda III LP, Kogan BA, Koff SA, Diokno AC (1983) Neurological disease masquerading as genitourinary abnormality – the role of urodynamics in diagnosis. J Urol 129: 1175-1178

Staskin DR, Parsons KF, Levin RM, Wein AJ (1981) Bladder transection – a functional, neurophysiological, neuropharmacological and neuroanatomical study. Br J Urol 53: 552-557

Stockamp K (1982) Neurogene Blasenentleerungsstörungen im Erwachsenenalter. In: Hohenfellner R, Zingg EJ (eds) Urologie in Klinik und Praxis. Georg Thieme Verlag, Stuttgart New York

Susset JG, Ghoniem GM (1984) Rapid cystometry and sacral-evoked response in the diagnosis of peripheral bladder and sphincter denervation. J Urol 132: 704-707

Susset JG, Ghoniem GM, Regnier CH (1982) Rapid cystometry in males. Neurourol Urodyn 1: 319-327

Thomas DG, Davies-Jones GAB, Clarke SJ (1980) Urinary incontinence and minimal pyramidal disease. Br J Urol 52: 460-462

Thüroff JW (1986) Funktionsstörungen des unteren Harntraktes. Neurogene und okkult-neurogene Blasenfunktionsstörungen. In: Hohenfellner R, Thüroff JW, Schulte-Wissermann H (eds) Kinderurologie in Klinik und Praxis. Georg Thieme Verlag, Stuttgart New York

Tsuchida S, Noto H, Yamaguchi O, Itoh M (1983) Urodynamic studies on hemiplegic patients after cerebrovascular accident. Urology 21: 315-318

Vaidyanathan S, Rao MS, Mapa MK, Bapna BC, Chary KSN, Swamy RP (1981) Study of intravesical instillation of 15(S)-15 methyl prostaglandin F2-alpha in patients with neurogenic bladder dysfunction. J Urol 126: 81-85

Vaidyanathan S, Rao MS, Sharma PL, Chary KSN, Swamy RP (1983) Possible use of indoramin in patients with chronic neurogenic bladder dysfunction. J Urol 129: 96-101

Vereecken RL, Das J, Grisar P (1984) Electrical sphincter stimulation in the treatment of detrusor hyperreflexia of paraplegics. Neurourol Urodyn 3: 145-154

Wake CR (1980) The immediate effect of abdominal hysterectomy on intravesical pressure and detrusor activity. Br J Obstet Gynaecol 87: 901-902

Walter S, Olesen KP, Nordling J, Andersen JT, Meyhoff HH, Hald T (1980) Neurogenic bladder. Acta Obstet Gynecol Scand 59: 337-347

Wein AJ (1981) Classification of neurogenic voiding dysfunction. J Urol 125: 605-609

Wein AJ, Raezer DM, Malloy TR (1980) Failure of bethanechol supersensitivity test to predict improved voiding after subcutaneous bethanechol administration. J Urol 123: 202-203

Wheeler JS, Sax DS, Krane RJ, Siroky MB (1985) Vesico-urethral function in Huntington's chorea. Br J Urol 57: 63-66

Wheeler Jr JS, Siroky MB, Pavlakis A, Goldstein I, Krane RJ (1984) The changing neurological pattern of multiple sclerosis. J Urol 130: 1123-1126

Wheeler Jr JS, Siroky MB, Pavlakis A, Krane RJ (1984) The urodynamic aspects of the Guillain-Barre syndrome. J Urol 131: 917-919

Wise GJ, Gerstenfeld JN, Brunnen N, Grob D (1982) Urinary incontinence following prostatectomy in patients with myasthenia gravis. Br J Urol 54: 369-371

Woodside JR, Borden TA (1983) Central nervous system lesion causing urethral instability and urinary incontinence. J Urol 130: 136-137

Wyndaele JJ, de Sy WA (1985) Correlation between the findings of a clinical neurological examination and the urodynamic dysfunction in children with myelodysplasia. J Urol 133: 638-640

Yalla SV, Andriole GL (1984) Vesicourethral dysfunction after pelvic visceral ablative surgery. J Urol 132: 503-509

Yip C-M, Leach GE, Rosenfeld DS, Zimmern P, Raz S (1985) Delayed diagnosis of voiding dysfunction: occult spinal dysraphism. J Urol 134: 694-697

Streßinkontinenz

Anderson RS (1983) Increased motor unit fibre density in the external anal sphincter in genuine stress incontinence: a single-fibre EMG study. Neurourol Urodyn 2: 45-50

Anderson RS (1984) A neurogenic element to urinary genuine stress incontinence. Br J Obstet Gynaecol 91: 41-45

Anderson RS, Feneley RCL (1983) Diagnosis of genuine stress incontinence – A comparison of the fluid bridge (flow) test and a pressure test. Neurourol Urodyn 2: 51-54

Beisland HO, Fossberg E, Moer A, Sander S (1984) Urethral sphincteric insufficiency in postmenopausal females: treatment with phenylpropanolamine and estriol separately and in combination. A urodynamic and clinical evaluation. Urol Int 39: 211-216

Bergman A, Bhatia NN (1985) Uroflowmetry for predicting postoperative voiding difficulties in women with stress incontinence. Br J Obstet Gynaecol 92: 835-838

Bergman A, McCarthy TA (1983) Urodynamic changes after successful operation for stress urinary incontinence. Am J Obstet Gynecol 147: 325-326

Bhatia NN, Bergman A, Gunning JE (1983) Urodynamic effects of a vaginal pessary in women with stress urinary incontinence. Am J Obstet Gynecol 147: 876-884

Bhatia NN, Ostergard DR (1981) Urodynamic effects of retropubic urethropexy in genuine stress incontinence. Am J Obstet Gynecol 140: 936-941

Bottacini MR, Gleason DM (1980) Urodynamic norms in women: I. Normals versus stress incontinents. J Urol 124: 659-662

Cardozo LD, Stanton SL (1980) Genuine stress incontinence and detrusor instability – A review of 200 patients. Br J Obstet Gynaecol 87: 184-190

Castleden CM, Duffin HM, Mitchell EP (1984) The effect of physiotherapy on stress incontinence. Age Ageing 13: 235-237

Deane AM, English P, Hehir M, Williams JP, Worth PNL (1985) Teflon injection in stress incontinence. Br J Urol 57: 78-80

Fall M, Erlandson B-E, Petersson S (1984) Evaluation of history and simple supine cystometry as a preoperative test in stress urinary incontinence. Acta Obstet Gynecol Scand 63: 241-244

Fianu S, Kjaeldgaard A, Larsson B (1985) Preoperative screening for latent stress incontinence in women with cystocele. Neurourol Urodyn 4: 3-7

Fossberg E, Beisland HO (1982) Incompetent urethral closure mechanism in females. Experimental and clinical studies with special reference to diagnosis and classification. Urol Int 37: 34-41

Fossberg E, Beisland HO, Lundgren RA (1981) Stress incontinence in females: treatment with phenylpropanolamine. A urodynamic and pharmacological evaluation. Urol Int 38: 293-299

Fowler JW, Auld CD (1985) The control of male stress incontinence by implantable prosthesis. Br J Urol 57: 175-180

Gilja I, Radej M, Kovacic M, Parazajder J (1984) Conservative treatment of female stress incontinence with imipramine. J Urol 132: 909-911

Hebert DB, Francis LN, Ostergard DR (1982) Significance of urethral vascular pulsations in genuine stress urinary incontinence. Am J Obstet Gynecol 144: 828-835

Hilton P (1983) The urethral pressure profile under stress: a comparison of profiles on coughing and straining. Neurourol Urodyn 2: 55-62

Hilton P, Stanton SL (1982) The use of desmopressin (DDAVP) in nocturnal urinary frequency in the female. Br J Urol 54: 252-255

Hilton P, Stanton SL (1983) Urethral pressure measurement by microtransducer: the results in symptom-free women and those with genuine stress incontinence. Br J Obstet Gynecol 30: 919-933

Hilton P, Stanton SL (1983) The use of intravaginal oestrogen cream in genuine stress incontinence. Br J Obstet Gynecol 90: 940-944

Hulecki SJ, Hackler RH (1984) Closure of the bladder neck in spinal cord injury patients with urethral sphincteric incompetence and irreparable urethral pathological conditions. J Urol 131: 1119-1121

Iosif S, Ulmsten U (1981) Comparative urodynamic studies of continent and stress incontinent women in pregnancy and the puerperium. Am J Obstet Gynecol 140: 645-650

Jonas U (1985) Entwicklung eines neuen alloplastischen Sphinkters zur Behandlung der männlichen Sphinkterinsuffizienz. In: Harzmann R, Jacobi GH, Weissbach L (eds) Experimentelle Urologie. Springer Verlag, Berlin Heidelberg New York Tokyo

Kaupilla A, Alavaikko P, Kujansuu E (1982) Detrusor instability score in the evaluation of stress urinary incontinence. Acta Obstet Gynecol Scand 61: 137-141

Kiesswetter H, Hennrich F, English M (1983) Clinical and urodynamic assessment of pharmacologic therapy of stress incontinence. Urol Int 38: 58-63

Krauss DJ, Lilien OM (1981)Transcutaneous electrical nerve stimulator for stress incontinence. J Urol 125: 790-793

Kujansuu E, Kaupilla A, Lahde S (1983) Correlation between urethrovesical anatomy and urethral closure function in female stress urinary incontinence before and after operation: urethrocystographic and urethrocystometric evaluation. Urol Int 38: 19-24

Kuzmarov IW(1984) Urodynamic assessment and chain cystogram in women with stress urinary incontinence. Urology 24: 236-238

Langmade CF, Oliver Jr JA (1984) Simplifying the management of stress incontinence. Am J Obstet Gynecol 149: 24-29

Lockhart JL, Shessel F, Weinstein D, Politano VA (1982) Urodynamics in women with stress and urge incontinence. Urology 20: 333-336

Lose G, Lindholm P (1985) Clinical and urodynamic effects of norfenefrine in women with stress incontinence. Urol Int 39: 298-302

McGuire EJ, Lytton B, Kohorn KI, Pepe V (1980) The value of urodynamic testing in stress urinary incontinence. J Urol 124: 256-258

RudT(1980)The effects of estrogens and gestagens on the urethral pressure profile in urinary continent and stress incontinent women. Acta Obstet Gynecol Scand 59: 265-270

Snooks SJ, Badenoch DF, Tiptaft RC, Swash M (1985) Perineal nerve damage in genuine stress urinary incontinence. An electrophysiological study. Br J Urol 57: 422-426

Susset J, Plante P (1980) Studies of female urethral pressure profile. Part II. Urethral pressure profile in female incontinence. J Urol 123: 64-69

Sutherst J, Brown M (1980) Detection of urethral incompetence in women using fluid-bridge test. Br J Urol 52: 138-142

Sutherst J, Brown M (1983) The fluid bridge test for urethral incompetence. Acta Obstet Gynecol Scand 62: 271-274

Thüroff JW, Petri E, Jonas U (1980) Male stress incontinence. Diagnostic work-up and therapeutic considerations. Urol Int 35: 356-362

Vereecken RL, Das J (1985) Urethral instability: related to stress and/or urge incontinence? J Urol 134: 698-701

Weil A, Reyes H, Bischoff P, Rottenberg RD, Krauer F (1983) Clinical relevance of urethral stress profile using microtransducers after surgery for stress incontinence in females. Urol Int 38: 363-367

Weil A, Reyes H, Bischoff P, Rottenberg RD, Krauer F (1984) Modifications of the urethral rest and stress profiles after different types of surgery for urinary stress incontinence. Br J Obstet Gynaecol 91: 46-55

Wilson PD, Dixon JS, Brown ADG, Gosling JA (1983) Posterior pubo-urethral ligaments in normal and genuine stress incontinent women. J Urol 130: 802-805

Woodside JR (1982) Micturitional static urethral pressure profilometry in women. Neurourol Urodyn 1: 149-158

Woodside JR (1982) Stress urinary incontinence in men. J Urol 128: 1246-1251

Woodside JR, McGuire EJ (1982) Technique for detection of detrusor hypotonia in the presence of urethral sphincteric incompetence. J Urol 127: 740-743

Enuresis

Ferrie BG, Macfarlane J, Glen ES (1984) DDAVP in young enuretic patients: a double-blind trial. Br J Urol 56: 376-378

Fidas A, Galloway NTM, McInnes A, Chisholm GD (1985) Neurophysiologic measurements in primary adult enuresis. Br J Urol 57: 635-640

Griffiths DJ, Scholtmeyer RJ (1982) Detrusor instability in children. Neurourol Urodyn 1: 187-192

Hindmarsh JR, Byrne PO (1980) Adult enuresis – a symptomatic and urodynamic assessment. Br J Urol 52: 88-91

Hindmarsh JR, Byrne PO (1980) Is the enuretic female bladder without instability normal? Urol Res 9: 133-135

Jarvis GJ (1982) Bladder drill for the treatment of enuresis in adults. Br J Urol 54: 118-119

Mahony DT, Laferte RO, Blais DJ (1981) Study of enuresis. IX. Evidence of mild form of compensated detrusor hyperreflexia in enuretic children. J Urol 126: 520-524

McGuire EJ, Savastano JA (1984) Urodynamic studies in enuresis and the non-neurogenic neurogenic bladder. J Urol 132: 299-302

Nielsen JB, Nørgaard JP, Sørensen SS, Jørgensen TM, Djurhuus JC (1984) Continuous overnight monitoring of bladder activity in vesicoureteral reflux patients: II. Bladder activity types. Neurourol Urodyn 3: 7-21

Nørgaard JP, Hansen JH, Nielsen JB, Petersen BS, Knudsen M, Djurhuus JC (1984) Simultaneous registration of sleep-stages and bladder activity in enuresis. Urology 26: 316-319

Nørgaard JP, Pedersen EB, Djurhuus JC (1985) Diurnal anti-diuretic hormone levels in enuretics. J Urol 134: 1029-1031

Pedersen PS, Hejl M, Kjoller SS (1985) Desamino-D-arginine vasopressin in childhood nocturnal enuresis. J Urol 133: 65-66

Penders L, de Leval J, Petit R (1984) Enuresis and urethral instability. Eur Urol 10: 317-322

Rees DLP, Ransley PG (1980) Eskornade in the treatment of diurnal incontinence in children. Br J Urol 52: 476-479

Terho P, Kekomaki M (1984) Management of nocturnal enuresis with a vasopressin analogue. J Urol 131: 925-927

Tiptaft RC, Woodhouse CRJ, Badenoch DF (1984) Mazindol for nocturnal enuresis. Br J Urol 56: 641-643

Thüroff JW (1986) Funktionsstörungen des unteren Harntraktes. Enuresis. In: Hohenfellner R, Thüroff JW, Schulte-Wissermann H (eds) Kinderurologie in Klinik und Praxis. Georg Thieme Verlag, Stuttgart New York

Computer-Urodynamik

Abrams PH, Lewis P, Murray K, MacLachlan D (1984) A computerized system for the aquisition, analysis and storage of urodynamic data. J Urol 131: 166A

Crawford AJ, Walker J (1985) Improved presentation of data in a urodynamics clinic by use of a microcomputer. Br J Urol 57: 660-663

Dijkhuis T, Klopper PJ, Grimbergen CA (1983) Microcomputerbased approach to the automation of flow rate measurement: a fully automatic mictiometer. Med Biol Eng Comput 21: 768-770

Glen, E.S. Microcomputers and microprocessors in urology: present and future. Br J Urol 55: 588-590, 1983

Jacobs SC, Sebern MA, Donnell R, Lawson RK (1984) Computer-assisted urodynamics. J Urol 132: 716-717

Kramer AEJL, Jonas U (1984) Computer urodynamics – evaluation of practicability of on-line computing in the urodynamics laboratory. J Urol 131: 166A

van Mastrigt R (1984) A computer program for on-line measurement, storage, analysis and retrieval of urodynamic data. Comput Programs Biomed 18: 109-117

Rollema HJ, Kramer AEJL, Jonas U (1985) Computer-based urodynamics: On-line decision-making in uroflowmetry and construction of permanent data files. J Urol 133: 263A

Rose MB, Georghiades PA, Dowsland WB (1985) A computer programme for urology. Br J Urol 57: 257-260

Schäfer W, Hannappel J, Gerlach R, Lutzeyer W (1984) Computer analysis of urodynamic data in BPH. J Urol 131: 166A

Woodside JR, Morris FM (1982) A computer program for the storage and retrieval of urodynamic data. Neurourol Urodyn 1: 313-318

Elektrostimulation

Fall M (1984) Does electrostimulation cure urinary incontinence? J Urol 131: 664-667

Fall M (1985) Electrical pelvic floor stimulation for the control of detrusor instability. Neurourol Urodyn 4: 329-335

Fall M, Carlsson C-A, Erlandsson B-E (1980) Electrical stimulation in interstitial cystitis. J Urol 123: 192-195

Fischer W (1983) Physiotherapeutic aspects of urine incontinence. Acta Obstet Gynecol Scand 62: 579-583

Godec CJ, Cass AS (1980) Cystometric variations during postural changes and functional stimulation of the pelvic floor muscles. J Urol 123: 722-725

Godec CJ, Fravel R, Cass AS (1981) Optimal parameters of electrical stimulation in the treatment of urinary incontinence. Invest Urol 18: 239-241

Kinder RB, Mundy AR (1985) Atropine blockade of nerve-mediated stimulation of the human detrusor. Br J Urol 57: 418-421

Krauss DJ, Lilien OM (1981) Transcutaneous electrical nerve stimulator for stress incontinence. J Urol 125: 790-793

Lindstrom S, Fall M, Carlsson C-A, Erlandsson B-E (1983) The neurophysiological basis of bladder inhibition in response to intravaginal electrical stimulation. J Urol 129: 405-410

Madersbacher H, Pauer W, Reiner E, Hetzel H, Spanudakis S (1982) Rehabilitation of micturition in patients with incomplete spinal cord lesions by transurethral electrostimulation of the bladder. Eur Urol 8: 111-116

McGuire EJ, Shi-Chun Z, Horwinski ER, Lytton B (1983) Treatment of motor and sensory detrusor instability by electrical stimulation. J Urol 129: 78-79

Nakamura M, Sakurai T (1984) Bladder inhibition by penile electrical stimulation. Br J Urol 56: 413-415

Plevnik S, Homan G, Vrtacnik P (1984) Short-term maximal electrical stimulation for urinary retention. Urology 24: 521-523

van Poppel H, Ketelaer P, van Deweerd A (1985) Interferential therapy for detrusor hyperreflexia in multiple sclerosis. Urology 25: 607-612

Shepherd AM, Tribe E, Bainton D (1984) Maximum perineal stimulation. A controlled study. Br J Urol 56: 644-646

Tsuchida S, Koinuma N, Nishizawa O, Moriya I, Satoh S, Noto H, Harada T, Satoh K (1983) Urethral response to nerve stimulation measured by strain gauge force transducer. Urol Int 38: 300-306

Vereecken RL, Das J, Grisar P (1984) Electrical sphincter stimulation in the treatment of detrusor hyperreflexia of paraplegics. Neurourol Urodyn 3: 145-154

Wheatley JW, Woodard JR, Parrott TS (1982) Electronic bladder stimulation in the management of children with myelomeningocele. J Urol 127: 283-285

Blasenvolumen und Retention

Barrett DM (1981) The effect of oral bethanechol chloride on voiding in female patients with excessive residual urine: a randomized double-blind study. J Urol 126: 640-642

Berger RM, Maizels M, Moran GC, Conway JJ, Firlit CF (1983) Bladder capacity (ounces) equals age (years) plus 2 predicts normal bladder capacity and aids in diagnosis of abnormal voiding patterns. J Urol 129: 347-349

Breum L, Klarskov P, Munck LK, Nielsen TH, Nordestgaard AG (1982) Siginificance of acute urinary retention due to infravesical obstruction. Scand J Urol Nephrol 16: 21-24

Drutz HP, Darling A, Unger FW (1981) Carbon dioxide gas retrograde urethro-cystometry versus catheter-fill gas cystometry in assessing bladder capacity. Am J Obstet Gynecol 140: 570-572

Fernie GR, Jewitt MAS, Halsall P, Zorzitto ML (1983) Urodynamic characterization of incontinence in the elderly by bladder volume. J Urol 129: 772-774

Fowler CJ, Kirby RS (1985) Abnormal electromyographic activity (decelerating burst and complex repetitive discharges) in the striated muscle of the urethral sphincter in 5 women with persisting urinary retention. Br J Urol 57: 67-70

George NJR, O'Reilly PH, Barnard RJ, Blacklock NJ (1984) Practical management of patients with dilated upper tracts and chronic retention of urine. Br J Urol 56: 9-12

Hafner RJ (1981) Biofeedback treatment of intermittent urinary retention. Br J Urol 53: 125-128

Hakenberg OW, Ryall RL, Langlois SL, Marshall VR (1983) The estimition of bladder volume by sonocystography. J Urol 130: 249-251

Kogan BA, Solomon MH, Lane GA, Diokno AC (1981) Urinary retention secondary to Landry-Guillain-Barre syndrome. J Urol 126: 643-644

Koff SA (1983) Estimating bladder capacity in children. Urology 21: 248

Machin DG, Gardner BP, Woolfenden KA, Dosmond AD, Parsons KT (1985) A physiological approach to the investigation of chronic urinary retention. Br J Urol 57: 141-144

Mayo ME, Kiviat MED (1980) Increased residual urine in patients with bladder neuropathy secondary to suprasacral spinal cord lesions. J Urol 123: 726-728

Murray K, Massey A, Feneley RCL (1984) Acute urinary retention – a urodynamic assessment. Br J Urol 56: 468-973

Orgaz RE, Gomez AZ, Ramirez CT, Torres JLM (1981) Applications of bladder ultrasonography. I. Bladder content and residue. J Urol 125: 174-176

Palmtag H, Riedasch G (1980) Psychogenic voiding patterns. Urol Int 35: 321-327

Powell PH, Smith PJB, Feneley RCL (1980) The identification of patients at risk from acute retention. Br J Urol 52: 520-522

Powell PH, Yeates WK (1982) The clinical value of bladder capacity measurement at physiological pressure under anesthesia. Br J Urol 54: 650-652

Plevnik S, Homan G, Vrtacnik P (1984) Short-term maximal electrical stimulation for urinary retention. Urology 24: 521-523

Preminger GM, Steinhardt GF, Mandell J, Fried FA, Landes RR (1983) Acute urinary retention in female patients: diagnosis and treatment. J Urol 130: 112-113

Ragett JC, Langer K (1982) Ultrasonic assessment of residual urine. Urol Res 10: 57-60

Ravichandran G, Fellows GJ (1983) The accuracy of a hand-held real time ultrasound scanner for estimating bladder volume. Br J Urol 55: 25-27

Sørensen SS, Nielsen JB, Nørgaard JP, Knudsen LM, Djurhuus JC (1984) Changes in bladder volumes with repetition of water cystometry. Urol Res 12: 205-208

Thomson HJ, Garvie WH (1902) The radiological assessment of bladder emptying. Br J Urol 499-500

Wein AJ, Malloy TR, Shofer F, Raezer DM (1980) The effects of bethanechol chloride on urodynamic parameters in normal women and women with significant residual urine volumes. J Urol 124: 387-399

Künstliche Sphinkteren und Tefloninjektion

Barrett DM, Furlow WL (1984) Incontinence, intermittent self-catheterization and the artificial genitourinary sphincter. J Urol 132: 268-269

Blok C, van Riel MPJM, van Venrooij GEPM, Coolsaet BLRA (1985) Artificial sphincter pressure versus detrusor leakage pressure. J Urol 133: 117-120

Deane AM, English P, Hehir M, Williams JP, North PHL (1985) Teflon injection in stress incontinence. Br J Urol 57: 78-80

Fowler JW, Auld CD (1985) The control of male stress incontinence by implantable prosthesis. Br J Urol 57: 175-180

Furlow WL, Barrett DM (1985) Recurrent or persistent urinary incontinence in patients with the artificial urinary sphincter: diagnostic considerations. J Urol 133: 792-795

Holm-Bentzen M, Klarskov P, Opsomer R, Maegaard EM, Hald T (1985) Objective assessment of urinary incontinence after successful implantation of AMS artificial urethral sphincter. Neurourol Urodyn 4: 9-13

Jonas U (1985) Entwicklung eines neuen alloplastischen Sphinkters zur Behandlung der männlichen Sphinkterinsuffizienz. In: Harzmann R, Jacobi GH, Weissbach L (eds) Experimentelle Urologie. Springer Verlag, Berlin Heidelberg New York Tokyo

Kaufman M, Lockhart JL, Silverstein MJ, Politano VA (198T) Transurethral polytetrafluorethylene injection for post-prostatectomy urinary incontinence. J Urol 132: 463-464

Light JK, Engelmann UH (1985) Reconstruction of the lower urinary tract: observations on bowel dynamics and the artifical urinary sphincter. J Urol 133: 594-597
Light JK, Hawila M, Scott FB (1983) Treatment of urinary incontinence in children: the artificial sphincter versus other methods. J Urol 130: 518-521
Light JK, Scott FB (1983) Use of the artificial urinary sphincter in spinal cord injury patients. J Urol 130: 1127-1129
Light JK, Scott FB, (1984) The artificial sphincter in children. Br J Urol 56: 54-57
Light JK, Scott FB (1985) Management of urinary incontinence in women with the artificial sphincter. J Urol 134: 476-478
Lim KB, Ball AJ, Feneley RCL (1983) Periurethral teflon injection: a simple treatment for urinary incontinence. Br J Urol 55: 208-210
Lindner A, Kaufman JJ, Raz S (1983) Further experience with the artificial urinary sphincter. J Urol 129: 962-963
Riemenschneider HW, Moon SW (1983) Private practice experience with AMS 791/792 urinary sphincter in male incontinence. Urology 21: 470-473
Schreiter F (1985) Bulbar artificial sphincter. Eur Urol 11: 294-299
Schulman CC, Simon J, Wespe E, Germeau F (1983) Endoscopic injection of teflon for female urinary incontinence. Eur Urol 9: 246-247
Sidi AA, Sinha FB, Gonzalez R (1984) Treatment of urinary incontinence with an artificial sphincter: further experience with the AS 791/792 device. J Urol 131: 891-893
Vereecken RL, van den Busche L, Tailly G (1985) The Rosen prosthesis: a bad experience. Urol Int 40: 30-32

Urodynamik bei Harnableitung

Light JK, Engelmann UH (1985) Reconstruction of the lower urinary tract: observations on bowel dynamics and the artifical urinary sphincter. J Urol 133: 594-597

Biofeedback / Bladder Training / Physiotherapy

Cardozo LD, Stanton SL (1984) Biofeedback: a 5-year review. Br J Urol 56: 220
Castleden CM, Duffin HM, Mitchell EP (1984) The effect of physiotherapy on stress incontinence. Age Ageing 13: 235-237
Elder DD, Stephenson TP (1980) An assessment of the Frewen regime in the treatment of detrusor dysfunction in females. Br J Urol 52: 467-471
Fantl JA, Hurt WG, Dunn LJ (1981) Detrusor instability syndrome – the use of bladder retraining with and without anticholinergics. Am J Obstet Gynecol 140: 885-890
Ferrie BG, Smith JS, Logan D, Lyle R, Paterson PJ (1984) Experience with bladder training in 65 patients. Br J Urol 56: 482-484
Fischer W (1984) Physiotherapeutic aspects of urine incontinence. Acta Obstet Gynecol Scand 62: 579-584
Frewen WK (1980) The management of urgency and frequency of micturition. Br J Urol 52: 367-369
Frewen WK (1982) A reassessment of bladder training in detrusor dysfunction in the female. Br J Urol 54: 372-373
Frewen WK (1984) The significance of the psychosomatic factor in urge incontinence. Br J Urol 56: 330
Godec CJ (1983) Clinical application of Pavlov reflexes in treatment of urinary incontinence. Urology 22: 397-400
Godec CJ (1984) "Timed voiding" – a useful tool in the treatment of urinary incontinence. Urology 23: 97-100
Godec CJ, Cass AS (1981) Psychosocial aspects of micturition. Urology 17: 332-334
Hafner RJ (1981) Biofeedback treatment of intermittent urinary retention. Br J Urol 53: 125-128
Holmes DM, Stone AR, Bary PR, Richards CJ, Stephenson TP (1983) Bladder training- 3 years on. Br J Urol 55: 660-664

Jarvis GJ (1981) A controlled trial of bladder drill and drug therapy in the management of detrusor instability. Br J Urol 53: 565-566

Jarvis GJ (1982) Bladder drill for the treatment of enuresis in adults. Br J Urol 54: 118-119

Jarvis GJ (1982) The management of urinary incontinence due to primary vesical sensory urgency by bladder drill. Br J Urol 54: 374-376

Mahady IW, Begg BM (1981) Long-term symptomatic and cystometric cure of the urge incontinence syndrome using a technique of bladder re-education. Br J Obstet Gynaecol 88: 1038-1043

Millard RJ, Oldenburg BF (1983) The symptomatic, urodynamic and psychodynamic results of bladder re-education programs. J Urol 130: 715-719

Naglo A-S (1982) Continence training of children with neurogenic bladder and detrusor hyperactivity: effect of atropine. Scand J Urol Nephrol 16: 211-215

Nørgaard JP, Djurhuus JC (1982) Treatment of detrusor-sphincter dyssynergia by biofeedback. Urol Int 37: 236-239

Pengelly AW, Booth CM (1980) A prospective trial of bladder training as treatment for detrusor instability. Br J Urol 52: 463-466

Sugar EC, Firlit CF (1982) Urodynamic feedback: a new therapeutic approach for childhood incontinence/infection. (Vesical voluntary sphincter dyssynergia). J Urol 128: 1253-1258

Sachverzeichnis

Springer